高职高专教育“十二五”规划建设教材

家畜普通病防治

李亚林　主编

中国农业大学出版社

·北京·

内容简介

根据行动领域向学习领域转化分析表，进行学习情境设计。具体办法是按照职业受训者认知规律对学习领域的内容进行逆向反推，把同类性质疾病归类重组序化，就形成七大学习情境，每个学习情境内的内容按照同源器官生理功能相近的原则进行重组序化，又分若干子情境，而每个子情境内的范例又是具体的岗位工作范例，一个范例就是一个岗位具体任务。

本教材适用于高职畜牧兽医工学结合班进入顶岗实习阶段的岗前培训和生产一线兽医技术人员的培训。该教材对自学者自主学习也有现实指导意义。

图书在版编目(CIP)数据

家畜普通病防治/李亚林主编. —北京：中国农业大学出版社，2011.6
ISBN 978-7-5655-0275-0

Ⅰ.①家…　Ⅱ.①李…　Ⅲ.①家畜-动物疾病-防治-中等专业学校-教材
Ⅳ.①S858.2

中国版本图书馆 CIP 数据核字(2011)第 089421 号

书　　名　家畜普通病防治
作　　者　李亚林　主编

策划编辑　姚慧敏　伍　斌　　**责任编辑**　韩元凤
封面设计　郑　川　　**责任校对**　王晓凤　陈　莹
出版发行　中国农业大学出版社
社　　址　北京市海淀区圆明园西路 2 号　　**邮政编码**　100193
电　　话　发行部 010-62731190，2620　　读者服务部 010-62732336
　　　　　编辑部 010-62732617，2618　　出　版　部 010-62733440
网　　址　http://www.cau.edu.cn/caup　　**e-mail** cbsszs @ cau.edu.cn
经　　销　新华书店
印　　刷　北京时代华都印刷有限公司
版　　次　2011 年 6 月第 1 版　　2011 年 6 月第 1 次印刷
规　　格　787×980　　16 开本　　21.25 印张　　386 千字
定　　价　32.00 元

编写人员

主　编　李亚林（新疆农业职业技术学院）

副主编　张　浩（伊犁职业技术学院）

段晓琴（新疆农业职业技术学院）

杨仰实（新疆农业职业技术学院）

周德忠（商丘职业技术学院）

参　编　张　利（辽宁职业技术学院）

薛增迪（杨凌职业技术学院）

王永科（青海畜牧兽医职业技术学院）

刘庆新（江苏农林职业技术学院）

郭庆河（新疆农业职业技术学院）

孟小林（新疆农业职业技术学院）

前 言

《家畜普通病防治》开发始于 2006 年 12 月，历时 5 年。为了深入贯彻教育部有关职业教育精神，更好地实践工学结合教学模式，增强教材的实用性和易操作性，突出岗位生产过程特点，对原有教材内容适当调整，补充生产实践中遇到的解决办法，结合工学结合教学模式的实际需要进行编写的。

教材的构建方案经过实地调研和论证，重点突出岗位生产过程和实用性的特点，反映出兽医岗位的工作内容，以实际范例分析与诊疗操作为主线；教材内容以够用的理论和实用的畜禽普通病防治技术为主，收集了课程内容相关的新技术、新技能，同时删除了生产中已经废弃的技术，增强了教材的实用性，同时注重与国家现行的执业兽医师考试大纲进行对接；教材突出行动导向教学特点，使学生通过“做中学，学中做”的途径掌握普通病发病的原因、症状、诊断要点及治疗操作方法，在进入兽医防治岗位工作后，很快将所学的专业知识和专业技能运用到实践生产中，并指导具体工作，达到高级动物疾病防治工和动物检疫检验员高级工水平要求。

本教材学习情境一、九由李亚林编写，学习情境二由杨仰实、段晓琴、李亚林等共同编写，学习情境三由薛增迪编写，学习情境四由张浩编写，学习情境五由周德忠、孟小林编写，学习情境六由王永科、郭庆河编写，学习情境七由张利、孟小林编写，学习情境八由刘庆新、段晓琴编写，实训指导、课后作业由新疆农职技术学院、伊犁职业技术学院的同志编写。本教材还开发出实训指导及课后练习，索取课后练习答案请与出版社联系（联系电话：010-62732783）。

教材出版前，出版社为教材进行审稿，提出很多宝贵意见，在此表示感谢。由于水平有限，教材如有错误或遗漏，敬请提出宝贵意见，在此表示诚挚感谢。

李亚林

2011 年 2 月 28 日

目录

课程导读

一、课程学习的目标

家畜普通病防治课程的学习目标是通过学习家畜普通病防治，掌握家畜普通病发生、发展、诊断、治疗的一般规律，掌握家畜普通病防治的工作程序、工作方法以及工作态度，为取得执业兽医师资格打好基础，为能够在执业兽医岗位工作奠定实践经验，为在兽医职业行业就业做准备。

二、课程学习的指导思想

家畜普通病防治是一门实践性很强的课程，在学习过程中，应以以下观点为指导进行学习。

1. 要树立服务意识的观点

学习本课程的知识主要应用于兽医临床工作，本课程的知识内容主要是技术服务工作。服务意识、服务态度是家畜普通病防治工作最重要的特征，缺乏服务意识、服务态度的技术服务工作是缺乏群众基础的，是缺乏工作意义的。因此受训者必须牢固树立服务意识、服务态度，这是从事兽医技术服务工作最重要的观点。

2. 要树立实践第一的观点

家畜普通病防治课程知识、技能是建立在实践基础之上，是对前人工作、经验的总结，因此学习者、受训者在学习的时候，必须树立实践第一的观点，在实践中加以理解和掌握，把课程学习与一体化实训室、兽医门诊、家畜养殖场的技术岗位工作密切联系起来，“在学中干，在干中学”，在识记课程知识的同时，不断内化为个人的工作经验，这样才能够把本课程学好。

3. 要以辩证唯物主义的观点认识普通病防治技术工作

从事家畜普通病防治工作，要树立辩证唯物主义的哲学思想。首先，在认识疾病方面，要建立用发展的观点看待疾病。任何疾病从开始到结局都有其发生、发展的演变过程，并非静止不变。其次，要正确理解疾病局部与整体的辩证关系。动物机体是由各个局部组成的完整统一的个体，它通过神经与体液的调节，使全身各个部分保持着密切联系、协调活动，以维持机体的健康状态。在疾病过程中某局部发生了病变，势必影响机体其他部位甚至全身。反之，有些疾病虽然是全身的，但它的主要病变可集中表现在某些局部。因此，局部与整体互相联系，不可分割。第三，要正确理解和处理内因与外因的辩证关系。疾病的发生、疾病的治疗，外因起作用，更重要的是要看动物机体内因作用，只考虑外因的作用，而忽视内因作用，是错误的。只有运用唯物辩证的观点看待外因和内因的辩证关系，才能正确地认识疾病和正确防治疾病。

三、课程学习的条件

学习家畜普通病防治课程，要具备学习这门课程的学习条件。学习者或受训者可以通过全日制学习、半脱产学习、自学等形式完成。

(1)在全日制学习形式下必须具备以下条件：①有校内专任专业教师，有校外兼职专业教师或从事专业工作的执业兽医师的指导。②具备本地区家畜普通病病例、教材、学习材料、参考图书等。③具备多媒体教室、家畜普通病临床疾病教学课件。④具备家畜普通病临床一体化实训室、兽医门诊、家畜养殖场等从事普通病临床诊疗技术岗位。⑤具备家畜普通病临床诊断工具、治疗工具、护理场等。

(2)在半脱产学习、自学等学习形式下可以参考以上的学习条件。

四、课程学习的方法

学习家畜普通病防治课程，最好在岗位工作情境中完成学习，如果没有实际工作情境，可以通过现代教育手段创设学习情境完成，这对于构建学习者或受训者的完备工作体系非常重要。现提供一些学习教与学的方法以供参考。

1.课程教学模式的设计

教学模式以能力培养为主线的3阶段培养。第一阶段在第4学期，学生在兽医疾病防治岗位进行生产性实践，学生获得基本技能和综合疾病防治能力练兵；第二阶段在第5学期，学生在学校完成课程理论学习，并获得全面的疾病防治知识、技能，能力大幅度提高；第三阶段在第6学期，学生进入顶岗实习，零距离完成实际岗位任务，学生综合能力进一步提升。第5学期的学校教学又分3个层次，第一个层次在课堂完成，理论教学案例中的生产内容以课堂教授、多媒体、网络等形式开展，以增加学生学习仿真情境，进一步为学生创造真实感，培养学生分析能力、知识运用能力；第二个层次在实训室完成，教学案例中的生产内容以复制家畜病例模型的形式开展，复制家畜病例模型与真实病例接近，更加激发学生的真实感受，培养学生综合能力；第三个层次在学院动物医院门诊完成，教学案例中的内容以岗位实际临床病例形式开展，进一步提高学生对岗位工作的认识，进一步培养职业综合能力。学生一经进入课程学习程序，每节不同案例均能够严格按照工作过程完成学习内容，而且学习的认知过程随课程教学进度、职业素养和职业能力不断增强，学生学习的空间也会由课堂→实训室→动物医院→企业岗位过渡。在学习过程中，学院的网络教学资源会一直伴随学生的学习，使学生的学习不断呈螺旋式递进上升。这种教学模式把岗位生产技术与职业能力有机结合，并贯穿学生学习生涯的始终；课程实训与生产紧密结合，利用真实情境实现教、学、做合一，最终完成教学目标，达到高级动物疾病防治工的职业水平。

2.具体学习目标确立

(1)能力目标确立　在学习过程中，要确立明确的能力目标。能力目标确立分3个层次：第一个层次，熟练掌握一般常见疾病的诊断和鉴别，治疗方案制定，治疗、护理、建立病历等工作的方法；第二个层次，重点掌握典型疾病案例的诊断和鉴别，治疗方案制定，治疗、护理、建立病历等工作的方法；第三个层次，熟悉疑难疾病案例的诊断和鉴别，治疗方案制定，治疗、护理、建立病历等工作的方法。同时兼顾工作中的职业素养和工作态度。有了能力目标，在学习过程中，要有意识将工作方法、职业素养和工作态度有机地融入个人实践中，并不断内化成为个人处理工作的能力。

(2)知识目标确立　在学习过程中，要确立明确的知识目标。知识目标确立也分3个层次：第一个层次，熟练掌握一般常见疾病的发病机制、诱因，临床症状、诊断要点、治疗原则、预防措施等；第二个层次，重点掌握典型疾病案例的发病机制、诱因，临床症状、诊断要点、治疗原则、预防措施等；第三个层次，熟悉疑难疾病案例的发病机制、诱因，临床症状、诊断要点、治疗原则、预防措施等。同时掌握疾病名称及概念。有了知识目标，在学习过程中，要有意识将疾病的发病机制、诱因，临床症状、诊断要点、治疗原则、预防措施等进行识记，便于个人实践中对疾病进行比较、分析、判断等。

3.学生的学习方法

(1)阅读教材，熟悉教材内容。另外，还可以通过网络、图书查阅、收集相关资料，加深对学习内容的识记。

(2)要认真听取校内专任专业教师、校外兼职专业教师或从事专业工作的执业兽医师对工作案例的理解和认识，主动构建自己对工作体系的认识。

(3)在完成每一节学习内容后，在校内专任专业教师、校外兼职专业教师或从事专业工作的执业兽医师的指导下，在一体化实训室、动物医院、家畜养殖场等地方，认真完成课程实训内容。

(4)在完成每一节学习内容后，按照校内专任专业教师、校外兼职专业教师或从事专业工作的执业兽医师布置的课业，在一体化实训室、动物医院、家畜养殖场等地方，认真主动按照课业要求完成课业内容。

家畜普通病防治技术实训见习课业参考模式，见下表：

家畜普通病防治课程兽医岗位实训工作页

<table>
<tr><td>学习小组</td><td></td><td>姓名</td><td></td><td>实习单位</td><td></td><td>指导教师</td><td></td></tr>
<tr><td>对应的学习领域学习情境</td><td colspan="2">家畜炎症性疾病防治技术</td><td>工作领域岗位工作任务描述</td><td colspan="2">炎症性疾病的诊断、治疗、预防措施</td><td>其他</td><td>学生能够进行疾病诊疗的自主学习、训练</td></tr>
<tr><td>受训者顶岗实习学习目标</td><td colspan="3">支气管肺炎病诊疗技术</td><td>本阶段实习计划描述(周计划)</td><td colspan="3">1.支气管肺炎的症状收集
2.支气管肺炎的鉴别诊断
3.支气管肺炎的治疗实践</td></tr>
<tr><td>岗位工作条件</td><td colspan="7">1.患病家畜
2.X光机、听诊器、体温计、叩诊器、注射用具、常用保定用具、药品</td></tr>
<tr><td>体现能力测试的作业题目</td><td colspan="3">1.鉴别诊断支气管肺炎
2.支气管肺炎的治疗方案编制</td><td>提示(课业条件)</td><td colspan="3">1.在实训期间完成
2.在兽医门诊、医院顶岗工作完成
3.顶岗地点有丰富的病例及指导教师</td></tr>
<tr><td>作业正文</td><td colspan="7">作业：支气管肺炎的诊疗病例报告
1.校内教师指导下学生分组按照兽医临床诊断学的方法收集有关病畜支气管肺炎表现信息，列表归类。
2.学生结合症状收集归类分析，应用病理和普通病知识提出分析意见，分步做出推断。
3.校内指导教师指导专题听取学生的病例诊断报告。
4.校外指导教师指导学生对治疗方案和预防措施制定的修改和分析。
5.实训基地提供病例条件，相关诊疗设施、设备等兽医门诊实践条件，校外教师指导。
6.校内教师指导和校外教师指导交流学生作业检查评估意见，共同为学生提出阶段性评价结果。
7.学生职业素质要求关注团队合作、安全生产、环保意识、严谨敬业等。</td></tr>
<tr><td>评价</td><td>企业意见</td><td colspan="3">年 月 日</td><td>校方意见</td><td colspan="2">年 月 日</td></tr>
</table>

完成课业的同时，也是将书本知识内化为个人工作知识体系的过程，会形成个

人的工作经验，形成经验性的知识。

(5)认真完成教师布置的课后作业，以加深对工作内容、原理的记忆。

(6)为增强个人工作能力，还可以按照教师的要求完成相关的练习，完成课程教师设计的网络作业，以强化个人的学习能力、创新能力。

4. 学生对所学内容教学意见反馈

学生对教学内容、教学质量、教学安排等应及时反馈给校方，以便教师在教授过程中及时调整以上内容，这样既方便学生学习，又让任课教师及时调整教学内容及方法，更便于学生学习。学生在做教学意见反馈时，应认真填写，针对教师的所教授的内容，根据自己的学习体验，客观地反映出教学水平，这样便于校方改进。

学生教学意见反馈设计表参考附录表11。

学习情境一　执业兽医岗位工作及学习方法

能力目标

- 掌握获得执业兽医从业资质的方法。
- 熟悉执业兽医工作方法。

知识目标

- 了解兽医行业改革概况。
- 掌握获得执业兽医从业资质方法的要点。
- 熟悉执业兽医工作的内容。

一、兽医行业概述

改革开放以来，畜牧业生产力得到很大解放，畜牧经济也得到长足发展。尤其中国加入WTO以来，畜产品国际贸易日益频繁，畜禽及其产品大流通格局已经形成，对动物防疫工作构成了严重威胁。为了适应新形势下畜牧业生产力发展和跟国际通行做法接轨，推进兽医管理体制改革已成为历史必然。

2005年5月14日，国务院下发《关于推进兽医管理体制改革的若干意见》(以下简称《意见》)。根据《意见》，中央到地方都在进行兽医管理体制改革，目前，中央级兽医管理体制改革已基本完成，我国各行政区域的兽医管理体制改革也已基本完成。

为配套兽医管理体制改革，国家于2006年7月1日，颁布实施了《中华人民共和国畜牧法》，同年7月1日，颁布实施了《畜禽标识和养殖档案管理办法》；2008年8月颁布实施了《中华人民共和国动物防疫法》；2009年1月1日，颁布实施了《执业兽医管理办法》、《动物诊疗机构管理办法》、《乡村兽医管理办法》、《动物病原微生物菌(毒)种保藏管理办法》等4部法律。这些法律的颁布实施，推进了官方兽医与执业兽医制度，有效地打破行业与部门间分割，打破地区内、部门内的利益保护，实行全方位、全过程的动物及其产品的兽医卫生监督管理，有效地调整了现阶段动物疾病防治工作中公益性与经营性分离后的政府性服务与社会化服务之间的关系。这既是社会经济发展与对外开放的迫切需要，也是解决现阶段存在的体制弊端与政府财力困难的重要举措。

我国的兽医管理体制改革，主要借鉴国外官方兽医制度与执业兽医制度，结合我国畜牧业发展的实际，对现行兽医管理体制进行改革，形成与国际惯例基本接轨，促进畜牧业发展和畜产品出口的兽医管理体制。在当前建设的过程中，必须坚持循序渐进和因地制宜的原则。官方兽医，指的是由国家兽医行政管理部门（即在全国范围内有绝对权威，执行、监督或审查动物卫生措施和出证过程的国家兽医机关）授权的兽医。官方兽医制度要求将动物饲养—屠宰加工—市场流通和出入境检疫等各个环节置于全过程的、系统的、有效的动物防疫监督管理之下，它是目前国际公认最有效、最为普遍采用的国家兽医管理体系。在官方兽医制度中，官方兽医由国家兽医行政管理部门任命，直接对国家负责；上级兽医行政管理部门对下级兽医行政管理部门实行直接领导，兽医行政管理部门不受当地政府的领导。

执业兽医是指经过考试，取得执业兽医资格，并经注册从事动物疾病诊断、治疗和动物保健等经营活动的兽医人员。要想成为执业兽医人员，不仅要经过正规的兽医学历教育并取得相关专业技术学历，还要通过政府组织的统一资格考试，才能取得最终的行医资格。

取得执业兽医资格的条件，在我国《执业兽医管理办法》中第九条规定："具有兽医、畜牧兽医、中兽医（民族兽医）或者水产养殖专业大学专科以上学历的人员，可以参加执业兽医资格考试"。第十条规定："执业兽医资格考试内容包括兽医综合知识和临床技能两部分"。其中"临床技能"采取病例分析的方式进行书面考试。

凡是除疫病以外的疾病被称为普通病，本课程开发的核心就是以猪、鸡、牛、羊为主要家畜的普通病防治技术，目的就是将兽医临床的普通病知识和普通病临床技能编制成工学结合教学材料，通过学习，为取得官方兽医与执业兽医资格打好基础。

在发达国家，兽医执业管理非常规范。如在法国，要想成为一名兽医，除了具备大学专业训练的基础，在从业前，必须参加和通过由兽医协会等国家授权单位组织的资质考试。在澳大利亚，一名兽医要想在市场开业或有机会参加国家组织的兽医服务，就必须通过一个名为澳大利亚兽医认证程序（APAV）的资格考试。这个认证程序包括两个部分，即一部分是认证申请人的个人资质，如公民、学历等；另一部分就是作为执业兽医的知识和技能认证。如果一名从国外去澳大利亚并准备开业的兽医，所要经过的认证过程就更为复杂了。首先，必须获得澳大利亚或新西兰的初级兽医资格，此外，由美国兽医协会认可的学校毕业并已经通过北美兽医资质考试;或由皇家兽医师协会认可的英国和南非兽医学校毕业;或已经通过皇家兽医师协会考试并成为注册会员也可以被认为具备初级兽医资格。第二,具备初级兽医资格后,如果是技术移民,还必须通过技能测评申请,若未获通过,最后还必须参加国家兽医资格考试(NVE),通过后正式注册,这样才能够在澳大利亚从事兽医职业服务。

在美国,要想进大学学习兽医不容易,在正式修读兽医专业之前,学校一般都要求有1～2年的大学预科学历,由于想修读兽医的学生多,每年挤进兽医专业门槛的竞争也十分激烈。学生毕业后,并不具备兽医的执业资格,要想成为一名职业兽医,必须参加国家兽医资质考试(NBE),这个考试由国家兽医资质考试委员会(NBEC)主持,试题包括400多选题。并且,即使是已经通过考试获得执业资格的兽医,国家仍然要求他们在一定的时间内(各州要求不一,一般是一年)必须到具备资质的培训机构接受职业培训,获得培训合格证书后方可继续从事兽医职业,否则就会被吊销执业资格。

二、兽医岗位从业资质

从事兽医诊疗工作的条件,一般包括3个部分:一是具备兽医师执业证书和助理兽医师执业证书;二是取得动物诊疗许可证;三是申请工商营业执照。

(一)取得兽医师执业证书或助理兽医师执业证书

取得兽医师执业证书或助理兽医师执业证书,主要有以下3个步骤。

第一,首先参加专业学历的学习。取得兽医、畜牧兽医、中兽医(民族兽医)或者水产养殖专业大学专科以上学历的人员,可以参加执业兽医资格考试。

第二,参加执业兽医资格考试。成绩符合执业兽医师标准的,可取得执业兽医师资格证书;符合执业助理兽医师资格标准的,可取得执业助理兽医师资格证书。执业兽医资格考试内容包括兽医综合知识和临床技能两部分。农业部组织成立全国执业兽医资格考试委员会。考试委员会负责审定考试科目、考试大纲、考试试题,对考试工作进行监督、指导和确定合格标准。

第三,完成执业注册和备案。取得执业兽医师资格证书,从事动物诊疗活动的,应当向注册机关申请兽医执业注册;取得执业助理兽医师资格证书,从事动物诊疗辅助活动的,应当向注册机关备案。

申请兽医执业注册或者备案的,应当向注册机关提交下列材料:①注册申请表或者备案表;②执业兽医资格证书及其复印件;③医疗机构出具的6个月内的健康体检证明;④身份证明原件及其复印件;⑤动物诊疗机构聘用证明及其复印件,申请人是动物诊疗机构法定代表人(负责人)的,提供动物诊疗许可证复印件。

注册机关收到执业兽医师注册申请后，应当在20个工作日内完成对申请材料的审核。经审核合格的，发给兽医师执业证书；不合格的，书面通知申请人，并说明理由。

注册机关收到执业助理兽医师备案材料后，应当及时对备案材料进行审查，材料齐全、真实的，应当发给助理兽医师执业证书。

兽医师执业证书和助理兽医师执业证书应当载明姓名、执业范围、受聘动物诊疗机构名称等事项。

兽医师执业证书和助理兽医师执业证书的格式由农业部规定，由省、自治区、直辖市人民政府兽医主管部门统一印制。

(二)取得动物诊疗许可证

根据《动物诊疗机构管理办法》的有关规定，申请设立动物诊疗机构的，应当具备下列条件：

(1)有固定的动物诊疗场所，且动物诊疗场所使用面积符合省、自治区、直辖市人民政府兽医主管部门的规定；

(2)动物诊疗场所选址距离畜禽养殖场、屠宰加工厂、动物交易场所不少于200 m；

(3)动物诊疗场所设有独立的出入口，出入口不得设在居民住宅楼内或者院内，不得与同一建筑物的其他用户共用通道；

(4)具有布局合理的诊疗室、手术室、药房等设施；

(5)具有诊断、手术、消毒、冷藏、常规化验、污水处理等器械设备；

(6)具有1名以上取得执业兽医师资格证书的人员；

(7)具有完善的诊疗服务、疫情报告、卫生消毒、兽药处方、药物和无害化处理等管理制度。

另外动物诊疗机构从事动物颅腔、胸腔和腹腔手术的，除具备以上的条件外，还应当具备以下条件：

(1)具有手术台、X光机或者B超等器械设备；

(2)具有3名以上取得执业兽医师资格证书的人员。

设立动物诊疗机构，应当向动物诊疗场所所在地的发证机关提出申请，并提交下列材料：①动物诊疗许可证申请表；②动物诊疗场所地理方位图、室内平面图和各功能区布局图；③动物诊疗场所使用权证明；④法定代表人(负责人)身份证明；⑤执业兽医师资格证书原件及复印件；⑥设施设备清单；⑦管理制度文本；⑧执业兽医和服务人员的健康证明材料。

申请材料不齐全或者不符合规定条件的，发证机关应当自收到申请材料之日起5个工作日内一次告知申请人需补正的内容。

值得注意的是，动物诊疗机构应当使用规范的名称。不具备从事动物颅腔、胸腔和腹腔手术能力的，不得使用"动物医院"的名称。动物诊疗机构名称应当经工商行政管理机关预先核准。

发证机关受理申请后，应当在20个工作日内完成对申请材料的审核和对动物诊疗场所的实地考查。符合规定条件的，发证机关应当向申请人颁发动物诊疗许可证；不符合条件的，书面通知申请人，并说明理由。专门从事水生动物疫病诊疗的，发证机关在核发动物诊疗许可证时，应当征求同级渔业行政主管部门的意见。

动物诊疗许可证应当载明诊疗机构名称、诊疗活动范围、从业地点和法定代表人（负责人）等事项。动物诊疗许可证格式由农业部统一规定。

（三）申请工商营业执照

可凭动物诊疗许可证到当地工商部门办理相应的工商营业执照。工商行政管理机关核准动物诊疗机构名称后，经工商行政管理机关审核经办人健康状况、资格等条件，经20个工作日内可以核发相应的工商营业执照。

取得以上3个条件的人，就可以从事兽医诊疗工作。

三、兽医岗位工作

（一）兽医门诊开展的项目

对于取得执业兽医、服务人员健康证明、动物诊疗许可证、工商营业执照等的技术人员可以从事相应的技术服务工作，技术服务工作可以从事以下技术服务项目。

(1)疾病诊疗项目　在动物养殖场、动物门诊工作的执业兽医可以从事本项目工作。本项目工作内容包括接诊动物；疾病信息收集工作，包括临床症状的收集工作和实验室检验、检测项目；诊断工作，包括个人诊断和多个技术人员会诊工作；处方工作；治疗工作，患病动物护理工作；患病动物病理档案建立工作等。

(2)人工授精项目　在动物养殖场、动物门诊工作的执业兽医可以从事本项目工作。本项目工作包括接诊发情动物、发情鉴定工作、人工授精操作、动物配种档案建立工作等。

(3)兽药经营项目　在动物门诊工作的执业兽医可以从事本项目工作。包括兽药的批发、兽药的零售、兽药技术咨询工作等。

(4)兽药生物制品经营项目　在动物门诊工作的执业兽医可以从事本项目工作。包括指导兽药生物制品的使用工作、兽药生物制品（疫苗除外）的销售工作。

(5)饲料及添加剂经营项目　在动物门诊工作的执业兽医可以从事本项目工作。包括销售饲料及添加剂工作、饲料及添加剂技术咨询工作等。

(6)技术指导项目　不论是动物养殖场，还是动物门诊均可以参与本项目工作。包括对养殖场、养殖户、个体动物进行疾病保健、营养保健等技术服务、咨询工作。

(二)执业兽医工作程序

根据《执业兽医管理办法》的有关规定，执业兽医分两类，一类是具有兽医执业注册或者备案的执业兽医是可以对外开展兽医执业活动的，另一类是动物饲养场(养殖小区)聘用的取得执业兽医师资格证书和执业助理兽医师资格证书的兽医人员，可以凭聘用合同申请兽医执业注册或者备案，但不得对外开展兽医执业活动。

1.家畜饲养场(养殖小区)聘用的执业兽医工作程序

(1)按照饲养场规定的兽医工作计划，根据当地疫病流行情况制定免疫程序和驱虫计划，并组织实施。

(2)定时对饲养场进行群体动物疾病观察，发现可疑患病家畜进行个体观察，确定患病的要进一步进行一般和系统临床检查，必要时进行实验室检查。

(3)根据收集的疾病信息进行初步诊断，并做出预后判断，填写相关诊断书并签名。

(4)根据诊断结果提出治疗方案，出具处方，执业兽医师签名。

(5)对患病家畜实施治疗，观察治疗效果，建立病历档案。

(6)根据治疗效果进行发病原因分析，根据分析结果写出预防措施报告。

(7)根据预防措施报告建议调整生产计划。

(8)发现重大疫情时，应及时向当地动物疾病控制中心报告疫情。

工作流程为：群体观察→个体观察→一般检查→系统检查→初步诊断→预后判断→治疗方案→治疗护理→效果观察→原因分析→预防措施→生产计划实施。

2.从事动物诊疗的执业兽医工作程序

(1)在动物治疗门诊接待畜主就诊，并填写相关病例册。

(2)对患病家畜进行个体观察，进一步进行一般和系统临床检查，必要时进行实验室检查。

(3)根据收集的疾病信息进行初步诊断，并做出预后判断，填写相关诊断书并签名。

(4)根据诊断结果提出治疗方案，出具处方并签名。

(5)对患病家畜实施治疗，观察治疗结果，建立病历档案。

(6)根据治疗结果进行发病原因分析，根据分析结果，为畜主提出疾病预防措施。

(7)发现重大疫情时,应及时向当地动物疾病控制中心报告疫情。

工作流程为:个体观察→一般检查→系统检查→实验室检查→初步诊断→预后判断→治疗方案→治疗护理→效果观察→原因分析→预防措施。

(三)疾病防治工作及态度

1. 接诊工作

接诊工作是与畜主沟通的技术工作,工作方式有直接与畜主面对面沟通,也可以采用电话、互联网等形式进行间接沟通。沟通的目的主要是获取家畜病例信息,包括与病例册内容有关信息、是否能够开展诊疗服务等。对已经获得的信息要去伪存真,综合判断。

沟通工作的态度一般要谦和、诚恳、热情,对畜主的事很关注,切忌用粗话、脏话等不文明语言,态度不能傲慢、无礼,沟通语言尽量能用专业术语。

接诊工作采用的工作文件单,详见附录中表1。

2. 疾病信息收集工作

本工作主要是收集临床症状和实验室检验、检测项目,工作方式主要面对家畜,利用已有临床诊断工具直接收集家畜疾病相关信息,也可通过畜主间接收集家畜疾病信息。工作内容为针对家畜疾病主要采用病史调查、临床一般检查、系统检查、实验室检查等。其中实验室检查包括病理剖检、血粪尿常规检查、细菌分离培养和染色观察等常用技术工作,还包括B超检查、X光机检查、血液生化仪、尿检仪等不常用技术工作。本工作要有一丝不苟、严谨的科学态度,要有实事求是的工作态度,工作认真、不马虎等。要爱护劳动工具,尊重检查结果,不能人为改变检查结果;对检查结果不满意的,可以重新检查,要尊重事实。

3. 诊断工作

本项工作方式主要采用执业兽医诊断和专家会诊的方式。工作内容主要为根据收集的疾病信息进行综合分析,建立诊断。包括论证诊断、鉴别诊断等技术工作,并写出病例诊断书。

本项工作要有谦虚谨慎、实事求是的工作态度,要有整体观念,唯物辩证思维的心态,一丝不苟、严谨科学,同时要尊重诊断结果,不能人为改变诊断结果。

疾病信息收集、诊断工作采用的工作文件单,详见附录中表2。

4. 处方工作

处方工作的方式主要有执业兽医师直接开出和助理执业兽医师、实习生辅助开出的形式。工作内容包括执业兽医师根据疾病情况完成治疗方案制定,根据疾病治疗需要进行药物配伍工作。制订治疗方案,还要考虑家畜的经济价值和利用价值等问题。

本工作要有辨证论治的思想，要有为畜主排忧解难的心态；爱岗敬业，恪尽职守；学术方面要勇于探索，要有精益求精的工作态度。

注意事项：①采用特殊药物和违禁药物要单另说明用法、用量；采用特殊治疗的，要由会使用特殊疗法仪器设备的技术人员操作。②助理执业兽医师、实习生等在开出处方时，应在执业兽医师的指导下完成，并经过执业兽医师审核后方可实施。

处方工作采用的工作文件单，详见附录中表3。

5.治疗护理工作

治疗工作主要内容是家畜给药工作，实施简单外科处理工作，患病部位换药工作，外科手术、针灸、物理治疗等技术工作，工作由执业兽医师直接治疗或助理执业兽医师、实习生辅助完成。俗话说“病要三分治疗，七分护理”，说明护理工作的重要性。工作方式主要有兽医门诊直接护理和畜主间接护理。工作内容包括病畜隔离、饲养、换药、给药等技术工作，根据疾病特点，不同家畜的护理形式可能不同，要尽可能选择合适的护理形式，畜主间接护理必须在执业兽医师的指导下完成。

本工作要有热爱生命的心态，关心呵护病畜的态度，要有细心、仔细的工作作风。护理工作又脏又累，所以工作要做到对患畜不打，不高声呵斥，尽心尽责。对接受治疗的病畜一定要给畜主护理建议，同时注意对畜主进行必要回访。

治疗护理工作采用的工作文件单，详见附录中表4。

6.病历档案建立

在家畜诊疗工作中，病历档案建立是十分重要的，在兽医门诊营业过程中，随时接受畜牧兽医行政主管部门检查、监督。档案的建立由执业兽医直接负责，不可由他人替代。在诊疗工作过程中采用的工作文件单，详见附录中5。

本工作要有尊重事实的心态，档案的内容要客观、务实，不能弄虚作假，执业兽医要有科学严谨、细心、仔细的工作作风。病历档案的保存应不少于2年，档案的销毁要在畜牧兽医行政主管部门监督之下完成。

四、实训与练习

【课后作业】

一、名词解释

1.官方兽医 2.官方兽医制度 3.执业兽医

二、判断题

1.注册机关收到执业兽医师注册申请后，应当在10个工作日内完成对申请材

料的审核。(　　)

2.兽医师执业证书和助理兽医师执业证书可以由省级兽医行政机关自行颁发。(　　)

三、单项选择题

1.《执业兽医管理办法》是何时颁布的?

A. 2006 年 7 月 1 日　　B. 2009 年 1 月 1 日

C. 2008 年 8 月 1 日　　D. 2005 年 5 月 14 日

2.官方兽医是由(　　)部门授权的兽医。

A.国务院　　B.上级兽医行政管理部门

C.国家兽医行政管理　　D.兽医协会

3.根据《动物诊疗机构管理办法》的有关规定,申请设立动物诊疗机构,人员需具备条件:

A.具有 1 名以上取得执业兽医师资格证书的人员

B.具有 2 名以上取得执业兽医师资格证书的人员

C.具有 3 名以上取得执业兽医师资格证书的人员

D.不需要取得执业兽医师资格证书的人员

四、简答题

1.我国的行政法规规定我国的兽医管理体制是什么形式?

2.从事兽医诊疗工作,需要哪些资质?

3.我国《执业兽医管理办法》中规定哪些人员可以参加执业兽医资格考试?

4.《动物诊疗机构管理办法》规定申请成立动物医院需要具备哪些条件?

学习情境二　家畜炎症性疾病防治技术

能力目标

- 能够完成服务对象的接诊工作。
- 掌握家畜炎症性疾病的诊断和鉴别，治疗方案制定，治疗、护理等工作。
- 熟悉养殖场和门诊工作程序。
- 具备病例病因分析和建立预防措施的能力。

知识目标

- 理解炎症性疾病发病的发病机制。
- 熟悉炎症性疾病病因、症状、鉴别诊断和治疗方案。
- 掌握核心病例的概念、诊断要点和治疗原则。

学习基础

一、家畜炎症性疾病防治技术的发展概况

家畜炎症性疾病主要是指除疫病以外的炎症性疾病。它既包括微生物感染性炎症，还包括非感染性炎症。在家畜禽饲养过程中炎症性疾病的发病率是最高的。

1865 年法国人巴斯德用石炭酸消毒法防治复杂骨折手术感染获得成功至今，140 余年来炎症性疾病防治技术已经发生翻天覆地的变化。

1. 在炎症性疾病信息收集工作方面

在兽医临床上，由于动物不能用言语表达其自身的感觉，只有临床工作者进行客观检查，才能获得大量的异常表现，所以统一用症状这个术语来表达。症状是在病理生理和病理形态改变的基础上发生发展的，症状是认识疾病的向导，能够为诊断疾病提供重要的线索或佐证。一方面继续沿用问、视、叩、触、听、嗅等六诊法和通过体温计测量家畜体温的传统诊断方法，来收集患病家畜的示病症状；另一方面采用现代新技术收集家畜的疾病指标。例如，通过动物尸体病理解剖的方法，获得

病理性症状和感染病灶；通过患病部位细菌分离培养的方法，获得感染病原；通过测定血液中白细胞数量来确定是否有炎症；通过X光机透视方法来确定有无炎症病灶；通过病理免疫切片方法来确定是否有炎症；通过分子生物学方法来确定是否有炎症等。我们要学习的疾病信息收集方法，主要包括传统疾病信息收集方法和实验室一般实验方法。

2. 在炎症性疾病诊断工作方面

炎症性疾病诊断的过程，就是炎症性疾病诊察、认识、判断和鉴别疾病的过程。它的特点是大脑思维分析过程，做出合乎逻辑的判断，甚至要靠以往工作经验的积累。执业兽医通过诊察，对动物的健康状态和疾病所提出概括性论断，一般要指出病名。按照炎症性疾病诊断所表达的内容不同，诊断方法可以分为症状诊断、病原诊断、病理诊断、机能诊断、发病诊断、治疗性诊断等；另外，还有早期诊断与晚期诊断，假定诊断、初步诊断与最后诊断。诊断的过程也是对疾病判定预后的过程，对疾病的持续时间、可能的转归以及动物的生产能力、经济价值（如是否扑杀或淘汰）做出判断，称为判定预后。预后是对动物的将来状况做出的结论。判定预后，必须严肃认真，要充分考虑病畜的个体特性（年龄、营养、体质等）、周围环境及疾病的演变趋势，做出周密预测。一般分为预后良好、预后不良、预后可疑。炎症性疾病诊断方法以上都适用。

3. 在炎症性疾病治疗技术方面

个体治疗主要包括药物治疗、手术治疗、免疫治疗、改善环境、加强饲养管理等方法；群体预防主要包括药物预防、免疫预防、改善环境、加强饲养管理等方法。

20世纪化学合成药物和抗生素的使用是最伟大的发现，时至今日，在炎症性疾病治疗上首推的仍然是沿用抗生素消炎。随着人们对动物机体激素调节的深入研究，人们发现糖皮质激素具有一定的抗炎症效果。现代医学研究证明，维生素、生理盐水、ATP、葡萄糖、辅酶、钙镁等阳离子对炎症有较好的辅助治疗作用。在用药方面，除了达到正确预防、治疗和诊断动物疾病，促进动物生长发育的目的，同时要降低毒副作用，降低药物残留，还要注意合理的给药途径。这就是兽医临床工作者必须认真思考的问题，特别是在大力发展无公害绿色食品的今天，更是广大兽医工作者不容置疑并应首先思考的问题。

在群体医疗方面，药物预防、免疫预防、加强饲养管理、环境卫生的改善大大地降低了炎症性疾病的发病率。

今天，我们学习家畜炎症性疾病防治技术的目的，就是能够顺应现代畜牧业集约化大生产的需要，减少家畜炎症性疾病给畜牧业、伴侣动物造成的损失，让畜牧业能够健康发展。

二、对炎症性疾病的认识

具有血管系统的活体组织对损伤因子所发生的防御反应称为炎症。就是平时人们所说的“发炎”，是动物机体对于刺激的一种防御反应，主要表现为红、肿、热、痛、机能障碍等病理性生理现象。炎症的病理现象建立在西医理论基础之上，炎症，可以是感染引起的感染性炎症，也可以不是由于感染引起的非感染性炎症。家畜炎症性疾病主要是指动物各系统组织的生理机能受到外界饲养因素、物理性因素、化学因素等非生物致病性因素和各种生物致病性因素造成动物机体器质性、机能性改变，而形成动物疾病的总称。非生物致病性因素引起的炎症称非感染性炎症；由生物性因子引起的炎症称为感染（infection），是最常见和最重要的一类炎症。生物性因子的致病作用，与病原体的数量和毒力有关。普通病涉及的炎症性疾病主要是指一般细菌感染的疾病。

三、掌握岗位技术应具备的知识、能力

熟知家畜的解剖知识，了解各器官、组织的解剖部位和功能。熟知生理知识，一方面是从系统、器官到细胞、分子，逐层深入；另一方面是把这些成分再综合起来，在整体上了解它们如何在神经、内分泌和免疫系统的控制下协调行动以适应环境的变化。病理知识方面要熟知炎症主要的组织变化，如表现为局部组织发生变质（变性、坏死）、渗出（血管反应、液体和细胞渗出）和增生改变，临床上有红、肿、热、痛和功能障碍，而全身则常伴有不同程度的发热、白细胞增多、代谢增强等。局部组织发生的一系列炎症变化，有利于局部组织循环改善、消灭致炎因子和清除坏死组织，促进局部修复，对机体是有利的。但是，并不是所有炎症对机体都是有利的，有时也会给机体带来危害。任何炎症的局部都有变质、渗出和增生 3 种改变，这三者既有区别，又互相联系、互相影响，组成一个复杂的炎症过程。在此过程中，既有致炎因子对机体的损伤作用，同时又有机体的抗损伤反应。损伤与抗损伤反应的对立统一贯穿于炎症过程的始终，而且往往以抗损伤反应为主，故炎症本质上是一种以防御为主的病理过程。一般地说，炎症过程中的变质属于损伤性改变，而渗出和增生属于抗损伤反应，但这种区分不是绝对的，在一定条件下，损伤能促使抗损伤过程的出现，损伤和抗损伤过程可以互相转化。

对药理学、药物学内容，要熟知抗炎药物的种类、特性、毒性、用法、用量等，同时还要熟知最佳的给药途径、药物在动物体内生化过程的半衰期、配伍禁忌、合理组方等，避免药理知识肤浅、选药的主观性、治疗过程的盲目性造成的经济损失。了解中医药知识，采用中西医结合的方法进行选药、治疗。熟悉中兽医的

理、法、方、药，结合炎症性疾病的防治方法，倡导“绿色养殖”，即只有在机体最佳健康状态下，才能有效地发挥最佳生产性能，生产最优质的畜产品；同时中长期使用中药，毒副作用小，不产生耐药性，无残留。在生产实践中，使用抗炎症类中兽药和清热解毒类中药，对家畜禽在易感日龄前进行有目的的主动预防性投药，可大大提高畜群的素质和整体防疫水平，降低发病率。构建中西结合畜禽防病技术模式，并在绿色优质畜禽肉食生产过程中应用，能够取得良好的社会效益及经济效益。

熟练掌握炎症性疾病的兽医临床诊断技术基本内容，概括地来说，包括炎症性疾病诊断方法（方法学）、治疗方法和诊断思考（症状与分析思维）；具体要求初学者掌握诊断疾病的通用检查方法、治疗方法、基本原则及必要的理论、技能知识，从而为从事畜禽炎症性疾病防治工作创造先决的和必要的条件。

作为执业兽医必须熟悉疾病发生机理，症状、病理等疾病特点，掌握诊疗要点，并根据疾病特点，科学地进行诊断，指明动物的预后情况，根据病情进行治疗，根据个性疾病发病的原因进行分析，并能提出有效预防措施。在家畜普通病诊断治疗过程中，炎症性疾病具有一定的共性，在临床进行鉴别诊断和治疗方面有可以相互借鉴的方面。同时炎症性疾病病理过程相似，对于动物的致病作用具有共通性，都表现为器官的损伤和机能障碍。通过本教学情境的教学，能够形成对于家畜普通病炎症类疾病的防治逻辑思维，有利于专业能力的培养。

子情境一　消化器官炎症性疾病防治技术

一、岗位工作范例

（一）口炎

口炎亦称口膜炎，是口腔黏膜表层或深层炎症的总称，包括齿龈炎和舌炎。临床上以食欲部分或完全丧失、咀嚼障碍、流涎和口臭等为特征。各种家畜都有发生，牛、猪、幼畜及衰老体弱的动物最为常见。

范例（1）　在夏收季节，采食麦芒后，牛出现口黏膜弥漫性或斑点状潮红，舌系带、颊及齿龈等部位常有成束的麦芒；丝状乳突上皮增殖，舌面粗糙，呈白色或黄色。采食、咀嚼缓慢，流涎，口角附着白色泡沫。后经兽医诊断，确定为口炎。

范例(2)　仔猪唇内面、硬腭、口角、颊、舌缘和舌尖以及齿龈有粟粒大乃至蚕豆大透明水泡，3～4 d后，破溃后形成鲜红色烂斑。体温间或轻微升高。口腔疼痛，食欲减退，5～6 d后痊愈。后经兽医诊断，确定为口炎。

范例(3)　一犬在门齿和犬齿的齿龈部发生肿胀，呈暗红色或紫红色，容易出血。1～2 d后，病变部变为淡黄色，或黄绿色糊状脂样的坏死、糜烂，逐渐与邻近唇黏膜和颊黏膜形成污秽不洁的溃疡。口温升高，口腔散发腐败性腥臭味，流涎混血丝，恶臭。往往伴发败血症，食欲废绝、下痢、消瘦、体质衰竭。后经兽医诊断，确定为口炎。

病因分析

(1)原发性口炎主要由于口黏膜遭受机械性、化学性等刺激引起。如尖锐异物以及口衔开口器乃至锐齿的直接损伤口腔黏膜；或化学性物质、有毒植物的刺激；亦有因采食过热饲料，或灌服过热的药液烫伤，或霉败饲料的刺激等。

(2)继发于舌伤、换牙、咽炎、唾液腺炎、急性胃卡他、维生素A缺乏、佝偻病以及汞、铜、铅和氟中毒以及某些传染病等。

病理上将口炎分为卡他性口炎、水泡性口炎、溃疡性口炎。

疾病信息收集　临床检查，问诊注重家畜是否采食带刺、粗硬、有刺激性的食物。视诊口腔黏膜弥漫性或斑点状潮红；或可见口黏膜弥漫性或斑点状潮红，硬腭肿胀；或可见粟粒大乃至蚕豆大透明水泡，3～4 d后，破溃后形成鲜红色烂斑；或可见溃疡性唇内黏膜和颊内黏膜形成污秽不洁的溃疡。触诊有时可感到口温升高。嗅诊有腐败性腥臭味。实验室检查意义不大。

诊断　口炎的临床诊断并不困难，通过视诊、嗅诊和触诊检查即可确诊。

诊断要点

(1)咀嚼缓慢、流涎、有时吐草。

(2)口腔黏膜潮红、肿胀(卡他性口炎)；出现水泡(水泡性口炎)；或溃疡(溃疡性口炎)；病畜口中不洁，口温高，有口臭和舌苔。

(3)体温、呼吸、脉搏等全身症状不明显。

根据以上临床症状诊断要点就可以做出确诊。范例(1)多是卡他性口炎，范例(2)多是水泡性口炎，范例(3)多是溃疡性口炎。

治疗技术　治疗原则是排除病因，采取消炎、收敛、净化口腔等治疗措施，促进康复过程。

【处方1】病情较轻者，1%食盐水或2%～3%硼酸溶液，洗涤口腔，3～4次/d；2%硼酸钠甘油混悬液、1%磺胺甘油混悬液，涂于患部，并用维生素E和维生素C肌肉注射。

【处方 2】大家畜重剧性口炎，磺胺类药 10 g，明矾 3 g，混合装入布袋，衔在病畜口中，饲喂时取出，每天换一次。大家畜，先锋霉素 10～15 g，注射用水 50 mL，肌肉注射，2 次/d，连用 3 d。

【处方 3】青黛散：青黛 15 g，黄连 10 g，黄柏 10 g，薄荷 5 g，桔梗 10 g，儿茶 10 g，研末，装入布袋衔在口中，每日换一次。

泻心汤：黄连 30 g，大黄 45 g，石膏 90 g，黄芩 45 g，赤芍 30 g，竹茹 30 g，灯心草 15 g，车前子 30 g，水煎，去渣，候温灌服。方中剂量为成年牛的用量，其他动物酌加减。

护理方法　草食动物，给予优质青干草、营养丰富含有维生素的青绿饲料和块根饲料；肉食兽可给予牛奶、肉汤、稀粥等，以维持其营养。

预防措施　应注意搞好经常性饲养管理，合理调配饲料，避免用刺激性药物。大家畜应定期检查口腔，牙齿磨灭不齐时必须及时修整。

（二）唾液腺炎

唾液腺（腮腺、颌下腺、舌下腺）受到损害和感染时引起的炎性反应。临床上以唾液分泌状态改变为特征。

范例（1）　一马出现下颌肿胀、局部敏感、头部运动不灵活，流涎，采食缓慢等。后经兽医诊断，确定为唾液腺炎。

范例（2）　一窝仔猪中有多例发病，表现一侧或双侧腮腺肿大、局部发红、流涎、吞咽障碍。后经兽医诊断，确定为唾液腺炎。

范例（3）　一奶牛的腮腺化脓、肿胀，因肿胀压迫面部神经，引起麻痹，面向一侧偏，双侧麻痹时口闭合不住，口唇下垂。后经兽医诊断，确定为唾液腺炎。

病因分析

（1）原发性病因主要是受异物刺激，如采食尖锐异物、饲料芒刺。

（2）继发性因素主要包括：①病原微生物引起（细菌、病毒）感染；②维生素 A 缺乏；③伴发于一些传染病，如犬温热，马腺疫等。

疾病信息收集　临床检查，询问家畜摄取的饲草、饲料情况，是否采食带刺、粗硬、有刺激性的食物。视诊可见唾液腺局部红、肿、热、痛反应，头部运动不灵活，流涎，采食缓慢等。传染性腮腺炎时，表现体温升高、一侧或双侧腮腺肿大、局部发红、流涎、吞咽障碍。化脓性腮腺炎，脓汁未成熟时表现局部肿胀、疼痛和温度升高；脓汁成熟后，局部触压有波动感。

诊断　唾液腺炎的临床诊断，一般可以通过视诊、触诊、体温检查即可确诊。继发性引起的应结合实验室微生物检查。由于传染性因素引起的应结合所发生的传染病的特征性症状和抗原、抗体检查。

诊断要点

(1)原发性唾液腺有局部炎症表现,头部运动不灵活、流涎、采食缓慢等。

(2)体温升高、腮腺肿大、局部发红、流涎、吞咽障碍。

(3)初期表现局部肿胀、疼痛和温度升高,后期局部触压有波动感。面部神经麻痹,引起面向一侧偏,双侧麻痹时口闭合不住,口唇下垂。

根据以上诊断要点,可以做出诊断,范例(1)为原发性唾液腺炎,范例(2)为传染性腮腺炎,范例(3)为化脓性腮腺炎。

治疗技术　治疗原则是局部消炎和治疗原发病。

【处方 1】50%酒精,局部温敷,15～30 min/次;5%鱼石脂软膏,局部涂擦,3 次/d。

【处方 2】0.25%盐酸普鲁卡因青霉素,局部封闭,隔日一次,5～6 次为一个疗程。

【处方 3】切开局部脓肿,0.1%高锰酸钾溶液适量,冲洗。

【处方 4】青霉素 480 万 IU、硫酸链霉素 3 g、注射用水 10 mL,肌肉注射,3 次/d,连用 3～5 d。

【处方 5】加味消黄散:知母 30 g,黄药子 25 g,栀子 35 g,黄芩 30 g,大黄 35 g,甘草 20 g,贝母 25 g,白药子 25 g,连翘 35 g,郁金 25 g,朴硝 100 g,白芷 25 g,升麻 20 g,石膏 100 g,水煎,去渣,加蜂蜜 200 g,鸡蛋清 4 个,同调,灌服。

护理方法　同口炎。

预防措施　同口炎。

(三)咽炎

咽炎是咽黏膜及其邻近部位炎症的总称。因软腭、扁桃体、咽淋巴滤泡及其深层组织也发生炎性变化,故亦称咽峡炎或扁桃体炎。本病多发于马和猪,牛和犬有时有发生,其他家畜少见,牛往往伴发喉炎。

范例(1)　一马最近采食、咀嚼缓慢,口中饲料形成食团后,伸展头颈,不敢吞咽或随口吐出,咀嚼的食物和饮水从鼻孔逆出。并有流涎、流鼻液、咳嗽等表现。后经兽医诊断,确定为咽炎。

范例(2)　某家母猪采食缓慢,吞咽困难,呕吐,流涎,张口呼吸,呈犬坐姿势。后经兽医诊断,确定为咽炎。

病因分析

(1)原发性疾病常见机械、化学或物理刺激。如粗硬的、霉败的饲料和饲草,以及胃管等的直接刺激和损伤;浓度大、刺激性强的药物以及强酸和强碱应用不当;或因受到强烈的烟熏,乃至吸入有害气体等。

受寒、感冒和过劳，使机体的抵抗力降低，极易受到条件致病菌的侵害，导致咽炎的发生，特别是早春晚秋，气候剧变，过度疲劳，更易引起咽部黏膜的炎症。

(2)继发性咽炎，多继发于某些传染病及口炎、鼻炎、唾液腺炎、食管炎等疾病。

疾病信息收集　咽炎症状比较明显，视诊，可见采食、咀嚼缓慢，咽下障碍。大量唾液和黏液由口角流下，或蓄积在口腔，低头或开口检查时流出。有大量炎性渗出物由鼻孔流出，一侧性的或两侧并流，其中混有食糜和唾液。鼻液在吃干草时带黄色，吃青草时带绿色。鼻端污秽不洁，鼻黏膜发炎。

咽炎的病畜多伴发喉炎，病畜吞咽时，常听到湿性咳嗽。并有疼痛表现，同时咳出食糜和黏液。

咽部外部触诊，温热，疼痛，从两侧向内压迫，病畜表现敏感，甚至引起痛咳。颌下淋巴结略肿胀。

猪和犬，除以上症状外，还表现严重的呼吸困难，如张口呼吸，呈犬坐姿势。犬咽黏膜和扁桃体呈暗红色，扁桃体上附着白色假膜。继发性咽炎时，除以上症状外，还可检查到传染病或其他部位炎症性疾病的症状。

诊断　通过视诊、听诊、触诊即可确诊。但应注意与口炎、呼吸道疾病的鉴别诊断。口炎除与咽炎有相似的采食、咀嚼缓慢，咽下障碍，流涎、流鼻液的症状外，在口腔黏膜可见明显的病变。呼吸系统疾病除与咽炎同样都表现咳嗽外，还表现呼吸明显加快，肺部叩诊和听诊也出现异常的变化，但采食、咀嚼缓慢，咽下障碍，流涎、流鼻液的症状较少见。

诊断要点

(1)病畜表现头颈伸展、吞咽障碍、流涎、食糜和饮水可从鼻孔逆流出等特征。

(2)触诊咽部肿胀、疼痛。

治疗技术　治疗原则是去除病因，加强护理，消炎解毒，清利咽喉，缓解疼痛。

【处方1】咽喉部用10%～20%硫酸镁或酒精冷敷，2～3 d后用温敷，3～4次/d，20～30 min/次，樟脑酒精(或鱼石脂软膏、止痛消炎膏)涂布。

青黛散：青黛15 g，黄连15 g，白矾15 g，黄柏15 g，硼砂10 g，栀子15 g，儿茶10 g，研细末，装入纱布袋内口噙，或吹撒于患部。

【处方2】重剧性咽炎，10%水杨酸钠溶液50 mL，静脉注射，1～2次/d。青霉素320万～480万IU，肌肉注射，2次/d。

【处方3】磺胺嘧啶10～20 g，碳酸氢钠10 g，碘喉片或薄荷喉片10～15 g，研末，混合布袋装，衔于病畜口内。

【处方4】封闭疗法，0.25%普鲁卡因溶液，牛50 mL，猪20 mL；青霉素160万IU，咽喉封闭。

护理方法　减少或避免对咽部刺激，充分饮水。吞咽障碍的病畜应及时补糖输液，维持其营养。禁止用胃管投药。

预防措施　搞好饲养管理，防止受寒、感冒、过劳。避免霉败或冰霜冻结的饲料。及时治疗原发病，防止感染和蔓延。应用诊断与治疗器械时，操作应细心，避免损伤咽黏膜。

(四)反刍兽真胃炎

真胃炎是反刍兽的多发病、常见病，易被忽略。主要由于饲料与饲养，或化学物质、有毒物质，以及前胃机能障碍等不良因素的影响，引起真胃组织炎性反应，发生严重的消化不良及前胃弛缓现象。

范例(1)　病牛表现精神沉郁，垂头站立，口腔糜烂，食欲减退，反刍减少，有时空嚼、磨牙，瘤胃轻度臌气。便秘，粪便呈球形，表面被覆黏液或黏液膜。后经兽医诊断，确定为反刍兽真胃炎。

范例(2)　某牛长期消化不良，异嗜，口臭，粪干硬，呈球状。病后期，体质虚弱、贫血、腹泻、精神沉郁。后经兽医诊断，确定为反刍兽真胃炎。

病因分析

(1)老龄牛与犊牛，及体质虚弱的牛，因饲料粗硬、调理不当、饲料霉败、品质不良，劳役过度时饲喂过精饲料，影响消化机能，导致真胃炎的发生。

(2)某些化学特质与有毒植物的中毒，消化、营养代谢产物以及长期按前胃疾病治疗内服某些药物，导致肾脏机能不全的自体中毒、前胃疾病、肠道疾病、代谢疾病、口腔疾病等导致真胃炎的发生。

(3)某些急性或慢性传染病、血毛线虫病等均能促使真胃炎的发生。

疾病信息收集　真胃炎症状不典型，容易与瘤胃疾病、瓣胃疾病混淆。但仔细检查，也能发现两者之间的不同点。如真胃炎除食欲减退或消失，反刍减少、无力或废绝，瘤胃轻度臌气，嗳气，瘤胃收缩微弱外，触诊右腹部真胃区病牛敏感疼痛，通过这一点可以与瘤胃积食、前胃弛缓区别，并且可以通过问诊了解，瘤胃积食有较明显的过食现象。真胃炎表现初期腹泻，后期便秘，粪便呈球形，干硬，与瓣胃阻塞症状相似，可以通过真胃区和瓣胃区触诊区别，真胃触诊在右侧第 9～11 肋间、肋弓下，瓣胃触诊、听诊在右侧第 7～9 肋间、肩端线上下 2～3 cm 处。

诊断　本病易与瘤胃疾病和瓣胃疾病混淆，因此在诊断时要特别仔细，通过问诊、不同部位的听诊、触诊鉴别诊断。

诊断要点　不论急性或慢性真胃炎都呈现消化障碍，触诊右腹部真胃区病牛敏感疼痛。根据典型症状可以做出诊断，范例(1)为急性真胃炎，范例(2)为慢性真胃炎。

治疗技术　治疗原则是调整胃肠机能，抗菌消炎。

【处方1】急性真胃炎：初期，禁食1～2 d，白萝卜2 000 g，蜂蜜200 g，生猪脂200 g，将白萝卜切碎，煎煮约1 h后将猪的板油再切碎与蜂蜜趁热加入萝卜汁中，候温，灌服。四环素500万IU，10%安溴注射液100 mL，10%葡萄糖500 mL，5%葡萄糖氯化钠2 000 mL，静脉注射，2次/d。病末期，10%葡萄糖500 mL，5%葡萄糖生理盐水3 000 mL，四环素500万IU，20%安钠咖20 mL，维生素C 20 mL，5%地塞米松注射液40 mL，静脉注射，2次/d。口服鞣酸蛋白50～200 g。

【处方2】5%葡萄糖氯化钠注射液3 000 mL，先锋5号10 g，维生素C 2 500 mg，20%安钠咖20 mL，静脉注射，2次/d，连用2～3 d。口服鞣酸蛋白50～200 g。

盐酸胃复安注射液20 mL，肌肉注射，1次/d。

【处方3】保和丸加减：焦三仙200 g，莱菔子50 g，鸡内金30 g，元胡30 g，川楝子50 g，厚朴40 g，焦槟榔20 g，大黄50 g，青陈皮60 g，水煎，去渣，灌服，1剂/d。

四君子汤加味：党参、白术、茯苓、肉豆蔻、木香、炙甘草、干姜等份研末，开水冲，候温灌服，1剂/d。

护理方法　病初，急性病例适当禁食，保证充足的饮水，疾病开始恢复时给予流质易消化、富有营养的饲料，充分饮水。不食或食少时，静脉注射高浓度葡萄糖，补充维生素C、维生素B。

预防措施　加强饲养管理，给予优质青干草，加喂麸皮和富有维生素饲料，有利于恢复健康。注意禁止饲喂过于精细饲料。

(五)胃肠卡他

胃肠卡他是胃肠黏膜表层的炎症。症状上有以胃卡他为主的，有以肠卡他为主的。按病程可分为急性和慢性两种。本病多见于马和猪。

范例(1)　患马精神倦怠，呆立嗜睡，打呵欠，抬头翻举上唇。食欲不振，有异嗜现象。粪球干小色深，表面被覆黏液，粪球混有未消化的饲料。易出虚汗和疲劳。后经兽医诊断，确定为胃肠卡他。

范例(2)　患猪精神委靡，喜钻草窝，常见呕吐和逆呕动作。呕吐物初为食物，后为泡沫样黏液，有时混有胆汁和少量血液。食欲大减或废绝，烦渴贪饮，饮水后又呕吐。尿少色黄。便秘，粪球干小。后经兽医诊断，确定为胃肠卡他。

范例(3)　患马以腹泻为主。采食缓慢，排便频繁，腹泻，粪便呈粥样，重则如水，有酸臭。后经兽医诊断，确定为胃肠卡他。

范例(4)　患马以便秘为主。食欲减退或废绝，口腔干燥，排便迟缓，粪干色深，有腐败臭味。后经兽医诊断，确定为胃肠卡他。

范例(5)　患畜精神不振，食欲不定，有时异嗜，便秘腹泻交替。后经兽医诊断，确定为胃肠卡他。

范例(6)　猪胃卡他继发肠卡他，特征症状是下痢，腹部紧缩。排便次数增加，多为水样便，肛门尾根被粪水沾污。呈现里急后重，努责时只排些黏液和絮状物，严重时出现直肠脱。后经兽医诊断，确定为胃肠卡他。

病因分析

(1)饲养管理不当。淋雨受寒或褥草潮湿；草料突变；喂食习惯变化，如猪喂热食改喂冷食，或给予过热、过冷的饲料；过饥、过饱，不定时、定量；久渴失饮；饲喂后立即服重役，或重役、长途运输后立即饲喂；饲料加工的错误，如豆制副产品未经煮沸饲喂等。

(2)饲料品质不良。给予过多的不易消化的草料，或过硬的稻草、麦秸、受过潮的霉败谷草、豆秸等，或堆积发热的青饲、霜冻的以及混杂泥沙太多的草料。

(3)错用刺激性药物。如水合氯醛未经适当稀释，酊剂过浓过量或有未溶的吐酒石等，刺激胃肠道引起卡他性炎症。

(4)其他疾病的继发。如牙齿磨灭不正、慢性肝脏疾病等经过中，以及细菌性、病毒性、真菌性和寄生虫性的继发和并发。

疾病信息收集　按照病变部位，有以胃机能紊乱为主的胃肠卡他和以肠机能紊乱为主的胃肠卡他。前者主要表现为，马肠音减弱，粪球干小、色深，表面被覆黏液，患猪呕吐和逆呕；后者以腹泻为主。马属动物肠卡他分为酸性肠卡他和碱性肠卡他。酸性肠卡他时肠内容物 pH 偏低，听诊肠音增强，排便频繁，腹泻；碱性肠卡他 pH 偏高，听诊肠蠕动减弱，排便迟缓，粪干色深，有腐败味。猪肠卡他常继发于胃卡他，主要表现下痢，肠音增强。

诊断　由于本病分类较复杂，不同部位、不同性质的疾病治疗方法又有一定的区别，因此，诊断时必须仔细认真，注意鉴别诊断。

诊断要点

(1)根据粪便、肠音特征、猪有无呕吐现象等，确定是胃卡他还是肠卡他。若肠音减弱、粪球干小，多为胃卡他；若以下痢为主，多为肠卡他。

(2)再根据肠内容物 pH 高低，确定是酸性肠卡他还是碱性肠卡他。如果 pH 偏低，肠蠕动增强，排粪频繁，粪便粥样或水样，带酸臭味，为酸性肠卡他；如果 pH 偏高，肠蠕动减弱，排便迟缓，粪干色深，有腐败味，为碱性肠卡他。

根据以上临床症状诊断要点就可以做出确诊。范例(1)、范例(2)多是胃卡他，范例(3)多是酸性肠卡他，范例(4)多为碱性肠卡他，范例(5)多为慢性肠卡他，范例(6)多为猪继发性肠卡他。

治疗技术　治疗原则是除去病因，加强护理，清理胃肠，制止腐败发酵和调整胃肠机能等。

【处方 1】石蜡油，马 500～1 000 mL，犊、驹、猪 50～100 mL；硫酸钠或硫酸镁，马、骡 200～500 g，配成 6%溶液，加鱼石脂 15～20 g，一次投服。猪粪便干小时，硫酸钠或硫酸镁，1 g/kg 体重，配成 6%溶液灌服；马用毒扁豆碱 0.02～0.03 g/kg 体重，皮下注射。

【处方 2】细菌或病毒引起的，在处方 1 的同时，用磺胺脒 0.2～0.4 g/kg 体重，灌服，首次量加倍。或磺胺嘧啶 0.07 g/kg 体重，静脉注射，首次量加倍。

【处方 3】以胃机能紊乱为主的胃肠卡他，在处方 1 的同时，用稀盐酸，马、骡 10～30 mL，猪 2～10 mL，混入饮水中，2 次/d，5～7 d 为一个疗程。龙胆酊，马、骡 20～50 mL，猪 5～10 mL，内服，2 次/d。

【处方 4】马属动物酸性肠卡他，硫酸钠或硫酸镁，马、骡 200～500 g，配成 6%溶液，加鱼石脂或克辽林 15～20 g，一次投服。0.5%～2%碳酸氢钠 5 000～6 000 mL，灌肠。碱性肠卡他，用石蜡油 500～1 000 mL，灌服，10%氯化钠 250～500 mL，静脉注射。

【处方 5】平胃散：苍术 30 g，厚朴 30 g，陈皮 30 g，三仙 90 g，干姜 15 g，炙甘草 15 g，研末，开水冲服。

用健脾散：当归 30 g，白术 30 g，菖蒲 30 g，厚朴 30 g，砂仁 30 g，官桂 30 g，青皮 30 g，茯苓 30 g，泽泻 30 g，干姜 15 g，炙甘草 15 g，五味子 30 g，研末，开水冲服。

护理方法　注意通风、褥草干燥，给予易消化、营养丰富的草料，重食饵疗法。补水。

预防措施　贯彻“预防为主”的原则，着重改善饲养管理，合理使役，适当运动，增强体质，保证健康。

(六)胃肠炎

胃肠炎是胃肠表层黏膜及深层组织发生的重剧炎症的疾病。临床表现为严重的胃肠机能紊乱、脱水、自体中毒和毒血症症状，胃肠壁充血、出血、化脓或坏死。本病是畜禽的常见多发病。

范例(1)　犊牛病初，排泄含水较多的软粪，渴欲增加。病后期，排脓性稀粪，带肠黏膜，肛门松弛，排便失禁。腹泻时间持续较长的患畜，呈现里急后重现象，并伴发不同程度的腹痛的症状。后经兽医诊断，确定为胃肠炎。

范例(2)　母猪出现呕吐，呕吐物带有血液或胆汁，口臭显著。粪便变化不大或干硬。无食欲，有饮欲。后经兽医诊断，确定为胃肠炎。

病因分析

(1)原发性胃肠炎，凡能引起胃肠卡他的致病因素，也可以导致胃肠炎。不同的是，造成胃肠炎的病原的刺激作用强，或是畜禽对刺激的耐受或抵抗力减弱，或两者同时存在。不过饲养管理上的错误占首要地位。

由于抗生素的滥用，一方面细菌产生抗药性，另一方面在用药过程中造成肠道的菌群失调引起的二重感染问题，也易致病。

(2)继发性胃肠炎，见于某些传染病（如猪瘟）、寄生虫病及很多内科病等。

疾病信息收集　本病症状与胃肠卡他相似，但无论腹泻还是全身症状，都比胃肠卡他严重。通过视诊和听诊都可以检查出。腹泻是本病的主要症状之一，并且粪便中混有血液、黏液、黏膜组织，有时混有脓液、恶臭。后期肠音减弱或停止，排便失禁。腹泻时间长者，肠音消失，呈现里急后重，并有不同程度的腹痛。全身症状主要是检查体温变化和脱水现象。实验室检查，血液浓稠，中性粒细胞增加，核左移，白细胞超过2万。

诊断　根据腹泻严重和粪便中混有血液、黏液、黏膜，甚至脓液，明显的里急后重，以及明显的全身症状等与胃肠卡他区别；通过流行病学调查，血、尿、粪的化验，对单纯性胃肠炎、传染病、寄生虫病的继发性胃肠炎鉴别诊断。实验室检查，主要表现为血液浓稠，中性粒细胞增加，核左移，白细胞数目增加。

诊断要点

(1)全身症状，食欲紊乱，舌苔变化，粪便中含有病理性产物等。

(2)进行流行病调查，血、粪、尿的化验，对单纯性胃肠炎、传染病、寄生虫病的继发性胃肠炎可进行鉴别诊断。怀疑中毒时，应检查草料和其他可疑物质。

(3)若口臭显著，食欲废绝，主要病变可能在胃；若黄染及腹痛明显，初期便秘并伴发轻度腹痛，腹泻出现较晚，主要病变可能在小肠；若脱水迅速，腹泻出现早并有里急后重症状，主要病变在大肠。

根据特征症状和诊断要点，可以做出诊断，范例(1)主要是胃肠炎，范例(2)主要是胃炎。

治疗技术　治疗的原则是清理胃肠，制止胃肠内容物的腐败发酵，维护心脏机能，纠正中毒，预防脱水和体内离子失衡，加强护理。选用抗生素时，先送检粪便，做药物敏感试验，为选用或调整药物作参考。

【处方1】马、牛腹泻者，庆大霉素100万IU，肌肉注射，2次/d，黄连素40 mL，肌肉注射，2次/d。

10%氯化钾20～50 mL，生理盐水500 mL，静脉注射。

药用活性炭100～200 g，加常水适量，灌服。

【处方2】5%碳酸氢钠500 mL，复方氯化钠1 000 mL，10%水杨酸钠50～100 mL，40%乌洛托品50～100 mL，10%安钠咖20～40 mL，静脉注射，2次/d，连

用3 d。

【处方3】止血敏2.5 g,肌肉注射或静脉注射,1次/d,连用3 d。

10%葡萄糖酸钙500 mL,静脉注射,1次/d,连用2 d。

维生素C 40 mL,皮下注射,2次/d,连用3 d。

矽炭银片30~50 g,鞣酸蛋白20 g,碳酸氢钠40 g,加水适量,灌服。

【处方4】中药白头翁汤:白头翁75 g,黄连35 g,黄柏35 g,秦皮35 g,水煎服1剂/d,连用3 d。

郁金散:郁金45 g,诃子30 g,黄芩30 g,大黄45 g,黄连20 g,栀子30 g,白芍30 g,黄柏30 g,研末,开水冲,候温灌服,1剂/d,连服3~5 d。

护理方法 要充分饮水,特别是腹泻比较严重者,饮水应补充口服补液盐,饲料应给予低蛋白、低脂肪的易消化食物,隔离区要安静,充分让患病家畜休息,避免惊吓。

预防措施 贯彻“预防为主”的原则,着重改善饲养管理,合理使役和适当运动,增强体质,保证健康。

(七)腹膜炎

腹膜炎是由于受到各种致病因素作用,引起腹膜局限性或弥漫性的浆液性乃至纤维蛋白性的炎症。本病各种家畜和家禽都发生。

范例(1) 某家牛表现精神委靡,眼窝下陷,食欲废绝,局部肌肉震颤,痛苦呻吟,全身出冷汗,低头弓背而立,不愿走动。强迫行走时举步谨慎,转弯或卧地时格外小心。瘤胃蠕动停止,轻度臌气、便秘。有时企图卧地,或卧而复起。表现前肢刨地、顾腹等腹痛症状。后经兽医诊断,确定为腹膜炎。

范例(2) 患病马腹部局部敏感,症状轻微,发展缓慢,消化不良,顽固性下痢,逐渐消瘦。后经兽医诊断,确定为腹膜炎。

病因分析

(1)原发性,由于受寒、感冒、过劳,或某些理化学因素的影响,机体防卫机能降低,抵抗力减弱,受到大肠杆菌、沙门氏菌、巴氏杆菌、化脓杆菌、链球菌或葡萄球菌等条件病菌的侵害而发生。另外,腹壁创伤及外科手术创,引起创伤性腹膜炎的发生和发展。腹腔及骨盆腔中的脏器的破裂或穿孔,如胃、肠、肝、子宫等器官的破裂,肠道与生殖道的菌群通过破裂孔,侵入腹腔,亦可引起本病。

(2)继发性腹膜炎,其他脏器和组织发生感染性炎症;病原菌从病变部蔓延或通过淋巴系统侵入到腹膜,或因病原菌随血液运行至腹腔,引起转移性腹膜炎。

疾病信息收集 弥漫性腹膜炎多取急性经过,多见于马。视诊主要观察严重的全身症状,如精神委靡,眼窝下陷,食欲废绝,肌纤维震颤,痛苦呻吟,出冷汗,不

愿走动。强迫行走时举步谨慎、转弯或卧地时格外小心。前肢刨地、顾腹等腹痛症状。腹水增多时，腹壁下垂和腹肋凸出。叩诊呈水平浊音，上方为鼓音。触诊腹部病畜躲避或抵抗。不定型热，呼吸浅表疾速，胸式呼吸，心动快速心脏衰弱等。

急性局限性腹膜炎，主要是触诊局部敏感；慢性腹膜炎，表现慢性胃肠卡他症状，顽固性下痢。

牛，除以上症状外，还表现食欲废绝，瘤胃蠕动停止，轻度臌气、便秘。注意与前胃疾病的鉴别诊断。

诊断　通过观察病畜的表现、腹围的变化、触诊腹部敏感等，本病也不难诊断。

诊断要点

(1)急性弥漫性腹膜炎病畜腹壁敏感，腹肌紧缩。

(2)呼吸浅表，呈胸式呼吸，脉搏快而弱。

(3)直肠检查感到腹膜粗糙、敏感。

(4)腹水量增多，颜色改变，混浊，甚或恶臭以及细胞成分和比例改变。

根据诊断要点，范例(1)为急性弥漫性腹膜炎，范例(2)为急性局限性腹膜炎。

治疗技术　治疗原则是去除病因，消炎止痛，防止渗出，促进渗出物吸收，保护心脏功能，增强病畜抵抗力，对症治疗。

【处方1】0.1%的高锰酸钾溶液冲洗创伤，局部止血、缝合，腹壁施行冷敷。

安痛定30～50 mL，皮下注射(或安乃近3～10 g)。

0.25%普鲁卡因50 mL，肌肉注射，或0.5%普鲁卡因溶液20 mL，做胸膜外封闭。

青霉素320万IU，链霉素300万IU，0.25%普鲁卡因溶液300 mL，5%葡萄糖溶液500～1 000 mL，加温至37℃左右，腹腔注射。

10%氯化钙溶液100～150 mL，40%乌洛托品溶液20～30 mL，安钠咖20～30 mL，生理盐水1 500 mL，头孢噻呋钠15 g，混合静脉注射。

【处方2】用细套管针腹腔穿刺，排除腹腔渗出液。渗出液浓稠时，行腹壁切开，用生理盐水或3%硼酸溶液洗涤腹腔。

先锋霉素10～15 g(或青霉素480万IU)，水杨酸钠150～250 mL，乌洛托品50～100 mL，安钠咖20～30 mL，生理盐水1 000 mL，静脉注射。

【处方3】十枣汤：大枣150 g，大戟、甘遂、芫花各30 g，后三味共研末，每服30～60 mL，大枣煎汤调服(注意，老龄、体虚、妊娠母畜忌服)。

护理方法　保持病畜安静，禁食2 d，静脉补给营养，病情好转后给予易消化的饲料。

预防措施　避免不良因素的刺激和影响，导尿、直肠检查、灌肠须谨慎；腹腔穿刺及腹壁手术应依照操作规程进行，防止腹腔感染。

（八）创伤性网胃腹膜炎

创伤性网胃腹膜炎是由于针、钉、碎铁丝等异物混杂在饲料内，被采食吞咽落入并刺伤网胃，以顽固性前胃弛缓、瘤胃反复臌胀、消化不良，网胃区、腹部区敏感性增高为特征的前胃疾病。本病主要发生于舍饲的耕牛和奶牛，间或发生于山羊。放牧牛羊群，距离城市和工矿区远的地区很少发生。本病死亡率较高，给畜牧业生产带来一定的危害。该病的诊断是一个难题。采用X光透视和金属探测仪诊断是比较理想和准确的方法。

范例(1)　某牛长期表现食欲、反刍变化反复不定，顽固性瘤胃臌气，按前胃弛缓治疗无效。磨牙、呻吟、不愿卧地、弓背站立，腹部触压躲避，不让人触及腹部。后经兽医诊断，确定为创伤性网胃腹膜炎。

病因分析　牛、羊采食迅速，并不咀嚼，以唾液裹成食团，囫囵吞咽，将随同饲料的金属异物吞咽落进网胃，导致本病的发生。

在瘤胃积食或臌胀、重剧劳役、妊娠、分娩以及奔跑、跳沟、滑倒、手术保定等过程中，腹内压升高，从而促使本病的发生和发展。

疾病信息收集　呈现顽固性前胃弛缓，有顽固性瘤胃臌气。治疗性诊断，按前胃弛缓治疗无效，前、中期使用前胃兴奋剂，如氯化氨甲酰胆碱、毛果芸香碱等，不但无效反致疼痛增强，病情加重。

痛性症候群，肘头外展、前肢开张站立贯穿病程始终。

腹部触诊敏感，穿刺后，穿刺液浑浊，发出恶臭。

通过对这些特征性症状的检查，对于本病的诊断有较重要的意义。

诊断　本病的诊断主要通过特征症状的检查，初步可以确诊。进行X光透视和金属探测仪诊断较准确。

诊断要点　姿态与运动异常，顽固性前胃弛缓，逐渐消瘦，腹部触诊疼痛，以及长期治疗不见效果。金属异物探测器检查，可获得阳性结果。应用X线透视或摄影，可获得正确诊断。

治疗技术　确诊后，使病牛站立于斜坡上，或斜台上，保持前躯高的姿势，减轻腹腔脏器对网胃的压力，促使异物退出网胃壁。改善饲养管理，肥育后淘汰。

【处方1】施行瘤胃切开术，从网胃壁上摘除金属异物。做腹腔冲洗手术。

【处方2】磺胺嘧啶150～300 mL，静脉注射（或青霉素320万IU，链霉素300 IU，分别肌肉注射），连续用药3 d。

【处方3】用取铁器经口投入网胃中，吸取胃中金属异物，青霉素480万IU，链霉素400万IU，分别肌肉注射。

护理方法　加强饲养和护理，保持安静，先绝食2～3 d，其后给予易消化的饲料，并适当应用防腐止酵剂、高渗葡萄或葡萄糖酸钙溶液，静脉注射。

预防措施

(1)加强经常性饲养管理工作，注意饲料选择和调理，防止饲料中混杂金属异物。

(2)村前屋后、铁工厂、作坊、仓库、垃圾等地，不可任意放牧。从工矿区附近收割的饲草和饲料，应注意检查。特别是奶牛、肉牛饲养场，种牛繁殖场，加工饲料应增设清除金属异物的电磁装置，除去饲料、饲草中的异物，以防该病的发生。

(3)建立定期检查制度，特别是对饲养场的牛群，可请兽医人员应用金属探测进行定期检查，必要时再应用金属异物摘除器从瘤胃和网胃中摘除异物。

(4)奶牛场应用磁铁环，经口投入网胃，吸附金属异物，每隔6～7年更换一次，用磁铁鼻环，以减少本病的发生。

二、实训与练习

实训一　胃肠炎的防治技术

一、目的要求

1.掌握家畜胃肠炎的症状收集、鉴别方法。

2.提出胃肠炎的治疗方案，并能实施治疗护理。

二、先备知识

(1)基础知识：了解胃肠解剖部位，掌握胃肠生理学特点，理解炎症病理变化过程，掌握消化系统药理、中草药药性和处方等。

(2)技能操作：熟练掌握临床诊断的方法，中兽医诊断方法，治疗技术，粪便的实验室检查方法，微生物实验室检查方法等。

(3)课程知识：掌握消化道炎症性疾病防治知识。

三、实训条件

(1)实训地点：一体化实训室、动物医院、养殖场等。

(2)实训病例：家畜胃肠炎的复制病例模型、患有胃肠炎疾病的家畜等。

(3)材料用具：听诊器、体温计、叩诊器、注射用具、胃管和常用保定器械、相应胃肠炎治疗药品、考核评价单(详见附录)等。

(4)指导教师：有从事兽医岗位工作3年以上经历的校内专任指导教师或校外兼职指导教师。

四、实训内容

1.疾病信息收集　小组成员对病畜进行病史调查和临床检查，并记录各项检查结果。

(1)病畜登记:年龄辨别,畜主问询,病情调查。

(2)现症检查:一般检查中,体温、脉搏、呼吸数的测定;消化系统检查中,注重胃肠的触诊,视诊观察家畜的排粪动作、粪便等。

(3)实验室检查:粪便混有物检查、消化道微生物检查等。

2.诊断　分组讨论建立诊断分析,小组应用鉴别诊断和论证诊断法,对有关症状进行逻辑分析。

3.治疗方案　由小组医生提出治疗方案并制定处方,对处方的配伍进行说明。

4.实施治疗　由小组进行处方的执行,实施治疗。其他小组成员进行配合。

5.效果观察　观察、记录治疗效果。根据治疗效果各小组代表进行诊断说明和治疗方案分析,分小组实施治疗,由指导教师指导。

6.工作过程评估　整个工作过程的优劣,由学生自评、小组互评、教师评价完成。

注意事项:病例取得可采用人工诱发复制模型或动物门诊、养殖场预约的方式完成,同时结合电教片进行,针对相关的病例问题,由教师及时提出帮助,正确引导学生进行讨论。

五、教学组织

学生每4人一组,分组进行实验,按照操作步骤进行课程实践。

六、作业

1.实验报告分析。

2.实训心得和建议。

3.小组讨论完成接诊单、诊断书、处方、治疗护理单、病历册等相关医疗文件。

备注:考核办法采用过程考核(详见附录)。

【课后作业】

一、解释名词

1.咽炎　2.胃肠炎　3.网胃敏感检查　4.创伤性网胃炎

二、单项选择题

1.一成年牛在秋后放牧时,舌面出现红斑,畜主用食盐在舌面涂擦后好转,你认为该牛患的是(　　)。

A.卡他性口炎　　B.水泡性口炎

C.溃疡性口炎　　D.重剧性口炎

2.下列疾病中,明显表现吞咽障碍,吞咽时伸颈或不敢吞咽而吐出的是(　　)。

A. 口炎　　B. 咽炎

C. 瓣胃阻塞　　D. 前胃迟缓

3. 一成年牛发病后表现不食，饮水减少，里急后重，便带脓血，你认为下列措施中不是十分正确的是（　）。

A. 注射庆大霉素或其他抗生素　　B. 灌服石蜡油和硫酸钠溶液

C. 补充葡萄糖、生理盐水、复方氯化钠　　D. 灌服药用炭

4. 下列疾病中，患病动物表现腹壁敏感，腹肌紧缩，腹壁下垂和腹肋凸出的疾病是（　）。

A. 弥漫性腹膜炎　　B. 急性局限性腹膜炎

C. 瘤胃臌气　　D. 急性胃肠炎

5. 下列疾病中，患病动物表现剑状软骨区压痛、肘肌群颤抖、畏缩下坡、肘头外展、前肢开张站立的疾病是（　）。

A. 弥漫性腹膜炎　　B. 瓣胃阻塞

C. 创伤性网胃炎　　D. 急性胃肠炎

6. 创伤性网胃炎的主要发病原因是（　）。

A. 将饲料中的金属异物吞咽　　B. 机械性损伤

C. 病原微生物感染引起网胃壁损伤　　D. 外部损伤感染后的炎症扩散

三、判断题

1. 口炎是口腔黏膜炎症的总称，包括齿龈炎和舌炎。（　）

2. 一奶牛发生严重的咽炎，咽部肿胀，吞咽困难，难以摄食，为了治疗和补充营养，兽医采取了插胃管，经胃管送服了药物和麸皮、玉米、红糖粥的措施。（　）

3. 反刍兽真胃炎发生后，患病动物的典型症状是剧烈腹泻，便带脓血。（　）

4. 动物疾病治疗过程中，确定正确的治疗方案和正确选择药物是最主要的，但同时对于药物要经过正确的调制，防止浓度过大和刺激性过强，对于胃肠道产生刺激而引起炎症过程。（　）

5. 在反刍动物发生胃肠炎或胃肠卡他时，若有粪球干小或里急后重表现时，适当使用硫酸钠或硫酸镁泻下是必要的。（　）

6. 在发生炎症性疾病时，要采取抗生素治疗，但不能滥用，滥用抗生素一方面可以引起病原微生物产生耐药性，另一方面又可以引起正常菌群失调，容易引起二重感染。（　）

四、病例分析

1. 一成年奶牛最近出现少食、流涎现象，检查口腔，开始在舌面可看到有红色斑点，后期出现水泡，水泡破裂后流出淡黄色透明液体，破溃面开始有灰白色增生

物,绝大多数愈合,但有部分溃烂增加。检查时,体温保持正常,你认为该奶牛患什么疾病?试开处方治疗。

2.一奶牛发生口炎,除舌面、齿龈出现红斑、水泡、糜烂和溃疡外,还表现精神沉郁,体温40.6℃,呼吸加快。治疗时,兽医采取防腐消毒药洗涤口腔,青黛散等中药制剂制成细末装入布袋衔在口中等方法,你认为这样治疗方法是否得当,还应该采取什么治疗措施?

3.一奶牛最近出现食少、采食、咀嚼缓慢,饲料咀嚼后,不敢吞咽或吐出。并有流涎,流鼻液,咳嗽现象。触压咽部,表现肿胀,温热,病牛躲避,从两侧向内压迫,表现敏感,痛性咳嗽。根据以上症状,拟做出诊断,并开处方治疗。

4.1月龄犊牛前来就诊,主诉:病初该犊牛2 d前开始食少,排泄软粪,带多量黏液,病犊排粪时不断努责。今日起完全不食,腹泻严重,便带脓血。临床检查:体温40.9℃,呼吸46次/min,脉搏91次/min,肠音减弱,眼球下陷,皮肤弹性减退。实验室检查:血液浓稠,中性粒细胞增加,核左移,白细胞超过2.5万。你认为该犊牛患的是什么病?并根据你的诊断开处方治疗。

子情境二 呼吸器官炎症性疾病防治技术

一、岗位工作范例

(一)感冒

感冒是由于受寒冷的影响,机体的防御机能降低,引起以上呼吸道感染为主的一种急性热性病。一年四季尤以春、秋气候多变时多见,各种家畜均可发生。

范例(1) 一奶牛精神沉郁,食欲减退,结膜充血,羞明流泪,眼睑轻度浮肿,耳尖、鼻端发凉,皮温不整。鼻塞不通,病初流水样鼻液,随后转为黏液或黏液脓性。咳嗽、呼吸加快。鼻镜干燥,反刍减弱。后经兽医诊断为感冒。

范例(2) 某群猪的两头猪怕冷,喜钻草堆,仔猪尤为明显。体温升高,触诊,耳尖、鼻端发凉,皮温不整。咳嗽、呼吸加快。后经兽医诊断为感冒。

病因分析 本病主要是由于寒冷突然袭击所致,如厩舍条件差,受贼风吹袭;舍饲的家畜突然在寒冷的气候条件下露宿;使役出汗后被雨淋风吹等。寒冷因素作用于全身时,机体防御机能降低,上呼吸道黏膜的血管收缩,分泌减少,气管黏膜上皮纤毛运动减弱,呼吸道常在菌大量繁殖,由于细菌产物的刺激,引起上呼吸道黏膜的炎症，出现咳嗽、流鼻涕、体温升高等现象。

疾病信息收集　患病动物鼻黏膜充血，鼻塞不通，病初流水样鼻液，随后转为黏液或黏液脓性。体温升高，触诊，耳尖、鼻端发凉，皮温不整。咳嗽、呼吸加快。猪多怕冷，喜钻草堆等，在本病的诊断中有较重要的意义。

诊断　主要是通过测体温，检查鼻黏膜、鼻液，以及呼吸系统的听诊进行诊断。本病应与流行性感冒相区别。流行性感冒为流行性感冒病毒引起，传播迅速，有明显的流行性，大批发生，依此可与感冒鉴别。

诊断要点

(1)寒冷刺激是本病发生的诱因。

(2)上呼吸道急性感染，畏寒发热。

治疗技术　治疗原则以解热镇痛为主。

【处方1】牛，生姜100～200 g，葱白100～200 g，水煎，取汁，候温灌服。

【处方2】安痛定(或安乃近)，牛20～40 mL，猪、羊5～10 mL，肌肉注射，1～2次/d。

【处方3】使用解热镇痛剂后，体温仍不下降或症状没有减轻时，磺胺嘧啶350～500 mL，静脉注射，2次/d，或青霉素320～480万IU，肌肉注射，2次/d。

【处方4】麻黄汤：麻黄30 g，桂枝45 g，杏仁60 g，炙甘草20 g，水煎，候温灌服。

银翘散：银花30 g，连翘30 g，淡豆豉25 g，桔梗25 g，荆芥穗25 g，竹叶30 g，薄荷15 g，牛蒡子25 g，芦根60 g，甘草10 g，研末，开水冲，候温灌服。

预防措施　加强饲养管理，增强机体耐寒性锻炼，防止家畜突然受寒。如防止贼风吹袭，使役出汗时不要把家畜拴在阴凉潮湿的地方，冬季气候突然变化时注意防寒措施等。

(二)喉炎

喉炎是喉黏膜的炎症，临床上以剧烈的咳嗽和喉头敏感为特征，有时与咽炎并发，称为咽喉炎。

范例(1)　某牛表现剧烈的疼痛性咳嗽，数天后咳嗽稍有缓和，声音嘶哑。患畜头向前伸，避免向两侧转动。饮冷水、采食干饲料，早晨吸入冷空气时，咳嗽加剧。后经兽医诊断为喉炎。

病因分析　原发性喉炎主要是由受寒感冒，吸入有害的气体、尘埃、霉菌、麦芒以及热畜突饮冷水等都可刺激喉黏膜而引起炎症。

疾病信息收集　临床视诊可收集到家畜剧烈的疼痛性咳嗽。初为干、短、剧痛性咳嗽，数天后变为湿、长而痛感稍有缓和的咳嗽，时间延长，声音变为嘶哑。喉头疼痛剧烈时，患畜头向前伸，避免向两侧转动。饮冷水、采食干饲料以及冷天早晨吸入冷空气时，咳嗽加剧，并常有轻度的吞咽障碍。触诊时喉头部敏感。

触诊喉部及紧接喉部的气管环，可引起强烈的咳嗽，压迫时可引起呼吸困难。喉部敏感、肿胀、发热，过多的分泌物可随咳嗽从口鼻咳出。

听诊喉部，在不同的时期分别可听到呼噜音、喉头狭窄音。出现狭窄音时呈现吸气呼吸困难。体温升高，有时体温可达40℃以上。

诊断　通过剧烈的咳嗽表现和触诊时喉头部敏感即可确诊。

诊断要点　剧烈的痛性咳嗽和喉头敏感。

治疗技术

【处方1】0.25%普鲁卡因溶液20～30 mL，青霉素80万～160万IU，喉头周围封闭，2次/d。

【处方2】马、牛，青霉素160万IU，注射用水20 mL，0.5%普鲁卡因20 mL，局部封闭。

【处方3】青霉素320万～480万IU，链霉素400万IU，肌肉注射(或磺胺嘧啶350～400 mL，静脉注射)，2次/d。喉部热湿毛巾温敷。

【处方4】加减普济消毒饮：大黄60 g，酒黄芩30 g，酒黄连25 g，甘草30 g，薄荷60 g，玄参60 g，牛蒡子30 g，柴胡60 g，桔梗60 g，板蓝根60 g，青黛30 g，陈皮30 g，连翘60 g，山豆根60 g，水煎服。

喉风内吹散：冰片、硼砂、青黛、胆矾、僵蚕、皂角、薄荷、全蝎等份研末，吹入喉内，2次/d。

【处方5】有传染病可疑时，除采取上述疗法外，主要进行病原疗法。

护理方法　置病畜于温暖与通风良好的畜舍中。尽量减少头部的左右活动。给以柔软的无尘埃的青干草、新鲜的青绿饲料、块根多汁饲料或液状饲料，给微温的清洁饮水。

预防措施　喉炎的预防主要为预防受寒感冒和其他致病因素的刺激。对于继发性喉炎应及时根治原发病。

(三)支气管炎

支气管炎是支气管黏膜表层或深层的炎症。临床上以咳嗽、流鼻液与不定热型为特征。见于各种家畜和家禽，尤以幼畜和老龄家畜为甚。通常在早春和晚秋，动物受到气温剧烈变化的影响而患病。按病程可分为急性和慢性两种。

急性支气管炎是支气管黏膜表层和深层的急性炎症过程，临床上以咳嗽、流鼻液为特征；慢性支气管炎为支气管黏膜长期的持续数月甚至数年的慢性炎症，以支气管黏膜和支气管壁的组织形态发生改变和临床上表现的持续咳嗽为特征。

范例(1)　某家牛咳嗽,病初为干、短、痛性咳嗽。3～4 d后为湿润而长的咳嗽,疼痛减轻,经常发作,咳出黏液或黏液脓性,灰白色或黄色痰液,由两侧鼻孔流出。后经兽医诊断为支气管炎。

病因分析

(1)原发性　受寒感冒是引起支气管炎的主要原因。吸入某些刺激性物质,如饲草或空气中的尘埃等,亦为本病发生的原因。

吞咽障碍的病畜在饮水或采食时,将少量液体或固体咽入气管中;或不正确地或强制地灌服液体时,可能误入气管中。既能刺激黏膜,还常为细菌感染和腐败微生物所污染,常引起吸入性支气管炎。

畜舍卫生条件不好,如通风不良、闷热潮湿以及营养价值不全的饲养和维生素A缺乏等,均为支气管炎发生的诱因。

(2)继发性　某些传染因素和寄生虫的侵袭,也可导致支气管炎。邻近器官炎症的蔓延,如喉炎、肺炎以及胸膜炎等也可继发支气管炎。

原发性慢性支气管炎常常由于急性支气管炎的致病因素未能及时除去,未能及时给予正常的治疗,饲养管理和护理不周或使役不当,都有使急性变为慢性的可能。肺的慢性病如鼻疽、结核、肺的蠕虫病和心脏瓣膜病等经过中,都能影响肺内气体交换,使血液循环障碍,引起支气管的慢性炎症过程。

疾病信息收集　急性支气管炎可见症状主要是咳嗽,病初为干、短、痛性咳嗽。3～4 d后为湿润而长的咳嗽,疼痛减轻,经常发作,有时咳出痰液。痰液为黏液或黏液脓性,灰白色或黄色,由两侧鼻孔流出。

触诊喉头或气管,敏感性增高,常诱发持续性咳嗽,咳嗽声音高朗。

胸部听诊,病初肺泡呼吸音增强,2～3 d后可听到啰音。病的前几天,呈干啰音,随分泌物增多并变为稀薄,则为湿啰音。

全身症状轻微,体温正常或升高0.5～1℃,呼吸增数。精神委靡,嗜睡,食欲大减,易疲劳。

毛细支气管炎主要病变发生在毛细支气管时,全身症状重剧。体温升高1～2℃,呼吸疾速,呈呼气性困难。胸部听诊,听诊支气管小水泡音或干性啰音。炎症很快侵入肺泡,引起支气管肺炎,无论全身症状还是肺部症状都更加严重。

慢性支气管炎时持久的拖延数月甚至数年的咳嗽为其特殊症状,早晚进出畜舍,饮水采食,稍运动或紧张劳役以及气候剧变时,常常引起剧烈的咳嗽。痰量不多,有时混有少量血液。

诊断　不同类型的支气管炎有不同的症状,诊断时应该注意对全身症状、喉头部、气管、肺部的触诊,X射线检查可见肺部的支气管阴影增粗而延长。

预后情况　慢性支气管炎治疗比较困难，对役用、肉用牛、羊等，确诊后应淘汰。

诊断要点　建立诊断主要依据病史材料的分析，如受寒感冒、临床特征、咳嗽、啰音和 X 射线检查的结果等。根据诊断要点，范例(1)为支气管炎。

治疗技术　治疗原则为消除病因，祛痰、镇咳、消炎。

【处方 1】氯化铵，牛 10～20 g；或用人工盐 200～400 g。

复方樟脑酊，牛 20～50 mL；复方甘草合剂 100～150 mL；或杏仁水，牛 30～60 mL，1～2 次/d。

10%磺胺嘧啶钠溶液，牛 300～400 mL，静脉注射。或青霉素 1 万～2 万 IU/kg，肌肉注射，2 次/d，连用 2～3 d。病情严重者用头孢噻呋钠 10～15 g，5%葡萄糖溶液，静脉注射，2 次/d。

【处方 2】10%磺胺嘧啶钠溶液，马、牛 300～400 mL，猪、羊 20～50 mL，静脉注射，2 次/d。

青霉素，马、牛 1 万～2 万 IU/kg，链霉素 1 万～2 万 IU/kg，肌肉注射，2 次/d，连用 2～3 d。

青霉素 320 万 IU，链霉素 300 万 IU，注射用水 30 mL，0.5%普鲁卡因 20 mL，缓慢气管内注射，2 次/d。

氯化铵，马、牛 20～40 g，人工盐 200～300 g，复方甘草合剂 200 mL(或杏仁水 100 mL)，温开水冲服，2 次/d。

【处方 3】急性支气管炎用清燥救肺汤：石膏(先煎)100 g，桑叶 30 g，麦冬 30 g，阿胶(烊化)25 g，胡麻仁 30 g，杏仁 30 g，枇杷叶(去毛蜜炙)25 g，党参 25 g，甘草 15 g，水煎服。

【处方 4】慢性支气管炎用参胶益肺散：党参 60 g，阿胶 60 g，黄芪 45 g，五味子 50 g，乌梅 20 g，桑皮 30 g，冬花 30 g，川贝母 30 g，桔梗 30 g，米壳 30 g，研末，开水冲，候温灌服。

护理方法　首先消除致病因素，给病畜建立良好的饲养管理条件，如安置于温暖而无贼风与温差变化不大的、通风良好的厩舍内；饲槽与饮水清洁，避免利用有尘埃的垫草与饲草；饲喂营养价值完全的饲料。为了减少对支气管黏膜的刺激，在厩舍内喷水使空气湿润。

预防措施　加强耐寒锻炼防止感冒，特别是防止那些发热、出汗的家畜免受寒冷、风、雨、潮湿等的袭击。不可将出汗的动物置于冷厩中、饮冷水和喂给冰冷的饲料。平时注意饲养管理，喂给营养丰富易于消化的饲料。圈舍要通风透光，保持空气新鲜清洁。

(四)支气管肺炎(小叶性肺炎)

支气管肺炎系个别肺小叶或几个肺小叶的炎症,故又称为小叶性肺炎。通常于肺泡内充满由上皮细胞、血浆与白细胞组成的卡他性炎症渗出物,故也称为卡他性肺炎。临床上以弛张热型、呼吸次数增多、叩诊有散在的局灶性浊音区和听诊有捻发音等为特征。

范例(1)　某牧民家的马,病初表现咳嗽、气喘、呼吸困难、呼吸次数增加。呈干性痛咳,病程延长时,咳嗽,流鼻液。体温高达 41℃,后去动物门诊,经兽医叩诊发现有散在的局灶性浊音区,确定为支气管肺炎。经过 4 d 治疗痊愈。

病因分析

(1)原发性病因　在呼吸道内常存在一些非特异性致病微生物,如肺炎球菌、链球菌、流感病毒和疱疹病毒等,在受寒感冒、饲养管理失调、物理和化学因素的刺激、过度劳累以及使役不当等情况下,在某种程度上都能降低整个机体特别是肺组织的抵抗力,以致引起本病。

(2)继发性病因　支气管肺炎通常是先由支气管炎症的蔓延,逐渐波及所属肺小叶,引起肺泡炎症和渗出现象,导致小叶性肺炎。因此,凡足以引起支气管炎的原因,都是支气管肺炎发生的原因。一些化脓性疾病如牛的子宫炎、乳房炎以及阉割后的阴囊化脓等,其病原菌可以通过血源的途径进入肺脏而致病。

疾病信息收集　采用临床一般检查及系统检查方法,可发现体温升高 1.5～2℃,弛张热或间歇热。脉搏随着体温的变化而改变,病初稍强,以后变弱。脉搏频率可增至 60～100 次/min,中小动物则更多。呼吸困难,发炎的小叶数目愈多呼吸愈浅,呼吸愈困难。呼吸频率可增至 40～100 次/min,中小动物更多。

病初呈干性痛咳,随着渗出物的增多,咳嗽变为湿性,痛苦减轻,并有分泌物被咳出。咳嗽的增剧表示病变区域的扩大,其减轻是病情好转的征兆。

流鼻液,初期和末期鼻液较多。通常马有少量鼻液,常干涸而附于鼻孔周围;牛、羊鼻液呈黏性;猪常为脓性。

肺部叩诊,病灶位于肺表面,可听到一个或数个小的浊音区,在浊音区周围可听到过清音;反之,若病灶深在,浊音不明显。

胸部听诊,在病灶部分,病初肺泡呼吸音减弱,可听到捻发音;以后渗出物堵塞了肺泡和细支气管,致空气不能进入,从而肺泡呼吸音消失,可能听到支气管呼吸音。其他健康部位,肺泡音亢盛。

血液学检查,白细胞总数和嗜中性白细胞增多,核左移,单核细胞增多,嗜酸性白细胞缺乏。伴有并发症而转归不良的患畜血液中,白细胞减少、单核细胞减少和嗜酸性白细胞缺乏。

尿常为酸性反应，含有蛋白，有肾脏疾患时更显著。

X射线检查，肺纹理增重，伴有小片状模糊阴影。

诊断　本病的症状与其他许多呼吸系统疾病相似，诊断时必须通过呼吸方式、呼吸频率、鼻液性质的观察；肺部的听诊时呼吸音的变化、啰音的特征等仔细诊断。最好作X射线检查。

诊断要点

(1)体温升高，呈弛张热型。

(2)短钝的痛咳，胸部叩诊呈局灶性浊音区，听诊有捻发音，肺泡音减弱或消失。

(3)X射线检查出现散在局灶性阴影。

治疗技术　治疗原则为改善营养加强护理，消炎、止咳、制止渗出和促进其吸收与排除，以及对症治疗。

【处方1】马、牛，先锋霉素10～15 g，10%水杨酸钠200 mL，乌洛托品100 mL，安钠咖30 mL，地塞米松30 mL，5%葡萄糖500 mL，10%氯化钙溶液200～300 mL，静脉注射。

青霉素或链霉素，马、牛100万IU，溶于15～20 mL蒸馏水，气管内注射；或青霉素320万～480万IU，链霉素400万～600万IU，3%盐酸普鲁卡因溶液10～20 mL，加蒸馏水配成60 mL，气管内注入，1次/d。

复方樟脑酊，马、牛20～50 mL，猪、羊1～3 mL；复方甘草合剂，马、牛100～150 mL，猪、羊10～20 mL；或杏仁水，马、牛30～60 mL，猪、羊2～5 mL等，1～2次/d。

【处方2】麻杏石甘汤加味：麻黄30 g，杏仁45 g，石膏(打碎先煎)150～150 g，炙甘草45 g，黄芩60 g，栀子30 g，连翘30 g，银花30 g，贝母30 g，桔梗25 g，水煎服。

【处方3】白虎汤加味：石膏250 g(后下)，知母60 g，甘草45 g，粳米100 g，麻黄45 g，杏仁45 g，紫菀30 g，冬花20 g，桔梗20 g，贝母20 g，生地30 g，玄参30 g，水煎，候温灌服，1剂/d。

护理方法　隔离病畜，置于光线充足、通风良好而温暖畜舍中。给予富有营养、多汁和易消化的饲料。给量宜少，次数宜多。为了改善病畜饮食，用人工盐、苦味芳香健胃剂或稀盐酸与胃蛋白酶合用。

预防措施　预防措施与支气管炎同。此外，应预防和根治能继发本病的一些传染病和寄生虫病。

(五)大叶性肺炎

大叶性肺炎是整个肺叶发生的急性炎症。该病的炎性渗出物为纤维蛋白性物质,故称为纤维蛋白性肺炎或格鲁布性肺炎。临床以高热稽留、铁锈色鼻液、肺部的广泛浊音区和病理的定型经过为特征。

范例(1)　某牛呼吸加快,呼吸困难。反刍紊乱,泌乳降低或停止。喜卧,常发出哼声和磨牙。咳嗽,鼻流铁锈色或黄红色鼻液。后经兽医检查,确定为大叶性肺炎。

范例(2)　某马多保持站立,卧下时,呼吸更感困难。咳嗽,鼻流铁锈色或黄红色鼻液。后经兽医检查,确定为大叶性肺炎。

病因分析　本病的发生原因有传染性和非传染性两种。

(1)传染性　某些局限于肺、感染肺部脏器的传染病,如羊的传染性胸膜肺炎,牛、羊和猪的巴氏杆菌病。此外,存在于动物体内的和外界的病原菌如绿脓杆菌、大肠杆菌、坏死杆菌、沙门氏菌、霉形体属、链球菌、葡萄球菌以及肺炎球菌等,在本病的发生上有着重要意义。

(2)非传染性　大叶性肺炎是一种变态反应性疾病,同时具有过敏性炎症,这些炎症在预先致敏的机体中或致敏的肺组织内发生。

诱发本病的因素主要有受寒感冒、过劳、吸入有刺激性气体、外伤、管理使用不当、卫生环境恶劣等。

疾病信息收集　采用临床诊断方法可以发现,家畜病初体温 40～41℃或更高,稽留不退,维持至溶解期为止,为 6～9 d。脉搏病初稍快,体温每升高 1℃时,脉搏增加 10～15 次,体温继续升高 2～3℃时,脉搏不再增加,这种高热与脉搏加快之间不相适应的现象,为早期认识本病的主要症状之一。呼吸频率达 60 次/min,呈混合性呼吸困难。黏膜充血、黄染。牛反刍紊乱,泌乳降低或停止。喜卧并常卧于病侧,常发出哼声和磨牙。猪常躲藏于褥草中,多为躺卧;如并发渗出性胸膜炎,常作犬坐姿势。马多保持站立,卧下时,呼吸更感困难。

咳嗽为间歇性粗厉的痛咳,到溶解期,咳嗽变为流利而湿润。在肝变初期,鼻中有铁锈色或黄红色鼻液流出。

肺部叩诊,有大片浊音区。在充血和渗出期,叩诊呈过清音,肝变期叩诊音为半浊音或浊音,可持续 3～5 d。至溶解期,凝固的渗出物逐渐被溶解吸收和排出,故重新出现相应的叩诊音。马浊音区的出现,多从肺叩诊区肘后下部开始,逐渐扩展至胸廓的后上方,范围广大,上界多呈弓形,弓背向外。如肺之一侧或一部有广大的肝变区时,则他侧或他部的健康肺组织因代偿作用,叩诊呈过清音或鼓音,叩诊区扩大。

肺部听诊，充血和渗出期，出现肺泡呼吸增强和干啰音，随后出现湿啰音或捻发音，肺泡呼吸音减弱。肝变期肺泡音消失，支气管呼吸音增强。至溶解期，液化和排出，支气管呼吸音逐渐消失，湿啰音逐渐减弱、消失，出现捻发音。最后捻发音又消失而转为正常呼吸音。

血液学变化，白细胞增多，核左移；嗜酸性白细胞和单核白细胞减少，淋巴细胞减少；血小板和红细胞数量减少；红细胞的沉降加速。严重病例，白细胞减少。

尿液检查，尿量在肝变期减少，尿中的氯化物减少，尿密度增加。溶解期，尿量增多，密度下降，氯化物和尿素含量也增加。

X 射线检查，病变部呈现明显而广泛的阴影。

特别是高热稽留；高热与脉搏加快不相适应的现象；铁锈色或黄红色鼻液；肺部叩诊时过清音、半浊音或浊音和正常叩诊音的变化；肺部听诊出现湿啰音和捻发音；X 射线检查，病变部呈现明显而广泛的阴影等。这些症状和表现对于本病的诊断都有一定的意义。

诊断　通过以上典型症状，仔细检查即可以确诊。每一时期特征的叩诊和听诊音的变化，不难确诊，X 射线检查可见到有较大面积的阴影，更有助于诊断。但须注意与支气管肺炎和胸膜炎区别。

诊断要点　根据本病的定型经过，高热稽留，铁锈色鼻液。

治疗技术　治疗原则为改善营养加强护理，消炎、止咳、制止渗出和促进其吸收与排除，以及对症治疗。

【处方 1】病初，安钠咖 20 mL，皮下注射，0.5 h 后，"914"（新胂凡纳明 0.015 g/kg 体重，葡萄糖盐水或生理盐水 500 mL，缓慢静脉注射，3～5 d 后再使用一次，连用 3 次。

【处方 2】先锋霉素 10～15 g，10％水杨酸钠 200 mL，乌洛托品 100 mL，安钠咖 30 mL，地塞米松 30 mL，5％葡萄糖 500 mL，10％氯化钙溶液，马、牛 200～300 mL，静脉注射。

【处方 3】清瘟败毒饮：石膏 120 g，水牛角 3 g，黄连 20 g，桔梗 25 g，竹叶 60 g，甘草 15 g，生地 30 g，栀子 30 g，丹皮 30 g，黄芩 30 g，赤芍 30 g，玄参 30 g，知母 30 g，连翘 30 g，水煎服。

护理方法　隔离病畜，置于光线充足、通风良好而温暖畜舍中。给予富有营养，多汁和易消化的饲料；给量宜少，次数宜多。

预防措施　基本上同支气管肺炎。

(六)胸膜肺炎

胸膜肺炎是伴有渗出液与纤维蛋白沉积的胸膜炎症。特征是体温升高,胸壁疼痛,叩诊水平浊音及胸腔内含有纤维蛋白性渗出物。各种家畜都能发病。

范例(1)　某病牛初期精神不振,被毛蓬乱,食欲减少,震颤。卧地时小心,站立时肘部外展,有低沉微弱的咳嗽。体温达 41℃,呼吸困难,兽医触压胸部表现疼痛,躲避,呻吟。最终确定为胸膜肺炎。

病因分析　由于胸壁创伤如穿透创、胸膜腔肿瘤,或机体抵抗力衰弱时微生物侵入胸腔所致。大多数胸膜炎是一种继发性的疾病。可继发于腹膜炎、创伤性心包炎、肋骨和胸骨骨折、出血性败血病和胸部食管穿孔等。也可继发于传染性胸膜肺炎、牛的脑脊髓炎和结核病等。胸膜炎的主要病原是巴氏杆菌、结核杆菌、化脓杆菌、霉形体及纤毛菌等。

疾病信息收集　病初,全身检查,表现精神不振,被毛蓬乱,食欲减少,震颤。体温初升高,达 40℃以上,以后降至 38～40.5℃,弛张热或热型不定。

触压胸壁表现疼痛,躲避,呻吟。多采取站立姿势,肘部外展,不愿走动亦不愿躺卧。因过度衰弱而躺卧时,多卧于健侧。安静时,间或有低沉微弱的咳嗽。

胸部叩诊,初期表现疼痛及咳嗽加剧。因渗出液积聚,胸廓下部叩诊呈水平浊音,在浊音上部呈现清晰鼓音。

胸部听诊,病初,可听到胸膜摩擦音;随渗出液的蓄积,摩擦音消失,可听到拍水音,而这个部位的肺泡呼吸音减弱或消失,健康部分肺泡呼吸音则增强。

血液学变化,白细胞数和嗜中性白细胞增多,核左移,淋巴细胞减少。

胸腔穿刺,胸腔积聚有大量渗出液时,穿刺时可流出颜色淡黄、李瓦他氏试验阳性的液体,如穿刺液有腐败臭味或脓汁时,则表示病情恶化,胸膜已化脓坏死。

诊断　胸膜肺炎的诊断主要是通过较严重的全身症状。触压胸壁表现疼痛,胸廓下部叩诊呈水平浊音,在浊音上部呈现清晰鼓音;胸部听诊,听到胸膜摩擦音,后期听到拍水音;胸腔穿刺,流出颜色淡黄、李瓦他氏试验阳性的液体等,根据这些特征基本可以确诊。

诊断要点　典型的胸膜肺炎,确诊并不困难,X 射线检验更加准确。为了判定渗出物的性质,可进行胸腔穿刺。

治疗技术　治疗原则是消除炎症,制止渗出,促进渗出物的吸收和排除,以及防止自体中毒。

【处方 1】因创伤引起的胸膜肺炎,及时清理和处理伤口,0.1%高锰酸钾溶液冲洗伤口,止血,缝合,撒布青霉素粉。

青霉素 320 万～480 万 IU，链霉素 300 万～400 万 IU，肌肉注射。

【处方 2】10%樟脑酒精、芥子精，胸壁上涂擦，而后实行温敷。

10%水杨酸钠 200 mL，乌洛托品 100 mL，安钠咖 30 mL，5%葡萄糖 500 mL，10%氯化钙 200～300 mL，牛、马静脉注射，1 次/d，持续 3～5 d。

胸腔穿刺，排出积液，0.2%雷佛奴尔冲洗胸腔，青霉素 160 万～320 万 IU，胸腔内注射，1 次/d

【处方 3】高热病例，除采取处方 2 的治疗措施外，青霉素 320 万～480 万 IU，链霉素 300 万～400 万 IU，肌肉注射，至症状消失。

30%安乃近 40 mL，肌肉注射，高热降低时停止使用。

护理方法　停止劳役，给予柔软、富含营养的饲料。渗出性胸膜炎时，应适当限制饮水。

预防措施　主要为加强饲养管理，防止胸部创伤以及增加机体抵抗力。此外，及时根治原发病，对防止本病的发生有重要意义。

二、实训与练习

实训二　支气管肺炎的防治技术

一、目的要求

1. 掌握家畜支气管肺炎的症状收集、鉴别方法。

2. 提出支气管肺炎的治疗方案，并能实施治疗护理。

二、先备知识

(1)基础知识：了解呼吸器官解剖部位，掌握呼吸器官生理学特点，理解炎症病理变化过程，掌握呼吸系统药理、中草药药性和处方等。

(2)技能操作：熟练掌握临床诊断的方法，中兽医诊断方法，治疗技术，鼻液的实验室检查方法，微生物实验室检查方法，X 线检查等。

(3)课程知识：掌握呼吸道炎症性疾病防治知识。

三、实训条件

(1)实训地点：一体化实训室、动物医院、养殖场等。

(2)实训病例：家畜支气管肺炎的复制病例模型、患有支气管肺炎疾病的家畜等。

(3)材料用具：听诊器、体温计、叩诊器、注射用具、常用保定器械、相应支气管肺炎治疗药品、实训作业单、考核评价单(详见附录)等。

(4)指导教师：有从事兽医岗位工作 3 年以上经历的校内专任指导教师或校外兼职指导教师。

四、实训内容

1.疾病信息收集　小组成员对病畜进行病史调查和临床检查,并记录各项检查结果。

(1)病畜登记:年龄辨别,畜主问询,病情调查。

(2)现症检查:一般检查中,体温、脉搏、呼吸数的测定;呼吸系统检查中,注重肺部听诊、叩诊,视诊观察家畜的呼吸动作检查等。

(3)实验室检查:鼻液的实验室检查、呼吸道微生物检查、X线检查等。

2.诊断　分组讨论建立诊断分析,小组应用鉴别诊断和论证诊断法,对有关症状进行逻辑分析。

3.治疗方案　由小组医生提出治疗方案并制定处方,对处方的配伍进行说明。

4.实施治疗　由小组进行处方的执行,实施治疗。其他小组成员进行配合。

5.效果观察　观察、记录治疗效果。根据治疗效果各小组代表进行诊断说明和治疗方案分析,分小组实施治疗,由指导教师指导。

6.工作过程评估　整个工作过程的优劣,由学生自评、小组互评、教师评价完成。

注意事项:病例取得可采用人工诱发复制模型或动物门诊、养殖场预约的方式完成,同时结合电教片进行,针对相关的病例问题,由教师及时提出帮助,正确引导学生进行讨论。

五、教学组织

学生每4人一组,分组进行实验,按照操作步骤进行课程实践。

六、作业

1.实验报告分析。

2.实训心得和建议。

3.小组讨论完成接诊单、诊断书、处方、治疗护理单、病历册等相关医疗文件。

备注:考核办法采用过程考核(详见附录)。

【课后作业】

一、解释名词

1.感冒　　2.支气管肺炎　　3.息痨沟

二、选择题

1.下列呼吸系统疾病中,以纤维素多量渗出为特征的是(　　)。

A.咽喉炎　　B.支气管肺炎

C.大叶性肺炎　　D.支气管炎

2.下列呼吸系统疾病治疗过程中,使用新胂凡纳明的是(　　)。

A. 咽喉炎　　B. 支气管肺炎

C. 大叶性肺炎　　D. 支气管炎

3. 下列呼吸系统疾病中，出现息痨沟最明显的是(　　)。

A. 肺水肿　　B. 支气管肺炎

C. 感冒　　D. 大叶性肺炎

4. 下列疾病中出现铁锈色鼻液的是(　　)。

A. 感冒　　B. 支气管炎

C. 支气管肺炎　　D. 大叶性肺炎

5. 胸廓下部叩诊呈水平浊音，而呼吸音减弱，初期有胸膜摩擦音，后期有拍水音的疾病是(　　)。

A. 肺水肿　　B. 胸膜炎

C. 各种肺炎　　D. 肺气肿

6. 下列疾病在病的前中期，表现稽留热的是(　　)。

A. 感冒　　B. 支气管炎

C. 支气管肺炎　　D. 大叶性肺炎

7. 下列疾病中，呈弛张热或热型不定，触压胸壁表现疼痛，躲避，呻吟。多采取站立姿势，肘部外展，不愿走动亦不愿躺卧的是(　　)。

A. 支气管炎　　B. 支气管肺炎

C. 大叶性肺炎　　D. 胸膜肺炎

8. 在支气管肺炎、大叶性肺炎、胸膜肺炎时，使用10%氯化钙100～200 mL，牛、马静脉注射，其目的是(　　)。

A. 减少炎性渗出物　　B. 防止生产瘫痪

C. 增强心脏功能　　D. 补充丧失的钙

9. 下列疾病中表现严重痛性咳嗽的是(　　)。

A. 咽喉炎　　B. 支气管肺炎

C. 大叶性肺炎　　D. 支气管炎

10. 下列疾病中，胸腔穿刺可流出颜色淡黄、李瓦他氏试验阳性的液体的是(　　)。

A. 支气管炎　　B. 胸膜肺炎

C. 大叶性肺炎　　D. 支气管肺炎

三、判断题

1. 感冒、支气管炎等呼吸道疾病可以扩散转化为支气管肺炎。(　　)

2. 发生呼吸系统炎症性疾病时，普鲁卡因或青霉素气管内注射是很有治疗作

用的。(　)

3.支气管肺炎治疗过程中,如果浊音区扩大,标志着疾病开始好转。(　)

4.干性咳嗽主要发生在呼吸系统疾病初期,呼吸道内渗出物比较少的时候。(　)

5.大叶性肺炎时,X射线检查,病变部呈现明显而广泛的阴影。(　)

四、病例分析

1.一成年奶牛出现精神沉郁,食欲减退。前来就诊。主诉:夜晚气候改变,气温骤降,天气变化的当晚,在挤奶后将牛赶到棚圈外,第二天早晨,发现牛出现异常。临床检查:体温40.3℃,脉搏51次/min,呼吸30次/min,瘤胃蠕动1次/min,7 s/次。鼻镜干燥,眼结膜充血,眼睑轻度浮肿,触摸耳尖、鼻端发凉。鼻黏膜充血,流水样鼻液。人工诱咳呈阳性。试根据以上病史和症状,进行诊断,并开处方治疗。

2.一成年奶牛出现咳嗽、食少,发病的第三天畜主邀我们诊治。临床检查:体温40.8℃,脉搏79次/min,呼吸50次/min。诊治的过程中,病牛不断出现湿性咳嗽,并有分泌物被咳出。流黏性鼻液。肺部叩诊,有多个小的浊音区,浊音区周围可听到过清音。胸部听诊,部分肺区肺泡呼吸音减弱,可听到捻发音,部分肺区肺泡音亢盛。

检查血液,白细胞总数11 000个/ mL。

X射线检查,肺纹理增重,伴有小片状模糊阴影。

你认为该牛患什么病?并开处方治疗。

子情境三　心血管及淋巴器官炎症性疾病防治技术

一、岗位工作范例

(一)牛创伤性心包炎

心包的炎症称心包炎。以心区疼痛、心包摩擦音或拍水音、心浊音区扩大为特征。各种动物均可发生,以牛和猪最常发,牛多发生创伤性心包炎,猪多发生感染性心包炎。

范例(1)　某牛初期,表现前胃弛缓、异嗜、间歇性瘤胃臌气、骚扰不安等,逐渐出现采取前高后低的站立姿势。行走时忌上下坡,硬路面上止步不前,卧地和起立时十分小心，有时出现磨牙、呻吟。疾病中后期，触压心区有疼痛反应。后期静脉怒张，下颌间隙和垂皮水肿。腹式呼吸，呼吸浅表。先便秘，后腹泻，消瘦。后经过兽医诊断，确定为创伤性心包炎。

病因分析　创伤性心包炎是由于牛在采食的过程中，不经细的咀嚼，将混杂在草料中金属异物随同草料一起食入，随着前胃运动，异物刺伤网胃壁、膈肌和心包所致。

疾病信息收集　牛创伤性心包炎前期有创伤性网胃炎的症状，如瘤胃蠕动力减弱、食欲下降、异嗜、间歇性瘤胃臌气、骚扰不安等。视诊表现呈前高后低的站立姿势，行走时忌上下坡，硬路面上止步不前，卧地和起立时十分小心，有时出现磨牙、呻吟；触诊，网胃区敏感试验，表现躲避、呻吟等，用力压迫胸椎脊突和剑状软骨，双手将鬐甲皮肤捏成皱襞，病牛敏感不安，背部凹下。

异物刺入心包时，听诊，心音亢进，继而心搏动减弱，心音被杂音掩盖，有心包摩擦音，逐渐转为拍水音或金属音，触压心区有疼痛反应。后期静脉怒张，下颌间隙和垂皮水肿。腹式呼吸，呼吸浅表。先便秘，后腹泻，消瘦，皮肤弹性降低，眼窝下陷。体温升高，呈稽留热。需要注意的是，病程过久时，体温可降至正常，脉搏增减与体温升降不相适应(分离现象)，即体温降至正常时，脉搏次数仍然增多，这是本病的重要特征之一。

血液检查：白细胞总数增加，嗜中性白细胞比例增高，核左移。

X线胸透：心脏体积增大，可发现异物。

诊断　首先考虑有无食入铁丝、铁钉等坚硬异物的可能，前期有没有网胃炎的症状，中后期主要通过心区的听诊，检查心音是否正常，有无杂音、心包摩擦音、拍水音和金属音；通过触诊，检查触压心区和剑状软骨区时，牛是否敏感、疼痛、躲避、呻吟等；通过检查体温和脉搏，确定是否为稽留热，后期是否会出现体温和脉搏不相适应的症状。静脉怒张、下颌间隙和垂皮水肿，也具有一定的诊断价值。

诊断要点

(1)心区有压痛反应，心包摩擦音和拍水音，心区浊音区扩大。

(2)静脉怒张、下颌间隙和垂皮水肿。

(3)X线胸透显示，心脏体积增大，可发现异物。

治疗技术　确诊以后采取保守疗法，将患病动物呈前高后低站立，全身使用抗生素治疗，给予营养丰富的饲草料，育肥后淘汰，或直接淘汰。也可采用外科手术方法取出异物。

【处方1】洋地黄毒苷0.6～1.2 mg/kg体重，或毒毛花苷1.25～3.75 mg/kg体重，5%葡萄糖500 mL，静脉注射，2次/d，连用1～2 d。

10%磺胺嘧啶 350～400 mL,静脉注射(或青霉素 480 万 IU,肌肉注射)2 次/d。

护理方法　将家畜隔离放置在安静环境,多垫垫草,注意保温。

预防措施　主要为加强饲养管理,防止金属异物混入饲草料中。此外,饲喂时,可用吸铁器处理饲草料,及时除去金属异物、芒刺等异物,对防止本病的发生有重要意义。

(二)急性心肌炎

急性心肌炎是伴发心肌兴奋性增强和心肌收缩技能减弱为特征的心肌局灶性和弥漫性心脏肌肉炎症。本病很少单独发生,多继发或并发于其他各种传染性疾病、脓毒败血症或中毒性疾病过程中。

范例(1)　某牛,产后胎衣不下,后从阴门流出恶臭脓汁,精神逐渐沉郁,不食。经兽医检查,发现心跳亢进,节律不齐,确定为急性心肌炎,后经治疗痊愈。

病因分析　急性心肌炎通常继发或并发于其他各种传染性疾病、寄生虫疾病、脓毒败血症和中毒性疾病。

马的急性心肌炎多见于炭疽、传染性胸膜肺炎、急性传染性贫血、大叶性肺炎、支气管性肺炎、马腺疫、幼驹脐炎、败血症和脓毒败血症等,也可发生于夹竹桃中毒和汞、砷、铜中毒等的经过中。

牛的急性心肌炎并发于传染性胸膜肺炎、牛瘟、恶性口蹄疫、布氏杆菌病、结核病等的经过中。局灶性化脓性心肌炎多见于菌血症、败血症以及瘤胃炎-肝脓肿综合征、乳房炎、子宫内膜炎等伴有化脓灶的疾病。

猪的急性心肌炎常见于猪的脑心肌炎、伪狂犬病、猪瘟、猪丹毒、猪口蹄疫和猪肺疫等经过中。

犬的急性心肌炎主要见于犬细小病毒、犬瘟热病毒、流感病毒、传染性肝炎病毒等感染,棒状杆菌、葡萄球菌、链球菌等细菌感染,锥形虫、弓形虫、犬恶心丝虫等寄生虫感染。

另外,风湿病、磺胺类药物及青霉素的变态反应、白肌病等,也可诱发本病。

疾病信息收集　临床检查,大多数表现发热,精神沉郁,食欲减退或废绝。有的呈现黏膜发绀,呼吸高度困难,体表静脉怒张,下颌、垂皮、四肢下端水肿等,因心力衰竭而死亡。

听诊时,病初第一心音强盛伴有浑浊或分裂,第二心音显著减弱。重症患畜,出现奔马率,或有频繁的前期收缩,濒死期心音减弱。

脉搏,初期紧张、充实,随病程发展,脉性变化显著,心跳和脉搏不相称,心跳强盛而脉搏微弱。当病变严重时,出现明显的期前收缩,心律不齐,交替脉。

心电图变化：因心肌的兴奋性增高，R 波增大，收缩及舒张的间隔缩短，T 波增高，以及 P—Q 和 S—T 间期缩短。严重期，R 波降低，变钝，T 波增高以及缩期延长，舒张期缩短，使 P—Q 和 S—T 间期延长。致死期，R 波更变小，T 波更增高，S 波更变小。

诊断　根据病史、临床检查结果进行诊断。特别注意有些感冒、呼吸道感染也可引起本病。应注意急性心肌炎与以下病进行鉴别。

(1)心包炎，多伴发心包拍水音和摩擦音。

(2)心内膜炎，多呈现各种心内杂音。

(3)缺血性心脏病，多发生于老龄畜，多慢性经过，多伴有动脉硬化的表现，且无感染史和实验室证据。

(4)心肌病，无感染病史和实验室证据。起病较慢，病程较长，超声心动图示室间隔非对称性肥厚或心腔明显扩张，心肌以肥大、变性、坏死为特征。

(5)白肌病，有疾病流行区，病变主要限于心肌，心脏增大明显且长期存在，多呈慢性经过，心肌以变性、坏死和瘢痕等病变为特征。

诊断要点

(1)心速率与体温不相适应。

(2)心功能试验是诊断本病的一项指标。因为心肌兴奋性增高，往往导致心脏收缩次数发生变化。首次测定患畜安静状态下脉搏次数，后让患畜步行 5 min，再测其脉搏，甚至患畜停止运动 2～3 min 以后，其脉搏仍会增加，经过较长时间才能恢复原来的脉搏次数。

(3)心电图变化在诊断中有意义。

(4)临床中，心脏第一心音强盛伴有浑浊或分裂，第二心音显著减弱。

治疗技术　减少心脏负担，增加心脏营养，提高心脏收缩机能和防治原发病。

【处方 1】可用 20%的安钠咖 10～20 mL，皮下注射，每 6 h 注射一次。5%～20%葡萄糖 500～2 000 mL，静脉注射。

【处方 2】促进心肌代谢，可用 ATP 15～20 mg，辅酶 A 35～50 IU，细胞色素 C 15～30 mg，复合维生素 B 10 mL，维生素 C 20 mL，10%葡萄糖 2 500 mL，静脉注射，1 次/d，连用 4 d，间隔 1～2 d 再次使用。

原发病治疗参考原发病处方。

护理方法　改善饲养管理，给予营养物质丰富、易消化吸收的草料，饲料中添加含硒微量元素。病牛限制活动，牛舍保温，避免应激因素。

(三)淋巴管炎

淋巴管炎以下颌淋巴结、肩前淋巴结肿胀、硬固、中心化脓，脓汁浓稠呈乳白色，淋巴管增粗、充盈为特点。

范例(1)　某牛初期，皮肤和皮下组织出现鸡蛋大的硬结节，结节逐渐化脓，破溃后流出黄白色黏稠的脓汁。病灶外其他部位皮肤、皮下结缔组织及淋巴管形成较硬的结节和溃疡，并长时间不愈合，流出脓汁，蔓延扩大形成转移性脓肿。病畜食欲减退，逐渐消瘦，最后死亡。经兽医检查，确定为淋巴管炎。

疾病信息收集　根据临床观察，病情的发展可分为 4 个阶段：初期，皮肤和皮下组织发生豆大至鸡蛋大的结节，硬固，触之无痛感。第二阶段，结节逐渐化脓，顶部变软脱毛，形成脓肿，最后破溃流出黄白色黏稠的脓汁，有时混有血液，继而形成溃疡。第三阶段，黏膜损伤而出现原发性感染病灶。病变未侵入较大面积时，病畜无全身症状，皮下结节破溃后易于愈合。第四阶段，病菌经血液扩散到全身后，病畜部分皮肤、皮下结缔组织及淋巴管形成较硬的结节和溃疡，并长时间不愈合，流出脓汁，蔓延扩大形成转移性脓肿。病畜体温升高，食欲减退，逐渐消瘦，最后产生败血症而死亡。

剖检变化为下颌淋巴结、肩前淋巴结肿胀、硬固、中心化脓，脓汁浓稠呈乳白色，淋巴管增粗、充盈，淋巴液乳白色黏稠；肠系膜淋巴结肿大，淋巴结表面和切面有淡黄色或灰白色点状坏死灶，部分淋巴结中心化脓，脓汁为乳白色；脾脏肿大，表面可见大小不一的点状坏死灶，肝脏肿大局部有出血。

诊断　根据临床检查结果进行诊断，注意与皮肤脓肿进行鉴别。

诊断要点

(1)根据淋巴管解剖部位，下颌淋巴结、肩前淋巴结肿胀、硬固、中心化脓，脓汁黏稠呈乳白色。

(2)淋巴管增粗、充盈，淋巴液乳白色黏稠。

(3)肠系膜淋巴结肿大，淋巴结表面和切面有淡黄色或灰白色点状坏死灶，部分淋巴结中心化脓，脓汁为乳白色。

治疗技术　治疗原则为抑制和根除病变部位细菌的生长、繁殖，增强机体抵抗力。减少皮肤外伤，杀灭蚊蝇，防止其他致病菌的淋巴管炎感染。

【处方 1】局部处理：早期，外科手术摘除结节、脓肿，涂 20%碘酊。脓肿成熟后进行烧烙，填塞 1%碘酊纱布。

【处方 2】全身疗法：黄色素 100 mL，5%葡萄糖氯化钠 500 mL，静脉滴注，15 d 1 次，连用 3～4 次；葡萄糖酸钙 500 mL，25%葡萄糖 500 mL，维生素 C 40 mL，青霉素 480 万 IU，静脉注射，2 次/d。

护理方法　同上。

(四)静脉炎

由于颈静脉注射不熟练而反复扎针刺伤,颈静脉注射某些药物,如水合氯醛、氯化钙时漏至颈静脉周围,引起颈静脉炎。

范例(1) 某牛在静脉注射氯化钙时不慎漏至皮下,第二天,颈静脉沟皮下可摸到结节状和条索状、硬固有疼痛的肿胀物,患部下面、颈腹侧和胸前水肿。经兽医诊断,确定为静脉炎。

病因分析

(1)颈静脉注射不熟练,反复扎针刺伤,引起感染。

(2)颈静脉注射某些具有刺激性的药物,如水合氯醛、氯化钙时漏至颈静脉周围,引起牛颈静脉炎。

疾病信息收集 单纯性颈静脉炎在皮下可摸到结节状或条索状、硬固有疼痛的肿胀物,压迫血管近心端时,患部静脉怒张不明显。颈静脉周围炎颈静脉沟多呈弥漫性热痛性肿胀,患部下面、颈腹侧和胸前常有炎性水肿,多摸不到颈静脉,但压迫血管近心端时,于肿胀上方的静脉可见不同程度充盈。

血栓性颈静脉炎沿颈静脉周围出现明显的炎性水肿。血栓刚形成时静脉管壁常出现结节状硬结,可见头部血管扩张充血。压迫近心端时,远端不见血管扩张。穿刺病变部血管,无血液流出。

化脓性血栓性颈静脉炎局部炎症加剧,肿胀明显,表面带有黄色渗出物,压迫近心端,患部静脉不见扩张。有的形成脓肿和组织坏死,多伴有体温升高、精神沉郁等全身变化。出血性颈静脉炎多发生于化脓性血栓性颈静脉炎的过程中,若不及时发现、治疗,病畜可因失血而死亡。

诊断要点

(1)患牛精神沉郁,体温升高,呼吸次数明显增加,饮食欲废绝。

(2)静脉管沟处及其周围组织坏死,不断从创腔内流出混有血液的脓汁,有较大创口面积,形成创腔较深的瘘管。

根据以上诊断要点可以做出诊断。

治疗技术

【处方1】刺激性药物漏出血管外时,立即停止注射,隆起处皮下注入生理盐水(氯化钙漏出时注入10%~20%硫酸钠液)40~50 mL,20%硫酸钠液热敷。漏出液太多时,在肿胀处下缘作一切口排液。

【处方2】单纯性颈静脉炎,除去病因后用醋调消炎粉涂布或热敷。

【处方3】颈静脉周围炎,3%双氧水浸湿,5%碘酊消毒创围,酒精脱碘。切开排液,用0.1%~0.2%高锰酸钾(或生理盐水、0.5%新洁尔灭、0.1%~0.2%杜米芬、0.5%洗必泰)冲洗,除去异物、坏死组织。撒布青霉素粉或磺胺粉。

【处方 4】血栓性颈静脉炎,局部热敷或用醋调复方醋酸铅冷敷,化脓性血栓性颈静脉炎应施行颈静脉切除术;属出血性的要及时行血管结扎、切除。

【处方 5】全身治疗:青霉素 320 万～480 万 IU,肌肉注射(或 10%磺胺嘧啶 400～500 mL,静脉注射),2 次/d。

10%氯化钙 200～300 mL,5%碳酸氢钠 500 mL,安钠咖 40 mL,乌洛托品 100 mL,静脉注射,1 次/d。

护理方法　同上。

二、实训与练习

【课后作业】

一、解释名词

1. 创伤性心包炎　2. 白肌病　3. 淋巴管炎　4. 颈静脉炎

二、选择题

1. 颈静脉怒张、下颌间隙和垂皮水肿是下列哪种疾病的特征性症状?(　　)

A. 创伤性心包炎　B. 白肌病

C. 淋巴管炎　D. 颈静脉炎

2. 牛心肌炎发生的主要原因是(　　)。

A. 心脏供血不足　B. 冠状血管内血栓形成

C. 病原微生物感染　D. 硒的缺乏

3. 预防心肌炎通常采取补硒措施,经常口服硒盐,刚出生犊牛,所应用的是(　　)。

A. 亚硒酸钠溶液和维生素 E　B. 钙和维生素 D

C. 钙和磷　D. 磺胺嘧啶和抗菌增效剂

4. 淋巴管炎发生时,比较典型的症状是(　　)。

A. 淋巴管增粗,淋巴液呈红色　B. 淋巴管增粗、充盈,淋巴液乳白色黏稠

C. 淋巴管增生,数量增加　D. 淋巴管中纤维结缔组织增生,管腔堵塞

5. 下列药物中,在颈静脉注射时,如果漏至皮下,最容易引起静脉炎的是(　　)。

A. 生理盐水　B. 5%葡萄糖

C. 氯化钙注射液　D. 10%磺胺嘧啶

6. 静脉注射氯化钙漏出时,在肿胀部位注射的药物最好是(　　)。

A. 生理盐水　B. 5%葡萄糖

C. 10%～20%硫酸钠液　　　　D. 10%磺胺嘧啶

三、判断题

1. 心包炎的发生除创伤性因素外，也可继发于某些传染病，特别是猪更多见。（　）

2. 心肌炎发生的原因比较单一，就是硒和维生素 E 的缺乏。（　）

3. 硒缺乏引起的病变，除心肌外，也常发生在骨骼肌，因其病变肌肉退色，呈煮肉样或鱼肉样外观，故又称为白肌病。（　）

4. 预防颈静脉炎发生的主要措施是，熟练掌握静脉注射技术，注意消毒，避免反复扎针刺伤，颈静脉注射某些刺激性药物，如水合氯醛、氯化钙切勿漏至皮下，漏至皮下时要及时正确处理。（　）

四、病例分析

1. 一养殖户在晚秋将奶牛驱赶到一修理厂附近放牧，一段时间后，其中一牛出现异常。前来就诊。主诉：初期，食少、异嗜、间歇性瘤胃臌气、骚扰不安等。有时出现磨牙、呻吟。临床检查：体温 40.6℃，脉搏 98 次/min，呼吸 55 次/min，病牛精神不振，采取前高后低的站立姿势，网胃区敏感，压迫胸椎脊突和剑状软骨，双手将鬐甲皮肤捏成皱襞，病牛敏感不安，背部凹下。听诊，心搏动减弱，触压心区有疼痛反应，有拍水音。静脉怒张，下颌间隙和垂皮水肿。腹式呼吸，呼吸浅表。试根据病史和临床症状做出诊断，并制定治疗和处理措施。

2. 一成年奶牛发生生产瘫痪，在治疗过程中静脉注射 10%葡萄糖酸钙，但在治疗过程中漏到皮下，病畜表现明显的疼痛，颈静脉沟出现严重的弥漫性热痛性肿胀，颈腹侧和胸前水肿，摸不到颈静脉，压迫血管近心端，肿胀上方的静脉可见一定的充盈。试根据病史和临床症状做出诊断，并开处方治疗。

子情境四　泌尿生殖器官炎症性疾病防治技术

一、岗位工作范例

(一)肾炎

肾炎是指肾小球、肾小管或肾间质组织发生炎症性病理变化的统称。特征是肾区疼痛，尿量减少，尿液含有病理产物。急性肾炎是指肾实质的急性炎症病变，炎症主要侵害肾小球，故又称为肾小球性肾炎。慢性肾炎是指肾小球发生弥漫性炎症，肾小管发生变性以及肾间质组织发生细胞浸润的慢性肾脏疾病（慢性非硬化性肾炎），或是伴发间质结缔组织增生，致实质受压而萎缩，肾脏体积缩小变硬（慢性间质性肾炎，或称肾硬化）。各种家畜均有发生，肉食动物和杂食动物多见。

范例(1) 某牛突然发病，表现精神沉郁，食欲减退，消化不良，反刍紊乱。不愿活动。站立时，背腰弓起，后肢叉开或集拢于腹下。强迫行走时背腰僵硬，运步困难，步态强拘，小步前进，后肢不能充分提举而拖曳前进。尿频，少尿，尿色浓暗，血尿。眼睑、胸腹下、阴囊部水肿。经兽医诊断，确定为肾炎。

范例(2) 某马发生急性肾炎，经过治疗，但没痊愈，表现全身衰弱，疲乏无力，食欲不定。继则食欲减退，消化不良或严重的胃肠炎，病畜消瘦。病后期，眼睑、胸腹下或四肢末端水肿。经兽医诊断，确定为肾炎。

范例(3) 某牛初期尿量增加，后期尿量减少。随病程的持续出现心脏衰弱，皮下水肿。经兽医诊断，确定为肾炎。

病因分析 目前认为肾炎的病因与感染、中毒及变态反应等因素有关。

原发性急性肾炎极少见，继发性或并发性的原因是感染与中毒。如继发于传染病，如腺疫、传染性胸膜肺炎、口蹄疫、猪丹毒等，或是由于变态反应所致。或某些疾病，如胃肠道炎症、代谢疾病、烧伤等所产生的毒素、代谢产物或组织分解产物等内源性中毒；或外源性中毒，如摄食有毒植物、大量霉败饲料，或是错误地应用有毒或具有强烈刺激性的药物，如松节油、石炭酸、水杨酸等，化学物质如砷、汞、磷等；有毒物质经肾排出时产生强烈刺激而发病。

此外，由于邻近器官的炎症，如肾盂肾炎、膀胱炎、子宫内膜炎、阴道炎等的转移蔓延而引起。

机体遭受风、寒、湿的作用，营养不良以及过劳等，均为肾炎发病的诱因。

慢性肾炎的病因与急性肾炎基本相同，唯其刺激作用轻微，但持续时间较长，因而引起肾的慢性炎症过程。此外，家畜患急性肾炎后，治疗不当或不及时，或未彻底治愈，亦可转化为慢性肾炎。

疾病信息收集 急性肾炎表现病畜精神沉郁，体温升高，食欲减退，消化不良，反刍紊乱。

触压肾区敏感、疼痛，不愿活动。站立时，背腰弓起，后肢叉开或集拢于腹下。强迫行走时背腰僵硬，运步困难，步态强拘，小步前进。严重时，后肢不能充分提举而拖曳前进。外部强力压迫肾区或行直肠触诊，可发现肾脏肿大且敏感性增高，躲避或抗拒检查。

频频排尿，少尿，个别病畜无尿，尿色浓暗，密度增高，血尿。尿液检查，尿中蛋白质含量3%以上。尿沉渣中见有透明、颗粒、红细胞管型，此外，尚见有上皮管型及散在的红细胞、肾上皮细胞、白细胞、病原细菌等。

动脉血压升高，第二心音增强，脉搏强硬。病程延长时，血液循环障碍和全身静脉淤血。有时在病后期见有眼睑、胸腹下、阴囊部水肿。严重病例伴发喉水肿、肺水肿或体腔积水。

血中非蛋白氮含量增高，呈现尿毒症症状。病畜体力急剧下降，衰弱无力，意识障碍或昏迷，全身肌肉呈发作性痉挛，严重的腹泻，呼吸困难。

慢性肾炎由急性肾炎发展而来，症状与急性肾炎基本相似。但发展缓慢，症状不明显。

病初全身衰弱，疲乏无力，食欲不定。继则出现食欲减退、消化不良或严重的胃肠炎，病畜消瘦。病后期，眼睑、胸腹下或四肢末端水肿，严重时发生体腔积水或肺水肿。

尿量正常或减少，尿比重增高，蛋白质含量增加，尿沉渣中见有多量肾上皮细胞，颗粒、上皮管型，少量红细胞和白细胞。

间质性肾炎临床症状视肾受损害的程度不同而异。主要表现初期尿量增加，后期尿量减少。尿沉渣中有少量蛋白、红细胞、白细胞及肾上皮。有时可发现透明、颗粒管型。血压升高，心脏肥大，心搏动增强，主动脉性第二心音增强，脉搏充实、紧张。随病程的持续出现心脏衰弱，皮下水肿（心性水肿）。

直肠内触诊肾脏，体积缩小，呈坚硬感，无疼痛、敏感现象。

诊断　不同型的肾炎症状表现不同，主要通过各型特征性的症状和直肠检查时肾脏的体积大小、质地、敏感性进行诊断。

诊断要点　主要根据病史和典型的临床症状，如少尿或无尿，肾区敏感、疼痛，血压升高，主动脉第二音增高，水肿，尿毒症等；特别是尿液的变化，如蛋白尿、血尿、管型尿，尿沉渣中混有肾上皮细胞等进行诊断。必要时，进行肾功能测定（酚红排泄试验、稀释试验以及肌酐清除率测定），以资确诊。

间质性肾炎可进行直肠内触诊，肾脏硬固，体积缩小。

按照以上诊断要点，可以做出诊断，范例(1)为急性肾炎，范例(2)为慢性肾炎，范例(3)为间质性肾炎。

治疗技术　治疗原则是消除病因，加强护理，消炎利尿及对症疗法。

【处方1】青霉素，马、牛320万～480万IU，猪、羊80万～160万IU，肌肉注射，每隔6～8 h注射一次。链霉素，马、牛3～4 g，猪、羊0.5～1 g，肌肉注射，2次/d。或卡那霉素，10～15 mg/kg(或1万～1.5万IU/kg)，肌肉注射，2次/d。

【处方2】醋酸泼尼松，马、牛50～150 mg，猪、羊10～50 mg，内服，2次/d，3～5 d后，减量1/5～1/10。氢化泼尼松，马、牛200～400 mg，猪、羊25～40 mg，2～4

次/d，肌肉注射，连用3～5 d。或醋酸可的松、氢化可的松20～300 mg，肌肉注射或静脉注射。或地塞米松0.1～0.2 mg/kg，肌肉或静脉注射。

【处方3】双氢克尿噻，马、牛0.5～2 g，猪、羊0.05～0.2 g，内服，1～2次/d，3～5 d后，醋酸钾，马、牛10～30 g，猪、羊2～5 g，内服。75%氨茶碱注射液，马、牛4～8 mL，羊、猪0.5～1 mL，静脉注射。

【处方4】乌洛托品，马、牛15～30 g，羊、猪5～10 g，内服；或40%乌洛托品注射液50～100 mL，静脉注射。

【处方5】安钠咖20～40 mL（或樟脑磺酸钠20～50 mL），肌肉注射或静脉注射；出现尿毒症时，5%碳酸氢钠注射液200～500 mL，或11.2%乳酸钠溶液溶于5%葡萄糖溶液500～1 000 mL，静脉注射。

护理方法　改善饲养管理，病畜置于温暖、干燥、阳光充足、通风良好的畜舍内，充分休息，防止继续受寒、感冒。

病初施行1～2 d的饥饿或半饥饿疗法。以后酌情给予富营养、易消化且无刺激性糖类饲料。为缓解水肿和肾脏的负担，应适当限制饮水和食盐。

预防措施　加强管理，防止家畜受寒、感冒。注意饲养，保证饲料的质量，禁止饲喂有刺激性或发霉、腐败、变质的饲料。具有强烈刺激性和毒性的药物，应严格控制剂量并遵守使用方法。

(二)膀胱炎

膀胱黏膜或黏膜下层的炎症称为膀胱炎。临床特征为疼痛性的频尿和尿液中出现较多的膀胱上皮、脓细胞、血液以及磷酸铵镁结晶。多发生于牛，也见于马，其他家畜较少见。

范例(1)　某公牛突发排尿频繁和疼痛。病畜频频排尿，但每次排尿量较少或呈点滴状断续流出；排尿时病畜表现疼痛不安、呻吟，阴茎频频勃起；尿液混浊，混有脓液、血液，或混有纤维蛋白膜或坏死组织碎片，具氨臭味。经兽医诊断，确定为膀胱炎。

病因分析

(1)病原微生物的感染；理化损伤如导尿管或膀胱镜损伤膀胱黏膜，或膀胱结石及膀胱新生物的刺激；有毒物质或具有强烈刺激性的药物如松节油、斑蝥、甲醛等，刺激膀胱黏膜时，亦可发生。

(2)邻近器官炎症的蔓延，如患肾炎、输尿管炎、尿道炎，特别是母畜患阴道炎、子宫内膜炎时，可蔓延至膀胱而发病。

疾病信息收集　急性膀胱炎的特征症状是排尿频繁和疼痛。由于膀胱黏膜敏感性增高，病畜频频排尿或呈排尿姿势，但每次排尿量较少或呈点滴状断续流出。

排尿时病畜表现疼痛不安。严重者由于膀胱（颈部）黏膜肿胀或膀胱括约肌痉挛收缩，引起尿闭。此时，表现极度不安，呻吟。公畜阴茎频频勃起，母畜摇摆后躯，阴门频频开张。直肠触诊膀胱时，病畜疼痛不安，膀胱空虚，尿闭时则充盈。

卡他性膀胱炎时，尿液混浊，尿中含有大量黏液和少量蛋白；化脓性膀胱炎时，尿中混有脓液；出血性膀胱炎时，尿中含有大量血液或血凝块；纤维蛋白性膀胱炎时，尿中混有纤维蛋白膜或坏死组织碎片，具氨臭味。尿沉渣中有大量白细胞、脓细胞、红细胞、膀胱上皮、组织碎片及病原菌。在碱性尿中，有磷酸铵镁及尿酸铵结晶。

慢性膀胱炎症状与急性膀胱炎基本相似，仅程度较轻，无排尿困难现象，但病程较长。

诊断　膀胱炎的症状比较明显，诊断时主要通过排尿时出现疼痛不安，点滴淋漓，尿液中含有白细胞、脓细胞、红细胞、膀胱上皮、组织碎片及病原菌，在碱性尿中，有磷酸铵镁及尿酸铵结晶等特征表现即可以确诊。

诊断要点　尿频，排尿疼痛。膀胱空虚和尿液实验室检查。根据以上诊断要点可以做出诊断，范例(1)为急性膀胱炎。

治疗技术　治疗原则是改善饲养管理、抑菌消炎、防腐消毒以及对症治疗。

【处方1】局部疗法，1%～3%硼酸溶液（或0.1%高锰酸钾溶液、0.1%雷佛奴尔溶液、0.5%～1%氯化钠溶液、1%～2%明矾溶液、0.5%鞣酸溶液），冲洗膀胱2～3次，将药液排出或留于膀胱内待其自行排出。慢性膀胱炎用0.02%～0.1%硝酸银溶液，或0.1%～0.5%蛋白银溶液。

【处方2】重剧的膀胱炎，冲洗膀胱，青霉素80万～160万IU，蒸馏水500～1 000 mL，膀胱灌注，1～2次/d。青霉素480万IU，40%乌洛托品50～100 mL，生理盐水500 mL，静脉注射。

【处方3】八阵散：木通30 g，瞿麦30 g，萹蓄30 g，车前子45 g，滑石10 g，甘草梢25 g，栀子25 g，大黄15 g，灯心草10 g，共研末，开水冲，候温灌服，1剂/d。

护理方法　使病畜适当休息，饲喂以无刺激性、富营养且易消化的优质饲料，给予清洁饮水。对高蛋白质饲料及酸性饲料，应适当加以限制。

预防措施　建立严格的卫生管理制度，防止病原微生物的侵袭和感染。导尿时，严格遵守操作规程和无菌原则。患有其他泌尿器官疾病时，应及时进行治疗，以防转移蔓延。

(三)尿道炎

家畜尿道炎为膀胱颈部至尿道口部黏膜的炎症，临床上主要见于公畜，母畜较少发病。

范例(1)　某公牛精神不安，食欲减退，尿液断断续续流出，阴茎频频勃起，流出黏液性分泌物，尿液混浊。经兽医诊断，确定为尿道炎。

疾病信息收集　视诊患畜精神不安，食欲减退，尿液断断续续流出，公畜阴茎频频勃起，母畜不断开张阴唇、努责，尿道黏膜肿胀潮红，不断做排尿状，有时点滴不止，流出黏液性分泌物，严重时尿液混浊，混有黏液、血尿、脓汁，有时还有坏死黏膜脱落。患畜肚腹胀，舌苔黄滑，脉浮。尿道炎常会使尿道产生阻塞，导致血尿、尿闭及膀胱破裂等。如皮毛松乱，频频排尿不出，则预后不良。

诊断　通过典型症状和尿液状态检查，即可确诊。

诊断要点　排尿时拱腰努责，踩蹄摆尾，尿淋漓不畅，频尿，尿道口发红肿胀，挤压流出脓样物，尿色黄赤，食欲减退。

治疗技术

【处方 1】青霉素钠 320 万 IU，40%乌洛托品 50～100 mL，10%水杨酸钠 150 mL，10%安钠咖 10 mL，10%葡萄糖 500 mL，5%葡萄糖 500 mL，混合静脉注射，2 次/d。

【处方 2】革薢苦参汤：革薢 40 g，苦参 35 g，黄柏 35 g，土茯苓 35 g，白鲜皮 30 g，萹蓄30 g，薏苡仁 30 g，车前子(包煎)30 g，通草 25 g，瞿麦 25 g，滑石(后下)25 g，丹皮25 g，蒲公英 40 g，紫花地丁 40 g，银花 40 g，金钱草 40 g，水煎，候温灌服，1 剂/d。

(四)阴道炎

奶牛阴道炎是奶牛不孕的原因之一，极大地影响奶牛养殖效益。阴道炎指阴道黏膜表层和深层的炎症，以阴道出现炎性分泌物、不孕为主要特征。

范例(1)　某病牛的阴门中流出黏脓性分泌物，其分泌物粘在阴门、尾根和臀部周围的被毛上并形成干痂；病牛不断努责，从阴门排出污秽，红色、恶臭的脓性分泌物；病牛弓背、翘尾、尿频、精神沉郁、食欲下降、乳量减少。经兽医诊断，确定为阴道炎。

范例(2)　某牛场，7 头母牛阴道出现浮膜，还出现红色颗粒，翻开阴唇可看到粟粒大的黄色斑点和水泡状病变，经兽医诊断，确定为阴道炎。

疾病信息收集　急性阴道炎时，视诊，阴门中流出黏脓性分泌物，其分泌物粘在阴门、尾根和臀部周围的被毛上并形成干痂，阴道黏膜轻度肿胀、充血、出血，不断努责，从阴门排出污秽、红色、恶臭的脓性分泌物。病牛常有弓背、翘尾、尿频、体温升高、精神沉郁、食欲下降、乳量减少的症状，阴道检查黏膜充血肿胀、糜烂、坏死和出血，阴道内有脓性分泌物。严重病例，翻开阴唇可看到粟粒大的黄色斑点和水泡状病变等，是阴道炎发生后较典型的症状。

诊断要点　可根据特征症状进行诊断。范例(1)为急性阴道炎,范例(2)为浮膜性、颗粒性阴道炎。

治疗技术　防止牛分娩时造成外伤,严格遵守人工授精操作规程,避免细菌侵入。

【处方1】轻症阴道炎用0.1%的高锰酸钾溶液(或0.01%～0.05%的新洁尔灭溶液)冲洗阴道,2次/d。

【处方2】阴道水肿严重时,用2%～5%的氯化钠溶液冲洗,2次/d。

【处方3】有大量浆液性渗出物时,用1%～2%的明矾液冲洗,冲洗后局部涂抹10%的碘甘油、抗生素软膏、磺胺软膏或洗必泰栓等。

【处方4】阿莫西林10～15 g,生理盐水500 mL,静脉注射,1～2次/d;青霉素160万IU,注射用水20 mL,阴门两侧注射。

预防措施　防止牛分娩时造成外伤,严格遵守人工授精操作规程,避免细菌侵入。

(五)子宫内膜炎

子宫内膜炎是子宫黏膜的黏液性或化脓性炎症。有急性、慢性之分。

范例(1)　某牛产后食欲减退,弓背,尿频,努责,阴门中排出灰白色的,含有絮状物脓性分泌物,卧下时排出量较多。经兽医诊断,确诊为子宫内膜炎。

范例(2)　某牛发情周期不正常,有时虽有发情,但屡配不孕;逐渐消瘦,阴唇脓肿,从阴门流出黄白色脓性分泌物。经兽医诊断,确诊为子宫内膜炎。

病因分析

(1)产后子宫内膜受损伤感染而发病。

(2)继发于难产、胎衣不下、子宫脱等产科疾病。

(3)继发于结核、布病等传染病。

疾病信息收集

(1)急性子宫内膜炎　病畜体温升高,弓背,尿频,努责,阴门中排出灰白色含絮状物的分泌物或脓性分泌物。阴道检查,子宫颈外口肿胀、充血,有渗出物从子宫颈流出。直肠检查,子宫角增大,子宫呈面团样,渗出物多时有波动感。

(2)慢性子宫内膜炎　性周期不正常,或屡配不孕。阴门流出黄白色或黄色的黏液性或脓性分泌物。阴道检查,子宫颈外口充血,黏附有脓性絮状黏液,子宫颈张开。直肠检查,子宫壁松弛,厚薄不均,收缩迟缓。

(3)化脓性子宫内膜炎　子宫角明显增大,子宫壁紧张而有波动,又称子宫蓄脓。

诊断　子宫内膜炎发生时,如果病变轻微,很难确诊。一般来说,产后子宫内膜炎，根据症状及阴门排出的分泌物即可做出临床诊断。慢性子宫内膜炎可以根据临床症状、发情时分泌物的性状、阴道检查、直肠检查和实验室检查的结果进行诊断。

诊断要点

(1)母畜性周期不正常，屡配不孕。

(2)从阴门流出黏液性或脓性分泌物。

(3)阴道检查及直肠检查可确诊。根据以上诊断要点可以做出诊断，范例(1)为急性子宫内膜炎，范例(2)为慢性子宫内膜炎。

治疗技术　治疗原则是消除炎症，防止扩散，促进子宫机能恢复。

【处方 1】急性、慢性黏液性子宫内膜炎，温热的 1% 氯化钠溶液 100～500 mL，用子宫洗涤器反复冲洗，直至排出液透明。经直肠按摩子宫，排出冲洗液。盐酸四环素 2 g，生理盐水 20 mL，注入子宫，2 次/d，连续 2～4 次。

【处方 2】化脓性子宫内膜炎，0.1% 高锰酸钾溶液、0.1% 新洁尔灭溶液冲洗子宫后，注入青霉素 480 万～560 万 IU，1 次/2 d，连用 5 次。

【处方 3】氯前列醇钠注射液 0.4～0.6 mg，肌肉注射。或雌二醇 12～24 mg，肌肉注射，4～6 h 后，催产素 50 IU，肌肉注射。

【处方 4】四环素 5～10 mg/kg 体重(或磺胺间甲氧嘧啶 50 mg/kg 体重)，安钠咖 40 mL，40% 乌洛托品 100 mL，静脉注射，2 次/d。

预防措施　对怀孕母畜应给予营养丰富的饲料，给以适当的运动，增强体质及抗病能力。助产时应按规范化进行。胎衣不下时要及时处理，在实施人工授精、分娩、助产及产道检查时，要严格消毒，分娩后厩舍要保持清洁、干燥，预防子宫内膜炎的发生。

(六)乳腺炎

乳腺炎是乳房受到机械的、物理的、化学的和生物学因素作用而引起的炎症。按症状和乳汁的变化，分为临床型与非临床型两种。

本病是奶牛、羊的多发病，对养牛业危害极大，而且还危害人类的健康。

范例(1)　某奶牛，乳房红、肿、热、痛，泌乳减少，乳汁稀薄并含有絮片，体温升高，食欲不振，反刍减少或停止。经兽医诊断，确诊为乳房炎。

范例(2)　某牛场奶牛，无临床症状，乳汁中亦无肉眼可见异常。但可以通过实验室检验乳汁中的白细胞数增加，乳汁化验呈阳性反应。经兽医诊断，确诊为乳房炎。

病因分析

(1)病原微生物的感染，如链球菌、葡萄球菌、大肠杆菌、化脓性棒状杆菌、结核杆菌等，通过乳头管侵入乳房而发生感染。

(2)饲养管理不当，如挤乳技术不够熟练，造成乳头管黏膜损伤，垫草不及时更换，挤乳前未清洗乳房或挤乳员手不干净以及其他污物污染乳头等。

(3)机械损伤，乳房遭受打击、冲撞、挤压、蹦踢等机械的作用，或幼畜咬伤乳头，是引起本病的诱因。

(4)继发于某些疾病，子宫内膜炎及生殖器官的炎症等可继发本病。

疾病信息收集　乳房患病区域红、肿、热、痛，泌乳减少或停止，乳汁变性，体温升高。浆液性乳房炎时乳汁稀薄并含有絮片；卡他性乳房炎时乳汁水样，含有絮状物和乳凝块；纤维素性乳房炎时挤不出乳汁或只能挤出少量乳清或挤出带有纤维素脓性渗出物；化脓性乳房炎时乳汁黏液脓样，混有脓液和絮状物；出血性乳房炎时乳汁水样淡红或红色，混有絮状物及凝血块；症候性乳房炎，可见原发病。

非临床型乳房炎无临床症状，肉眼观察乳汁亦无异常，实验室检验乳汁中的病原菌及白细胞时可被发现。

诊断　临床型乳房炎症状较明显，主要通过全身检查和乳房局部检查、乳汁性状检查诊断；非临床型乳房炎，着重在母牛群的整体监测。

诊断要点

(1)泌乳减少或停止。

(2)乳房红、肿、热、痛。

(3)乳汁的性状异常。

(4)隐性乳房炎化验乳汁方可确诊。

根据诊断要点可以做出诊断，范例(1)临床型乳房炎，范例(2)隐性乳房炎。

治疗技术　治疗原则是抗菌消炎，促进肿胀消散。使用抗生素治疗时，应先做病原微生物药敏试验，选择病原最敏感的抗生素治疗。

【处方 1】地丁菊莲注射液 20 mL 或盐酸洛美沙星注射液 10 mL，乳炎净(含穿心莲、金银花、连翘、蒲公英)10 mL，乳房注射(先挤净患病乳房内的乳汁及分泌物，酒精或碘酒清洗乳头，将乳头导管插入乳房，慢慢将药液注入。注射完毕用双手从乳头基部向上顺次按摩，使药液扩散于整个乳腺内)，1～3 次/d，连用 3 d。

【处方 2】乳房封闭疗法：0.25%～0.5%的普鲁卡因溶液 200～300 mL，静脉注射(静脉封闭)。0.25%盐酸普鲁卡因溶液 10～20 mL，青霉素 80 万 IU，会阴神经封闭(在阴唇下联合，即坐骨弓上方正中的凹陷处。局部消毒后，左手拇指按压在凹陷处，右手持封闭针头向患侧刺入 1.5～2cm，注入。如两侧乳房患病，应依法向两侧注射。本法不但对临床型乳房炎有效，对隐性乳房炎也有良好效果)。0.25%～0.5%盐酸普鲁卡因溶液 100～200 mL,青霉素 80 万～160 万 IU,乳房基部封闭(在乳房前叶或后叶基部之上,紧贴腹壁刺入 8～10 cm,每个乳叶注入)。

【处方 3】炎症初期冷敷,15～30 min/次,2～3 次/d。2～3 d后热敷,15～30 min/次,2～3 次/d。

【处方 4】阿莫西林 10～15 g、地塞米松 25 mg、10%水杨酸钠 150 mL、10%安钠咖 40 mL、40%乌洛托品 100 mL、25%葡萄糖 500 mL、10%葡萄糖酸钙 500 mL,静脉注射,1 次/d(使用抗生素之前最好进行病原微生物检查,革兰氏阳性菌引起的乳房炎选用β-内酰胺类抗生素,如果是由革兰氏阴性菌引起的,选用四环素类等广谱抗生素治疗)。

【处方 5】公英散:蒲公英 120 g,银花 30 g,连翘 60 g,丝瓜络 30 g,通草 45 g,芙蓉花 45 g,王不留行 30 g,共研末,开水冲服,1 剂/d。

五味消毒饮:银花 90 g,野菊花 60 g,蒲公英 90 g,紫花地丁 90 g,紫背天葵 30 g,水煎取汁,候温加黄酒 120 mL 灌服,1 剂/d。

护理方法　为了减少对发病乳房的刺激,提高机体的抵抗力,厩舍要保持清洁、干燥,注意乳房卫生。为了减轻乳房的内压,限制泌乳过程,应增加挤乳次数,及时排出乳房内容物。减少多汁饲料及精料的饲喂量,限制饮水量。每次挤乳时按摩乳房 15～20 min。根据炎症的不同,采用不同的按摩手法。浆液性乳房炎,自下而上按摩;卡他性与化脓性乳房炎自上而下按摩。纤维素性乳房炎、乳房脓肿、乳房蜂窝织炎以及出血性乳房炎等,禁用按摩方法。

预防措施

(1)保持畜舍、用具及牛体卫生,定期消毒。

(2)按正确方法挤乳,避免损伤乳头。

(3)挤乳前用温水清洗按摩乳房,挤净乳汁。

(4)干乳期乳房内注入抗生素 1～2 次,可降低发病率。

(5)保护乳房避免受挤压、冲撞等机械性损伤。

二、实训与练习

实训三　子宫内膜炎的防治技术

一、目的要求

1. 掌握家畜子宫内膜炎的症状收集、鉴别方法。

2. 提出子宫内膜炎的治疗方案,并能实施治疗护理。

二、先备知识

(1)基础知识:了解泌尿生殖器官解剖部位,掌握泌尿生殖器官生理学特点,理解炎症病理变化过程,掌握泌尿生殖系统药理、中草药药性和处方等。

(2)技能操作:熟练掌握临床诊断的方法,直肠检查法,中兽医诊断方法,治疗技术,阴道分泌物的实验室检查方法,微生物实验室检查方法,B超仪检查等。

(3)课程知识:掌握泌尿生殖器官炎症性疾病防治知识。

三、实训条件

(1)实训地点:一体化实训室、动物医院、养殖场等。

(2)实训病例:家畜子宫内膜炎的复制病例模型、患有子宫内膜炎疾病的家畜等。

(3)材料用具:听诊器、体温计、叩诊器、注射用具、直肠检查用具、常用保定器械、子宫冲洗器等、相应子宫内膜炎治疗药品、实训作业单、考核评价单(详见附录)等。

(4)指导教师:有从事兽医岗位工作3年以上经历的校内专任指导教师或校外兼职指导教师。

四、实训内容

1.疾病信息收集　小组成员对病畜进行病史调查和临床检查,并记录各项检查结果。

(1)病畜登记:年龄辨别,畜主问询,病情调查。

(2)现症检查:一般检查中,体温、脉搏、呼吸数的测定;泌尿生殖系统检查中,注重直肠检查结果,视诊观察家畜的外阴及阴道分泌物的变化等。

(3)实验室检查:阴道分泌物的实验室检查、生殖道微生物检查、B超仪检查等。

2.诊断　分组讨论建立诊断分析,小组应用鉴别诊断和论证诊断法,对有关症状进行逻辑分析。

3.治疗方案　由小组医生提出治疗方案并制定处方,对处方的配伍进行说明。

4.实施治疗　由小组进行处方的执行,实施治疗。其他小组成员进行配合。

5.效果观察　观察、记录治疗效果。根据治疗效果各小组代表进行诊断说明和治疗方案分析,分小组实施治疗,由指导教师指导。

6.工作过程评估　整个工作过程的优劣,由学生自评、小组互评、教师评价完成。

注意事项:病例取得可采用人工诱发复制模型或动物门诊、养殖场预约的方式完成，同时结合电教片进行，针对相关的病例问题，由教师及时提出帮助，正确引导学生进行讨论。

五、教学组织

学生每 4 人一组，分组进行实验，按照操作步骤进行课程实践。

六、作业

1. 实验报告分析。

2. 实训心得和建议。

3. 小组讨论完成接诊单、诊断书、处方、治疗护理单、病历册等相关医疗文件。

备注：考核办法采用过程考核（详见附录）。

实训四　乳腺炎的防治技术

一、目的要求

1. 掌握家畜乳腺炎的症状收集、鉴别方法。

2. 提出乳腺炎的治疗方案，并能实施治疗护理。

二、先备知识

(1)基础知识：了解乳腺器官解剖部位，掌握乳腺器官生理学特点，理解炎症病理变化过程，掌握乳腺器官用药药理、中草药药性和处方等。

(2)技能操作：熟练掌握临床诊断的方法、中兽医诊断方法、治疗技术、乳汁的实验室检查方法、微生物实验室检查方法等。

(3)课程知识：掌握泌尿生殖器官炎症性疾病防治知识。

三、实训条件

(1)实训地点：一体化实训室、动物医院、养殖场等。

(2)实训病例：家畜乳腺炎的复制病例模型、患有乳腺炎疾病的家畜等。

(3)材料用具：听诊器、体温计、乳管针等注射用具、常用保定器械、外科手术器械等、相应乳腺炎治疗药品、考核评价单（详见附录）等。

(4)指导教师：有从事兽医岗位工作 3 年以上经历的校内专任指导教师或校外兼职指导教师。

四、实训内容

1. 疾病信息收集　小组成员对病畜进行病史调查和临床检查，并记录各项检查结果。

(1)病畜登记：年龄辨别，畜主问询，病情调查。

(2)现症检查：一般检查中，体温、脉搏、呼吸数的测定；泌尿生殖系统检查中，注重乳腺临床检查结果，视诊观察家畜的乳房及乳汁的变化等。

(3)实验室检查：乳汁的实验室检查、乳汁的微生物检查等。

2.诊断　分组讨论建立诊断分析，小组应用鉴别诊断和论证诊断法，对有关症状进行逻辑分析。

3.治疗方案　由小组医生提出治疗方案并制定处方，对处方的配伍进行说明。

4.实施治疗　由小组进行处方的执行，实施治疗。其他小组成员进行配合。

5.效果观察　观察、记录治疗效果。根据治疗效果各小组代表进行诊断说明和治疗方案分析，分小组实施治疗，由指导教师指导。

6.工作过程评估　整个工作过程的优劣，由学生自评、小组互评、教师评价完成。

注意事项：病例取得可采用人工诱发复制模型或动物门诊、养殖场预约的方式完成，同时结合电教片进行，针对相关的病例问题，由教师及时提出帮助，正确引导学生进行讨论。

五、教学组织

学生每4人一组，分组进行实验，按照操作步骤进行课程实践。

六、作业

1.实验报告分析。

2.实训心得和建议。

3.小组讨论完成接诊单、诊断书、处方、治疗护理单、病历册等相关医疗文件。

备注：考核办法采用过程考核(详见附录)。

【课后作业】

一、解释名词

1.肾炎　2.血尿　3.管型尿　4.子宫内膜炎　5.会阴神经封闭　6.乳房基部封闭

二、选择题

1.一牛于今日起，肾区敏感，背腰弓起，后肢叉开或集拢于腹下。行走时背腰僵硬，步态强拘，小步前进，后肢拖曳。压迫肾区或直肠触诊时，肾脏肿大且敏感性增高。少尿、无尿、血尿、管型尿。按照以上症状，你的诊断是(　　)。

A.肾结石　　B.急性肾炎

C.慢性肾炎　　D.尿毒症

2.一牛于今日起，尿沉渣中发现少量蛋白、红细胞、白细胞及肾上皮。直肠内触诊肾脏，体积缩小，呈坚硬感，无疼痛、敏感现象。按照以上症状，你的诊断是

(　　)。

A. 肾结石　　B. 急性肾炎

C. 慢性肾炎　　D. 尿毒症

3. 用0.02%～0.1%硝酸银溶液，或0.1%～0.5%蛋白银溶液冲洗，适合于(　　)。

A. 急性膀胱炎　　B. 慢性膀胱炎

C. 子宫内膜炎　　D. 膀胱积脓

4. 急性膀胱炎的特征症状是(　　)。

A. 末梢部位发生水肿　　B. 排尿频繁和疼痛

C. 姿势异常，行步困难　　D. 尿液中出现大量蛋白质

5. 治疗泌尿道炎症时，在体内分解、产生有抗菌消炎作用的甲醛的是(　　)。

A. 呋喃坦啶　　B. 青霉素

C. 乌洛托品　　D. 氢化可的松

6. 治疗子宫内膜炎时，为了促进子宫内炎性渗出物的排出，可以(　　)。

A. 先注射雌二醇，4～6 h后，肌肉注射催产素

B. 雌二醇和催产素同时分别注射

C. 先注射催产素，4～6 h后，肌肉注射雌二醇

D. 注射氯化氨甲酰胆碱

7. 乳房内发生纤维素性渗出，挤不出乳汁或只能挤出少量乳清或挤出带有纤维素脓性渗出物。重剧炎症时，有明显的全身症状。有这些症状者，一般是(　　)。

A. 浆液性乳房炎　　B. 卡他性乳房炎

C. 化脓性乳房　　D. 纤维素性乳房炎

8. 乳汁无肉眼可见异常，实验室检查乳汁中的白细胞和病原菌数增加，乳汁化验呈阳性反应。可诊断为(　　)。

A. 隐性乳房炎　　B. 卡他性乳房炎

C. 纤维素性乳房炎　　D. 化脓性乳房

9. 乳房中有脓性渗出物流入乳池和输乳管腔中，乳汁呈黏液脓样，混有脓液和絮状物。可诊断为(　　)。

A. 出血性乳房　　B. 炎症候性乳房炎

C. 纤维素性乳房炎　　D. 化脓性乳房

10. 乳房患病区域红、肿、热、痛，泌乳减少，常呈急性经过，乳汁稀薄并含有絮片。可诊断为(　　)。

A. 浆液性乳房炎　　B. 卡他性乳房炎

C. 纤维素性乳房炎　　D. 化脓性乳房

11. 输乳管或腺泡组织发生出血，乳汁呈水样淡红或红色，混有絮状物及凝血块，全身症状明显。可诊断为（　）。

A. 隐性乳房炎　　B. 卡他性乳房炎

C. 出血性乳房炎　　D. 化脓性乳房

12. 外敷治疗奶牛乳房炎最恰当的方法是（　）。

A. 坚持冷敷　　B. 坚持热敷

C. 先热敷，2～3 d 后冷敷　　D. 先冷敷，2～3 d 后热敷

13. 一母牛最近出现弓背，尿频，努责，阴门中排出灰白色、含有絮状物的分泌物或脓性分泌物。直肠检查，子宫角增大，子宫呈面团样，渗出物多时有波动感。按照以上症状，可以初步诊断为（　）。

A. 怀孕初期　　B. 流产

C. 子宫内膜炎　　D. 发情表现

三、判断题

1. 间质性肾炎，直肠内触诊，表现肾脏硬固，体积缩小。（　）

2. 如果动物出现频频排尿、血尿，尿中蛋白质含量增高，尿沉渣中见有透明、颗粒、红细胞管型等，这是肾炎的典型症状，可以初步诊断为肾炎。（　）

3. 肾炎、膀胱炎、尿道炎发生后，都可能出现蛋白尿和血尿。（　）

4. 一成年奶牛出现尿频，努责，阴门中排出灰白色的、含有絮状物的分泌物或脓性分泌物，性周期不正常，按照这些表现，可以初步诊断为阴道炎。（　）

5. 肾炎患畜护理时要适当限制食量，同时要增加饮水和食盐的采食量。（　）

6. 从病原微生物的敏感性来说，引起乳房炎的病原微生物对青霉素最敏感，因此治疗的过程中，应该首选青霉素，采取全身治疗和乳房内注射。（　）

7. 乳房炎的外敷方法是：炎症初期冷敷，15～30 min/次，2～3 d 后热敷，15～30 min/次，2～3 次/d。（　）

8. 患乳房炎病畜的护理中，为了减轻乳房的内压，限制泌乳过程，应减少挤乳次数。（　）

9. 无论什么特征的乳房炎，每次挤乳时都必须按摩乳房 15～20 min。但要根据炎症的不同，采用不同的按摩手法。（　）

四、病例分析

1. 一奶牛最近出现食欲减退、阴道流分泌物的现象。临床检查：体温 40.5℃，

脉搏 48 次/min，呼吸 28 次/min，病牛弓背，频频排尿，但每次都排出少量尿液，不断努责，阴门中排出灰白色的、含有絮状物的分泌物，卧下时排出量较多，阴门周围黏附许多污秽的分泌物。阴道检查，子宫颈外口肿胀。直肠检查，子宫角增大，子宫呈面团样，有波动感。试根据以上症状进行诊断，并开处方治疗。

2. 一奶牛产后出现乳房水肿，畜主用鱼石脂外敷，多数部位好转，但一乳区出现硬肿。临床检查体温 40.2℃，脉搏 71 次/min，呼吸 30 次/min。病牛精神不振，食欲减退。患病的是右侧后乳房，用手触摸，乳腺区出现一大的硬肿，并有明显的热、痛反应，泌乳减少，乳汁清稀，内含有许多絮状物。取乳汁进行细菌分离培养，用革兰氏染色，可见蓝色杆菌。试根据以上症状和实验室检查结果进行诊断，并开处方治疗。

子情境五　神经器官炎症性疾病防治技术

一、岗位工作范例

脑膜脑炎

脑膜脑炎是脑膜和脑实质的炎症。各种家畜皆易发生。

范例(1)　某牛兴奋与抑制交替。兴奋时狂暴不安，前冲后撞，转圈或突然倒地，四肢划动，尖声嚎叫，磨牙空嚼，口吐白沫，呼吸急促；抑制时头低耳耷，闭眼似睡，反应迟钝。经兽医诊断，确定为脑膜脑炎。

病因分析　本病多数由病原微生物引起，例如链球菌、葡萄球菌、双球菌、李氏杆菌等均可致病。长途运输、过度拥挤、天气闷热、通风不良、采食有毒物质等是本病的诱发因素。

疾病信息收集　问诊，一般是突然发病，症状表现严重；通过视诊和听诊，主要表现是兴奋与抑制交替，并且随着兴奋和抑制的出现，表现呼吸急促和脉搏加快的现象。后期视诊，主要表现头颈僵硬，牙关紧闭，口、眼歪斜，面神经麻痹，舌脱出等。

诊断　根据典型的兴奋与抑制交替的症状，基本可以确诊。

诊断要点

(1)突然发病，病情发展急剧。

(2)以神经症状为主。

(3)脑脊液中含大量的白细胞和蛋白质。

(4)注意与乙型脑炎、流行性脑脊髓炎、霉玉米中毒的区别。

治疗技术 治疗原则是消除炎症,恢复中枢机能。

【处方1】泻血1 000～2 000 mL,再用10%～25%葡萄糖1 000～2 000 mL,10%氯化钠500 mL,静脉注射。

【处方2】20%甘露醇,马、牛500～1 000 mL,猪、羊100～200 mL,静脉注射,1次/d。10%磺胺嘧啶钠注射液,马、牛300～450 mL,猪、羊20～40 mL,40%乌洛托品注射液,马、牛50～100 mL,猪、羊10～20 mL,维生素C 20～40 mL,猪、羊5～10 mL,静脉注射,2次/d。

【处方3】2.5%氯丙嗪,马、牛10～20 mL,猪、羊2～4 mL,肌肉注射。或水合氯醛0.08～0.12 g/kg体重,静脉注射。

护理方法 将动物置于温暖、舒适、通风良好、安静的畜舍中,防止不良刺激。原因不明时,应及时隔离。

预防措施 应加强饲养管理,合理使役。畜舍要保持清洁卫生,防止过热及蚊蝇侵袭,防止中毒。

二、实训与练习

【课后作业】

一、解释名词

共济失调

二、选择题

1. 治疗脑膜脑炎时,下列药物中最容易进入血脑屏障,效果最好的是(　　)。

A. 青霉素　　B. 磺胺嘧啶

C. 磺胺间甲氧嘧啶　　D. 喹诺酮类抗生素

2. 脑膜脑炎的诊断中,可以作为主要依据的是(　　)。

A. 神经症状为主　　B. 发热

C. 呼吸、脉搏的变化　　D. 精神状态的变化

三、病例分析

一成年马随主就诊,主诉,该马于2 h前发病,主要表现兴奋症状。临床检查:体温40.1℃,呼吸56次/min,脉搏89次/min,表现狂暴不安,前冲后撞,攻击人畜,转圈或突然倒地,四肢划动,嚎叫,磨牙空嚼,口吐白沫。试根据发病史及症状和临床检查结果做出诊断,并开处方治疗。

子情境六　皮肤及其衍生物炎症性疾病防治技术

一、岗位工作范例

(一)结膜炎

结膜炎是眼睑结膜和眼球结膜的表层或深层炎症。临床上呈急性或慢性经过。

范例(1)　某牛春天突然发病,初期羞明流泪,结膜潮红,随病情发展,眼睑肿胀,甚至眼睑闭合,结膜表面有出血斑点,有多量黏液性或脓性分泌物。经兽医诊断,确定为结膜炎。

范例(2)　某山羊呈现羞明,分泌物浓稠,结膜暗红、肥厚,呈丝绒状,由于分泌物的经常刺激,眼内角下方皮肤常发生湿疹、脱毛并发痒。经兽医诊断,确定为结膜炎。

病因分析

(1)异物刺激,如风沙、灰尘、芒刺、谷壳、草屑以及刺激性化学药品等进入结膜囊内而引发此病。

(2)机械的损伤,如鞭打、笼头压迫和摩擦等也常引发本病。

(3)继发于某些疾病,如腺疫、流感、鼻炎、胸疫以及寄生虫病。

疾病信息收集　急性结膜炎时,视诊,羞明流泪,结膜潮红,眼睑肿胀,眼睑闭合,结膜表面有出血斑,有多量黏液性或脓性分泌物。

慢性结膜炎过程表现分泌物浓稠,结膜暗红、肥厚,呈丝绒状,眼内角下方皮肤湿疹。

诊断　根据特征性症状,基本可以确诊。

诊断要点

(1)羞明流泪,疼痛,眼睑肿胀。

(2)眼内有多量黏液性或脓性分泌物。

根据以上诊断要点可以做出诊断,范例(1)为急性结膜炎,范例(2)为慢性结膜炎。

治疗技术　治疗原则是消除病因,消炎镇痛,防止光线刺激。

【处方1】2%～3%硼酸溶液、生理盐水、0.01%新洁尔灭溶液冲洗,清除异物及分泌物。纱布浸上述药液敷在患眼上，装上眼绷带，每日更换3次。青霉素、四环素或可的松点眼，2次/d。疼痛较重者用硫酸锌0.05～0.1 g、盐酸普鲁卡因0.05 g、硼酸0.3 g、0.1%肾上腺素2滴、蒸馏水10 mL点眼。分泌物过多用0.3%硫酸锌溶液或1%～2%明矾溶液、1%硫酸铜溶液冲洗患眼。

【处方2】慢性结膜炎，用0.5%～1%硝酸银溶液点眼或用硫酸铜棒涂擦眼结膜表面，然后立即用生理盐水冲洗再行温敷，涂0.5%金霉素、5%磺胺软膏，2次/d。

顽固性病例用自家血疗法，静脉取血2～3 mL，结膜下注射。

【处方3】用龙胆泻肝汤加味：龙胆草（酒炒）45 g，黄芩（炒）30 g，栀子（酒炒）30 g，泽泻30 g，木通30 g，车前子20 g，当归（酒炒）25 g，柴胡30 g，甘草15 g，生地（酒洗）30 g，加菊花45 g，白蒺藜30 g，水煎服，1剂/d。

水蛭（蚂蟥）5～8条，焙干，加蜂蜜50 g，调匀后涂擦在眼结膜上，2次/d，连用3 d。

雪花散：荆芥、防风、白蒺藜、硼砂各6 g，生地、黄连、黄芩、黄柏、薄荷各12 g，菊花、栀子、木贼各10 g，胆矾、樟脑各15 g，冰片1 g，银朱0.5 g，先将荆芥、防风、白蒺藜、生地、黄连、黄芩、黄柏、薄荷、菊花、栀子、木贼研末，再将胆矾、硼砂研细拌入药中，然后将樟脑粉撒在上面，用细瓷碗盖住，碗口周围用面糊密封。将瓷碗架起，钵下燃香油灯（灯心草作芯子），1 h后可听到钵中有呼呼声，5～6 h响声消失，即可熄灯，候冷，揭开瓷碗，取雪花样白粉，加银朱、冰片研细，装瓶备用。每次用少许点眼，或吹敷于患处。

(二)角膜炎

角膜炎是角膜上皮的炎症。临床上分为浅在性角膜炎、深在性角膜炎和化脓性角膜炎。当转为慢性经过时，则形成角膜翳。

范例(1)　某牛角膜表层损伤，侧面可见角膜表层上皮脱落及伤痕，角膜表面无镜状光泽。经兽医诊断，确定为角膜炎。

范例(2)　某牛角膜表面不粗糙，仍有镜状光泽。角膜周围及边缘血管充血。经兽医诊断，确定为角膜炎。

范例(3)　某奶牛初期角膜周围充血、羞明流泪、疼痛剧烈，继而浸润形成脓肿，角膜上出现数目不定的、粟粒大至豌豆大的黄色局限性混浊，混浊周围生出灰白色的晕圈，破溃后，流出脓液形成溃疡。经兽医诊断，确定为角膜炎。

范例(4)　某牛在角膜面上留白斑及色素斑，呈云雾状，出现视力障碍。经兽医诊断，确定为角膜炎。

病因分析

(1)由于外伤，如鞭打、笼头压迫、摩擦、倒睫及异物进入等所引起。

(2)化学药品的刺激而致病。

(3)在某些疾病的过程中继发或并发角膜炎,如流感、牛恶性卡他热、传染性角膜炎、混睛虫、结膜炎、周期性眼炎及维生素A缺乏症等。

疾病信息收集　浅在性角膜炎角膜表层损伤,侧面可见角膜表层上皮脱落及伤痕。角膜表面粗糙,侧面观无镜状光泽,为灰白色混浊,有时在眼角膜周围增生很多血管,呈枝状侵入角膜表面,形成血管性角膜炎。

深在性角膜炎一般症状与浅表性角膜炎基本相同,主要区别是角膜表面不粗糙,仍有镜状光泽,其混浊的部位在角膜深部,呈点状、棒状及云雾状,色彩有灰白色、乳白色、黄红色和绿色等。角膜周围及边缘血管充血,出现明显的血管增生,有时与虹膜发生粘连。

化脓性角膜炎初期角膜周围充血、羞明流泪、疼痛剧烈,继而浸润形成脓肿,角膜上出现数目不定的、粟粒大至豌豆大的黄色局限性混浊,在混浊的周围生出灰白色的晕圈,轻者向外方破溃,流出脓液形成溃疡。重者向内方穿孔,形成眼前房蓄脓,常继发化脓性全眼球炎。

慢性角膜炎炎症消失转为慢性时,在角膜面上仅留白斑及色素斑,呈点状或线状或云雾状,混浊程度不等,称为角膜翳,因其大小和部位的不同,出现不同程度的视力障碍。

诊断　根据不同类型的角膜炎的特征症状,即可以做出初步确诊。

诊断要点

(1)羞明流泪,疼痛,眼睑闭合、肿胀。

(2)角膜周围血管增生、充血,角膜出现不同程度混浊。

根据诊断要点可以做出诊断,范例(1)为浅在性角膜炎,范例(2)为深在性角膜炎,范例(3)为化脓性角膜炎,范例(4)为慢性角膜炎。

治疗技术　治疗原则是消除炎症,促进混浊的吸收和消散。

【处方1】消毒药液冲洗(同结膜炎),醋酸可的松或金霉素或红霉素等抗生素眼膏点眼,2～3次/d。或温敷,用甘汞与蔗糖等量混合粉吹入眼内。或用2%黄降汞软膏点眼,2次/d。自家血液每次2～3 mL,眼睑皮下注射,隔1～2 d 1次;或于眼球窝膜下注射氢化可的松与1%普鲁卡因等量混合液0.1～0.3 mL,1次/d。

【处方2】继发虹膜炎,0.5%～1%阿托品点眼。感染化脓时,用生理盐水冲洗后涂抗生素眼膏。青霉素320万～480万IU,肌肉注射,2次/d,或10%磺胺嘧啶300～400 mL,静脉注射,2次/d。

【处方3】急性角膜炎,用球后封闭疗法。0.5%～1%普鲁卡因10～15 mL,青霉素20万～40万IU,在眼窝后缘向面嵴延长线作垂直线,其交点即注射部位。

注射时，局部消毒，用 10 cm 长左右的针头，避开皮下的面横动脉，垂直刺入皮肤，直达眼窝底部，深 7～8 cm（马、牛），缓慢注入药液，2 次/周。或将眼球下压，将针头刺入眼眶骨膜与眼球纤维膜之间，直达眼球后，药剂量同前。

【处方 3】中药治疗除用治疗角膜炎的龙胆泻肝汤加味（见角膜炎）和外敷雪花散之外，还可以使用三颗针眼药：三颗针 90 g，黄连 150 g，硼砂 30 g，黄连加水熬成汤，加入其他药物和适量水，慢火熬 1～2 h，趁热过滤，滤液点眼。

（三）脓肿

任何组织或器官内形成外有脓肿膜包裹、内有脓汁潴留的局限性脓腔称为脓肿。解剖腔（鼻窦、喉囊、胸膜腔及关节腔）内有脓汁潴留时称为蓄脓。

范例（1） 某马臀部出现肿胀，最初质地坚实，局部温度增高，皮肤潮红，剧痛。继则病灶中央软化有波动感，皮肤变薄破溃，排出脓汁。经兽医诊断，确定为脓肿。

病因分析 脓肿的主要病原菌是葡萄球菌、链球菌、绿脓杆菌、大肠杆菌及腐败性菌，经过损伤的皮肤或黏膜进入机体，在局部生长繁殖过程中形成脓肿。也可能因给动物注射刺激性强的药物如氯化钙、高渗盐水、水合氯醛、新胂凡纳明及松节油等误注或漏入组织而引起无菌性脓肿。

疾病信息收集 浅在性脓肿常发生在皮下、筋膜下及肌肉间的组织内。视诊和触诊时，初期患部肿胀，界限不明，质地坚实，温度增高，皮肤潮红，剧痛。继则局部化脓，病灶中央软化有波动感，皮肤变薄，被毛脱落以致化脓，病灶皮肤破溃，排出脓汁，这时脓肿症状缓和。

深层脓肿多发生在深层肌肉、肌间、骨膜下、腹膜下及内脏器官。患部皮下组织有轻微的炎性水肿，触诊留压痕，疼痛，病灶中央无波动感。全身症状明显。

诊断 浅在脓肿根据典型症状即可确诊，深层脓肿除局部症状外，还要在诊断时考虑全身症状。

诊断要点

（1）局部出现局限性热痛性肿胀。

（2）肿胀最明显处穿刺抽出脓汁可确诊。

根据以上诊断要点，可以做出诊断，范例（1）为浅在脓肿。

治疗技术 治疗原则是消除病因，消炎，增强机体的抵抗力。

【处方 1】脓肿未形成时，涂鱼石脂软膏，患部涂擦，3 次/d，或用温热疗法，3 次/d，15～30 min。青霉素 320 万～480 万 IU，链霉素 300 万～400 万 IU，肌肉注射，2 次/d。

【处方 2】脓肿成熟后施行手术切开或穿刺抽出脓汁。0.1%高锰酸钾或生理盐水冲洗脓肿腔，用纱布吸净脓肿腔内残留药液，脓肿腔内注入青霉素等抗生素溶液。切开脓肿时，在波动最明显处切开。脓肿腔内压力较高时，应先穿刺，抽出脓汁，减压后再切开脓肿。

【处方 3】真人活命饮：银花 90 g，当归 25 g，陈皮 25 g，防风 20 g，白芷 20 g，甘草 15 g，贝母 20 g，天花粉 20 g，乳香 15 g，没药 15 g，皂角刺 15 g，穿山甲（蛤粉炒）30 g，水煎，候温加黄酒 120 mL 灌服，1 剂/d。

或用五味消毒饮（见乳腺炎）。

（四）蜂窝织炎

发生于疏松结缔组织的急性弥漫性化脓性炎症称为蜂窝织炎。多发生于皮下、筋膜下及肌肉间的疏松结缔组织内。

范例（1）　某马背部大面积肿胀，多处皮肤破溃，排出脓汁。全身症状明显，表现体温达 40℃以上，呼吸、脉搏增数。经兽医诊断，确定为蜂窝织炎。

病因分析　主要是溶血性链球菌通过伤口感染引起，有时腐败菌也可引起。

疾病信息收集　视诊，表现大面积肿胀。触诊时，浅在的病灶起初按压时有压痕，化脓后有波动感，多处皮肤破溃，排出脓汁；深在的病灶呈坚实的肿胀，界线不清，局部增温，剧痛，化脓后，患部内压增高，使患部皮肤、筋膜及肌肉高度紧张，皮肤不易破溃。

全身检查，体温达 40℃以上，呼吸、脉搏增数。循环、呼吸及消化系统都有明的症状。深部的蜂窝织炎病情严重，可继发败血症。

诊断　根据局部特征症状，结合较严重的全身症状即可确诊。

诊断要点

（1）局部出现弥漫性、热痛性肿胀，有时多处皮肤破溃排脓。

（2）全身症状严重。

治疗技术　治疗原则是局部清洗和抗菌消炎与全身治疗相结合。

（1）局部　发病 2 d 内用 10％鱼石脂酒精、75％酒精、复方醋酸铅冷敷，0.25％～0.5％青霉素普鲁卡因溶液 20～30 mL，病灶周围分点封闭。发病 3～4 d 后用温热疗法，温敷；局部治疗症状仍不减轻时，尽早切开患部。切口要有足够的长度及深度，可作几个平行切口或反对口；3％过氧化氢溶液或 0.1％新洁尔灭溶液、0.1％高锰酸钾溶液冲洗创腔，用纱布吸净创腔药液；最后用中性盐高渗溶液如 50％硫酸镁溶液纱布条引流。按时更换。

（2）全身　大剂量青霉素和链霉素，肌肉注射，或磺胺类药物静脉注射，2 次/d；5％碳酸氢钠注射液 500 mL，静脉注射；或 40％乌洛托品注射液、葡萄糖注射液 1 000 mL 或樟酒糖注射液（精制樟脑 4 mg、精制酒精 200 mL、葡萄糖 60 g、0.8％氯化钠液 700 mL，混合灭菌），马、牛一次用 250～300 mL，静脉注射。

(五)瘘

瘘是指深部组织、器官或解剖腔与体表相通的不易愈合的病理性管道。由管口、管壁、管道及管底所组成。

范例(1)　一奶牛颈部出现脓肿,采取了局部消毒药冲洗和撒布青霉素等治疗措施,表层短时间愈合。但几日后,病变部位破溃,破溃口排出脓汁,恶臭,手压时排出的脓汁增加。经兽医诊断,确定为瘘。

病因分析

(1)创内存留有弹片、砂石、被毛、术屑、谷芒、金属丝、被污染的缝合线及纱布棉球等异物,长期刺激并化脓形成瘘管。

(2)由于对脓肿、蜂窝织炎、开放性化脓性骨折、腱及韧带坏死等疾病处理不及时、不合理,也可以形成瘘管。

疾病信息收集　注意观察病变周围情况,如瘘管口排出脓汁,有恶臭味。瘘管内潴留脓汁。瘘管与腺体、消化道相通时,脓汁随腺体的分泌物排出,脓汁混有食糜、胃肠内容物。病初瘘管口处为肉芽组织,陈旧的瘘管口处是瘢痕组织,管口向内凹陷呈漏斗状,管腔内可能有异物或坏死组织,这些对于诊断都有借鉴意义。

诊断　根据典型的局部症状和瘘管的检查特征,即可以确诊。

诊断要点

(1)从瘘管口不断排出脓汁,有臭味。

(2)用金属探针检查可确定管道的方向、深浅及是否有异物。

治疗技术　治疗原则是彻底清除瘘管内异物、坏死组织及病理性管壁,畅通引流。

【处方 1】简单的瘘管,清洁创围,用 0.2%高锰酸钾液或 3%过氧化氢液、0.02% 呋喃西林液冲洗。锐匙彻底刮除管壁,取出异物。用消毒药液再次冲洗管腔,管腔内灌注 10%碘仿醚或填塞铋泥膏(次硝酸铋 10 g、碘仿 20 g、液体石蜡 20 mL)。

【处方 2】采用腐蚀疗法,用硝酸银、硫酸铜、高锰酸钾、碘粉剂制成药捻导入管腔,经 1～2 d,可将病理性管壁腐蚀掉,再用 0.1%高锰酸钾、3%双氧水或生理盐水冲洗脓肿腔,用纱布吸净管内残留药液,瘘管内注入青霉素。

【处方 3】手术治疗,术前 1 d 管腔内注入 5%美蓝液或 2%～5%龙胆紫溶液,使管壁组织着色。在探针指引下,切开管壁,切除或刮除瘘管壁。用 0.2%高锰酸钾液或 3%过氧化氢液冲洗管腔,创腔内灌注碘仿醚、填充铋泥膏,或注入魏氏流膏,定期换药。假如瘘管道较长,管底靠近体表,在管底处做一反对口,便于排液。

【处方 4】瘘管通向体腔时,先用纱布堵塞管口,用梭形切口切开接管周围组织，分离瘘管，找到瘘管内口并在该处切断管壁，取出切除的瘘管壁。缝合器官切口。用消毒溶液彻底冲洗创腔，再用纱布拭净创腔内药液。创腔内撒磺胺粉或青霉素粉。缝合肌肉及其他组织，皮肤行结节缝合。

(六)蹄叶炎

蹄壁真皮的局限性或弥漫性的无菌性炎症称蹄叶炎。马、骡两前蹄多发，牛多见于两后蹄。

范例(1)　某牛突然发病。站立时，姿势异常，四肢频频交换负重，肢势常不一定。强迫运动时，均呈急速短促的紧张步样。病蹄温度增高，疼痛明显。肌肉颤抖、出汗、呼吸急促、食欲减退、反刍停止。经兽医诊断，确定为蹄叶炎。

范例(2)　某牛两后蹄热痛症状减轻，轻度跛行。患畜消瘦，生产性能下降。经兽医诊断，确定为蹄叶炎。

病因分析

(1)饲养失宜，长期饲喂过多的精饲料或饲料骤变而缺乏运动时，可引起消化障碍，产生有毒物质吸收后造成血液循环紊乱，蹄真皮淤血发炎。

(2)使役不当，如在硬地或不平道路上重度使役或持续使役久不休息、长期休闲突然服重役，均可使组织中产生大量乳酸与二氧化碳，吸收后导致末梢血管淤血，引起蹄真皮的炎症。

(3)蹄形不正，如蹄垫部增高或降低，蹄缘狭窄或过长蹄等，使蹄的机能受到严重障碍，影响蹄部血液循环而发病。

(4)继发于其他疾病，如胃肠炎或便秘后、中毒、感冒及难产、胎衣不下等。

在上述因素作用下，蹄真皮毛细血管扩张、充血，血液停滞，血管壁通透性增强，炎性渗出物积于真皮小叶与角质小叶之间压迫真皮而引起剧痛。炎症继续发展，渗出液大量积聚压迫蹄骨，破坏真皮小叶与角质小叶的结合，造成蹄骨变位下沉乃至蹄底穿孔，蹄前壁凹陷致蹄轮密集，蹄尖翘起，蹄匣变形而呈畸蹄。

疾病信息收集

(1)急性蹄叶炎，突然发病。视诊可发现，站立时，若两前蹄患病，则两前肢前伸，蹄踵负重，蹄尖翘起，头高抬，两后肢伸入腹下，呈蹲坐姿势，站立过久时常想卧地；若两后蹄患病，则头颈低下，两前肢后踏，两后肢诸关节屈曲稍前伸，以蹄踵负重，腹部卷缩；若四蹄同时患病，初期四肢前伸，而后四肢频频交换负重，肢势常不一定，终因站立困难而卧倒。强迫运动时，均呈急速短促的紧张步样。触诊和叩诊，病蹄温度增高，敲打或钳压蹄壁，有明显疼痛反应，以蹄尖壁的疼痛更为显著。全身检查，由于剧烈疼痛，引起肌肉颤抖、出汗、呼吸急促、食欲减退、反刍停止等全身症状。继发者尚有原发病症状。

(2)慢性蹄叶炎,病蹄热痛症状减轻,轻度跛行。患畜消瘦,生产性能下降。

诊断　通过站立姿势、急速短促的紧张步样以及蹄部的触诊、敲打或钳压蹄壁即可以确诊。

诊断要点

(1)急性蹄叶炎时,患蹄壁增温、疼痛,站立时蹄踵负重,蹄尖翘起,行走时呈紧张步样。

(2)慢性蹄叶炎时,热痛不明显,轻度跛行,病久呈畸蹄。

根据诊断要点可以做出诊断,范例(1)为急性蹄叶炎,范例(2)为慢性蹄叶炎。

治疗技术　治疗原则是除去病因、消炎镇痛、促进吸收,防止蹄骨变位。

(1)急性蹄叶炎治疗

【处方 1】放血疗法:病后 36～48 h 内,颈静脉放血 1 000～2 000 mL(体弱者禁用),然后静脉注入等量糖盐水,加 0.1%盐酸肾上腺素溶液 1～2 mL,或 10%氯化钙注射液 200～300 mL。或放蹄头血。

【处方 2】冷敷及温敷疗法:病初 3～7 d 内,冷敷、冷蹄浴或浇注冷水,2～3 次/d,30～60 min/次。以后改为温敷或温蹄浴。

【处方 3】封闭疗法:0.5%盐酸普鲁卡因溶液 30～60 mL 分别注射于系部皮下指(趾)深屈肌腱内外侧,隔日 1 次,连用 3～4 次。

【处方 4】脱敏疗法:病初,盐酸苯海拉明 0.5～1 g,内服,1～2 次/d;或 10%氯化钙注射液 150～200 mL、10%维生素 C 注射液 10～20 mL,分别静脉注射;或 0.1% 盐酸肾上腺素溶液 3～5 mL,皮下注射,1 次/d。

高渗氯化钠、高渗葡萄糖溶液 500 mL,静脉注射;或盐酸毛果芸香碱 30～300 mg,皮下注射。硫酸钠或硫酸镁 200～400 g,石蜡油 500～1 000 mL,灌服。乳酸钠、碳酸氢钠 500 mL,静脉注射。

(2)慢性蹄叶炎治疗　注意修整蹄形,防止畸蹄。已成畸蹄者,配合矫正蹄铁。

预防措施　合理喂饲和使役,长期休闲者应减料;长途运输或使役时,途中要适当休息,并进行冷蹄浴,日常要注意护蹄。

(七)腐蹄病

家畜蹄间发生的一种主要表现为皮肤炎症,具有腐败恶臭、疼痛剧烈特征的疾病,称为腐蹄病。也叫蹄间腐烂或指(趾)腐烂。

范例(1)　一奶牛长期没有修蹄,蹄形不规则,最近出现精神沉郁、食欲不振、乳量下降。蹄间发生潮红、肿胀,频频举肢、呈现跛行。有恶臭脓性液体排出。经兽医诊断,确定为腐蹄病。

病因分析　厩舍泥泞不洁,低洼沼泽放牧,蹄间的外伤,或由于蛋白质、维生素、矿物质饲料不足及护蹄不当，使趾间抵抗力降低，而被各种腐败菌感染而致病。

疾病信息收集　蹄部局部检查可发现，病初蹄间发生急性皮炎、潮红、肿胀、知觉过敏，频频举肢、跛行。炎症逐渐波及蹄球与蹄冠部，严重的化脓而形成溃疡、腐烂，并有恶臭脓性液体。而后蹄匣角质开始剥离，往往并发骨、腱、韧带的坏死，有时蹄匣脱落。

诊断　通过站立和跛行观察，以及蹄部的视诊、触诊、叩诊可以初步做出诊断。

诊断要点

(1)患畜呈现支跛。

(2)蹄间皮肤发炎、红、肿、热、痛。炎症可波及蹄球与蹄冠，严重时发生化脓、溃疡、腐烂，有恶臭脓性液体，甚至造成蹄匣脱落。

治疗技术

【处方1】饱和硫酸铜或高锰酸钾溶液消毒患部，除去坏死组织，0.1%高锰酸钾或3%双氧水蹄部消毒。消毒后撒布高锰酸钾粉、硫酸铜粉或磺胺粉，或涂抹青霉素鱼肝油乳剂（青霉素20万IU、蒸馏水5 mL、鱼肝油50 mL混合搅拌成乳剂）。青霉素320万～480万IU，链霉素300万～400万IU，分别肌肉注射，2次/d。

【处方2】牛群发病时，牛场设消毒槽，槽中放入1%～3%硫酸铜溶液，病畜每天通过2～3次。圈舍用10%～20%的石灰水消毒。

(八)脐炎

脐炎指新生仔畜脐血管周围组织的炎症。各种动物均可发生，多见于大家畜的新生仔畜。

范例(1)　一犊牛断脐时没有进行消毒，几天后脐带残端潮湿、变粗、变黑，脐孔周围肿胀变硬、疼痛。经兽医诊断，确定为脐炎。

病因分析　接产时脐带消毒不严，脐带被污染，脐带断端过长被踩、拉伤、咬伤等，使微生物入侵而发炎。

疾病信息收集　病初脐部检查可见脐带残端潮湿、变粗、变黑，脐孔周围肿胀变硬、充血、发红、发热、疼痛。脐带残段脱落后脐孔形成溃疡，肉芽增生，有脓性渗出物或形成脓肿。全身检查，有较明显的全身症状。

诊断　根据脐带的特征性症状检查即可以做出诊断。

治疗技术

【处方1】局部剪毛，分点或环状用0.25%～0.5%普鲁卡因青霉素10 mL，局部封闭，创内涂以碘酊。青霉素160万IU，链霉素100万IU，肌肉注射，2次/d。

【处方 2】已化脓或局部坏死严重者，用 3％双氧水冲洗，再用 0.2％～0.5％雷夫奴尔液反复冲洗，青霉素 160 万 IU 外敷。

【处方 3】脐带脓肿，成熟后切开排脓，用 0.1％高锰酸钾溶液冲洗，然后用青霉素 160 万 IU 灌注。

预防措施　接产时脐带断端宜短些，一般不做脐结扎，用碘酊消毒，促进干燥脱落。保持圈舍干燥、清洁卫生。发现脐带、脐孔处潮湿时，应及早处理。

二、实训与练习

实训五　蹄病的防治技术

一、目的要求

(1)掌握家畜蹄病的症状收集、鉴别方法。

(2)提出蹄病的治疗方案，并能实施治疗护理。

二、先备知识

(1)基础知识：了解家畜蹄的解剖部位，掌握家畜蹄的生理学特点，理解炎症病理变化过程，掌握家畜蹄的用药药理、中草药药性和处方等。

(2)技能操作：熟练掌握临床诊断的方法、中兽医诊断方法、治疗技术、微生物实验室检查方法等。

(3)课程知识：掌握皮肤及衍生物炎症性疾病防治知识。

三、实训条件

(1)实训地点：一体化实训室、动物医院、养殖场等。

(2)实训病例：家畜蹄病的复制病例模型、患有蹄病的家畜等。

(3)材料用具：听诊器、体温计、叩诊器、注射用具、常用保定器械等、相应蹄病治疗药品、考核评价单(详见附录)等。

(4)指导教师：有从事兽医岗位工作 3 年以上经历的校内专任指导教师或校外兼职指导教师。

四、实训内容

1.疾病信息收集　小组成员对病畜进行病史调查和临床检查，并记录各项检查结果。

(1)病畜登记：年龄辨别，畜主问询，病情调查。

(2)现症检查：一般检查中，体温、脉搏、呼吸数的测定；视诊观察家畜蹄病的病理变化等。

(3)实验室检查：蹄病部位微生物检查等。

2.诊断　分组讨论建立诊断分析，小组应用鉴别诊断和论证诊断法，对有关症状进行逻辑分析。

3.治疗方案　由小组医生提出治疗方案并制定处方，对处方的配伍进行说明。

4.实施治疗　由小组进行处方的执行，实施治疗。其他小组成员进行配合。

5.效果观察　观察、记录治疗效果。根据治疗效果各小组代表进行诊断说明和治疗方案分析，分小组实施治疗，由指导教师指导。

6.工作过程评估　整个工作过程的优劣，由学生自评、小组互评、教师评价完成。

注意事项：病例取得可采用人工诱发复制模型或动物门诊、养殖场预约的方式完成，同时结合电教片进行，针对相关的病例问题，由教师及时提出帮助，正确引导学生进行讨论。

五、教学组织

学生每 4 人一组，分组进行实验，按照操作步骤进行课程实践。

六、作业

1.实验报告分析。

2.实训心得和建议。

3.小组讨论完成接诊单、诊断书、处方、治疗护理单、病历册等相关医疗文件。

备注：考核办法采用过程考核（详见附录）。

【课后作业】

一、解释名词

1.脓肿　2.蜂窝织炎　3.瘘　4.蹄叶炎

二、选择题

1.治疗慢性结膜炎时，首选用于点眼的药物是（　）。

A. 0.5%～1%硝酸银溶液　　B.青霉素

C.四环素　　D.可的松

2.角膜炎发生后，疼痛较重者用于点眼的药物配伍最好是硫酸锌、硼酸、0.1%肾上腺素、蒸馏水 10 mL，还有（　）。

A.青霉素　　B.盐酸普鲁卡因

C.氢化可的松　　D.75%酒精

3.治疗角膜炎时，可以采取自家血疗法，其自家血的用量是（　），眼睑皮下注射。

A.每次 2～3 mL　　B. 20～30 mL

C. 5～10 mL　　D. 50～100 mL

4.皮下、筋膜下及肌肉间的组织内发生的脓肿，当脓汁成熟后，用手触压，表现

(　　)。

A. 坚硬,肿胀面积缩小　　　　B. 温度高于其他组织

C. 有波动感　　　　D. 触摸不到异常变化

5. 发生于疏松结缔组织的急性弥漫性化脓性炎症称为(　　)。

A. 瘘　　　　B. 蜂窝织炎

C. 脓肿　　　　D. 疖

6. 手术治疗瘘管时,术前 1 d 管腔内注入 5% 美蓝液或 2%～5% 龙胆紫溶液的目的是(　　)。

A. 防治手术过程中病原微生物的扩散

B 促进病变组织与健康组织之间的分离

C. 使病变组织着色,便于手术时病变组织的确定

D. 杀灭病原微生物

三、判断题

1. 急性结膜炎治疗时,用刺激性比较小的消毒药冲洗后,要用消毒液浸泡多层折叠的纱布反复涂擦,将角膜表层的炎性渗出物擦洗干净。(　　)

2. 脓肿成熟后施行手术切开,为了便于冲洗和渗出物的排出,可以切一个反对口。(　　)

3. 脓肿的发生原因很多,但概括起来,无非是病原菌如葡萄球菌、链球菌、绿脓杆菌、大肠杆菌等,经过皮肤或黏膜进入机体,并在生长繁殖过程中形成。(　　)

4. 深部的蜂窝织炎病情严重,病变组织和健康组织之间没有明显的界线,难以准确辨认,给病变范围的确定和疾病的治疗造成一定的困难。(　　)

5. 瘘的形成,除了局部组织中异物、理化因素的长期刺激外,脓肿、蜂窝织炎等疾病处理不及时、不合理,也可以形成瘘。(　　)

6. 蹄叶炎病畜护理过程中,为了保证动物营养、增强动物的抵抗力,应该改变日粮结构,增加精料。(　　)

7. 脐炎发生后,在采取局部治疗的同时,为了防止病原微生物扩散,还需要使用全身抗生素或磺胺治疗。(　　)

8. 蹄叶炎患畜,在坚硬的场所行走和站立时,疼痛会减轻。(　　)

9. 牛场如果发生群发性腐蹄病,应该对厩舍进行消毒。生石灰消毒时,除适当浓度石灰水喷洒外,还可以将生石灰直接撒到厩舍地面。(　　)

四、病例分析

1. 一奶牛在驱赶时受鞭打,当时出现流泪,第二天,症状加重,检查,眼角有黏稠分泌物黏附,角膜表层损伤,角膜表面粗糙,侧面看无光泽,呈灰白色,眼角膜周

围增生很多血管，呈枝状侵入角膜表面。试根据发病史以及临床症状进行诊断，并开处方治疗。

2. 一成年奶牛随主今日前来就诊，主诉：该牛发病已经 3 d 左右，最初颈部有一肿胀区，用手触摸时出现躲避，并且感觉该部位发热，自发病开始，肿胀越来越大，今日开始出现食少，精神不振，遂前来就诊。临床检查：体温 39.8℃，呼吸 28 次/min，脉搏 72 次/min，颈部有一明显的肿胀区，病灶中央软化有波动感，轻轻一拉，肿胀部位被毛即脱落，中央区无热痛反应，肿胀周围较坚硬，温度也高于正常组织，用静脉注射用的针头在中央松软处刺入，从针孔流出灰黄色、黏稠、带有少量血丝的液体。根据以上症状进行诊断，并开处方治疗。

3. 一成年奶牛随主今日前来就诊，主诉：该牛于月前产第 5 胎，正常时产奶量可达 35 kg 左右，由于产奶量较高，因此每天供给的精料也多，产后 15 d 起，每天精料的供给量达 15 kg，发病 10 d 左右，开始出现跛行，行走困难，最近开始出现卧地和起立困难。临床检查：体温 39.8℃，呼吸 33 次/min，脉搏 72 次/min，瘤胃蠕动 3 次/min，10 s/次。站立时，头颈低下，两前肢后踏，右后肢向前伸入腹下，蹄尖翘起，外蹄没经过修剪而很不规则，蹄头高抬，强迫运动时，右后蹄着地后迅速换蹄。用手触摸，右后蹄蹄温增高，敲打蹄壁，有明显疼痛反应。试根据饲养管理情况、症状和检查结果做出诊断，并开处方治疗。说明护理上应该注意什么。

4. 一犊牛产后第 3 天出现食欲下降、喜卧等，前来就诊。临床检查：体温 40.2℃，呼吸 56 次/min，脉搏 98 次/min，脐部肿胀、发热，脐带断端肿胀、坚硬，用手挤压流出灰白色黏稠液体。试做出诊断，并开处方治疗。

子情境七　运动器官炎症性疾病防治技术

一、岗位工作范例

(一)关节炎

根据发生的部位和发展过程，关节炎可以分为关节滑膜炎、关节周围炎、骨关节炎。

1. 关节滑膜炎

关节滑膜炎是以关节囊滑膜层的病理变化为主的渗出性炎症。按病理性质可以分为无菌性和感染性，按渗出物性质可以分为浆液性、浆液纤维素性、纤维素性、化脓性及化脓腐败性滑膜炎，按临床经过可分为急性、亚急性和慢性滑膜炎。常发于马、牛、羊、猪。

范例(1) 某奶牛，因运动场凹凸不平，引起关节损伤，站立时左前肢腕关节屈曲，运步时出现跛行。经兽医诊断，确定为关节炎。

范例(2) 某犊牛，开始出现腕关节损伤，没有经过有效及时治疗，时间长久后，出现运步障碍，关节屈伸不灵。经兽医诊断，确定为关节炎。

病因分析

(1)机械性损伤，如运动场凹凸不平、长期负重并在不平的路上行走、肢势不正及关节软弱。

(2)继发性因素，如关节扭伤、挫伤、脱臼；某些传染病也可继发本病，如副伤寒、腺疫、布氏杆菌病等。

疾病信息收集 急性病例，视诊表现不同程度的支跛或混跛，关节屈伸不灵；触摸患病关节，可见关节肿大、有热痛反应，关节囊穿刺，关节液混浊，容易凝固。

慢性病例，视诊时，无论局部症状还是全身症状都不明显，但关节运动不灵，屈伸比较缓慢。关节囊穿刺，关节液比较稀薄。

诊断 主要根据发病史、症状、关节囊穿刺进行诊断。

诊断要点

(1)有关节损伤等发病史。

(2)关节红、肿、热、痛、技能障碍等症状。

(3)关节囊穿刺。

根据以上诊断要点，范例(1)为急性腕关节滑膜炎，范例(2)为慢性腕关节滑膜炎。

治疗技术 治疗原则是制止渗出、促进吸收、消除积液、恢复机能。

【处方1】急性滑膜炎初期，10%～20%硫酸镁浸泡，栀子50 g、大黄50 g、鸡蛋清或酒精调成糊状，敷于患处，每隔一段时间浇醋或酒精。

【处方2】急性滑膜炎，局部剪毛消毒，抽出渗出液，氢化可的松10～20 mL或2.5%醋酸可的松2～5 mL、青霉素80万IU，关节内注射，隔4～7 d一次。

【处方3】急性滑膜炎症状缓和后，10%～20%硫酸镁或鱼石脂酒精温敷，1%～2%普鲁卡因2～4 mL，青霉素80万IU，关节内注射。

【处方4】慢性滑膜炎，采取处方3中的温敷法，涂擦碘樟脑醚合剂(碘片20 g，95%酒精、乙醚60 mL，精制樟脑20 g，薄荷脑3 mL，蓖麻油25 mL)、松节油、四三一合剂(大黄4份，雄黄3份，冰片1份，研末，蛋清调敷)，患部涂擦5～10 min。

2. 关节周围炎

关节周围炎是关节囊及韧带发生的慢性纤维性和慢性骨化性炎症。多发于马的腕关节、跗关节、膝关节、系关节。

范例(1) 一成年马表现跛行,腕关节肿胀,关节粗大,关节活动范围缩小。关节运动不灵,尤其是休息后、运动开始时,随着运动的增加,逐渐减轻或消失。

范例(2) 一成年马表现跛行,跗关节粗大,肿胀。活动强拘,卧倒后起立困难。

病因分析 常发于关节的损伤、脱位、骨折等。因关节剧伸,韧带、关节囊滑落发生撕裂,也可继发性关节囊的蜂窝织炎。能使关节长期受刺激的慢性关节疾病、关节烧烙、涂强刺激剂、牛布氏杆菌病都可引起本病。

疾病信息收集 慢性纤维性关节周围炎视诊和触诊,患病关节出现无明显热痛、界限不明显的坚实性肿胀,关节粗大,外形稍平坦,关节活动范围缩小,他动运动有疼痛。牵遛,关节运动不灵,尤其是休息后、运动开始时,随着运动的增加,逐渐减轻或消失,久病时可能因结缔组织增生,出现关节挛缩。

慢性骨化性炎症时,由于结缔组织增生,骨化,关节粗大,活动受限,肿胀坚硬无热痛。肿胀部皮肤肥厚,活动强拘,不同程度的跛行。休息时不愿卧倒,卧倒后起立困难。久病患肢萎缩。

诊断 主要根据临床症状,有疑问时进行传导迷醉和 X 线检查。范例(1)为慢性纤维性腕关节周围炎。范例(2)为慢性骨化性跗关节周围炎。

治疗技术

【处方 1】慢性纤维性关节周围炎,酒精温敷,30～60 min/次,2 次/d;或用 10%～20%硫酸镁浸泡,氢化可的松 10～20 mL 或 2.5%醋酸可的松 2～5 mL,青霉素 80 万 IU,关节内注射,隔 4～7 d 一次。

【处方 2】慢性骨化性关节周围炎,鱼石脂或碘樟脑醚合剂、松节油、四三一合剂局部涂擦,2 次/d。

3. 骨关节炎

骨关节炎是关节骨系统的慢性增生性炎症,也称慢性骨关节炎。在关节软骨、骨骺、骨膜及关节韧带发生慢性关节变形。并有机能障碍的破坏性、增殖性的慢性炎症,所以又称为慢性变形性骨关节炎。最后导致关节变形、关节僵直和关节粘连。

范例(1) 一成年牛原来出现急性腕关节炎,采取了冷敷、热敷、关节腔内注射等治疗措施,但未能痊愈,主要表现跛行、腕关节变形。跛行在休息后减轻,运动后加重。

病因分析

(1)骨关节炎是急性关节炎的晚期阶段,关节损伤、关节骨折、骨裂都可以导致本病发生。

(2)继发性风湿病、布氏杆菌病、化脓性关节炎等。

疾病信息收集　问诊有原发于急性关节炎时有急性关节炎病史,转为慢性炎症过程有慢性骨关节炎的特征症状。局部检查,关节骨化性骨膜炎时,有赘生物或外生骨疣,关节周围结缔组织增生,关节变形及关节粘连。跛行,休息后减轻,运动后加重。

诊断　病初诊断较困难,发展为关节变形性骨关节炎时诊断较容易。主要是通过急性炎症病史和关节变形及关节粘连进行诊断。根据诊断要点,范例(1)诊断为腕关节炎骨关节炎。

治疗技术

【处方1】鱼石脂,局部涂擦2次/d。0.25%～0.5%普鲁卡因10 mL,青霉素80万IU,关节腔内注射,隔日1次。

(二)腱炎

腱炎是负重时,超过其生理范围,腱纤维因高度牵张发生炎症。役用动物常发。在马、骡、驴的前肢多发,牛后肢发病率较高。一般屈腱比伸腱多发。

范例(1)　一役用马在河滩拉石头和沙子,突发前肘部骨骼肌肿痛,跛行。运动能力降低。

范例(2)　一役用马在驮运途中,肩胛部和前肢受鞍具摩擦而损伤,患部硬固,疼痛肿胀。运动时表现严重跛行,运动时间延长时跛行减轻或消失。休息后患部出现淤血,疼痛加剧。

范例(3)　一牛左肩关节部发生炎症,症状较剧烈,后期损伤部破溃,有脓汁流出。

病因分析　装蹄不当、滑倒、使役不当等机械性损伤和炎症都能引起肌腱的剧伸损伤腱纤维而发病。少数因外伤或局部感染引起腱炎。也有发生于寄生虫的寄生,引起非化脓性或化脓性腱炎。

疾病信息收集　急性病例突发局部骨骼肌肿痛,跛行,运动能力降低。触摸病变区肌腱,腱变粗而硬固,弹性降低甚至消失,出现腱的机械障碍。病变部位检查,损伤部的肉芽组织形成瘢痕组织,腱缩短,甚至与之有关的关节活动都受限制。

慢性纤维素性腱炎患畜常有局部反复损伤,触压患部疼痛肿胀;强行运动时,表现运动初跛行严重,随着运动跛行逐渐减轻或消失。

化脓性腱炎主要是检查局部肿胀逐渐软化,脓汁形成后穿刺或破溃后有脓汁流出。

诊断　主要分析发病的原因和较典型的临床症状进行诊断，如突发局部肿胀、跛行、肌腱硬固、关节活动受限等。

诊断要点

(1)有能引起肌腱腱纤维剧伸损伤的机械性损伤和炎症。

(2)特征性的临床症状，如肌腱部肿胀、跛行、肌腱硬固、关节活动受限等。化脓性腱炎时肿胀逐渐软化，脓汁形成后穿刺或破溃后有脓汁流出。

根据以上诊断要点，范例(1)为急性肘部腱炎，范例(2)为慢性肩胛部纤维性腱炎，范例(3)肩关节化脓性腱炎。

治疗技术　治疗原则是减少渗出，促进吸收和出血凝固，防止腱束的继续断裂，恢复功能。

【处方1】急性腱炎初期，用10%～20%硫酸镁浸泡，栀子50 g、大黄50 g、鸡蛋清或酒精调成糊状，敷于患处，每隔一段时间浇醋或酒精。或使用冰袋、雪囊、凉醋、明矾水或醋酸铅冷敷。0.5%～1%普鲁卡因10～20 mL，患部麻醉。急性腱炎炎症减轻后，用酒精热绷带、酒精鱼石脂温敷，或涂擦复方醋酸铅散或鱼石脂。或用消炎散(乳香、没药、血竭、大黄、花粉、白芷各100 g，白芨300 g，研细，加醋调成糊状)贴在患处，包扎绷带，药干时浇以温醋。

【处方2】慢性腱炎，酒精热绷带、酒精鱼石脂温敷，或复方醋酸铅散或鱼石脂涂擦。氢化可的松5～10 mL，等量0.5%普鲁卡因患肢两侧皮下点注，0.5～1 mL/点，4～6 d一次，3～4次为一个疗程。

【处方3】化脓性腱炎，初期，鱼石脂涂擦或10%～20%硫酸镁浸泡，脓汁成熟后扩创或切开炎症区，0.1%高锰酸钾或3%双氧水冲洗，腔内撒布青霉素或磺胺粉。青霉素320万～480万IU，肌肉注射，2次/d。

(三)腱鞘炎

腱鞘炎是马、骡的常发病，拉车的使役牛也可发生，猪也可发生。屈腱的腱鞘比伸腱的腱鞘多发，腕、指(趾)部腱鞘发病率较高，跗部腱鞘也可发生。

范例(1)　一马在驮运过程中不慎滑倒，初表现跛行，两腕部疼痛。以后，腕部腱鞘皮下肿胀达鸡蛋大，有热痛反应，腱鞘周围肿胀，患部皮肤增厚。患肢运动机能障碍。

范例(2)　一马，左前肢肩胛部有局限性波动，病初发生腱鞘明显的肿胀和热痛反应，以后症状逐渐减轻，温热疼痛不明显，只在运动时出现跛行。

范例(3)　一牧马腕部有温热疼痛反应，几天后，肿胀部位隆起、肿胀明显，表现疼痛、严重跛行，后期破溃，有脓汁排出。

范例(4) 一牛长期出现咳嗽,采取抗生素治疗,但效果不明显,结核菌素点眼和皮下注射,呈阳性。前、后肢多处腱部发生肿胀,坚硬而疼痛,运动受限,跛行。

病因分析

(1)机械性损伤,如挫伤、打击、压迫、刺创。腱的过度牵张,保定不当,载驮重负时在不平、泥泞道路上疾驰。

(2)感染,脓毒病、传染病(腺疫、流感、布氏杆菌病、结核、鼻疽)并发,周围组织炎症(蜂窝织炎、脓肿、化脓性黏液囊炎、化脓性关节炎)蔓延。

(3)寄生虫侵袭,如蟠尾丝虫病。

疾病信息收集

(1)急性腱鞘炎　根据渗出物不同,急性腱鞘炎分为浆液性、浆液纤维素性、纤维素性3种类型。

急性浆液性腱鞘炎,多发,腱鞘内充满浆液性渗出物,视诊,皮下肿胀达鸡蛋大乃至苹果大,有的呈索状肿胀,触诊有热痛反应,腱鞘周围肿胀,患部皮肤增厚,有时与腱鞘粘连,患肢机能障碍。

急性浆液纤维素性腱鞘炎,患肢在活动或触压时,除波动外,还有捻发音,温热疼痛和机能障碍都比浆液性腱鞘炎严重。肿胀部穿刺,渗出物中有纤维蛋白凝块。有的病例渗出物较多,不能迅速被吸收,转为慢性,常发展为腱鞘积水。

急性纤维素性腱鞘炎,较少见,视诊局部肿胀较小,但触压时热痛严重,腱鞘肥厚,揉搓时可听到捻发音。

(2)慢性腱鞘炎　也分为慢性浆液性腱鞘炎、慢性浆液纤维素性腱鞘炎、慢性纤维素性腱鞘炎3种类型。

慢性浆液性腱鞘炎,问诊常有急性病史或病程较长,视诊,滑膜腔内因充满渗出物而肿胀,触诊有明显波动,温热疼痛不明显。牵遛时跛行较轻,只在运动时出现。

慢性浆液纤维素性腱鞘炎,因为腱鞘各层粘连,周围结缔组织增生,因此,视诊和他动运动时,患部活动不灵。触诊患部有局限性波动和明显的温热疼痛反应。牵遛有明显跛行。

慢性纤维素性腱鞘炎,因滑膜腔内渗出大量纤维素,腱鞘增生肥厚,因此,视诊,患部活动受限,轻度肿胀。触诊,局部温热、疼痛。牵遛时表现跛行,触诊或他动运动,可听到捻发音。病久者有不同程度的肢势和蹄形改变。

(3)化脓性腱鞘炎　感染初期为浆液性炎症,患病部有红、肿、热、痛反应和机能障碍。有创伤时,流出含有灰白色纤维素的滑液,2～3 d后转化为化脓性炎症,病畜体温升高,疼痛、跛行剧烈。可蔓延到腱鞘纤维层,引起蜂窝织炎,出现严重的全身症状，疼痛和跛行严重。有的引起腱鞘部分组织坏死和皮下组织多发性脓肿，以后破溃。常遗留下腱和腱鞘的粘连和腱鞘骨化。

(4)征候性腱鞘炎　牛和猪有结核杆菌病史，马、骡有腺疫、布氏杆菌病、传染性胸膜肺炎病史。肿胀由小逐渐增大，并向周围弥散。触压，肿胀坚硬而疼痛，有多数腱鞘同时或先后发病。

诊断　主要根据腱鞘肿胀、温热疼痛、运动机能障碍、跛行等特征性症状进行诊断。急性腱鞘炎发生时症状比较严重，病程比较短；慢性腱鞘炎症状比较轻，发展比较缓慢，病程较长；化脓性腱鞘炎主要表现局部化脓和较明显的全身症状；症候性腱鞘炎在出现腱鞘炎症状之前，有原发病的典型症状。

诊断要点

(1)腱鞘的肿胀、温热疼痛、功能障碍。

(2)穿刺有浆液性、浆液纤维素性、纤维素性、化脓性渗出物。

(3)症候性腱鞘炎有原发病的典型症状。

根据诊断要点，范例(1)为腕部急性腱鞘炎，范例(2)为肩胛慢性腱鞘炎，范例(3)为腕部化脓性腱鞘炎，范例(4)为症候性腱鞘炎。

治疗技术　治疗原则是制止渗出、促进吸收、消除积液、防止感染和粘连。

【处方1】急性炎症病初1～2 d，2%醋酸铅、10%～20%硫酸钠、10%～20%硫酸镁冷敷，15～30 min，2～3次/d，包扎压迫绷带。急性炎症缓和后，酒精、醋酸铅醋调后温敷，抽出渗出物，1%普鲁卡因10～50 mL，局部注射，再慢慢运动15～25 min。

【处方2】亚急性或慢性腱鞘炎，鱼石脂、鱼石脂酒精，外敷，水银软膏或樟脑水银软膏，局部涂擦；氢化可的松20～50 mg，青霉素40万～80万IU，局部注射，3～5 d一次，连用2～4次。腱鞘腔内渗出物过多时，选择在关节的下端做一切口，排出渗出物。

【处方3】化脓性腱鞘炎，初期穿刺排脓，普鲁卡因青霉素冲洗，伤口用呋喃西林湿敷。脓汁成熟后手术切开，排出脓汁、坏死组织，手术创口用青霉素、磺胺制剂、2%氯亚明撒布、冲洗；青霉素320万～480万IU，链霉素300万～400万IU，肌肉注射，2次/d。

二、实训与练习

【课后作业】

一、名词解释

他动运动

二、选择题

1. 四三一合剂的药物组方是(　　)。

A. 大黄 4 份,硼砂 3 份,冰片 1 份　　B. 大黄 4 份,雄黄 3 份,冰片 1 份

C. 黄连 4 份,雄黄 3 份,冰片 1 份　　D. 黄连 4 份,硼砂 3 份,冰片 1 份

2. 关节周围炎是(　　)发生的慢性纤维性和慢性骨化性炎症。

A. 关节囊及韧带　　B. 关节周围结缔组织

C. 肌腱和韧带　　D. 关节囊和滑膜

3. 一牛患关节周围炎,特征是:关节粗大,活动受限,肿胀坚硬无热痛。肿胀部皮肤肥厚,活动强拘,跛行。休息时不愿卧倒,卧倒后起立困难。你认为此炎症是(　　)。

A. 浆液性关节周围炎　　B. 化脓性关节周围炎

C. 慢性纤维性关节周围炎　　D. 骨化性关节周围炎

4. 骨关节炎症状较复杂,初期诊断较困难,后期诊断主要是检查(　　)。

A. 跛行程度　　B. 关节周围肿胀程度

C. 关节是否变形　　D. 渗出物的性质

三、填空题

急性滑膜炎初期,可使用______浸泡,______鸡蛋清或酒精调成糊状,敷于患处,每隔一段时间浇醋或酒精。______关节内注射,隔 4～7 d 一次。急性滑膜炎症状缓和后,可用______温敷,1%～2%普鲁卡因 2～4 mL,青霉素 80 万 IU,关节内注射。

四、判断题

1. 发生关节滑膜炎时,关节囊穿刺,关节液比较浑浊,渗出液中含有纤维蛋白。(　)

2. 慢性腱炎可以采取氢化可的松、普鲁卡因患肢两侧皮下点注的方法治疗,为了增强疗效,加快痊愈,可以增加注射次数,2～3 次/d。(　)

3. 慢性纤维素性腱炎患畜,触压患部疼痛肿胀;强行运动时,表现运动初跛行严重,随着运动跛行逐渐减轻或消失。(　)

五、病例分析

一马在驮运过程中不慎滑倒,初表现跛行,两腕部疼痛。前来就诊。临床检查:体温 38.9℃,呼吸 21 次/min,脉搏 50 次/min,视诊,皮下有达鸡蛋大肿胀,穿刺有淡黄色清凉渗出物,触诊有热痛反应,腱鞘周围肿胀,患部皮肤增厚,有时与腱鞘粘连,患肢机能障碍。根据发病过程及临床检查结果进行诊断,并开处方治疗。

学习情境三　家畜损伤性疾病防治技术

能力目标

- 掌握家畜损伤性疾病的诊断和鉴别，治疗方案制定，治疗、护理等工作。
- 熟悉养殖场和门诊工作程序。
- 具备病例病因分析和建立预防措施的能力。

知识目标

- 理解损伤性疾病的发病机制。
- 熟悉损伤性疾病病因、症状、鉴别诊断和治疗方案。
- 掌握核心病例的概念、诊断要点和治疗原则。

学习基础

一、损伤

损伤是由各种不同外界因素作用于机体，引起机体组织器官在解剖上的破坏或生理上的紊乱，并伴有不同程度的局部或全身反应。

损伤按损伤的病因分为：①机械性损伤，包括开放性损伤和非开放性损伤；②物理性损伤，如烧伤、冻伤、电击、放射性损伤等；③化学性损伤，如化学性药品、强刺激剂等；④生物性损伤，如细菌、毒素等。按损伤组织和器官的性质分为：①软组织损伤，如皮肤、黏膜等；②硬组织损伤，如关节、骨等。

二、创伤

创伤是因锐性外力或强烈的钝性外力作用于机体组织或器官，使受伤的皮肤或黏膜出现伤口及深在组织与外界相通的机械性损伤。锐性外力或强烈的钝性外力作用于皮肤，超过了皮肤的耐受力而导致皮肤破裂。皮下的各种组织耐受力远远低于皮肤，因此皮肤破裂后深层的血管、肌肉等均会受到损伤，引起出血和创口裂开。

创伤一般由创缘、创口、创壁、创底、创腔、创围等部分组成。创缘为皮肤或黏膜及其下的疏松结缔组织;创缘之间的间隙称为创口;创壁由受伤的肌肉、筋膜及位于其间的疏松结缔组织构成;创底是创伤的最深部分,根据创伤的深浅和局部解剖特点,创底可由各种组织构成;创腔是创壁之间的间隙,管状创腔称为创道;创围指围绕创口周围的皮肤或黏膜。

(一)创伤分类

创伤可按受伤后的时间分为新鲜创和陈旧创;按有无感染分为无菌创、污染创、感染创;按致创物的性状分为刺创、切创、砍创、挫创、裂创、压创、搔创、缚创、毒创、火器创、复合创等。

(1)新鲜创　伤后的时间较短,创内尚有血液流出或存在血凝块,且创内各部组织的轮廓仍能识别,有的虽然被严重污染,但未出现创伤感染症状。

(2)陈旧创　伤后时间较长,创内各组织的轮廓不易识别,出现明显的创伤感染症状,有的拔出脓汁,有的出现肉芽组织。

(3)无菌创　通常将在无菌条件下所进行的手术创称为无菌创。

(4)污染创　创伤被细菌和异物所污染,但创内的细菌仅与损伤发生机械性接触,尚未侵入组织深部发育繁殖,也未呈现致病作用。污染较轻的创伤,经适当的外科处理后,可能取第一期愈合。污染严重的创伤,在未及时而彻底地进行外科处理时,常转为感染创。

(5)感染创　进入创内的致病菌大量繁殖,对机体呈现致病作用,使受伤部位出现明显的创伤感染症状,甚至引起机体的全身性反应。

(二)创伤愈合

创伤愈合形式分为第一期愈合、第二期愈合和痂皮下愈合等 3 种。

1. 第一期愈合

创伤第一期愈合是一种较为理想的愈合形式。创缘、创壁整齐,创口吻合,无肉眼可见的组织间隙,临床上炎症反应较轻微;创内无异物、坏死灶及血肿,组织仍有生活能力,失活组织较少,没有感染。具有这些条件的创伤可进行第一期愈合。一般情况下,无菌手术创、新鲜污染创如能及时进行清创手术,都可能达到第一期愈合。

第一期愈合的过程从伤口出血停止开始。在伤口内有少量血液、血浆、纤维蛋白及白细胞等将伤口黏合,这些黏合物质刺激创壁组织,毛细血管扩张充血,渗出浆液,同时白细胞等渐渐地侵入黏合的创腔缝隙内,进行吞噬、溶解和转运,以清除创内的凝血及死亡组织，使创腔净化。经过1～2 d后，创内结缔组织细胞及毛细血管内皮细胞分裂增殖，以新生的肉芽组织将创缘连接起来，同时创缘上皮细胞增生，逐渐覆盖创口。新生的肉芽组织逐渐转变为纤维性结缔组织。这样的创口愈合，其形态学和生化变化均不显著，仅留下线状疤痕，有时甚至不留疤痕，这个过程需6～7 d，所以无菌手术创的切口在7 d左右拆线。然后再经过2～3周完全愈合。

2.第二期愈合

第二期愈合特征是创口增生多量的肉芽组织，填充创腔，然后形成疤痕组织而治愈。一般当创口大、伴有组织缺损、创缘及创壁不整、伤口内有血液凝块，细菌感染、异物、坏死组织以及由于炎性产物、代谢障碍，致使组织丧失第一期愈合能力时，要通过第二期愈合而治愈。临床上多数病例取第二期愈合。

取第二期愈合的创伤，在其愈合的过程中受伤组织内表现一系列的形态、生物、物理、胶体化学等方面的变化。第二期愈合过程可分为两个阶段，即炎性净化期和组织修复期，这两个阶段不能截然分开，是由一个阶段过渡到另一个阶段，而在表现形式上各有其侧重点。

炎性净化是通过炎症反应达到创伤的自我净化。临床上主要表现为创伤部位发炎、肿胀、温度升高、疼痛，随后创内坏死组织液化，形成脓汁，从伤口流出。

创伤净化过程的特点，各种动物不尽相同。马和狗以浆液性渗出为主，液化过程完全，胶原膨胀明显，清除坏死组织迅速，但易引起吸收中毒。牛、羊、猪以浆液纤维素性渗出为主，液化过程较弱，是通过形成化脓性分离线使坏死组织脱离的，净化过程较慢，但不易引起吸收中毒。

组织修复阶段的核心是肉芽组织的新生。这是由新生的成纤维细胞和毛细血管构成的。其中成纤维细胞是由伤口周围的原始结缔组织细胞分裂增生而来的，体积较大，细胞核也较大，呈椭圆形并有核仁。这种细胞在伤后的初期增生快，由伤口边缘及底部逐渐向中心生长。与此同时，有大量的毛细血管混杂在成纤维细胞之间，自伤口周围向中心靠拢而新产生伤口收缩，使创面缩小，有利于伤口愈合。

肉芽组织除有成纤维细胞和毛细血管之外，还有多少不定的中性粒细胞、巨噬细胞及其他炎性细胞，但无神经纤维，故肉芽组织本身并无感觉，触之不痛。

健康肉芽组织呈红色，较坚实，表现湿润，呈颗粒状并附有很少的一层黏稠、灰白色脓性物，对肉芽组织起保护作用。肉芽组织是坚强的创伤防卫面，可防止感染蔓延，所以诊疗创伤时，保护肉芽面不受损伤，合理选用促进肉芽组织正常生长的药物十分重要。

肉芽组织成熟过程，在伤后5～6 d，增生的成纤维细胞开始产生胶原纤维，细胞体变长。到2周左右胶原纤维形成最旺盛，以后逐渐慢下来，到3周以后胶原纤维的增生就很少了。此时成纤维细胞转化成梭形的纤维细胞。与此同时，肉芽组织中大量毛细血管闭合、退化、消失，只留下部分毛细血管及细小的动脉和静脉营养该处。至此肉芽组织逐渐成为纤维疤痕组织。肉眼观察疤痕组织为灰白色、坚硬有韧性。

在肉芽组织开始生长的同时，创缘的上皮组织增殖，由周围向中心逐渐生长新生的上皮，当肉芽组织增生高达皮肤表面时，新生的上皮再生完成，覆盖创面而愈合。当创面较大，由创缘生长的上皮不足以覆盖整个创面时，则以上述的疤痕形成取代而告终。如此可能引起受伤部位的损伤和功能障碍。愈合的疤痕组织无毛囊、汗腺和皮脂腺。

创伤在愈合过程中，可看到皮肤的缺损面有缩小现象，如在动物背腰部切除一小部分皮肤，大多数动物经2～3 d后，创面发生迅速缩小的过程，称为创伤收缩。皮下疏松结缔组织多和肌肉比较丰富的部位，创面收缩得多，反之则收缩得少。

3.痂皮下愈合

痂皮下愈合特征是表皮损伤，创面浅并有少量出血，以后血液或渗出的浆液逐渐干燥而结成痂皮，覆盖在受伤部位的表面，痂皮下损伤的边缘再生表皮而治愈。如果发生感染，在痂皮下化脓则取第二期愈合。

(三)影响创伤愈合的因素

创伤愈合的速度受许多因素的影响，这些因素包括外界条件方面的、人为的和机体方面的。创伤诊疗时，应尽可能消除妨碍愈合的因素，创造有利于愈合的良好条件。

(1)创伤感染。创伤感染化脓是延迟愈合的主要因素，由于病原菌的致病作用，一方面使受伤组织遭受更大的破坏，延长愈合时间，另一方面机体吸收了细菌毒素和有害的炎性产物，降低机体的抵抗力，影响创伤的修复过程。

(2)创内存有异物或坏死组织。当创内特别是创伤深部存留有异物或坏死组织时，炎性净化过程不能结束，化脓不会停止，创伤就不能愈合，甚至形成化脓性窦道。

(3)受伤部位血液循环不良。创伤的愈合过程是以炎症为基础的过程，受伤部位血液循环不良，既影响炎性净化过程的顺利进行，又影响肉芽组织的生长，从而延长创伤愈合时间。

(4)受伤部位不安静。受伤部位经常进行有害的活动，容易引起继发损伤，并破坏肉芽组织的健康生长，从而影响创伤的愈合。

(5)处理创伤不合理。如止血不彻底，施行清创手术过晚和不彻底，引流不畅，不合理的缝合与包扎，频繁的检查创伤和不必要的更换绷带以及不遵守无菌规则、不合理地使用药物等，都可延长创伤愈合的时间。

(6)机体维生素缺乏。维生素 A 缺乏时，上皮细胞的再生迟缓，皮肤出现干燥及粗糙；维生素 B 缺乏时，能影响神经纤维的再生；维生素 C 缺乏时，由于细胞间质和胶原纤维的形成障碍，毛细血管的脆性增加，致使肉芽组织水肿、易出血；维生素 K 缺乏时，由于凝血酶原的浓度降低，致使血液凝固缓慢，影响创伤的愈合。

(四)创伤检查

检查创伤的目的在于了解创伤的性质，决定治疗措施和观察愈合情况。

(1)一般检查　从问诊开始，了解创伤发生的时间、致创物的性状、发病当时的情况和病畜的表现等，然后检查病畜的体温、呼吸、脉搏，观察可视黏膜颜色和病畜的精神状态，检查受伤部位和救治情况以及四肢的机能障碍等。

(2)创伤外部检查　按由外向内的顺序，仔细对受伤部位进行检查。先视诊创伤的部位、大小、形状、性质，创口裂开的程度，有无出血，创围组织状态和被毛情况，有无创伤感染现象。继则观察创缘及创壁是否整齐、平滑，有无肿胀及血液浸润情况，有无挫灭组织及异物等。然后对创围进行柔和而细致的触诊，确定局部温度的高低、疼痛情况、组织硬度、皮肤弹性及移动性等。

(3)创伤内部检查　应胆大心细，并遵守无菌规则。首先对创围进行剪毛、消毒。检查创壁时，应注意组织的受伤情况、肿胀情况及污染情况。检查创底时，应注意深部组织受损伤状态，有无异物、血凝块及创囊的存在。必要时可用消毒的探针、硬质胶管等，或用戴消毒手套的手指进行创底检查，摸清创伤深部的具体情况。

对于有分泌物的创伤，应注意其分泌物的颜色、气味、黏稠度和排出情况等。必要时可进行酸碱度测定、脓汁及血液检查。对于出现肉芽组织的创伤，应注意肉芽组织的数量、颜色和生长情况等。创面可作按压标本的细胞学检查，这有助于了解机体的防卫机能状态，客观地验证治疗方法的正确性。

(五)创伤治疗

1. 创伤治疗的一般原则

(1)抗休克。一般是先抗休克，待休克好转后再进行清创手术，但对大出血、胸壁透创及肠脱出，则应在积极抗休克的同时进行手术治疗。

(2)防治感染。灾害性创伤，一般不可避免被细菌等所污染，伤后应立即开始应用抗生素，预防化脓性感染，同时进行积极的局部治疗，使污染的伤口变为清洁伤口并进行缝合，但对暂时的火器创，原则上只做清创手术而不做缝合。

(3)纠正水与电解质失衡。

(4)消除影响创伤愈合的因素。影响创伤愈合的因素很多,在创伤治疗过程中,注意消除影响创伤愈合的因素,可使肉芽组织生长正常,促进创伤早期愈合。

(5)加强饲养管理。增强机体的抵抗力,能促进伤口愈合,对严重的创伤,应给予高蛋白及富含维生素的饲料。

2.创伤治疗的基本方法

(1)清洁创围　清洁创围在于防止创伤感染,促进创伤愈合。清洁创围时,先用数层灭菌纱布覆盖创面,防止异物落入创内。后用毛剪将创围被毛剪去,剪毛面积以距离 10 cm 左右为宜。创围被毛如被血液或分泌物粘着时,可用 3% 过氧化氢和氨水(200∶4)混合液将其除去。再用 70% 酒精棉球反复擦拭紧靠创缘的皮肤,直到清洗干净为止。离创缘较远的皮肤,可用肥皂水和消毒液洗刷干净,但应防止洗刷流落入创内。最后用 5% 碘酊或 5% 酒精福尔马林溶液间隔 5 min 两次涂擦创围皮肤。

(2)清洗创面　先除去覆盖创口的纱布块,用生理盐水冲洗创面后,持消毒镊子除去创面的异物、血凝块或脓痂。再用生理盐水或其他防腐消毒液反复冲洗创腔,直到清洁。如创腔较深,冲洗时可用一定压力,并应随时清除附着在创面的污物,但应防止过度加压,以免损伤创内组织和扩大感染。清洗创腔后,用灭菌纱布轻轻地擦拭创面,以便除去创内残留的液体和污物。

(3)清创手术　用手术的方法将创内所有原失活组织切除,除去可见的异物、血凝块,消除创囊、凹壁,扩大创口(或作辅助切口),保证排液畅通,并力求新鲜污染创变为近似手术创,争取创伤的第一期愈合。

根据创伤的性质、部位、组织损伤的程度和伤后经过的时间,对每个创伤施行清创手术的内容也不同。一般手术前均需要进行彻底的消毒和麻醉。

修整创缘时,用外科剪除去破碎的创缘皮肤和皮下组织,造成平整的创缘以便于缝合;扩创时,是沿创口的上角或下角剪开组织,扩大创口,消灭创囊,充分暴露创底,除去异物和血凝块,以便排液通畅或便于引流。对于创腔深、创底大和创道弯曲不便于从创口排液的创伤,可选择在创底最低处且靠近体表的健康部位,尽量在肌间结缔组织处做适当长度的辅助切口,以便排液;创伤部分切除时,除修整创缘和扩大创口外,还应切除创内所有失活破碎组织造成新创壁。失活组织一般呈暗紫色,刺激不收缩,切割时不出血,无明显疼痛反应。为彻底切除失活组织,在张开创口后,除去离断的筋膜,分层切除失活的组织,直到有鲜血流出的组织为止。用防腐液清洗创腔后,按需要用药、引流、缝合和包扎。

(4)创伤用药　创伤用药的目的在于防止创伤感染,加速炎性净化,促进肉芽组织和上皮新生。药物的选择和应用决定于创伤的性状、感染的性质、创伤愈合阶段等。如污染严重，外科处理不彻底、不及时和因解剖特点不能施行外科手术处理时，为了消灭细菌，防止创伤感染，早期应用广谱抗菌药物；对创伤感染严重的化脓创，为了消灭病原菌和加速炎性净化的目的，应用抑菌性和加速炎性净化的药物；对肉芽创应使用保护肉芽组织和促进肉芽组织生长及加速上皮生长的药物。总之，适用于创伤的药物，应具有既能抑菌又能消炎，且对机体组织细胞损害作用最小者为最佳。

(5)创伤缝合　根据创伤的情况可分为初期缝合、延期缝合和肉芽创缝合。

初期缝合是对受伤后数小时内清洁创或经彻底外科处理的新鲜污染创进行的缝合，其目的在于保护创伤不受继发感染，有助于止血，能消除创口裂开，使两侧创缘和创壁相互接触，为组织再生创造良好条件。适于初期缝合的创伤条件是：创伤无严重污染，创缘及创壁完整，且具有活力，创内无较大的出血和较大的血凝块，缝合时创缘不致因牵引而过度紧张，且不妨碍局部的血液循环等。临床实践中，常根据创伤的不同情况，分别采取不同的缝合措施。有的施行初期密闭缝合；有的仅作部分缝合，在创口下角留一排液口，便于创液的排出；有的施行创口上下角的疏散结节缝合，以减少创口裂开和弥补皮肤的缺损；有的先用药物治疗 3～5 d 后，无创伤感染时再进行缝合，称为延期缝合。经初期缝合的创伤，如出现剧烈疼痛、肿胀明显，甚至体温升高者，说明已出现创内感染，应及时拆除部分或全部缝线，进行开放治疗。

肉芽创缝合又叫二次缝合，用以加速创伤愈合，减少疤痕形成，适合于肉芽创。创内应无坏死组织，肉芽组织呈红色平整颗粒状，肉芽组织上被覆的少量脓汁内已无厌氧菌存在。对肉芽创经适当的外科处理后，根据创伤的情况可施行接近缝合或密闭缝合。

(6)引流疗法　对于创道长又有弯曲、创腔深并有坏死组织及脓汁潴留较多的化脓创，常采用引流疗法。其作用是借助于引流物将药物导入创腔内，使药物与创面均匀接触，较长时间地发挥作用。同时，使创腔内炎性产物及脓汁沿着引流物体外。最常用的是纱布引流，是将适当长度和宽度的纱布条浸以药液(如青霉素溶液、中性盐类高渗溶液等)，用长镊子将引流纱布的两端分别夹住，将一端疏松地导入创底，另一端游离于创口下角。

换引流物的时间，取决于炎性渗出物的数量、病畜的全身性反应和引流物是否起作用。炎性渗出物多时应经常更换。当创伤出现肿胀和炎性渗出物增加，体温升高、脉搏增数时，则标志着引流物受阻，应及时取出引流物作创内检查，并更换引流物，但引流物对机体来说也是一种异物，长时间使用可刺激组织细胞，妨碍创伤的愈合，因此当炎性渗出物很少时，应停止引流。对于炎性渗出物排出通畅的创伤、肉芽组织生长健康的创伤、创内有大血管和神经干的创伤以及关节和腱鞘创伤等，均不应使用引流疗法。

(7)创伤包扎　创伤包扎应根据创伤的性质、部位和季节的不同而定。一般经外科处理后的新鲜创，四肢下部的创伤，冬季为了保暖、夏季为了防蝇等情况，都要包扎。当创内有大量脓汁、厌氧性及腐败性感染以及炎性净化后出现良好肉芽组织时，一般不包扎而采取开放疗法。创伤绷带用3层，即内层的吸收层(灭菌纱布)、中间的接受层(灭菌脱脂棉)和外层的固定层(绷带)。

当绷带已经被浸湿而不能吸收炎性产物、脓汁流出受阻、病畜体温有升高趋势以及需要处置创伤时，应及时更换绷带，否则可适当延长时间。更换绷带时，应轻柔、仔细、严格消毒，防止继发损伤和感染。

(8)全身性疗法　小的创伤，局部症状轻，全身症状不明显，可不必进行全身性治疗。有时病畜全身症状虽不明显，但局部化脓症状剧烈，为减少炎性渗出物及防止酸中毒，可静脉注射10%氯化钙100～150 mL，5%碳酸氢钠300～500 mL。对于局部化脓性炎症剧烈，伴有全身症状的病畜，除静脉注射5%碳酸氢钠外，还要连续应用抗生素或磺胺类药物。

根据病情变化，可考虑采取强心、利尿、补液等措施。为了补充体液损失，应给病畜补充血容量，可静脉注射6%中分子右旋糖酐或10%低分子右旋糖酐或6%羟乙基淀粉代血浆。为纠正机体电解质的紊乱，常静脉注射10%氯化钾、5%～10%氯化钠、10%氯化钙、10%碱性磷酸钠等。

合理的饲养管理有利于创伤愈合，应给病畜饲喂营养丰富的苜蓿、豆类、马铃薯等碱性饲料。对患腐败性感染的病畜，应喂给大麦、燕麦、甜菜等酸性饲料。

3.不同创伤的治疗

临床上常将创伤分为以下3种：新鲜污染创、化脓创和肉芽创。

(1)新鲜污染创的治疗　新鲜污染创的治疗原则是及时止血，防止感染和继发损伤，尽早地作清创手术，给创伤愈合创造良好条件，争取第一期愈合或缩短第二期愈合的时间。

①及时止血。对于创伤大出血，可根据出血的部位、性质和程度，采取压迫、填塞、钳压、结扎等止血方法，也可于创面撒布止血粉止血，必要时可应用全身性止血剂。

②清洁创围。用灭菌纱布覆盖创面，由外围向创缘方向剪除被毛。若被毛粘上血污时，可用3%过氧化氢溶液浸湿、洗净后再剪毛，用5%碘酊消毒创围，用75%酒精脱碘。

③清洗创伤。用生理盐水、3%过氧化氢液、0.1%高锰酸钾溶液、0.1%新洁尔

灭溶液等。

④清创手术。对污染较轻的切创和小刺创，不必作清创手术；对污染较重的创伤，清创手术越早越彻底越好，手术完毕，用防腐液清洗创腔。

⑤应用药物。对不需清创手术和清创手术比较彻底的创伤，可对创面涂布青霉素液或用0.1％碘酒溶液洗涤创腔，或用0.25％盐酸普鲁卡因青霉素液向创内灌注或行病灶周围封闭。对小的刺创可向创道内灌注5％碘酊，对污染严重又不能缝合的创伤，可向创内撒布青霉素粉，1∶9碘仿磺胺粉，1∶9碘仿硼酸粉，1∶9漂白粉硼酸粉等后进行包扎，也可撒布去腐生肌散（去腐生肌散处方：轻粉9 g，乳香15 g，没药15 g，儿茶9 g，龙骨9 g，硇砂6 g，共研细末，外用）等。

应用酒精处理新鲜创和化脓创的创面，可以防止各种有害物质从创面通过淋巴管被机体吸收。实践证明，用酒精清洗创伤或作引流液，有加速创伤愈合的作用。

⑥缝合创口。当创面比较整齐，清创手术比较彻底时，可施行密闭缝合（注意不要残留死腔）；有创伤感染危险时，可行创伤部分缝合，并于创口下角留排液口；有厌氧性感染或组织缺损严重时，不可缝合，采用开放疗法。

⑦创伤包扎。新鲜污染创是否包扎，应根据创伤的性质、部位、地区和季节特点而定。一般对于新鲜污染创特别是四肢下部的创伤，均应包扎绷带。冬季应注意防寒，夏季应注意防蝇。

(2)化脓创的治疗　化脓创的治疗原则是制止扩大感染，清除创内坏死组织和异物，加速炎性净化，保证脓汁排出通畅，防止转为全身性感染，促进创伤愈合。

①清洁创围。

②冲洗创腔。用抑菌力较强的防腐药液反复冲洗创腔，除去脓汁至干净为止。常用的药液有0.2％高锰酸钾溶液、3％过氧化氢溶液、0.01％～0.05％新洁尔灭溶液、0.05％洗必泰溶液、0.02％～0.1％度米芬溶液等。如感染绿脓杆菌，使用2％～4％硼酸溶液或2％乳酸溶液效果更佳。

③外科处理。扩大创口，除去深部异物，切除坏死组织，消灭创囊，排出脓汁，如创囊过大过深、排脓障碍时，可作辅助切口排脓。

④创伤用药。对急性化脓性炎症引起的组织严重肿胀、坏死组织分解液化形成脓汁，容易引起酸中毒或败血病。治疗化脓创的药物应具有抗菌、增强淋巴净化、降低渗透压、使组织消肿和促进酶类作用正常化的特性。高渗剂由于高渗的作用，能使创液从组织深部排出于创面，加速炎性净化，有良好疗效。如10％食盐溶液、10％硫酸钠溶液、10％水杨酸钠溶液、奥立夫柯夫氏液等灌注、引流或湿敷。一般应用3～4次后，脓汁逐渐减少，出现肉芽组织。

奥立夫柯夫氏液是用硫酸镁(或硫酸钠)80 g,5%碘酊 20 mL、碳酸钠 4 g,甘油 280 mL,洋地黄浸液 8～100 mL,蒸馏水 80 mL,制成的外用水剂。

当急性炎症减轻、化脓现象缓和时,可应用魏斯聂夫斯基氏流膏(处方:松馏油 5 份,碘仿 3 mL、蓖麻油 100 mL)、碘仿蓖麻油(处方:碘仿 1 mL、蓖麻油 100 mL,加碘酊成浓茶色)、磺胺乳剂(处方:氨苯磺胺 5 g、鱼肝油 30 mL、蒸馏水 65 mL)等灌注或引流。也可撒布去腐生肌散等。

⑤创伤引流。用纱布条浸上述药液,特别是浸以高渗剂进行创伤引流最常用,且效果良好。

化脓创经上述处理后,一般不包扎绷带,施行开放疗法。

⑥全身疗法。根据需要应用抗生素疗法、磺胺疗法、碳酸氢钠疗法等。

(3)肉芽创的治疗　肉芽创的治疗原则是促进肉芽组织生长,保护肉芽组织不受损伤和继发感染,加速上皮新生,防止肉芽赘生,促进创伤愈合。

①清洁创围。

②清洁创面。由于化脓性炎症逐渐平息,创内生长鲜红色肉芽组织,因此清洁创面时,不可使用刺激性强的药液冲洗,以免伤害肉芽组织。可用生理盐水或微弱的防腐剂清洗,除去过多脓汁,切忌不可强力摩擦或刮削肉芽创面,以免损伤肉芽组织,继发感染和延缓创伤愈合。

③应用药物。应选择刺激性小、促进肉芽组织生长的药物调制成流膏、油剂、乳剂或软膏使用。当化脓创逐步转为肉芽创时,可应用魏氏流膏、10%磺胺鱼肝油、2%～3%红汞鱼肝油或红汞甘油等涂布。以后可应用磺胺软膏、青霉素软膏、金霉素软膏等。为了促进创缘上皮新生,可应用氧化锌水杨酸软膏、加水杨酸的磺胺软膏。也可以用小剂量紫外线照射。

④缝合与植皮。对于创口裂开大、肉芽组织生长良好的创伤,为了加速其愈合和缩小疤痕的形成,可清洗创面或作必要的修整,并撒布青霉素粉后,施行肉芽创缝合,或部分缝合,随时注意观察病情。对于面积较大又不便缝合的肉芽创,可进行小块植皮,以加速上皮形成。

⑤对赘生肉芽组织的处理。对于轻度肉芽组织赘生,可用硝酸银棒或硫酸铜腐蚀;肉芽组织赘生较多时,撒布高锰酸钾粉后,可用厚团棉纱进行研磨;肉芽组织赘生大而根部较局限时,可施行手术切除或刮除;肉芽组织赘生面积大且较平坦时,可用高渗盐类溶液(10%以上的食盐溶液、硫酸镁溶液、硫酸钠溶液等)连续湿敷或温敷,也可将氧化锌粉薄薄地撒布在赘生组织上,包扎绷带一周。对于反复赘生的肉芽组织,经外科处理后,装着无衬石膏绷带,固定 2～3 周。

子情境一　皮肤及其衍生物损伤性疾病诊疗技术

一、岗位工作范例

(一)牙齿损伤

牙齿发生异常,常常造成口腔内的各种损伤。主要表现为以下几个方面:

(1)赘生齿或多生齿。是在正常臼齿列前方的齿槽间隙,异常生长1～2个牙齿,从而妨碍咀嚼,致使患畜消化不良。对该齿可行拔除或截断处理。

(2)换牙异常。由于乳齿到期不脱,永久齿不得取代,而从乳齿下方生长永久齿,引起咀嚼障碍。可将乳齿拔除。

(3)牙齿失位。由于齿槽骨膜炎致使牙根松弛或因换牙异常,受乳齿的压迫,牙齿未能在固有部位生长而失位,从而导致咀嚼障碍。对此种情况应实施拔牙术或截断术处理。

马、骡下颌齿列先天性过度狭窄或下颌肌肉发育不全及衰弱、口腔患有疼痛性疾病等,常为本病发生的原因。

范例(1)　某家牛采食及咀嚼缓慢,咀嚼时头歪向一侧,用一侧咀嚼并呈间歇性,口角流涎,不时吐出草团,或在颊部与臼齿间夹有食团。

范例(2)　一只羊近日出现一现象,看见草就吃,但草在口里咀嚼几下又吐出,并伴发嚎叫,能喝水。膘情逐渐下降,腹部空虚。

疾病信息收集　采用临床诊断方法。

诊断要点　咀嚼缓慢并伴有痛苦嚎叫,吐草团;病畜有饥饿感;腹部空虚;牙齿异常。

治疗技术

(1)锐齿　对于过长的锐齿可实施截断术。患畜柱栏站立保定,头部三角保定,装上开口器将舌拉于健侧,用齿刨的刃部对正牙齿的尖锐部分,将手柄用力冲击,即可将锐齿切除。切除后用齿挫子予以修整挫光。最后用0.1%高锰酸钾溶液冲洗口腔。损伤的创面涂2%碘甘油,除去开口器,解除保定。

(2)剪状齿　本病系由锐齿继续发展而来。此时患畜咀嚼障碍更加严重,引起口腔软组织更为严重的损伤,甚至引起颌骨挫伤。其治疗方法同锐齿。但是严重者只能除去锐缘而不能根治。

(3)阶状齿　由于臼齿的齿质不良、牙齿发生异常或因龋齿、裂齿的缺损而发生。牙齿咀嚼面高低不平,相对齿列面形成阶梯状。咀嚼前后、左右受阻,发生咀嚼障碍,严重时过长齿嵌入对应齿龈而引起疼痛。对过长齿应实施截断术或拔牙术,以缓解咀嚼困难。

(4)波状齿　主要发生于3~4臼齿处。主要由于齿质硬度不一致使咀嚼面磨损不均衡,造成齿列咀嚼面形成波状,严重时则形成过短齿与过长齿。前者与齿龈成水平,后者伸入对侧,压近齿龈而引起疼痛,患畜咀嚼困难。治疗法同阶状齿。

(5)滑齿　主要因齿质不良,珐琅质与象牙质的硬度相似,形成同等程度的磨损,使牙齿的咀嚼失去皱壁面变成平滑,从而造成咀嚼不全。本病无较好的治疗,只能加强饲养,给予容易消化的饲料。

护理方法　采用流食饲喂,或用新鲜嫩草饲喂,尽量不用干草或粗硬饲料饲喂。

(二)角折

反刍兽的角由额骨的角突和角鞘构成。根据家畜的品种、年龄和性别不同,角的长度差异极大。成年牛在角基部和额骨之间有一明显的颈部。角折为反刍兽特发疾病。多见于牛,尤以公牛为多发,羊与鹿也常有发生。

范例(1)　兽医门诊近日接诊一头牛,牛的左侧角鞘活动甚或全部脱落可取下,角突部骨质表面常有大量混有血液的渗出物积聚,角根部疼痛、灼热,患畜头部常向病侧倾斜。

范例(2)　张某家的牛发现在角突骨质上可能出现骨裂或骨折,表面破裂口组织被污染,稍感染化脓。叩打角鞘或握住角鞘以保定该牛时,均表现疼痛感。

范例(3)　某家的山羊在靠近角尖1/2以上处,可见到角折处动摇,连同角鞘完全分离,并可从角折处向外流血。

范例(4)　某家牛角在靠近角基部1/2以上处,可见到角折处动摇,连同角鞘完全分离,并可从角折处向外流血。

病因分析　首先系暴力损伤,有直接与间接的暴力,前者发生较多的是牛的角斗、平地奔跑中跌倒在硬地、从高处坠落等。后者如保定不慎,仅仅将角拴紧在保定架或树上,家畜受惊而强力挣扎,或倒牛时牛角误碰硬物或插入洞穴中等。黄牛和羊由于角较短小,除非受到强大的暴力,一般情况下很少发生角折。鹿角比较脆嫩,有时在锯茸时因头部保定不良或管理不慎,可引起基部角折,影响鹿茸生产。

疾病信息收集　主要通过临床诊断中的问诊、视诊等收集。

诊断要点　根据临床症状即可判断。

范例(1)诊断为角鞘(角壳)脱落,范例(2)诊断为角鞘破裂,范例(3)诊断为高位角折,范例(4)诊断为低位角折。其中低位角折是最严重而又常发的一种角折。较多见于角突颈部。部位愈低症状愈重,可以看到从损伤的角血管中大量出血,有时甚至还伤及额骨。一般均可见到与额窦相通的角突腔,其中充满血液,甚至从鼻腔流出血液。水牛由于角突腔大,于角折后最初两周内略见缩小,以后则变化甚微。如不及时治疗,长期暴露在外面容易感染而继发化脓性额窦炎,甚至在夏季出现蝇蛆。严重者继发化脓性脑膜炎,使病情更为复杂。

治疗技术　已与角突失去联系的角鞘应取下或切除,在角突上敷以抗生素油膏并加包扎。一般经5～6 d更换绷带一次,待创面结痂后自生角质,如角鞘破裂尚未脱落则应该利用金属夹板将病角固定于健康的角上,创造条件使破裂的角鞘生长愈合。为了消除感染,要先用消毒药液洗净角鞘、拭干,并切除坏死部分,用碘酊消毒,撒布抗生素粉,用卷轴绷带作"8"字形包扎。有人主张用石膏绷带固定一个月,经20～30 d,断裂的骨质角突可形成坚硬的骨痂。注意,天热时应在绷带外涂松馏油防蝇。

对于角基部的角折,角突和角壳均已脱落,此时要充分止血,用骨锯修整残端使其平整并充分处理好角突腔。新鲜创用无菌技术处理并加以包扎。化脓创应细致处理创口使其整洁清净。待停止化脓,出现肉芽组织,又无臭气,炎症基本消退时才可进行角修补术。各地在封闭角折断端工作中积累了丰富的经验。有些方法虽然一时可以封住断端;而且比较牢固,但不能浸水,并容易变形。所以还有待于今后的努力。现介绍两种角突腔封闭方法。

(1)固齿粉填塞法　取直径1.5 mm骨钻,在距角断面约2 cm处平行交叉钻开4个孔,以不锈钢丝从孔中交叉穿入固定。在交叉的钢丝上放置一块形状、大小与角突腔横断面开口完全一致的塑料板(或废X线胶片),板四周务必与腔壁密接。在板上再穿一不锈钢丝固定塑料板。把调好的固齿粉(或其他填塞物)填入角突腔内,使之密闭。最后在外面浇上沥青或包扎沥青绷带。

(2)牙托粉填塞法　根据角突腔大小,制作牙托粉塞子一个(方法同补牙术),在角突腔充分消毒处理后,撒布土霉素或四环素5～10 g,将适合良好的牙托粉塞子塞紧,边缘缝隙再用调好的牙托粉镶好,使之密闭。事前根据角断面的形状预制牛角板一块,并在上述牙托粉塞子封闭的基础上用骨钻在角壳断面上钻4～6个孔,并以螺丝钉将牛角板固定,最后也在外面涂一层沥青。

(三)鞍挽具伤

鞍挽具伤是由于鞍挽具对马体鬐甲、颈部、背、腰等部组织的过度压迫、摩擦所引起的种种损伤,乘马、驮马、挽马均可发生。轻者可能只引起皮肤表层的损伤,重者则多波及皮下组织,甚至造成骨、软骨和韧带的化脓和坏死,长期不愈,将严重的影响生产、交通运输。

范例(1) 哈萨克族牧民乘骑的马,近日出现不让主人乘骑,一旦套鞍具,马就不安;经主人观察,背部有伤口,沿伤口下方有大片肿胀、发热区。触压有波动感。

范例(2) 某犁地的牛,颈部被毛部分或全部脱落,表皮剥离,创面有浆液性黄色透明的渗出物,干燥后形成黄褐色痂皮,并与周围的被毛相粘着。

病因分析 鞍挽具伤的主要原因是马匹缺乏锻炼。鞍挽具不适合,汗屉不洁或过硬,不按要领备鞍和套车,不遵守使役、骑乘规则,以及跛行马继续使役。牛在鬐甲部前方,由于被轭子长期压迫、摩擦而发生。

疾病信息收集 可用临床检查方法。

诊断要点 一般可根据临床观察确诊。鬐甲部皮肤表层的损伤,重者则多波及皮下组织,甚至造成骨、软骨和韧带的化脓和坏死,长期不愈。

范例(1)诊断为鬐甲窦道(鬐甲瘘),范例(2)诊断为皮肤擦伤。

治疗技术 对鬐甲窦道的治疗,必须详细诊断,力争尽早治疗。根治手术是治疗鬐甲窦道的有效方法,其要点是:切开化脓、坏死灶,扩开排脓口,彻底切除坏死组织,排出脓汁,消除病理性结缔组织,保证引流通畅,促进肉芽组织生长,加速疾病痊愈。

对化脓性浅层黏液囊炎所致的窦道,可在鬐甲顶部的一侧或两侧,沿窦道口作适当长度的垂直切口,直达黏液囊腔下底;对因化脓性深层黏液囊炎而引起者,可在肩胛软骨前缘的颈间隙处做长 10～14 cm 的处置切口;对肩胛上韧带坏死,可在距鬐甲脊 6～8 cm 处的侧面,做一长达 10～15 cm 的水平切口;对脊上韧带坏死,可在距鬐甲中线 3～4 cm 处作水平切口;对肩胛上间隙蓄脓和肩胛软骨坏死,可采用“八”字形切口,即在肩胛软骨的前角和后角附近与体轴成 45°角做两个切口,横断斜方肌,直达肩胛上间隙。

切开后,要彻底除去坏死组织、脓汁和病理性结缔组织。手术中发生的出血,随时应用结扎、钳压和填塞止血。术后用防腐消毒液清洗创腔,按化脓创进行开放、引流治疗。必要时配合全身疗法。

预防措施

(1)消除病因是预防鞍挽具伤的重要措施之一。严格按个体选配鞍具和挽具并加以固定，防止乱用。鞍具和挽具的装着必须力求适宜，如鞍装的位置，前缘距鬐甲定点 3～5 cm，后缘与第 16 肋骨相平，放置鞍褥时不应有皱褶或被毛逆立，挽具的套绳要等长，套包和夹板大小、形状要与颈部适合等。平时加强对鞍挽具的管理，经常检修、刷拭及涂油等，用前检查套包及鞍褥是否有硬结泥沙或破坏等。

(2)合理使役、遵守使役制度是预防鞍挽具伤的重要因素，如拉车、驮载、骑乘都应合理，勿使家畜过劳。在使役中适当休息，发现跛行，随时停止使役。骑乘之后不可立即卸下鞍具，先松鞍，经 30 min 后再卸下，随后进行适当的按摩，以促进血液循环使尽快恢复。

(3)鞍挽具在装着前应刷拭，检查颈部、鬐甲及背腰部有无被毛脱落和损伤，早期发现病变，及时合理治疗，以防由轻症转为重症，尤其是要注意防止发生化脓坏死及形成瘘。

(4)平时加强饲养、锻炼，增强家畜体质，注意皮肤卫生，以适应使役需要。

(5)对饲养管理人员和使役人员，经常进行爱护马匹、鞍挽具及预防疾病的宣传教育，使预防工作落实。

知识补充

鞍挽具伤诊断中的病理分类及治疗方法

(1)皮肤擦伤　轻度擦伤，患部被毛的一部或全部脱落，表皮剥离，创面有浆液性黄色透明的渗出物，干燥后形成黄褐色痂皮，并与周围的被毛相粘着。重度擦伤，多伤及皮肤深层，露出鲜红色的创面，创围有明显的炎症反应。热痛明显，如不及时治疗，易感染化脓。

治疗时首先除去原因，防止感染，可应用 2%～3%龙胆紫酒精溶液或 5%高锰酸钾溶液反复涂布，使局部形成痂皮。渗出液过多时，可在创面撒布碘仿磺胺粉(1∶9)。

(2)炎性水肿　通常在解鞍 30 min 后，患部的皮肤和皮下组织逐渐发生局限性或弥漫性水肿。与周围组织分界不明显，触诊局部温度增高，有疼痛及压痕。

治疗时可用饱和氯化钠、硫酸镁、硫酸钠等中性盐类溶液浸湿纱布，于患部冷敷或热敷，或用食盐面以少量水调和涂于患部。用复方醋酸铅散加醋调敷于患部，效果更好。

(3)血肿及淋巴外渗　多发于鬐甲部皮下结缔组织处，呈局限性水肿，柔软而有波动。血肿通常在解鞍后立即发生，并迅速增大，穿刺检查有血液。淋巴外渗形成较缓慢，疼痛较轻微，穿刺检查为淋巴液。

治疗时可按前述血肿、淋巴外渗治疗。

(4)黏液囊炎　浅黏液囊炎在鬐甲顶点出现局限性有波动的肿胀,热痛较明显;深黏液囊炎在肩胛软骨前方的颈间隙处出现一侧性或两侧性的半圆形热痛性肿胀,穿刺时,可流出黏性渗出物。

对急性期可在患部涂敷用醋调制的复方醋酸铅散,用醋或酒精调制的山枝子粉,外敷雄黄散等。如果黏液囊内渗出物过多,可抽出内容物,注入复方碘溶液,反复抽洗3～4次,4～5 d后,再以同样的方法处理。感染化脓时,要尽早切开。防止引起韧带或筋膜坏死。

(5)皮肤坏死　常发生于肩前、背部,是由于鞍挽具的压迫,局部皮肤血液循环障碍的结果。多为干性坏疽,局部皮肤失去弹性,被毛逆乱,温度降低,感觉减退或消失。坏死的皮肤逐渐变为黑褐色或黑色,硬固而皱缩,经6～8 d,坏死的皮肤与周围健康皮肤界线明显,并出现裂缝。坏死皮肤脱落时,创面边缘干燥,呈灰白色,而中央为鲜红色肉芽组织,若不及时除去坏死皮肤,则因压迫而影响上皮的生长,治疗时必须注意。

治疗时要尽早除去坏死皮肤,促进上皮新生。初期可用热沙袋,促进坏死皮肤干燥脱落,当坏死皮肤干涸而与健康组织分离时,应及时剪除,创面可涂魏氏流膏或氧化锌软膏,促进上皮新生。

(6)鬐甲窦道(鬐甲瘘)　是指鬐甲部因鞍挽具伤等疾病的过程中,由于化脓菌侵入引起黏液囊、筋膜、韧带、软骨和骨的慢性化脓、坏死性疾病。临床上较为多见,常因久不愈合而影响马骡健康和使役能力,应予以重视。

主要临床症状为鬐甲部肿胀、疼痛、化脓、坏死,并出现一个或几个化脓口。由于发生化脓、坏死的组织不同,排脓的位置和情况也不一样。临床上常见的几种鬐甲窦道如下:

①因化脓性浅层黏液囊炎所致,病初沿鬐甲正中线出现局限性圆形肿胀。热、痛、紧张而有波动,以后在鬐甲的一侧或两侧破溃,形成窦道,排出大量含有黏液的脓汁,无恶臭气味。

②因化脓性深层黏液性囊炎所引起时,病初在肩胛软骨前方的颈间隙处一侧性或两侧性的半圆形热痛性肿胀,以后黏液囊破溃,脓汁从肩胛韧带下面向外破溃,多在鬐甲后第7～9胸椎处侧面出现排脓口,并排出大量的无恶臭的黏液性脓汁。化脓性深层黏液囊炎,常可并发项韧带和肩胛上韧带的坏死,甚至侵害肩胛上间隙。

③因肩胛上韧带(帽状韧带)或棘上韧带坏死或由蟠尾丝虫所引起时,病初多为化脓性黏液性囊炎、蜂窝织炎,患部呈长方形的一侧或两侧炎性肿胀,以后皮肤

破溃，出现一个或两个排脓口，排脓口的位置不定，排出灰白色或淡绿色脓汁，并在鬐甲脊上出现排脓口。

④因胸椎棘突坏死所引起时，病初于鬐甲中线部出现剧烈的炎性肿胀，指压患部时，疼痛剧烈。以后沿鬐甲脊靠近棘突的侧面破溃，形成通往深部肌肉的窦道，排出褐色液状脓性分泌物，并具有恶臭味，时常在分泌物中混有细沙样的碎骨屑，用手指或探针检查时，能感知其表面坚硬而粗糙，在疾病经过中，有时出现体温升高。

⑤因肩胛上间隙蓄脓和肩胛软骨坏死所引起时，病初常因鬐甲部蜂窝织炎、脓肿或其他组织坏死过程中脓汁积聚于间隙内，此时，整个肩胛软骨部出现明显的肿胀，同侧前肢出现机能障碍。此后，于肩胛软骨的后角或前角向外破溃，流出大量较浓稠的脓汁，在疾病过程中，常伴发肩胛软骨坏死，此时脓汁呈灰白色，并伴有恶臭，探诊时可感知肩胛软骨上缘粗糙不平。

（四）疝

疝也称赫尔尼亚，是指腹腔内脏器官通过天然孔道或病理性破裂孔脱出到皮下或其他解剖腔的疾病。主要有脐疝、腹股沟阴囊疝、外伤性腹壁疝等。

范例（1） 猪脐部出现突出和半圆形柔软肿胀，在挣扎或饱食后增大，体位改变或压力减小时缩小。触摸肿胀物无热无痛，病初在动物改变体位时可将内容物还纳回腹腔，能摸到明显的脐孔，可听到肠音。若时间较长，疝内容物与疝壁发生粘连，形成粘连性脐疝，疝囊变厚，内容物不能送回腹腔。

范例（2） 猪阴囊皮肤紧张、增大、下垂，触摸无热无痛，柔软有弹性，听诊可听到肠蠕动音。压迫时肿胀缩小，疝内容物（多半为小肠）可还纳于腹腔，可摸到腹股沟环。捕捉或腹压增大时阴囊部更大。

范例（3） 猪突然出现剧烈腹痛，一侧或两侧阴囊变得紧张，出现浮肿，皮肤发凉（少数病例发热），阴囊的皮肤因汗液而变得湿润。出现不愿走动，并在运步时开张后肢，步态紧张，表示显著疼痛，脉搏及呼吸数增加。随着炎症现象的发生，全身症状加重，体温升高。

诊断要点

（1）根据脐部或阴囊部位发生柔软的肿胀，听诊有肠蠕动音，内容物可还纳到腹腔，可判断范例（1）和范例（2）为可复性疝。

（2）根据病畜突然出现腹痛，全身症状严重，脐部或阴囊部位肿胀，内容物不能还纳回腹腔，可判断范例（3）为嵌闭性疝。

治疗技术

(1)保守治疗　适合疝轮小、年龄小的家畜。用绷带或皮带压迫腹部,使疝轮缩小、组织增生而治愈。将内容物压入腹腔。在疝孔周围肌层用95%酒精分4～6点注射,每点3～5 mL。

(2)手术疗法

①可复性疝　仰卧保定,局部剪毛,消毒,1%普鲁卡因10～15 mL浸润麻醉。在疝囊基部靠近脐孔处纵向切开皮肤,但不切开腹膜,将腹膜与疝内容物送入腹腔,对疝孔进行纽扣状缝合或袋口缝合,皮肤结节缝合。外涂碘酊,系保护绷带。绝大多数脐疝是陈旧性的,疝孔边缘瘢痕化形成厚硬的疝轮并与腹膜融合,必须沿疝轮边缘修剪成新鲜创面(修剪0.2 cm左右),然后进行纽扣状缝合,闭合疝孔。皮肤及皮下组织适度修剪后进行结节缝合,之后装结系绷带。

哺乳仔猪可用皮外疝孔缝合法。具体做法:将疝内容物还纳腹腔,提起疝轮两侧肌肉及皮肤,用纽扣状缝合法闭锁脐孔。

②嵌闭性疝　在患部皮肤小心切一小口,手指探查内容物及粘连程度。用手术剪按所需长度剪开疝轮,仔细剥离粘连物,防止肠管破裂,然后扩大疝孔,还纳内容物。若肠管坏死(凡肠管呈紫黑色,失去光泽和弹性,即已经坏死),需要切除坏死的肠管,然而进行肠管吻合术,最后缝合疝环或皮肤,装压迫绷带。

术后不宜喂得过饱,限制剧烈活动,防止腹压增高。术部包扎绷带,保持7～10 d,可减少复发。

二、实训与练习

实训六　创伤的防治技术

一、目的要求

1.掌握家畜创伤的症状收集、鉴别方法。

2.提出创伤的治疗方案,并能实施治疗护理。

二、先备知识

(1)基础知识:了解家畜皮肤及其衍生物损伤性疾病病理变化过程,掌握家畜皮肤及其衍生物损伤性疾病的用药药理、中草药药性和处方等。

(2)技能操作:熟练掌握临床诊断的方法、中兽医诊断方法、外科手术治疗技术、微生物实验室检查方法等。

(3)课程知识:掌握皮肤及其衍生物损伤性疾病防治知识。

三、实训条件

(1)实训地点:一体化实训室、动物医院、养殖场等。

(2)实训病例:家畜创伤的复制病例模型、患有创伤疾病的家畜等。

(3)材料用具:听诊器、体温计、叩诊器、注射用具、常用保定器械、外科手术器械等、相应创伤治疗药品、考核评价单(详见附录)等。

(4)指导教师:有从事兽医岗位工作3年以上经历的校内专任指导教师或校外兼职指导教师。

四、实训内容

1.疾病信息收集　小组成员对病畜进行病史调查和临床检查,并记录各项检查结果。

(1)病畜登记:年龄辨别,畜主问询,病情调查。

(2)现症检查:一般检查中,体温、脉搏、呼吸数的测定;创伤检查中,注重创伤的一般检查、创伤外检查、创伤内检查等。

(3)实验室检查:创伤部位微生物检查等。

2.诊断　分组讨论建立诊断分析,小组应用鉴别诊断和论证诊断法,对有关症状进行逻辑分析。

3.治疗方案　由小组医生提出治疗方案并制定处方,对处方的配伍进行说明。

4.实施治疗　由小组进行处方的执行,实施外科手术治疗与药物治疗相结合。其他小组成员进行配合。

5.效果观察　观察、记录治疗效果。根据治疗效果各小组代表进行诊断说明和治疗方案分析,分小组实施治疗,由指导教师指导。

6.工作过程评估　整个工作过程的优劣,由学生自评、小组互评、教师评价完成。

注意事项:病例取得可采用人工诱发复制模型或动物门诊、养殖场预约的方式完成,同时结合电教片进行,针对相关的病例问题,由教师及时提出帮助,正确引导学生进行讨论。

五、教学组织

学生每4人一组,分组进行实验,按照操作步骤进行课程实践。

六、作业

1.实验报告分析。

2.实训心得和建议。

3.小组讨论完成接诊单、诊断书、处方、治疗护理单、病历册等相关医疗文件。

备注:考核办法采用过程考核(详见附录)。

【课后作业】

一、名词解释

1.损伤　2.创伤　3.陈旧创　4.新鲜创　5.无菌创　6.第一期愈合

7.第二期愈合 8.疝

二、填空题

1.创伤一般由________、________、创壁、创底、创腔、创围等部分组成。

2.按损伤的病因分类:①________②________③________④________。

3.按损伤组织和器官的性质分类:①________,如皮肤、黏膜等;②________,如关节、骨等。

4.创伤治疗的基本方法:①________,②________,③清创手术,④创伤用药,⑤________,⑥引流疗法,⑦________,⑧全身性疗法等。

5.创伤愈合分为________、________和________等3种。

6.影响创伤愈合的因素有________、创内存有异物或坏死组织、受伤部位不安静等。

7.创伤护理时,注意事项是冬季应注意________,夏季应注意________。

三、选择题

1.白齿的齿质不良、牙齿发生异常或因龋齿、裂齿的缺损而发生(　　)疾病。

A.锐齿　　B.剪状齿　　C.阶状齿　　D.波状齿

2.3～4 白齿处,主要由于齿质硬度不一致使咀嚼面磨损不均衡,造成齿列咀嚼面形成波状,严重时则形成过短齿与过长齿。该病属于(　　)疾病。

A.锐齿　　B.剪状齿　　C.阶状齿　　D.波状齿

3.某家牛角在靠近角基部 1/2 处可见到角折处动摇,连同角鞘完全分离,并可从角折处向外流血。该病属于(　　)疾病。

A.角鞘(角壳)脱落　　B.角鞘破裂　　C.高位角折　　D.低位角折

4.根据脐部或阴囊部位发生柔软的肿胀,听诊有肠蠕动音,内容物可还纳到腹腔,可判断为(　　)。

A.皮肤炎症　　B.皮肤水肿　　C.疝　　D.胃肠炎

5.脐部或阴囊部位肿胀,内容物不能还纳回腹腔可判断为(　　)。

A.脐疝　　B.阴囊疝　　C.可复性疝　　D.嵌闭性疝

四、简答题

1.如何实施体表一般检查?

2.如何实施疝检查?

3.化脓创的治疗原则是什么?

4.锐齿的治疗方法是什么?

5.患有牙齿疾病的家畜护理方法应注意什么?

6.对鬐甲窦道治疗的要点是什么?

7.对疝治疗后的护理应注意什么?

子情境二　心血管及淋巴器官损伤性疾病防治技术

一、岗位工作范例

(一)血肿

血肿是当机体受挫伤时皮下组织血管破裂,流出的血液将周围组织挤开,形成充满血液的腔性肿胀。

范例(1)　张某家的牛,被小四轮的后斗撞击颈部后,很快出现肿胀,并在开始几个小时内迅速增大,局部不增温,无明显疼痛。手触有一定波动和弹性,皮肤稍紧张,穿刺时,可排出血液。

病因分析　血肿常见于软组织非开放性损伤,但骨折、刺创、火器创也可形成血肿。血肿常发生于胸前和腹部,也可发生于皮下、筋膜下、肌间、骨膜下及浆膜下。根据损伤的血管不同可分为动脉性血肿、静脉性血肿和混合性血肿。

血肿形成的速度较快,其大小取决于受伤血管的种类、粗细和周围组织性状,一般均呈局限性肿胀,且能自然止血。较大的动脉断裂时,血液沿筋膜下或肌间浸润,形成弥漫性血肿。较小的血肿,由于血液凝固而缩小,其血清部分被组织吸收,凝血块在蛋白分解酶的作用下软化、溶解和被组织逐渐吸收。其后由于周围组织肉芽组织的新生,使血肿腔结缔组织化。较大的血肿周围可形成较厚的结缔组织囊,其中央仍贮存未凝固的血液,时间较久则变为褐色甚至无色。

诊断　根据损伤的临床检查结果可做出确诊。

诊断要点　局部受伤后很快肿胀,有波动感,穿刺流出血液,无明显疼痛和温热,最后波动感消失。

治疗技术　治疗原则主要是制止溢血,排出积血,防止感染。

(1)对患部剪毛及消毒。病初 24 h 内患部冷疗并装压迫绷带。发病 3 d 以后改为温热疗法,局部涂刺激剂、按摩,以促进血肿内分解产物的吸收。同时应尽早的给予止血剂,如静脉注射 10%氯化钙注射液 50~15 mL,肌肉注射维生素 K_3 注射液 0.1~0.3 g,0.5%止血敏注射液 5~10 mL 等。

(2)无菌穿刺放出小血肿的积血,再装压迫绷带,能较快治愈。对较大的血肿,于发病 4~5 d后,无菌切开血肿,清除积血,取出血凝块及挫灭组织,清创术之后缝合创口或实行开放疗法。创腔较大时,可用纱布浸魏氏流膏或油剂青霉素填入创腔,做假缝合。定期换药。动脉破裂引起的血肿不会自然止血,可危及生命安全,必须立即无菌切开血肿,结扎动脉断端,在彻底止血后再按上述方法处理。

(二)淋巴外渗

淋巴外渗是在钝性外力的撞击作用下,淋巴管断裂,淋巴液积聚于局部组织内的一种非开放性损伤。淋巴外渗有时与血肿伴发。

范例(1)　仔猪受伤 3～4 d 以后,局部逐渐形成明显的肿胀,质地松软,有波动感,有时能听到拍水声,界限不清。患部温热,疼痛轻微,时间较长,质地变硬。穿刺物为淋巴液,稀薄、透明,橙黄色或微红黄色,不易凝结。

病因分析　钝性物体在畜体上摩擦,使皮肤、筋膜和其下部的组织断离,淋巴管破裂,形成本病。常见于畜体滑倒或跌落在硬地上,畜体通过狭窄的厩门,挽鞍具结构不良,被踢蹴,车辕或牛角冲撞,这时钝性物体擦挤畜体,使皮下、筋膜下结缔组织中的淋巴管破裂,导致本病。多发生在颈基部、胸部、鬐甲部、肩胛部及腹侧部。少量血管破裂的淋巴外渗,渗出物中含有少量血液,称作血液淋巴外渗。

诊断要点

(1)肿胀形成速度慢,有波动感,不易凝固。

(2)穿刺液为淋巴液。

治疗技术　首先使动物安静,有利于淋巴管断端的闭塞。较小的淋巴可不必切开,在波动最明显处用注射器抽出淋巴液,然后注入 95%酒精或酒精福尔马林溶液(95%酒精 100 mL,福尔马林 1 mL,碘酊数滴,混合备用),停留片刻后,将其抽出,使淋巴液凝固堵塞淋巴管断端而达到制止淋巴液流出的目的。一次无效时,可进行第二次。

较大的淋巴外渗,可进行切开,排出淋巴液及纤维素,用酒精福尔马林液冲洗,并将浸有上述药液的纱布堵塞于腔内,作假缝合。当淋巴管完全闭塞后,可按创伤治疗。

治疗时应注意,长时间的冷敷能使皮肤发生坏死;温热、刺激剂和按摩疗法,均可促进淋巴破坏已形成的淋巴栓塞,都不宜使用。

二、实训与练习

【课后作业】

一、名词解释

1. 血肿　2. 淋巴外渗

二、选择题

1. 如果损伤的血管是静脉,血肿的性质是(　　)。

A. 动脉性血肿　B. 静脉性血肿　C. 混合性血肿　D. 其他血肿

2. 体表形成速度最快的肿块是（ ）。

A. 血肿　　B. 淋巴外渗肿　　C. 混合性渗出肿　　D. 组织水肿

三、判断题

1. 血肿可发生于皮下、筋膜下、肌间、骨膜下及浆膜下。（ ）

2. 肿胀形成速度慢，有波动感，容易凝固。（ ）

四、简答题

1. 各种血肿的治疗方法是什么？

2. 淋巴外渗的治疗方法是什么？

子情境三　泌尿生殖器官损伤性疾病防治技术

一、岗位工作范例

（一）膀胱破裂

膀胱破裂可发生于各种家畜，最常见于幼驹、公马、公牛（特别是阉公牛），其次为猪和绵羊，犬也可发生。发生后病情急，变化快，若确诊和治疗稍有拖延往往造成患畜死亡。

范例（1）　某家羊，最初，排尿不畅，排尿时出现痛苦的嚎叫。前一天，嚎叫加剧，突然不叫了，在动物门诊抽取腹腔内液检查，发现有尿味，诊断为膀胱破裂。经手术治疗后痊愈。

范例（2）　某家牛出现反刍停止，胃肠弛缓，瘤胃呈现不同程度的臌气，便秘。腹部触摸紧张、敏感，病畜努责，有时出现起卧不安等明显的腹痛症状。起初诊断为前胃弛缓，后抽取腹腔液检查，发现有尿液气味，确诊为膀胱破裂。

病因分析　家畜的膀胱在骨盆腔和腹腔的腹膜部保留着较大的活动性。当尿液过度充满时，其大部或全部伸入腹腔，所以膀胱破裂几乎都属腹膜内破裂。破裂的部位可以发生在膀胱的顶部、背部、腹侧和侧壁。膀胱破裂后尿液立即进入腹腔，临床上根据破裂口的大小及破裂的时间不同，症状轻重不等。主要出现排尿障碍、腹膜炎、尿毒症和休克综合征。

空虚的膀胱位于骨盆腔深部，受到周围组织良好的保护，一般不易破裂。引起膀胱破裂最常见的原因是继发于尿路的阻塞性疾病，特别是由尿道结石、砂性尿石或膀胱结石阻塞了尿道或膀胱颈（图 3.3.1）；尿道炎引起的局部水肿、坏死或瘢痕增生；阴茎头损伤以及膀胱麻痹等，造成膀胱积尿，均易引发膀胱破裂。膀胱内尿液充盈，容积增大，内压增高，膀胱壁变薄、紧张，此时任何可引起腹内压进一步增高的因素，例如卧地、强力努责、摔跌、挤压等，都可导致膀胱破裂。由慢性蕨中毒、棉酚中毒等继发的膀胱炎或膀胱肿瘤等，有时也可以引起膀胱破裂。其他外伤性原因，如火器伤、骨盆骨骨折、粗暴的难产助产，以及母猪膀胱积尿时阉割，都可能发生膀胱破裂。

初生幼驹的膀胱破裂可能是在分娩过程中，胎儿膀胱内充满尿液，当通过母体骨盆腔时，于腹压增大的瞬间膀胱受压而发生破裂，主要发生在公驹；由于胎粪滞留后压迫膀胱，导致尿的潴留，在发生剧烈腹痛的过程中，可继发膀胱破裂，公、母驹均有发生。

对公牛不正确地或多次反复地直肠内膀胱穿刺导尿，可导致膀胱的不全破裂，尿液渗出到膀胱周围而发生局限性腹膜炎。轻者造成膀胱和直肠的部分粘连，重者发生大范围粘连甚至造成直肠-膀胱瘘。

疾病信息收集　一般从尿路阻塞开始到膀胱发生破裂的时间为 3 d 左右。破裂后，凡因尿闭所引起的腹胀、努责、不安和腹痛等症状，随之突然消失，病畜暂时变为安静。发生完全破裂的病畜，虽然仍有尿意，如翘尾、体前倾、后肢伸直或稍下蹲、轻度努责、阴茎频频抽动等，但却无尿排出，或仅排出少量尿液。大量尿液进入腹腔，腹下部腹围迅速增大，一天后可呈圆形（图 3.3.2）。在腹下部用拳短促推压，有明显的振水音。腹腔穿刺，有大量已被稀释的尿液从针孔冲出，一般呈棕黄色，透明，有尿味。置试管内沸煮时，尿味更浓。继发腹膜炎时，穿刺液呈淡红色，较混浊，且常有纤维蛋白凝块将针孔堵住。直肠检查，膀胱空虚皱缩，或膀胱不易触摸到，经数小时复查，膀胱仍然空虚，有时可隐约摸到破裂口。根据以上症状即可确诊。必要时可以肌肉或静脉内注射染料类药物，于 30～60 min 后，再行腹腔穿刺，根据腹水中显示注入药物的颜色，即可确诊。

图 3.3.1　尿沉渣

图 3.3.2　腹围增大

随着尿液不断进入腹腔，腹膜炎和尿毒症的症状逐渐加重。病畜精神沉郁，眼结膜高度弥漫性充血，体温升高，心率加快，呼吸困难，肌肉震颤，食欲消失。在猪出现立多卧少，叫声嘶哑无力。饮水少的病畜呈现脱水现象，血液浓缩，白细胞增数。一般于破裂后 2～4 d 进入昏迷状态，并迅速死亡。

新生幼驹的膀胱长而窄，顶端伸向前方达脐部。膀胱破裂的部位可从膀胱顶至膀胱颈，破口大多在腹侧。膀胱破裂后，通常经过 24 h 即持续呈现上述各种典型症状，主要是无尿和腹围增大，腹壁紧张。经 2～3 d 逐渐不愿吃奶，呈现轻微腹痛等。出生后由于脐尿管没有闭合而向腹腔内排尿的病驹症状与膀胱破裂相似，这类病驹只有在手术治疗中才能识别。此外应注意与初生幼驹的腹痛性疾病、胎粪滞留相鉴别。

膀胱不全破裂或裂口较小的病例，特别是牛，破裂口常常可以被纤维蛋白覆盖而临床自愈。

由于直肠内膀胱穿刺导尿所引起的膀胱穿孔，直肠检查时可触及不充盈的膀胱，直肠与膀胱间因有纤维蛋白析出和气体的存在而呈现捻发音。有些病例因尿液漏入腹腔，发生局限性腹膜炎。随着纤维蛋白析出，与膀胱周围组织如直肠、结肠、网膜、瘤胃等发生广泛粘连，严重者导致排粪或排尿障碍。少数病例在粘连范围内形成一个包囊并与膀胱相通，囊内潴留尿液。直肠检查膀胱内尿液充盈不足，病牛除排尿障碍外，一般没有全身症状。有的病例形成直肠-膀胱瘘，可见粪中混有尿液。

诊断要点

(1)无尿和腹围增大，腹壁紧张。

(2)腹下部用拳短促推压，有明显的振水音，腹腔穿刺，有大量已被稀释的尿液从针孔冲出，一般呈棕黄色，透明，有尿味。

(3)发生完全破裂的病畜，虽然仍有尿意，如翘尾、体前倾、后肢伸直或稍下蹲、轻度努责、阴茎频频抽动等，但却无尿排出，或仅排出少量尿液。

(4)直肠检查，膀胱空虚，无尿。

治疗技术　膀胱破裂的治疗应抓住 3 个环节：①对膀胱的破裂口及早修补；②控制感染和治疗腹膜炎、尿毒症；③积极治疗导致膀胱破裂的原发病。以上 3 点互为依赖，相辅相成，应该统筹考虑，才能提高治愈率。

施行膀胱修补的大动物取半仰卧保定，小动物仰卧、后躯稍垫高。用硬膜外腔麻醉合并局部浸润麻醉，必要时作全身浅麻醉。切口一般都选在左侧阴囊和腹股沟管之间，紧靠耻骨前缘，距离腹白线 8～10 cm 处，幼驹和猪用镇静剂或全身浅麻醉，配合局部浸润麻醉，仰卧保定。切口可在耻骨前缘和脐之间的阴筒或腹白线两侧 1～2 cm 处。母驹可以在腹白线上切开，也可在乳头外侧 1～2 cm 处作切口。

腹壁由后向前分层纵行切开，到达腹膜后，先剪一小口，缓慢地放出腹腔内积尿(图 3.3.3)。随着破裂时间不同，牛一般有 20～40 L 或更多。然后清除血凝块和纤维蛋白凝块。手伸入骨盆腔入口处检查膀胱，如果膀胱和周围的组织发生粘连，就应认真细致地尽可能将粘连分离解除。用舌钳固定膀胱后轻轻向外牵引，经切口拉出，但在临床上并不是所有的病例都能拉出切口。拉出后检查破裂口，修整创缘，切除坏死组织，然后检查膀胱内部，如有结石、砂性尿石、异物等，将其清除，有炎症的可进行冲洗。用铬制肠线修补膀胱，缝合破裂口。缝合时缝针不穿过膀胱壁全层，只穿过浆膜、肌层，缝合两层，第一层作连续缝合(裂口小的可做荷包缝合)，第二层作间断内翻缝合(图 3.3.4)。

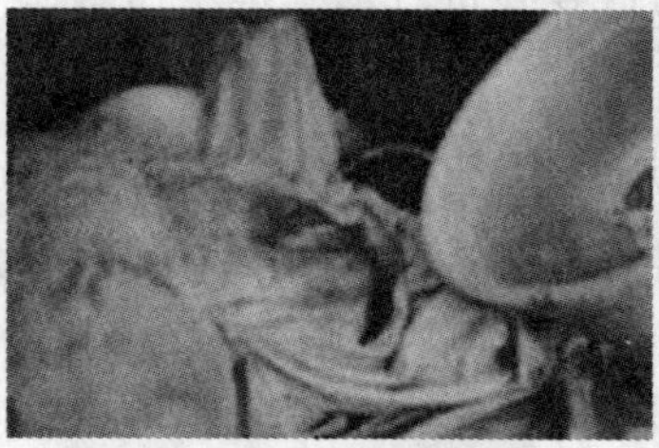

图 3.3.3 膀胱手术

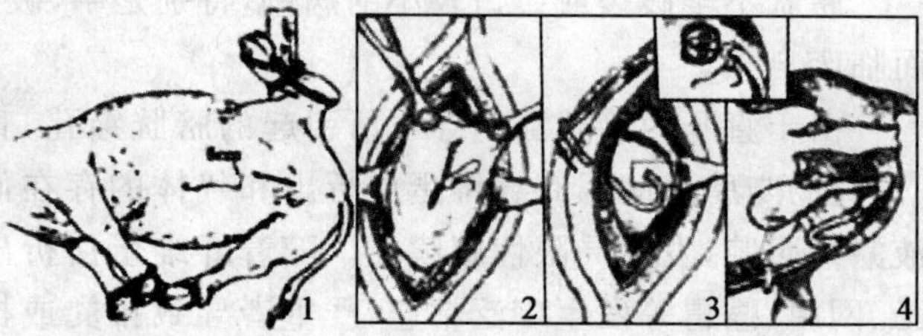

图 3.3.4 膀胱手术程序

对于直肠-膀胱瘘的病畜，在修补膀胱裂口后，应同时修补直肠裂口。

为了有利于治疗导致膀胱破裂的原发病，减少破裂口缝合的张力，保证修补部位良好愈合，减少粘连，或者在膀胱不通畅、膀胱麻痹、膀胱炎症明显时可在修补破裂口的同时，作膀胱插管术。方法是在膀胱前底壁用刀切一小口，作一荷包缝合，将医用 22 号开花(或蕈状)留置导管放入膀胱内后，紧紧结扎缝线固定导管。在腹壁切口旁边的皮肤上作一小切口，伸入止血钳钝性穿入腹腔，夹住留置导管的游离端，通过小切口将其引出体外斜向前方，并用结节缝合使之固定在腹壁上。导管在膀胱与腹壁之间应留有一定的距离，以防止术后病牛起卧时，腹壁与导管固定部位受到牵拉移动，导致导管从膀胱内拉出。最后以大量灭菌生理盐水冲洗腹腔，尽量清除纤维蛋白凝块，缝合腹壁各层(图 3.3.5 至图 3.3.8)。

对于原尿路畅通、膀胱炎症不严重、收缩功能尚好的病畜，例如母猪因阉割误伤或幼驹的膀胱破裂等，修补后可不作膀胱插管术。在幼驹若有必要可在膀胱内放置软质导尿管，通过尿道将尿液引向体外。

膀胱修补的病畜，一旦破裂口修补好，大量尿液引向体外后，腹膜炎和尿毒症通常在 1～2 d 后即能缓解，全身症状很快好转，此时在治疗上切勿放松，必须在治

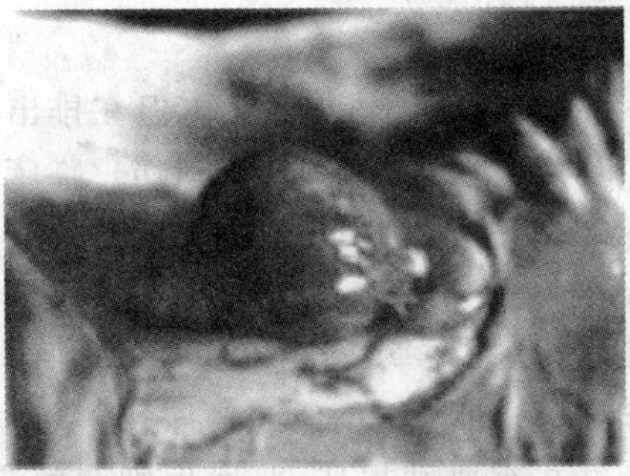

图 3.3.5　膀胱

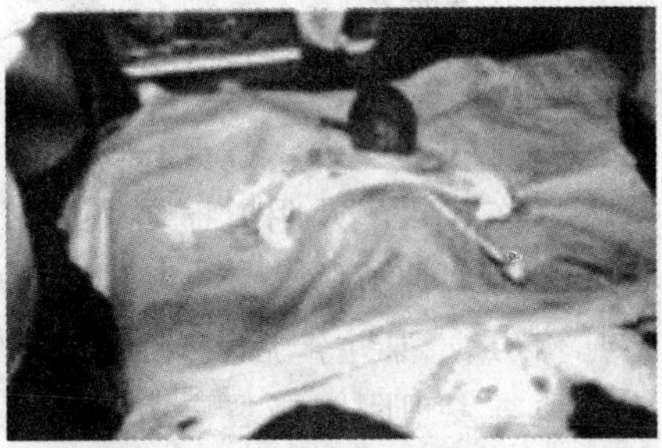

图 3.3.6　膀胱

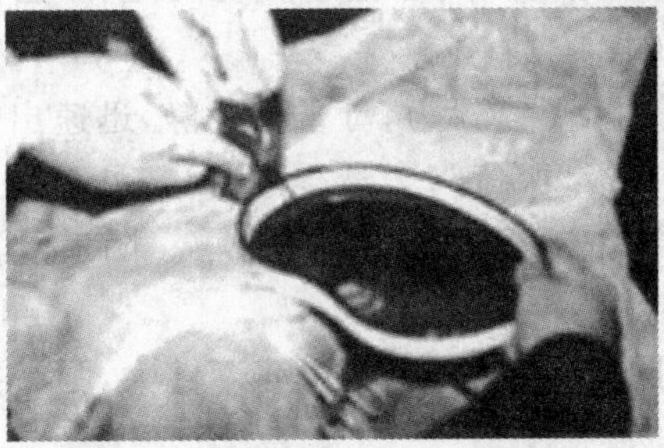

图 3.3.7　膀胱冲洗

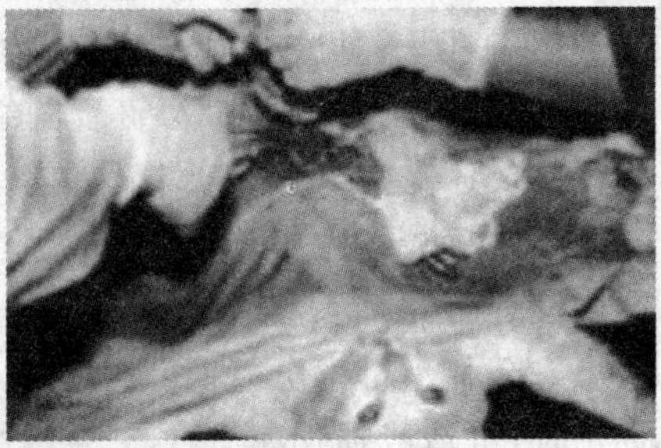

图 3.3.8　膀胱缝合

疗腹膜炎和尿毒症的同时，抓紧时间治疗原发病，使原尿路及早地通畅，恢复排尿功能。

要防止开花(或蕈状)留置导管滑脱和保持排尿通畅。若有阻塞，应立即用生理盐水、2%硼酸溶液等消毒液冲洗疏通，以清除血凝块、纤维蛋白凝块、脱落的坏死组织或砂性尿石等。

患膀胱炎的病畜，术后除了需全身用药外，每日应通过导管用消毒药液冲洗 2～3 次，随后注入抗菌药物。经过 5～6 d 后可夹住管头，定时释夹放尿，待炎症减轻和尿路畅通后，每日延长夹管时间，直到拔管为止。

经过治疗多天后，若导致膀胱排尿障碍的下尿路阻塞仍未解除，可考虑会阴部尿道造口术以重建尿路。

若原发病已治愈或排尿障碍已基本解决，可将开花留置导管拔除出，一般以手术后 10 d 左右为宜，不超过 15 d。导管留置的时间过长，易继发感染化脓或形成膀胱瘘。

(二)产道损伤

临产前,虽然产道会发生一系列适应分娩的变化,利于胎儿通过,但在排出相对过大胎儿的过程中,软产道剧烈扩张或受到压迫、摩擦而受到一定损伤。临床上常见的损伤有阴门及阴道损伤、子宫颈损伤、子宫破裂及穿孔,骨盆韧带和神经的损伤以及骨盆骨折等。

范例(1) 某牛产后表现出极度疼痛的症状,尾根高举,骚动不安,弓背并频频努责。检查发现阴门撕裂口边缘不整齐,创口出血,创口周围组织肿胀;阴门内黏膜外翻,阴道腔变狭小,阴门内黏膜变成紫红色并有血肿损伤,并发生细菌感染、化脓。

范例(2) 某牛产后从阴道内流出血水及血凝块,阴道检查发现阴道、子宫颈有新鲜创口,阴道黏膜充血、肿胀及脓性分泌物。

范例(3) 某牛分娩时努责及阵缩突然停止,子宫无力,母畜变安静,迅速出现急性贫血及休克症状,全身情况恶化;母畜精神极度沉郁,全身震颤出汗,可视黏膜苍白;心音快而弱,呼吸浅而快;从阴道内流出血液、于 2～3 d 内死亡。阴道及直肠检查发现胎儿坠入腹腔。

病因分析 母畜分娩时,子宫颈、阴道及阴门未充分松软,开张不够大,强行拉出胎儿时,可造成损伤。

难产过程中,如胎儿过大,胎位、胎势不正且产道干燥时,未经完全矫正并灌入润滑剂即强行拉出胎儿;助产时使用产科器械不慎;截胎之后未将胎儿骨骼断端保护好即拉出等,都能造成阴道及子宫颈损伤。胎儿的蹄及鼻端姿势异常,抵于阴道上壁,努责强烈或强行拉出胎儿时可能穿破阴道,甚至使直肠、肛门及会阴亦发生破裂。

子宫颈开张不全时强行拉出胎儿;胎儿过大、胎位及胎势不正且未经充分矫正即拉出胎儿;截胎时胎儿骨骼断端未充分保护;强烈努责和排出胎儿过速等,均能使子宫颈发生撕裂。此外,人工输精及冲洗子宫时操作粗鲁,也能损伤子宫颈。

难产时,如子宫颈开张不全,胎儿和骨盆腔大小不适,胎儿过大并伴有异常强烈的子宫收缩,或胎儿异常未解除时即使用子宫收缩药,特别是胎儿臀部前置时,因胎儿的臀部填塞母体骨盆入口,当母畜努责时,胎水不能进入子宫颈而使子宫内压增高,均容易造成子宫破裂。

难产助产时动作粗鲁、操作失误,例如推拉产科器械时失手滑脱,截胎器械触及子宫,截胎后骨骼断端未保护好等,都可使子宫受到损伤。

子宫捻转严重时,捻转处有时会破裂;妊娠时胎儿过大、胎水过多或双胎在同一子宫角内妊娠等,致使子宫壁过度伸张而易引起子宫破裂。

冲洗子宫使用导管不当，插入过深，可造成子宫穿孔；剥离胎衣技术错误也能导致子宫破裂。此外，子宫破裂也可能发生在妊娠后期的母畜突然滑跌、腹壁受踢或意外的抵伤时。

诊断要点　根据产道出血以及直肠阴道检查结果即可确定为道损伤，范例(1)诊断为阴门损伤，范例(2)诊断为阴道、子宫颈及子宫不完全破裂，范例(3)诊断为子宫完全破裂。

治疗技术　原则按一般外科方法处理，必要时进行全身治疗。

(1)阴门及会阴的损伤应按一般外科方法处理，进行必要的止血、消毒和缝合。

(2)阴道黏膜创伤，可向阴道内注入乳剂消炎药，或在阴门两侧注射抗生素。若创口生蛆，可滴入2%敌百虫，将蛆杀死后取出，再按外科处理。

(3)阴道壁发生透创的病例，应迅速将突入阴道内的肠管、网膜用消毒溶液冲洗净，涂以抗菌药液，推回原位。膀胱脱出时，应将膀胱表面洗净，用皮下注射针头穿刺膀胱，排出尿液，撒上抗生素粉后，轻推复位。然后缝合创口。连续肌肉注射大剂量抗生素4～5 d，防止发生腹膜炎。

(4)子宫颈裂伤时可将子宫颈拉出阴门进行缝合。出血不止时可将浸有防腐消毒液或涂有乳剂消炎药的大块纱布塞在子宫颈管内，压迫止血。肌肉注射止血剂(如20%止血敏10～25 mL，或催产素50～100 IU)，静脉注射含有10 mL甲醛的生理盐水500 mL，或10%的葡萄糖酸钙500 mL。止血后创面涂2%龙胆紫、碘甘油或抗生素软膏。

(5)子宫不全破裂时取出胎儿后不必冲洗子宫，仅将抗生素或其他抑菌防腐药放入子宫内即可，每日或隔日一次，连用数次，同时注射子宫收缩剂。

(6)子宫完全破裂时可根据情况取出胎儿后通过产道进行缝合。或施行剖腹产术取出胎儿和胎衣，向子宫内放入抗生素，再缝合破口；因腹腔有严重污染，要用灭菌生理盐水进行腹腔冲洗，再注入200万～300万IU青霉素，最后缝合腹壁。

子宫破裂除局部治疗外，要肌肉注射或腹腔内注射抗生素，连用3～4 d，防止发生腹膜炎及全身感染。如失血过多，应输血或输液，并注射止血剂。

分娩和难产时，产道的任何部位都可能发生损伤，但阴道及阴门损伤更易发生。如果不及时处理，容易被细菌感染。

二、实训与练习

【课后作业】

一、填空题

1.产道损伤主要包括________损伤、__________损伤、____________等。

2.产道损伤的诱因主要是母畜________、________、________和剥离胎衣技术错误等。

二、简答题

1.膀胱破裂的诊断要点是什么？

2.膀胱破裂治疗的3个环节是什么？

子情境四　运动器官损伤性疾病防治技术

一、岗位工作范例

(一)关节扭伤与关节挫伤

关节扭伤是指关节在突然受到间接的机械外力作用下，超越生理活动范围，瞬间的过度伸展、屈曲或扭转而发生的关节韧带和关节囊损伤。关节挫伤是钝性外力直接作用于缺乏肌肉覆盖的关节而发生的一种非开放性损伤。

范例(1)　某病牛受伤当时立即出现跛行。站立时患肢屈曲以蹄尖着地，或完全不敢负重而提举。触诊患部肿胀、热痛，压迫损伤的关节侧韧带时有明显压痛点。被动扭转使受伤关节韧带紧张时，疼痛反应激烈，还可听到骨端撞击声音。

范例(2)　某牛关节部位皮肤脱毛，局部稍肿，皮下出血，随着炎症反应的发展，肿胀明显，有指压痛，他动患关节有疼痛反应，轻度跛行。

范例(3)　某猪关节部位皮肤有明显伤痕，热痛、肿胀明显，病后经24～36 h则肿胀达高峰。初期肿胀柔软，以后坚实。关节腔血肿时，关节囊紧张膨胀，有波动，穿刺可见血液。并发黏液囊炎或腱鞘炎。病畜站立时，以蹄尖轻轻支持着地，运动时出现中度跛行。

病因分析　关节扭伤发病原因是动物由于在不平道路上的重剧使役，急转、急停、转倒、失足蹬空、嵌夹于穴洞的急速拔腿、跳跃障碍、不合理的保定、肢势不良、跌倒等。这些病因的主要致伤因素是机械外力的速度、强度和方向及其作用下所引起的关节超生理活动范围的侧方运动和屈伸引起关节韧带相关节囊损伤。

发生关节挫伤原因主要是打击、冲撞、跌倒、跳越沟崖、挽曳重车时滑倒等；牛棚地面(畜床)不平，不铺垫草，经绳系绊得过短，牛在起卧时腕关节碰撞饲槽，也可发生。

诊断　根据临床检查方法可以确诊。诊断要点主要是出现不同程度的跛行，关节部位出现肿胀等。

治疗技术　关节扭伤与挫伤均以制止出血和炎症发展，促进吸收，镇痛消炎，预防组织增生，恢复关节机能为治疗原则。

(1)制止炎症发展。在伤后12 d内，应用冷疗和包扎压迫绷带。冷疗可用冷水浴或冷敷。其目的是为了制止关节腔内继续出血和渗出。症状严重时，可注射凝血剂，并使病畜安静。

(2)促进吸收。急性渗出减轻后，可采用温水浴或干热疗法(热水袋、热盐袋)促进溢血和渗出液的吸收。每用2～3 h后，间隔2 h再用。同时关节内注入0.25%普鲁卡因青霉素溶液。或石蜡疗法、酒精鱼石脂绷带，或敷中药四三一散(处方：大黄4 g，雄黄3 g，冰片1 g，研细，蛋清调敷)。

(3)消炎镇痛。向疼痛较重的患部注射0.25%～0.5%盐酸普鲁卡因溶液30～40 mL，或向患关节内注射2.0%盐酸普鲁卡因溶液。或涂擦弱刺激剂，如10%樟脑酒精、碘酊樟脑酒精合剂(处方：5%碘酊20 g，10%樟脑酒精80 mL)，或注射醋酸氢化可的松。在用药的同时适当牵遛运动，加速促进炎性渗出物的吸收。必要时，可用抗生素与磺胺类药物。

对转为慢性经过的病例，患部可涂擦碘樟脑醚合剂(处方：碘20 g，95%酒精100 mL，乙醚60 mL，精制樟脑20 g，薄荷脑3 g，蓖麻油25 mL)，每天涂擦10～20 min，涂药同时进行按摩。2～4 d为一疗程，连用1～2个疗程，若配合温敷效果更好。

护理方法　尽量减少家畜运动，加强饲养管理，保持安静。

(二)脱臼

由于外力作用，关节骨端的正常位置发生变化，使关节头脱离关节窝，推动正常接触而出现移位，称为关节脱位(脱臼)。关节脱位常突然发生，有的间歇发生，或继发于某些疾病。

范例(1)　某牛在奔跑过程突然跌倒后，出现肩关节部位隆起或凹陷，周围组织明显肿胀，肢体出现内收、外展、伸张，异常固定无法正常运动，被动运动时出现抵抗。初步诊断为肩关节脱臼。

范例(2)　一匹马出现膝盖骨强直，站立时膝关节及跗关节高度伸直向后方挺出，完全不能屈曲；运步时患肢不能提举，僵硬、伸长，蹄尖拖地或三肢跳跃前进；局部触诊可发现膝盖骨向上转位和膝内直韧带过度紧张。经检查初步诊断为盖骨上方脱臼。

病因分析　由于突然强烈的外力如蹬空、关节强力屈伸、肌肉不协调地收缩等直接或间接作用于关节，使关节韧带和关节囊被破坏所致。也可见于先天性关节

囊扩大、解剖缺陷及关节炎等。

疾病信息收集　采用临床检查方法。

诊断要点　根据关节变形、异常固定、肢势改变以及机能障碍即可做出诊断。但要注意与关节骨端骨折区别。

治疗技术　治疗原则是整复、固定和恢复机能。

整复前肌肉注射二甲苯胺噻唑或做传导麻醉，以减轻肌肉和韧带的紧张、疼痛所引起的抵抗。再运用按、揣、揉、拉和抬等整复方法使脱出的骨端复原（一般情况下复原时可听到一种声响），恢复关节的正常活动。为了达到整复效果，整复后让动物安静1～2周，限制活动。为防止复发，四肢下部可用石膏或夹板绷带固定，经过2～4周后去除。在固定期间用热疗法效果更好。由于四肢上部的关节不能用绷带固定，可以采用5%的灭菌盐水5～10 mL，酒精5 mL或自家血20 mL向脱位关节皮下做分点注射，引发关节周围组织炎性肿胀而起到生物学绷带的固定作用。

（三）骨折

在暴力的作用下，骨的完整性被破坏，出现断、裂、碎现象，称为骨折。

范例(1)　某牛受伤后出现肢体异常活动，检查发现局部明显疼痛、肿胀，肢体异常变形；被动运动检查可听到骨断端的摩擦音或撞击声，叩诊时骨传导音几乎消失。

范例(2)　羊受伤出现严重跛行，检查可见局部肿胀，指压患部呈线状疼痛区（压痛线），叩诊时骨传导音明显减弱。

范例(3)　某牛受伤流血，肢体异常活动并可见骨折断端，疼痛剧烈，肌肉颤抖，出汗，自动或被动运动时表现更加不安和躲闪。

病因分析　强烈打击、跌倒、冲撞、挤压、踢蹴、牵引及火器伤等，有时肌肉强烈地收缩以及骨质疾病时亦可发生骨折。

根据骨折部是否与外界相通，分为开放性骨折和非开放性骨折；根据骨折的程度，分为完全骨折和不全骨折；根据骨折线的位置，分骨干骨折、骨骺骨折和关节内骨折。

疾病信息收集　采用临床检查方法。

诊断　肢体完全骨折可依异常变形、异常活动和骨摩擦音，开放性骨折可依创口外露的骨断端而确诊。

根据异常变形、异常活动和骨摩擦音可初步诊断范例(1)为完全骨折，根据压痛线可初步诊断范例(2)为不全骨折，根据创口外露的骨断端可初步诊断范例(3)为开放性骨折。

此外，可进行X射线透视或照相检查。直肠检查有助于髋骨、腰椎部骨折的诊断。

治疗技术 原则是正确整复,合理固定、促进愈合,恢复机能。

急救措施:骨折发生后,首先使患畜安静,防止断端活动和严重并发症。为此可用镇静和镇痛剂,再用简易夹板临时固定包扎骨折部,注意止血,预防休克。开放性骨折,创伤内消毒止血,撒布抗菌药物后,固定包扎,以防感染。

具体方法:先正确整复。患畜侧卧保定,全身浅麻醉或局部浸润麻醉后,采取牵引、旋转或屈伸以及提按、捏压断端的方法,使两断端正确对接,恢复正常的解剖学位置。

合理固定。骨折断端复位后,为防止发生再移位和促进愈合,可装置石膏绷带或夹板绷带固定。开放性骨折,应先清除创内坏死组织、骨碎片等,创伤处理后,撒布抗菌药物,再装着固定绷带或有窗固定绷带。

整复固定后,要加强护理。可注射抗菌、镇痛、消炎药物,补充钙制剂;配合内服中药接骨散(血竭、土鳖虫各 100 g,没药、川断、牛膝、乳香各 50 g,自然铜、当归、南星、红花各 25 g,研为细末,分两次服,白酒 250～500 mL 为引),1 剂/d。

后期要注意机能锻炼,3～4 周后可慢步牵行运动,每日 1～2 次,每次 10～20 min。

应用氦氖激光进行患部照射,可促进骨痂形成,对骨折愈合有良好作用。

二、实训与练习

【课后作业】

一、名词解释

1. 关节扭伤 2. 关节挫伤 3. 脱臼 4. 骨折

二、简答题

1. 关节扭伤与挫伤的治疗原则是什么?

2. 骨折的急救措施是什么?

学习情境四　家畜机能障碍性疾病防治技术

能力目标

- 掌握家畜机能障碍性疾病的诊断和鉴别，治疗方案制定，治疗、护理等工作。
- 熟悉养殖场和门诊工作程序。
- 具备病例病因分析和建立预防措施的能力。

知识目标

- 理解机能障碍性疾病发病的基础理论知识。
- 熟悉机能障碍性疾病诊断、治疗的要点。
- 掌握核心病例的鉴别诊断、处方的内容。

学习基础

一、家畜机能障碍性疾病防治技术发展概况

家畜机能障碍性疾病主要是指动物由支配器官的神经系统的失调引起，组织结构不发生改变，病情轻微，一般不会导致严重后果的临床综合征。家畜功能障碍性疾病防治技术是人类长期从事动物生产过程中，与疾病作斗争的智慧结晶。

家畜机能障碍性疾病防治技术是建立在西医理论基础之上的自然科学，人类在家畜机能障碍性疾病的症状、病理、疾病特点、发病机理等方面进行系统、科学的研究，总结了大量的临床经验。在此基础上，随着现代科学的进一步发展，人类在诊断技术、治疗技术等方面不断推陈出新，逐步建立现代家畜机能障碍性疾病防治技术，并不断运用到生产中，创造出了很大的经济价值。

今天，我们学习家畜机能障碍性疾病防治技术，就是能够顺应现代畜牧业集约化大生产的需要，减少家畜机能障碍性疾病给畜牧业、伴侣动物造成的损失，让畜牧业能够健康发展。

二、对机能障碍性疾病的认识

多种病因，导致家畜神经、内分泌机能紊乱，是发生机能障碍性疾病的主要原

因，因此，在治疗过程中，应以除去病因，恢复机能为原则。

机能障碍性疾病，是在学完解剖学、生理学、病理学、微生物学、药理学和临床诊疗技术等专业基础课后学习的。它又与寄生虫病学、外科学、产科学、传染病学等临床课有密切关系。因此在学习过程中要广泛联系各科的知识，而且要理论联系实践，尽可能通过实际病例观察，由浅入深，循序渐进，以掌握运用理论与实践结合的诊断疾病能力，才能有效地预防和治疗机能障碍性疾病。

新中国成立后，我国畜牧兽医事业突飞猛进，各地成立了疾病控制中心，国内一些常见传染病和寄生虫病得到了一定程度的控制，在这种情况下，家畜机能障碍性疾病显得重要起来，家畜机能障碍性疾病普遍发生于各种家畜，影响家畜的生产性能，降低畜产品的产量和质量，引起家畜营养不良、不孕，甚至造成家畜的死亡。因此，学好机能障碍性疾病的诊断、治疗和预防知识，对于保护家畜的健康、增强家畜体质、促进畜牧业发展有很重要的现实意义。

三、掌握岗位技术应具备的知识、能力

应掌握解剖学、生理学、病理学、微生物学、药理学和临床诊疗技术等基本知识；理解机能障碍性疾病发病的基础理论知识；熟悉机能障碍性疾病诊断、治疗的要点；掌握核心病例的鉴别诊断、处方的内容。

在实际生产中，诊断时，具备将收集来的病畜病因、临床症状、检查所见的材料加以综合分析，并与生理学、病理学等基础学科的理论相联系，反复推敲，建立合乎逻辑和正确的诊断，进而拟定合理的治疗方案的能力；在治疗上，具备认清本病发生的本质，采用包括中药、西药、物理疗法等在内的各种治疗手段的能力；在治疗过程中，熟悉掌握诊断和治疗的操作方法、各种药物的调剂、配伍禁忌、投药方法等，以减少诊疗过程的失误。

子情境一　消化器官机能性疾病防治技术

一、岗位工作范例

（一）咽麻痹

咽麻痹是支配咽部运动的神经（迷走神经分支的咽支和部分舌咽神经或其中枢）或咽部肌肉本身发生机能障碍所致，其特征为吞咽困难，常发生于犬。

范例(1) 一病犬突然失去吞咽能力,食物和唾液从口中流出,咽部有水泡音,触诊咽部时无肌肉收缩反应。

病因分析 中枢性咽麻痹多由脑病引起,如脑炎、脑脊髓炎、脑干肿瘤、脑挫伤等有时引起咽麻痹。某些传染病(如狂犬病)或中毒性疾病(如肉毒梭菌中毒)的经过中,可出现症候性咽麻痹。外周性麻痹临床上比较少见。

疾病信息收集 突然失去吞咽能力,食物和唾液从口中流出,咽部有水泡音,触诊咽部时无肌肉收缩反应。如果发生误咽造成异物性肺炎,则有咳嗽和呼吸困难的表现。

X线摄影可见咽部含大量气体,咽明显扩张。

诊断 咽麻痹临床诊断并不困难,一般可以通过视诊、触诊即可确诊。

诊断要点 突然失去吞咽能力,食物和唾液从口中流出,咽部有水泡音,触诊咽部时无肌肉收缩反应。X线摄影可见咽部含大量气体,咽明显扩张。

治疗技术 对神经麻痹引起的咽麻痹无特效疗法。可积极治疗原发病,定时补液,同时加强饲养管理,给予流质食物,把食物放到高处有助于吞咽,也可用胃管补给营养。对重症肌无力患犬,用甲基硫酸新斯的明 0.5 mg/kg,口服,每日 3 次。多发性肌炎时,口服泼尼松 1～2 mg/kg,1 次/d,连用 3 d。

(二)食道阻塞

食道阻塞是食道被草料或异物阻塞所引起的疾病的总称。按食道阻塞程度可分为完全阻塞和不完全阻塞,按病因可分为原发性和继发性食道阻塞。临床上以采食中突然发病、咽下障碍(料水反流)、咳嗽流涎、呼吸异常以及反刍兽发生瘤胃臌气为特征。本病常发生于牛、马和猪。

范例(1) 某牛在采食马铃薯过程中突然发病。停止采食、骚动不安,仰头伸颈、张口伸舌,频频摇头、连续咀嚼,大声哞叫、用力吞咽。后经兽医检查,确定为食道阻塞。

范例(2) 某荷斯坦奶牛料水回流,咽部触诊无热痛,上部食道常可触摸到阻塞块,瘤胃发生臌气。后经兽医检查,确定为食道阻塞。

范例(3) 某猪采食时突然受到惊吓,离群,垂头站立而不卧地,张口流涎,时而出现吞咽动作,时而试图饮水采食,但饮进的水立即反流出来。后经兽医检查,确定为食道阻塞。

病因分析 原发性食道阻塞发生的主要原因是过度饥饿引起的贪食急咽,多畜同槽抢食,偷吃块茎类或谷类饲料,以及在紧张气氛中采食。在牛、猪、羊主要表现为吞食较大的块茎饲料,如马铃薯、红薯、甜菜根、球茎甘兰、萝卜、玉米棒、西瓜皮和苹果等未经充分咀嚼,急忙吞咽所引起,也有的因吃异物(破布、毛巾、塑料、胎衣等)而引起的；马食道阻塞常因过于饥饿，采食过急或贪食，摄取大量干燥饲料，咀嚼不足，饲料与唾液混合不充分而匆忙吞咽时发生。也可因全身麻醉尚未完全恢复时采食而引起阻塞。

继发性食道阻塞可继发于食道狭窄、食道憩室、食道痉挛、扩张、麻痹等。

疾病信息收集　动物于采食中突然发病，停止采食，恐惧不安，摇头缩颈并呈现张口伸舌，大量流涎，咽下障碍，从口鼻逆出，并常伴有咳嗽。咽部阻塞时，可在咽部触诊发现阻塞物；颈部食道阻塞时，可在左侧颈静脉沟处看到膨大部，触诊时，可感到异物，并有疼痛反应；胸部食道阻塞时，常有多量唾液和分泌物蓄积于阻塞部上方食道内，可见食道膨大，触诊有波动感，行探诊时，可感到异物。牛羊食道完全阻塞时，除上述症状外，反刍、嗳气停止，迅速发生瘤胃臌气，出现呼吸困难。

诊断　食道阻塞的临床诊断并不困难，一般可以通过视诊、触诊和探诊即可确诊。

诊断要点　临床诊断中主要以采食中突然发病、咽下障碍以及投送胃管时遇到食道阻塞物而不能入胃作为诊断的依据。同时要注意与急性食道水肿、食道痉挛、食道狭窄、食道炎进行鉴别诊断。

治疗技术　治疗原则是着重除去食道内阻塞物，牛、羊臌气时先放气。

【处方1】疏导法：用胃管推送食道阻塞物进入胃内。

(1)用水合氯醛 25～50 g，配成 2%溶液灌肠；或 5%水合氯醛酒精注射液 200～300 mL，静脉注射，再用植物油或石蜡油 50～100 mL，用胃管送下，并借助胃管慢慢疏导，使阻塞物进入胃内。

(2)插进胃管吸出积聚的液体，抬高头部，食道内灌入 2%普鲁卡因溶液 50 mL，5 min后再灌入植物油或液体石蜡油 50～100 mL，然后借胃管将阻塞物徐徐向胃内疏导，多数病例可治愈。

【处方2】打气法、打水法：将动物头放低，用胃管压入气体或水的同时借助术者的推送力量将其异物送入胃内。

【处方3】挤压法：颈部食道阻塞时，可参照疏导法，先灌入少量解痉剂和润滑剂，再横卧保定控制头部及前肢，用砖或木块垫在颈部食管阻塞部位，然后以手掌抵住阻塞物下端，向咽部挤压到口腔，以排除阻塞物。

【处方4】通噎法：为中兽医传统疗法，主要用于马的食道阻塞。即将马缰绳拉紧拴在左前肢系凹部，使马头尽量低下，然后赶马快速前进，或上下坡，往返运动 20～30 min，借助颈部肌肉收缩，往往能使阻塞物进入胃内。如果能先灌入少量植物油或温水，鼻吹芸苔散(芸苔子、瓜蒂、胡椒、皂角各等份，麝香少许，研为细末即成)，更能增进效果。为促进食道肌肉收缩，可用 3%盐酸毛果芸香碱注射；为缓解痉挛可用硫酸阿托品。

【处方5】手术法：上述方法无效时，可改用手术疗法，但手术法多留有后遗症。

护理方法　草食动物，给予优质青干草、营养丰富含有维生素的青绿饲料和块根饲料，肉食兽可给予牛奶、肉汤、稀粥等，以维持其营养。

预防措施　加强饲养管理，定时饲喂，防止饥饿；过于饥饿的牛、马，应先喂草后喂料，少喂勤添；饲喂块根、块茎饲料时，应切碎后再喂；豆饼、花生饼等饼粕类饲料，应经水泡制后按量给予；堆放马铃薯、甘薯、胡萝卜、萝卜、苹果、梨的地方，不能让牛、马、猪等家畜通过或放牧，防止骤然采食；施行全身麻醉者，在食管机能未复苏前，更应注意护理，以防发生食管阻塞。

(三)瘤胃臌气

瘤胃臌气是反刍兽采食了大量易发酵的草料，在瘤胃细菌的参与下迅速发酵并产生大量气体，使瘤胃急剧膨胀的疾病。临床上以反刍、嗳气障碍，腹围急剧膨大(左部尤甚)，呼吸极度困难，血液循环障碍为特征。本病主要见于绵羊和牛，山羊少见，尤其在夏秋季在牧草茂盛的地带上放牧，可使大群牛羊发病。

范例(1)　某病牛采食后1 h突然发病，病牛食欲废绝，反刍、嗳气很快停止，腹痛不安，弓背摇尾，顾腹踢肚，时而起卧。呼吸高度困难，头颈伸展，张口伸舌呼吸，黏膜发绀，呼吸数达60～80次/min，脉搏高达140次/min，体表静脉怒张。后经兽医检查，确定为瘤胃臌气。

范例(2)　有一病牛病情弛张，呈间歇式瘤胃膨胀，治疗后常复发，常在采食或饮水时反复发生。后经兽医检查，确定为瘤胃臌气。

病因分析

(1)原发性瘤胃臌气，主要是采食大量易发酵的草料所致。

(2)继发性瘤胃臌气，多见于引发嗳气障碍的疾病，如食道阻塞，前胃弛缓，创伤性网胃心包炎，瓣胃、真胃阻塞等病。

在病理条件下，由于采食易发酵的饲料，酿生大量的气体，正常的排气功能难以适应；或胃壁收缩力减弱，前胃神经反应性下降；或瘤胃内正常气体上行下送不通畅等，使得正常产气和排气平衡破坏，因而导致瘤胃急剧的扩张和臌气。

瘤胃臌气有泡沫性和非泡沫性两种性质。泡沫性臌气的发病机制较为复杂，病情发展也更为急剧。易发酵的饲料特别是豆科植物，含有多量的蛋白质、皂甙、果胶等物质，都可产生气泡，而果胶与唾液中的黏蛋白和细菌的多糖类等可增高瘤胃液的黏稠度。瘤胃内容物发酵过程所产生的有机酸(特别是柠檬酸、丙二酸、琥珀酸等非挥发性酸)致使瘤胃液pH下降至6.0～5.2时，泡沫的稳定性显著增高。显而易见，瘤胃内所产生的大量气体，与其中表面张力、黏稠度高的内容物互相混合而形成的稳定性泡沫，就未能融汇成较大的气泡，又阻塞贲门、妨碍嗳气，迅速地导致泡沫性嗳气的发生和发展，病情急剧，甚为危险。而非泡沫性臌气，除瘤胃内容物发酵所产生的大量 CO_2 和 CH_4 外，饲料中还含有氰甙与脱氢黄体酮化合物，具有降低前胃神经兴奋性、抑制瘤胃收缩的作用，引起非泡沫性瘤胃臌胀的发生。

疾病信息收集　采食大量易发酵饲料；发病急剧，腹围显著增大；左肷窝部突出；呼吸困难，体表静脉怒张。

诊断　食道阻塞的临床诊断并不困难，一般可以通过视诊、触诊即可确诊。

诊断要点

(1)采食大量易发酵性饲料病史。

(2)腹部膨胀，左肷部凸起，触诊有弹性，叩诊呈鼓音。

(3)瘤胃蠕动初强盛后减弱，甚至完全消失。

(4)体温正常，呼吸极度困难，血液循环障碍。

(5)慢性臌气，病情弛张，反复发生。

治疗技术　治疗原则是排除气体，止酵消沫，健胃消导，强心补液。泡沫性的要消沫，急则治其标，缓则治其本。

【处方 1】为促进嗳气，让气体排出，让病畜站在前高后低的地方，或给病牛口内衔一木棒，抬头，按摩瘤胃，加速气体排出。当发生窒息危险时，首先应用套管针进行瘤胃穿刺放气，防止窒息。

【处方 2】严重臌气者，及时进行瘤胃穿刺放气。放气后可由套管针注入制酵剂，如来苏儿 10～30 mL，福尔马林 10～20 mL，以制止继续发酵产气。臌气不十分严重者，可内服鱼石脂 10～20 g(配成 3%～5%溶液)，松节油 10～30 mL，10 g/45 kg，15～30 min 可解除臌胀。或与泻剂同时内服(缓泻制酵)，可收到一定效果。

【处方 3】对原发性泡沫臌气，可应用植物油或矿物油，最好是应用降低泡沫表面张力的药物，如内服二甲基硅油，牛 3～5 mL，羊 1～2 mL。内服酒精 50～100 mL，也有消泡沫作用。或用消胀片(含二甲基硅油 15 mg/片)，牛 80～100 片，内服。也可用 8%氧化镁溶液 600～1 000 mL，一次内服。对泡沫性臌气药物治疗无效时，应施行瘤胃切开术。

护理方法　给予优质青干草、营养丰富含有维生素的青绿饲料和块根饲料。

预防措施　本病的预防要着重搞好饲养管理。由舍饲转为放牧时，最初几天在放牧前先喂一些干草后再出牧，并且还应限制放牧时间及采食量；在饲喂易发酵的青绿饲料时，应先饲喂干草，然后再饲喂青绿饲料；尽量少喂堆积发酵或被雨露浸湿的青草；不到雨后或有露水、下霜的草地上放牧。

(四)前胃弛缓

前胃弛缓是前胃的兴奋性降低,收缩力减弱,食物在前胃内不能正常消化和后送而引起腐败分解,产生有毒物质,致使消化机能障碍和全身机能紊乱的一种疾病。临床上以食欲、反刍、嗳气、前胃蠕动均减少或停止为特征。本病是反刍兽一种常见的疾病,是耕牛、奶牛及肉牛的一种多发病。羊也偶尔发生。

范例(1) 某病牛食欲、反刍和嗳气均减少或停止,嗳出气体常带臭味。瘤胃蠕动次数减少,力量减弱,蠕动波持续时间变短。后经兽医检查,确定为前胃弛缓。

范例(2) 某病牛瘤胃中度充满,触诊较软或较硬。多数可见到轻度间歇性臌气,或瘤胃较空虚,气体较多,外观常出现一定的充满状态。后经兽医检查,确定为前胃弛缓。

范例(3) 某病牛体温、呼吸、脉搏无显著变化,口腔潮红,唾液黏稠,鼻镜干燥,精神沉郁,个别牛发生异嗜。病初粪便变化不大,随后粪便坚硬,呈黑色,被覆黏液,排粪量大大减少,出现便秘现象。同时出现酸中毒(精神沉郁、体温低下)和脱水症状。后经兽医检查,确定为前胃弛缓。

病因分析 原发性前胃弛缓与饲料、饲养管理及应激有关;继发性前胃弛缓通常看做是其他疾病在临床上呈现消化不良的一种综合特征。

(1)饲料过于单纯。长期饲喂粗纤维多、营养成分少的稻草、麦秸、豆秸、甘薯蔓、花生蔓等,使消化机能陷于单调和贫乏,一旦变换饲料,即引起消化不良。

(2)草料质量低劣。多因饲草饲料缺乏,利用野生杂草、作物秸秆以及棉秸、小杂树枝饲喂牛、羊,由于纤维粗硬,刺激性强,难以消化,常导致前胃弛缓。受过热的青饲料、冻结的块根、变质的青贮、霉败的酒糟或豆渣、粉渣以及豆饼、花生饼、棉籽饼等糟粕,亦易导致消化障碍而发生本病。

(3)矿物质和维生素缺乏。饲料日粮配合不当,矿物质和维生素缺乏,特别是缺钙,引起低血钙症,影响到神经体液调节机能,导致本病发生。

(4)饲养失宜。不按时饲喂;或因精料过多,饲草不足;或因突然变换新收的大麦、小麦等谷物或优良青贮,任其采食,容易扰乱其消化程序,而成为本病的发病原因。

(5)打理不当。耕牛劳役过度;或因冬季休闲,运动不足;缺乏日光照射,神经反应性降低,消化道陷于弛缓,也易导致本病的发生。

(6)应激反应。在家畜中特别是奶牛、奶山羊,由于受到饲养管理方法与严寒、酷暑、饥饿、疲劳、断乳、离群、恐惧、剧烈疼痛、感染与中毒等诸多因素的刺激,引起应激系统复杂反应,发生前胃弛缓现象。

继发性前胃弛缓通常是一种临床综合征,病因比较复杂。多见于某些寄生虫病，如肝片吸虫病；某些传染病，如口蹄疫等；某些代谢病，如牛骨软症、生产瘫痪、酮血症；以及前胃的其他疾病均可继发本病。

此外，治疗用药不当，长期大量应用磺胺类和抗生素制剂，瘤胃内菌群共生关系受到破坏，因而发生消化不良，呈现前胃弛缓。

疾病信息收集 食欲减少，反刍障碍，瘤胃蠕动变化，触诊瘤胃内容物的性质。

诊断 根据临床症状即可做出诊断。此外，通过检测瘤胃内容物性质的变化，可做出诊断。

诊断要点

(1)食欲、反刍减退。

(2)前胃蠕动减弱。

(3)全身机能紊乱。

治疗技术 治疗原则是排除病因，减轻胃肠负担(绝食)，缓泻制酵，健胃，恢复瘤胃机能，对症治疗。

(1)西药治疗

①彻底排除病因，如更换霉败饲料等。

②禁食与护理。原发性前胃弛缓病初应绝食 2～3 d。然后饲喂适量富有营养、易消化的优质干草。

③泻下制酵。缓泻可用盐类或油类泻剂，制酵可用鱼石脂、松节油、来苏儿等。

病初，可用硫酸钠或硫酸镁 300～500 g，鱼石脂 10～20 g，温水 6 000～10 000 mL，一次内服；或用液体石蜡 1 000 mL，苦味酊 20～30 mL，一次内服，可促进瘤胃内容物运转和排出。在疾病中后期，当使用了盐类或油类泻剂、胃内容物软化之后，可配合使用拟胆碱药物，如新斯的明，或毛果芸香碱注射液 20～30 mg，或氨甲酰胆碱 4～6 mg，少量多次(间隔 1～2 h 一次)，皮下注射，效果良好。但对有心脏病、孕牛及重症病牛禁用。

④健胃助消化，可以使用龙胆酊 30～50 mL，陈皮酊 30～80 mL，酵母粉 50～100 g，木鳖酊 20～30 mL，病程稍久，加小苏打适量，加水，胃管投服，以健胃助消化。

⑤恢复瘤胃机能，促进瘤胃蠕动。静脉注射 10%高渗盐水 300～500 mL(首次用 500 mL，以后用 300 mL)、5%小苏打液 300～500 mL，一次注射。应用促反刍液，通常用 10%氯化钠注射液 300 mL，5%氯化钙 100～300 mL，安钠咖 1 g，一次静脉注射。也可用吐酒石 4 g，番木鳖粉 1 g，干姜 10 g，龙胆粉 10 g，混合，牛每日一次内服，连用 2～3 d。但吐酒石有毒性反应，不宜过量、过久使用。

⑥纠正瘤胃液 pH 值，扶植菌群恢复正常。当瘤胃内 pH 降低时，宜用氧化镁

200～400 g，配成水乳剂，并用小苏打 50 g，一次内服。反之，当 pH 值升高时，可用稀醋酸 20～40 mL 或食用醋 50～200 mL 内服。还可取健牛瘤胃液进行接种。

⑦对症治疗。伴发脱水和自体中毒的病例，可用复方氯化钠注射液 500～1 000 mL，25％葡萄糖溶液 500～1 000 mL，5％ $NaHCO_3$ 注射液 500 mL，静脉注射；或 5％糖盐水 1 000～2 000 mL，40％乌洛托品溶液 20～40 mL，20％CNB 液 10～20 mL，静脉注射。

(2)中药治疗

①滑丁散：滑石粉 300～700 g，丁香 20～50 g，肉蔻 20 g，研末开水冲，候温灌服。

②参芦散：党参 30～60 g，藜芦 15～30 g，研末灌服。

③桂皮散：桂皮 60～90 g，常山 20～25 g，莱菔子 60～90 g，柴胡 20～25 g，枳实(壳)30～60 g，甘草 15 g，研末灌服。

④四君仙丁蔻散(即四君子加四仙)：党参 30 g，茯苓 30 g，白术 25 g，麦芽 80 g，神曲 40 g，山楂 80 g，玉片 20 g，丁香 20 g，肉蔻 30 g，甘草 20 g，研末，开水冲，候温灌服。

⑤当槟散：当槟散中加大枣，再加甘草四般药。油炒当归 100 g，槟榔 30 g，大枣 250 g，甘草 30 g，先煮大枣去核，当归，槟榔，甘草研为细末，再用枣及枣汤冲，候温加熟青油 500 g 灌服。

护理方法　给予流质易消化、富有营养的饲料，充分饮水；不食或食少时，静脉注射高浓度葡萄糖，补充维生素 C、维生素 B；加强饲养管理，给予优质青干草、营养丰富含有维生素的青绿饲料和块根饲料。

预防措施　注意饲料的选择、保管，防止霉败变质；依据日粮标准饲喂；圈舍须保持安静，避免不利因素刺激和干扰；注意圈舍卫生和通风、保暖，做好预防接种工作。

(五)瘤胃积食

瘤胃积食也叫急性瘤胃扩张，相当于中兽医学的宿草不转。是由于反刍动物采食大量难消化、易膨胀的饲料并蓄积在瘤胃内而导致胃肠功能失调的疾病。临床特征和病型可分为两种类型：①一种是过量采食粗纤维性饲料引起的急性瘤胃积食，本病以瘤胃内容物积滞、容积增大、胃壁受压及运动神经麻痹为特征。②另一种是过量采食豆谷类精饲料所致的瘤胃积食，以中枢神经兴奋性增高、视觉紊乱、脱水和酸中毒为特征。牛、羊均可发病，但以老龄、体弱舍饲牛多发。

范例(1)　某奶牛，病初神情不安，目光凝视，回头顾腹，背弓起，后肢踢腹，磨牙，摇尾，呻吟，有轻度腹痛表现；欲卧地但卧时短暂又起立，常取右侧横卧；食欲、反刍、嗳气停止，瘤胃蠕动完全停止。瘤胃触诊坚硬，左腹中下部增大；叩诊瘤胃呈浊音。排软粪或腹泻，粪呈黑色带恶臭，有时可看到粪便内有未消化的草料碎片，严重者粪便中带有血液和黏液。初步诊断为过食粗纤维性饲料引起的急性瘤胃积食。

范例(2)　某家奶牛过食玉米，在48 h内出现明显上述的症状外，病畜出现视力障碍及部分神经症状，狂躁不安、头抵墙壁，不易控制。并发蹄叶炎。初步诊断为过食豆谷类所致的瘤胃积食。

病因分析

(1)原发性瘤胃积食可见于过食粗纤维性饲料引起的急性瘤胃积食和过食豆谷类所致的瘤胃积食。

①过食粗纤维性饲料引起的急性瘤胃积食　由于家畜在饥饿、饲养管理不良条件下采食过量劣质、粗硬而难以消化的粗饲料。如麦草、稻草、花生藤、马铃薯藤等，这些粗饲料在瘤胃内过度充盈或在胃内扭转缠结成团，使瘤胃难以消化，导致本病的发生。有人报道97例瘤胃积食中，由甘薯藤、花生藤、胡麻草致病者48例，占总病例数的49.5%。贪食大量青草如苜蓿、象草等也可发病。

②过食豆谷类所致的瘤胃积食　通常是饲养管理上的疏忽所致，例如对粮食和牛均管理不严，牛脱缰偷食豆谷，很快发病，这是最常见的情况。其次，由于服重役，畜主给牛以特殊照顾，一次或连续多次饲喂大量豆谷饲料，也容易致病。

此外，如突然更换饲料，特别是由粗饲料转变为精饲料，不可口草料转为可口草料，放牧变为舍饲，均可因过分采食而发病。采食前后的重剧劳役也可致病。

(2)继发性瘤胃积食可见于前胃弛缓，瓣、皱胃阻塞，创伤性网胃腹膜炎等疾病。

疾病信息收集

(1)过食粗纤维性饲料引起的瘤胃积食，症状随饲料的数量、性质及消化难易程度有所不同。

①病初病牛神情不安，目光凝视，回头顾腹，背弓起，后肢踢腹，磨牙，摇尾，呻吟有轻度腹痛表现。欲卧地但卧时短暂又起立，常取右侧横卧。

②食欲、反刍、嗳气减少或停止，瘤胃蠕动微弱或完全停止。

③瘤胃触诊坚硬或呈面团样，左腹中下部增大。叩诊瘤胃呈浊音。

④排软粪或腹泻，粪呈黑色带恶臭，有时可看到粪便内有未消化的草料碎片，严重者粪便中带有血液和黏液。

⑤病牛体温一般不升高。由于瘤胃内容物增多，呼吸紧张而急速，心跳加快。

(2)过食豆谷引起的瘤胃积食，通常呈急性，在24～48 h内出现明显的临床症状。除了具有上述的症状外，还可见到以下症状。

①病初能从反刍中发现豆谷颗粒，直肠检查也可发现瘤胃壁上豆粒的突起，随后从粪便中发现豆谷颗粒。

②中后期可见病畜视力障碍及部分神经症状，如盲目转圈或直行。重症病畜狂躁不安、头抵墙壁或冲击人畜，不易控制，或嗜睡、卧地不起。

③出现严重的脱水和酸中毒是豆谷积食的主要特征，亦有并发蹄叶炎者。病牛表现眼球下陷，血液浓缩，呈暗红色。PCV 由正常的 30%～32%升到 50%～60%，尿量减少，瘤胃 pH 值和血液碱储均下降，瘤胃内纤毛虫数量急剧减少甚至完全消失。

④一般病程为 7～10 d。过食饲草者多预后良好，精料引起的积食、出现酸中毒和毒血症者，往往在两三天内死亡。慢性病例，病情时好时坏，病程长，预后要慎重。

诊断　根据过食病史、临床症状可确诊。

诊断要点　有过食病史，腹围增大，瘤胃内容物多而硬，排恶臭软便，粪便中有未消化的饲料残渣，轻微腹痛。过食豆谷引起的瘤胃积食，中后期可见病畜视力障碍及部分神经症状。

治疗技术　治疗原则是加强护理，消积化食，排除瘤胃内容物，制止发酵，兴奋瘤胃蠕动。

(1)加强护理，消积化食。首先应禁食 1～2 d，按摩瘤胃，每次 5～10 min，每隔 0.5 h 一次，或先灌服大量温水，再按摩，效果更好。并内服酵母粉 500～1 000 g，或同等剂量的食母生(发酵能力强，产气较少)，每天分 2 次内服，具有化食作用。

(2)排除瘤胃内容物与制酵。可用硫酸镁或硫酸钠 300～500 g，液体石蜡或植物油 1 000～1 500 mL，鱼石脂 15～20 g，75%酒精 50～100 mL，常水 6 000～10 000 mL，一次内服。应用泻剂后，待食团软化后，也可用新斯的明 0.01～0.02 g，或毛果芸香碱 0.05～0.2 g，兴奋前胃神经，促进瘤胃内容物运转与排出。但心脏功能不全与孕牛忌用。

(3)兴奋瘤胃蠕动。可用促反刍液，最好先用 1%温食盐水洗涤瘤胃，再用 10% NaCl 溶液 100 mL，10% $CaCl_2$ 液 100 mL，20% CNB 液 10～20 mL。也可用 10% NaCl 液 100～300 mL，静脉注射。改善 CNS 的调节机能，增强心脏活动，促进血液循环和胃肠蠕动，解除自体中毒现象。

(4)防止脱水和纠正酸中毒。晚期病例，除了反复洗涤瘤胃外，可用 5%葡萄糖生理盐水 2 000～3 000 mL，20% CNB 液 10 mL，维生素 C 0.5～1.0 g，每天 2 次。以强心补液，保护肝脏，防止脱水。尤其在用盐类泻剂后，必须注意静脉输液。

为解除酸中毒，可口服 $NaHCO_3$ 100～200 g，或静脉注射 3%～5% $NaHCO_3$ 溶液 500～800 mL 或 11.2%乳酸钠 200～400 mL。

对重剧病例，保守疗法无效时，应及早进行手术治疗。

(六)瓣胃阻塞

瓣胃阻塞又叫瓣胃秘结，中兽医称为百叶干，是前胃运动机能障碍，瓣胃收缩力减弱、内容物积滞、干涸而发生阻塞的疾病。临床上以食欲、反刍停止，鼻镜干燥，粪便似算盘珠状干而黑小，或排便停止为特征，是前胃疾病中不太多见但又十分严重的疾病，早期不易诊断，待症状明显后，疾病往往进入后期，疗效不佳，死亡率高。本病多见于耕牛，其次为奶牛。

范例(1) 一病牛呈现前胃弛缓，便秘，粪便干硬色暗，呈算盘珠样，表面附有黏液，瘤胃慢性臌气或积食，瓣胃蠕动音微弱或消失，瓣胃区触诊敏感，叩诊浊音区扩大。奶牛产奶量下降。后经兽医检查，确定为瓣胃阻塞。

范例(2) 一病牛鼻镜干燥龟裂，呼吸浅表、疾速，心机能亢进，脉搏增数达 80～100 次/min，食欲、反刍消失，瘤胃收缩力降低，瓣胃穿刺检查有阻力。直检，直肠与肛门痉挛性收缩，直肠内空虚。后经兽医检查，确定为瓣胃阻塞。

范例(3) 一病牛体温升高 0.5～1℃，排粪停止或仅排少量恶臭黏液，尿少或无，呼吸增数，脉搏增数达 100～140 次/min，皮温不整，结膜发绀，卧地不起。死后剖检，瓣胃小叶坏死，伴发肠炎。后经兽医检查，确定为瓣胃阻塞。

病因分析

(1)原发性阻塞基本与前胃弛缓病因相同。此外，饮水不足、使役过重、缺乏运动等均能引起本病。

(2)继发性瓣胃阻塞多见于前胃弛缓，皱胃积食和变位及某些热性病的病程中。

疾病信息收集 病初与前胃弛缓、瘤胃积食和臌气的症状相同。冲击式触压右侧 7～9 肋间肩关节水平线上下，病牛表现不安、疼痛或拒绝触诊。针头插入瓣胃后很少摆动或不摆动(瓣胃正常收缩时，针头运动呈“∞”状)。前胃蠕动音先减弱后完全消失。出现全身症状时，病牛精神沉郁，鼻镜干燥或龟裂。食欲废绝，反刍、嗳气停止。有慢性间歇性腹痛症状。粪干小似算珠状或烧饼状，表面色深，中内色浅。后期要么完全停止排粪，要么只有排便动作而没有粪便排出。尿黄色，尿量少或无尿。最后常发生脱水与自体中毒现象。

诊断 临床诊断比较困难，多在死后剖检方能确诊。临床上可根据瓣胃蠕动音消失，触诊到大而坚硬的瓣胃，粪球干小，状似前胃弛缓和瘤胃积食，但有亚急性腹痛，并结合前胃检查可做出印象诊断。必要时进行剖腹探查，可以确诊。

诊断要点

(1)瓣胃音减弱或无。

(2)触诊敏感,叩诊浊音区扩大。

(3)便秘,粪便干硬呈算盘珠样,粪质细腻。

(4)结合穿刺有阻力、直肠检查直肠空虚。

治疗技术　治疗原则是增强前胃运动机能,促使瓣胃内容物软化和排出,恢复前胃机能。

【处方1】缓泻与加强前胃运动机能:病初期应以泻下和补液为主,而且越早越好,不论盐类还是油类泻药或中药泻药,剂量应该加大。当条件成熟时,可应用副交感神经兴奋药。补液每天不应少于4 000 mL。如硫酸镁或硫酸钠500～1 000 g,加水5 000～10 000 mL,或者石蜡油1 000～2 000 mL,胡麻油300～500 mL,内服。在应用拟胆碱药物(神经性泻药)时,先皮下注射士的宁0.015～0.03 g,然后注射毛果芸香碱0.02～0.05 g,或新斯的明0.01～0.02 g,但对体弱、怀孕牛,心、肺功能不全的病牛,忌用这些药物。在使用泻下剂同时,可静脉注射促反刍液,以恢复前胃运动机能。

【处方2】瓣胃注射:注射部位,右侧第9肋间与肩关节水平线相交点,向对侧肘突方向刺入10～20 cm,判明针入瓣胃即可。用$MgSO_4$ 400 g配制成6%～8%的溶液灌服,普鲁卡因2 g,呋喃西林2～3 g,甘油200 mL,加水300 mL,溶解后一次瓣胃注射,效果较好。或用6% $NaSO_4$ 2 000～3 000 mL,石蜡油或甘油300～500 mL,普鲁卡因2 g,盐酸土毒素3～5 g,配合一次瓣胃注入。前胃注射后,要注意充分饮水,配合补液等措施。

【处方3】手术疗法:可行瘤胃切开术,取出瘤胃内容物,用胃管冲洗瓣胃,效果较好。体型较大的牛使用真胃切开术,更为方便。

护理方法　役畜停止使役,充足饮水和休息,给予青绿多汁、富有营养的饲草料。

预防措施　避免长期应用混有泥沙的糠麸、糟粕饲料喂养,同时注意适当减少坚硬的粗纤维饲料。铡草喂牛,也不宜铡得过短。注意补充蛋白质与矿物质饲料。发生前胃弛缓时,应及早治疗,以防止发生本病。

(七)真胃变位

真胃变位是指真胃由正常位置移到瘤胃和网胃的左侧或左肋弓之间,向前可扩张到网胃和膈肌,向后可扩张到最后肋骨或进入左侧腰旁窝。据报道,真胃移位85%～88%在左侧,发病率1.22%～2.5%。临床上以真胃左方变位发病率高,危害性大。本病是奶牛常见的一种消化系统疾病。

范例(1)　某牛场奶牛在分娩前2 d后突然发病;病初呈前胃弛缓症状,伴有严重的腹痛和瘤胃臌胀。排粪减少,粪便呈糊状、深绿色,腹泻与便秘交替发生,消瘦。在左腹壁后3个肋骨弓区往往呈现明显的膨大部,听叩诊结合检查有钢管音,左、右肷窝下陷,冲击触诊膨大部有振水音,穿刺检查,pH为1～4,缺乏纤毛虫。直肠检查,可感到膨满的皱胃。病牛颈部皮肤、乳汁和呼出气有酮体气味,尿酮阳性。初诊为真胃左方变位。

范例(2)　某牛场奶牛,突然发病,腹痛不安,呻吟,踢腹,常拒食,贪饮,瘤胃里蠕动音消失,粪软色暗,后变血样及黑色柏油样粪便,可发生重剧腹泻,视诊右腹肋弓部膨大,该部听诊并结合叩诊可听到钢管音。冲击触诊可听到振水音,该部穿刺可得到褐色血样液体,pH为1～4,无纤毛虫,直肠检查可触及充满气体和液体的皱胃,脉搏增数达100次/min以上,体温下降或正常。亚急性型,发病缓慢,无剧烈腹痛,脉搏达90次/min左右,体温一般正常,瘤胃蠕动音下降,有时轻度臌胀,粪便呈糊状色暗,冲击式触诊可听到振水音,该部穿刺液pH为1～4,直肠检查摸到膨满的皱胃,病程为10～14 d。初诊为真胃右方变位。

病因分析

(1)与年龄的关系。育成牛和成乳牛均有发生,其中以4～5岁发病最多,占62.2%,1～2岁及7岁以上发病较少。

(2)与精饲料喂量的关系。精料喂量与发病率呈正相关。据临床调查,精料由5.92 kg/d提高到8.63 kg/d时,发病由1头/年增至142头/年。因此,认为干奶期营养过高,日粮中精料、玉米青贮含量过高,有使本病发病率升高的趋向。目前多认为本病因饲喂大量豆谷日粮(造成不饱和脂肪酸蓄积)使皱胃弛缓所致。

(3)与产奶量的关系。随奶产量逐年增高,真胃移位发病率急剧上升。据统计,年均单产6 062.5 kg时,发病率0.015%,年均单产升到6 922 kg时,发病率为2.1%。

(4)与分娩的关系。分娩前后均有发病,但分娩后发病率高。其中分娩后发病的占96%,分娩前的仅占4%。

(5)与其他因素的关系。与酮病、乳热、胎衣不下有关。据报道,在50头左侧真胃移位中,有30头牛为酮病牛。

疾病信息收集　多数发生于产后,食欲减少或废绝。少数病牛拒食精料,仅采食少量粗饲料,精神稍沉郁,T、P、R正常,因瘤胃被挤于内侧,左呈"扁平状"隆起,粪便量少,呈深绿色,产奶量明显下降。瘤胃蠕动音微弱或消失。在左侧肩胛骨下1/3水平延线的第11～12肋间,可听到真胃内气体通过液面时发出的咕咕声,叩诊最后1～2肋骨可在局部听到钢管音。该声响短粗,无规律,以移步或起立时较易听清，叩诊具空瓮音。直肠检查，右上腹部较为空虚，左上腹部内压降低，左侧很少能摸到膨胀的真胃。变位伴有真胃扭转者，在短期内恶化(1～2 d)死亡。病程久者，机体营养不良，衰弱无力，腹部变小，多卧地不起。由于治疗不当，病程常达数月。治疗及时合理能很快痊愈。手术治疗不当(若固定不确实)仍有复发现象。病程久，机体衰竭时预后不良。

诊断 根据发病时间，视诊，叩诊的同时听诊，真胃穿刺液 pH 1～4，粪便呈褐色，无纤毛虫，即可确诊。

诊断要点 左方变位早期诊断比较困难，应考虑与分娩的关系，有无酮体、腹泻、两侧肷窝下陷，结合听叩检查、穿刺液检查。右方变位常伴有明显的腹痛，脉搏数增加，粪软呈黑色，右腹肋弓部膨大，结合听、叩诊检查，穿刺检查、直肠检查。

治疗技术 有手术疗法与非手术疗法，不论采用何类疗法，均应尽早治疗，以尽量减少真胃溃疡和黏膜粘连的发生。

【处方 1】翻滚法：将母牛四肢缚住，左腹部在上，猛向中滚又突然停止，以期待真胃自行复原。施用本法前应禁食限饮水 1～2 d。

【处方 2】腹腔内注射：采用 5%葡萄糖盐水 1 000～1 500 mL，加温后腹腔内注射，效果良好。

【处方 3】手术疗法：即切开腹壁，整复真胃，并将真胃或网膜固定在右腹壁上。手术疗法适用于病后任何时期，由于将真胃固定，疗效确实，属根治疗法。

护理方法 术后要注意让病畜得到充分的休息和充足的饮水，合理搭配日粮，保证病畜有足够的营养。

预防措施 在满足动物的各种营养需要量的同时，应合理配合日粮，日粮中的谷物饲料、青贮饲料和优质干草的比例应适当。对发生乳房炎或子宫炎、酮病等疾病的病畜应及时治疗。在奶牛的育种方面，应注意选育既要后躯宽大，又要腹部较紧凑的奶牛。

(八)急性胃扩张

急性胃扩张又称为大肚结，是由于贪食过多和胃后送功能障碍，使胃急剧膨胀的一种腹痛病。临床上以突然发病、腹痛剧烈、腹围不大而呼吸急促等为特征。按其病因，可分为原发性和继发性胃扩张。按胃内容物的性质又分为气胀性、液胀性和食滞性胃扩张 3 种。其中液胀性多为继发性的，而另两种多为原发性的。

本病多发生于马，骡和驴较少发生，猪也可发生。本病约占腹痛病的 6%，经过急剧，如果发现过晚或延误治疗，往往造成死亡。

范例(1) 一马在食后 1～2 h 内发病，病初呈中度间歇性腹痛，很快转为持续性而剧烈的腹痛。眼结膜潮红或暗红，脉搏增数而呼吸急促。全身或局部出汗。

饮食欲废绝，口湿润、黏滑、有酸臭味，肠音减弱或消失，初排少量粪便，以后停止。多数在左侧 14～17 肋间髋结节水平线上可以听到短促的胃蠕动音，个别病马出现嗳气、呕吐现象。胃管探诊，感到食管松弛，容易推进。根据排出物可鉴别种类。直肠检查，脾后移，在左肾前下方可摸到胃后壁，随呼吸前后运动。后经兽医检查，确定为急性胃扩张。

范例(2)　某病驴，有胃扩张症状，插入胃管排出大量黄绿色液状内容物，胆色素检查呈阳性反应，腹痛暂时消失，数小时后又出现腹痛。后经兽医检查，确定为急性胃扩张。

范例(3)　某病驴，腹痛突然消失，呆立不动或卧地不起，出冷黏汗，脉细弱，黏膜青紫色或苍白，腹腔穿刺液有草渣。后经兽医检查，确定为急性胃扩张。

病因分析

(1)人为或偷吃大量精料。由饲管不当造成，尤其在秋收打碾时期，发病率猛增；喂饲不按时，使过度饥饿，上槽喂吃过多草料，或饱饲后突然重役或剧烈运动，致使血液重新分配，神经体液调节紊乱，胃消化功能和运动功能降低而发生胃扩张。

(2)突然改变饲养制度。如由舍饲突然改变为放牧时，马骡容易采食过多的幼嫩青草或豆科植物；由放牧转为舍饲时，马骡容易贪食过多的精料。幼嫩青草或豆科植物易发酵产气，精料容易膨胀，食入过多均易引起胃扩张。此外，如过劳、感冒、气候骤变都可诱发发病。

(3)幽门堵塞。常被毛球堵塞幽门后而引起。猪，胃兴奋性改变、胃扭转等引起。

(4)继发性胃扩张。通常继发于小肠阻塞、小肠变位、小肠炎症以及肠膨胀的经过中。在少数情况下，可见到大肠(肠臌气、胃状膨大部阻塞)压迫小肠，从而继发胃扩张的病例。

疾病信息收集　多数发生于产后，食欲减少或废绝。少数病牛拒食精料，仅采食少量粗饲料，精神稍沉郁，T、P、R 正常，因瘤胃被挤于内侧，左呈“扁平状”隆起，粪便量少，呈深绿色，产奶量明显下降。瘤胃蠕动音微弱或消失。在左侧肩胛骨下 1/3 水平延线的第 11～12 肋间，可听到真胃内气体通过液面时发出的咕咕声，叩诊最后 1～2 肋骨可在局部听到钢管音。该声响短粗，无规律，以移步或起立时较易听清，叩诊具空瓮音。直肠检查，右上腹部较为空虚。左上腹部内压降低，左侧很少能摸到膨胀的真胃。变位伴有真胃扭转者，在短期内恶化(1～2 d)死亡。病程久者，机体营养不良，衰弱无力，腹部变小，多卧地不起。由于治疗不当，病程常达数月。治疗及时合理能很快痊愈。手术治疗不当(若固定不确实)仍有复发现象。病程久，机体衰竭时预后不良。

诊断 根据病史、腹痛的严重性及姿势、胃管探诊及直肠检查应尽快诊断治疗。

诊断要点 遇到有嗳气、腹围不大而呼吸急促的中等程度以上腹痛的病马，就要考虑到胃扩张。

治疗技术 治疗原则主要是镇痛解痉、排出胃内容物、制酵、强心补液、加强护理。

(1)镇痛。无论何型胃扩张，首先止痛。常用20%安乃近10～30 mL，禁止用阿托品类药物。

(2)排出胃内容物与制酵。为了排出胃内容物，应尽快导胃。

气胀性胃扩张：在插入胃管放气(使胃管停留0.5 h)后投入水合氯醛酒精合剂(水合氯醛15～25 g，95%酒精30～50 mL，福尔马林10～20 mL，温水500 mL)，一次内服。对气胀性或继发性胃扩张，也可用乳酸15～20 mL，95%酒精100～200 mL，石蜡油500～1 000 mL，加适量制酵剂和温水，一次内服(注意：容积不能太大，容量最好控制在1 000 mL以内)。

食滞性胃扩张：用普鲁卡因粉2～3 g，95%酒精50～80 mL，鱼石脂15 g(或来苏儿30 mL)，温水500 mL，一次胃管投服。或用普鲁卡因粉2～3 g，稀盐酸滴液15～20 mL，石蜡油500 mL，常水500 mL，混合一次灌服(注意：胃扩张禁用盐类泻药)。

(3)补液。10%氯化钠注射液300 mL，10%CNB(安钠咖)20 mL，一次静脉注射。病中后期必须补液。继发性胃扩张，要积极治疗原发病，解除肠阻塞。

(4)加强护理，防止胃破裂。病畜不需牵遛。治愈后，禁饲1 d，然后逐渐恢复到正常饲养。

护理方法 定点定时喂料、饮水，严禁饱食后大量饮水或做剧烈运动，采食后一旦有异常反应，需及时诊治，同时定期驱除消化道寄生虫，加强营养。

预防措施 加强饲养管理，特别是在劳役过度、极度饥饿时，应注意饲料调理，少喂勤添，避免采食过急。加强管理，防止马、骡脱缰后进入饲料房或仓库偷吃精料。

(九)胃肠痉挛

胃肠痉挛是由于胃肠壁平滑肌发生痉挛性收缩，并以明显的间歇性腹痛为特征的一种常见疾病。胃肠痉挛又名痉挛疝、卡他性肠痛、卡他性肠痉挛等。常见于马，有时也发生于牛和猪，秋、冬、春季较为多见。

范例(1) 某病马突然发病，剧烈腹痛为特征，腹痛时表现顾腹、刨地、蹦踢，甚至卧地滚转、出汗，每次腹痛持续 5～15 min。在腹痛间歇期，外观上似健畜，安静站立，有时尚能采食饮水，但经一定时间（10～30 min）腹痛又发作。随着时间的推移，腹痛持续时间多有延长之趋势。腹痛也多由轻转为严重，继则向其相反方面变化，即腹痛间歇期延长，并逐渐轻微，故有的病例不治而自愈，或作适当骑乘运动，便可自愈。后经兽医检查，确定为胃肠痉挛。

范例(2)　某病马，口腔湿润，色淡或发青，重者口色发白，口温偏低，耳鼻部及四肢末梢发凉。腹痛发作期间，大、小肠音增强，连绵不断，有时在数步之外都可听到高朗如雷鸣流水的肠音，偶尔出现金属音。排粪次数逐渐增加，粪便性状很快由稠变稀，但其量逐次递减。后经兽医检查，确定为胃肠痉挛。

病因分析　寒冷因素和饲养管理不善，是构成本病的主要因素。气温、气压和湿度剧变，风雪侵袭，汗后淋雨，舍饲牲畜寒夜露宿等，都可能促使本病的发生。不适宜地饮冷水，尤其在服重役或大汗之后立即暴饮，采食霜冻的或发霉、腐败的草料等，都有可能成为发病条件。

消化不良、胃肠的炎症或寄生虫及其毒素被吸收和神经系统的相对平衡发生紊乱，使迷走神经兴奋，从而引起平滑肌痉挛性收缩，则为本病的内在原因。

疾病信息收集　呈间歇性腹痛。口腔湿润，耳、鼻发凉，而 T、P、R 等全身状态变化不大。肠音增强，大小肠音高朗，连绵不断，有时可听到金属性肠音。排粪次数增多，由于肠蠕动加快，肠液分泌增多，病马不断排稀软粪便，有的粪便酸臭味较大，并混有黏液。经数小时后，腹痛变为持续而剧烈，肠音迅速减弱，全身症状突然加重，预后慎重。

诊断　胃肠痉挛经过急剧，发展迅速，延误治疗就有可能造成死亡，因此对胃肠痉挛，应尽快做出诊断治疗。

诊断要点

(1)腹痛呈间歇或持续而剧烈，病畜于间歇期外观上似健畜。

(2)肠音无规律，有时连绵不断、高朗，有时连绵细弱。

(3)耳鼻发凉，口腔多湿润，口色发淡。排粪次数增多，粪便稀软。

治疗技术　以解除肠痉挛、清肠止酵为主。

【处方 1】镇痛和解痉：可用 30％安乃近注射液 20～40 mL，皮下注射；或安溴合剂 80～100 mL，静脉注射；或 0.25％普鲁卡因溶液 200～300 mL，缓慢地静脉注射；或水合氯醛 15～25 g，同泻剂、止酵剂合用，也有良好疗效。绝大多数肠痉挛病畜，一剂即愈。

清肠止酵：可用水合氯醛 8 g，樟脑粉 8 g，植物油 500 mL，混合一次投服。

【处方 2】中医治疗：针三江、姜牙或耳尖穴，电针关元俞，都有缓解腹痛之功效，达到治愈之目的。病情好转后，可灌服医治消化不良方剂（见胃肠卡他疗法），以巩固疗效。

护理方法　注意病畜的保温，饲喂一些易消化、高营养的饲草料。

预防措施　加强饲养管理，在气候剧变时注意防寒，禁食冰冻饲料，对患有寄生虫病的马骡，应定期进行驱虫。

（十）肠臌气

肠臌气又叫肠臌胀或风气疝，是由于过食大量易发酵的饲料迅速产气，或排气过程不畅或完全受阻，导致气体聚于部分或大部分肠管内，引起肠管臌胀的腹痛性疾病。临床上以腹部疼痛明显、肠管的自然位置改变、肚腹胀满为特征。各种动物均可发生，以马属动物为多见。

范例(1)　某马采食后不久发病，腹痛，迅速转为剧烈而持续的腹痛，脉搏增数，腹围膨大，呼吸困难。后经兽医检查，确定为肠臌气。

范例(2)　某驴病初口腔湿润，肠音增强带金属音，排粪频数，每次排少量稀便，并不断排少量气体，随病情加重，口腔变干燥，肠音逐渐减弱乃至消失，排粪、排尿完全停止。后经兽医检查，确定为肠臌气。

病因分析　原发性肠臌气是突然采食过量容易发酵的饲料，如幼嫩苜蓿、嫩青草、青燕麦或堆积发热的青草，或玉米、大麦和豆类饲料，或采食发霉腐败的草料，尤其是饥饿后采食过急，或由舍饲突然改为放牧，青草适口性强，致过量采食，产生大量气体和脂肪酸而引起肠臌气。

继发性肠臌气，常见的原因是肠道不通，如肠阻塞和肠变位等；另一种原因是肠机能减弱，如慢性消化不良和弥漫性腹膜炎等。

疾病信息收集　病初常为间歇性腹痛，以后则转为持续性腹痛，腹痛可随嗳气加重而加剧。肘肌、股部肌肉震颤。腹部迅速膨大，甚至突起，腹壁紧张。肠音在病初增强，并带有明显的金属音，以后则减弱，甚至消失。病初多排稀软粪便，以后则完全停止排粪。体表静脉充盈，呼吸加快，严重者呈现呼吸困难，心搏动增快，脉搏变弱。出汗，体温正常或稍有升高。有的病畜也可发生程度不同的脱水症状。直肠检查，因腹压很高，入手困难，腹腔内大部分肠管尤以盲肠、结肠高度胀满，肠壁紧张而有弹性。可先采取盲肠或直肠内穿刺排气法排气，然后再作直肠检查，有助于搞清臌气的性质，特别是继发性肠臌气。

诊断　本病根据视诊、触诊和探诊就可以做出确诊。

诊断要点

(1)腹围急剧增大，尤以左侧明显，左肷部突出。

(2)腹痛随臌气的加重而加剧。

(3)听诊肠音初增强，带有金属音，中后期减弱或消失，频频排尿、排粪，中后期停止。

治疗技术　治疗原则是排气降压、镇痛解痉和清肠止酵。

【处方1】排气减压：肠臌气不严重者，可应用泻剂、止酵剂，清除肠内容物，从根本上排除产气物质。呼吸急促且心跳相应加快的严重肠臌气，应立即采用穿肠排气，于排气后通过放气针头注入止酵剂，并用青霉素钾（钠）盐120万～240万IU，溶于温生理盐水（37～40℃）200～500 mL中，亦可同时加入0.25%普鲁卡因溶液20～40 mL，注入腹腔防止继发腹膜炎。

镇静解痉：常用30%安乃近注射液20～40 mL，肌肉注射；水合氯醛15～25 g，同泻剂、止酵剂一同灌服；安溴合剂50～100 mL，静脉注射；0.25%普鲁卡因注射液200～300 mL，缓慢地做静脉注射。

清肠止酵：清肠有利于从根本上止酵，故应及时清除肠内积粪。在未排出积粪之前，适时灌服止酵剂甚为重要。应用泻剂的缓泻剂量并加以适量的止酵剂，一次灌服。例如，人工盐200～300 g，鱼石脂15～30 mL，加水5～6 L，一次灌服。为恢复和增加胃肠机能，可用10%氯化钠溶液200～500 mL，静脉注射。

【处方2】中药疗法：以消胀破气、宽肠通便为原则。可用丁香散（丁香30 g，木香20 g，藿香20 g，青皮22 g，陈皮22 g，玉片16 g，生二丑25 g，厚朴60 g，积实15 g，研成末），开水冲，加植物油250 g，灌服。

护理方法　护理时应注意病畜心脏功能、自体中毒和脱水等变化，以便进行对症治疗。同时加强饲养管理，给予优质青干草、营养丰富含有维生素的青绿饲料和易消化、富有营养的饲料，充分饮水。

预防措施　注意饲草料的品质，禁止大量饲喂易发酵或发霉的青绿饲料，平时加强饲养管理，防止采食过急或过多。

（十一）直肠脱

直肠脱是直肠的一部分或大部分由肛门向外翻转脱出的一种疾病。如果仅直肠末端黏膜脱出，称作脱肛。

本病马、骡发病较多，驴较少见，治疗不及时易造成家畜死亡。

范例(1)　某猪在肛门外形成一个鲜红色至暗红色的半球形突出物，表面形成许多横纹皱褶，中央有一个小孔，在排粪后或卧地时，突出明显。后经兽医检查，确定为直肠脱。

病因分析　长期努责是引起直肠脱的主要原因，如长期下痢、便秘、肠炎等。此外猪维生素缺乏、饲料突然改变以及冬季猪舍寒冷潮湿是诱发本病的原因。

疾病信息收集　病初直肠末端黏膜脱出时，可在肛门外形成一个鲜红色至暗

红色的半球形突出物，表面形成许多横纹皱褶，中央有一个小孔，在排粪后或卧地时，突出明显。轻者能自行缩回，重者常不能缩回。经 1～2 d 后，脱出部分黏膜淤血、体积增大。继之沾有泥土、粪便，污秽不洁，黏膜干裂，以致发生坏死。严重的病例，脱出部分较多，呈圆筒状，由肛门垂下，向下方弯曲，此时常并发黏膜损伤、坏死或破裂。

诊断　本病根据发病原因、视诊就可以做出确诊。

诊断要点　肛门外可见鲜红色至暗红色的脱出物。

治疗技术　治疗原则是将脱出部分整复固定，防止破裂感染。

【处方 1】整复：用温热 0.1%高锰酸钾溶液、1%明矾溶液或高渗盐水清洗脱出部分，除去患部污物及坏死黏膜，涂上润滑剂或抗生素。用手指进行整复。如因水肿、淤血，整复困难时，用手指捏破肿胀坏死的黏膜挤出水肿液后再整复。

固定：为防止再脱，可在肛门周围行袋口缝合。只留出小指大小排粪口。7～10 d 拆线。在距肛门边缘 1～2 cm 处，分上下左右四点，每点皮下注射 10%氯化钠溶液 15～30 mL，使局部发生无菌性炎症，可起固定作用。

【处方 2】手术切除：患部清洗消毒后进行切除。在靠近肛门处，用消毒过的两根长封闭针头交叉穿过脱出的肠管将其固定，在固定针的外侧约 2 cm 处，切除坏死直肠。止血后，肠管断端的两层浆膜层和肌层分别作结节缝合，再用螺旋形缝合法缝合内外两层黏膜层。用 0.1%新洁尔灭或 0.1%高锰酸钾冲洗，取下固定针，涂上碘甘油或抗生素还纳于肛门内。

护理方法　术后注意观察，防止再脱。保持术部清洁，以防感染。

预防措施　加强饲养管理，合理搭配日粮，每天保持适当的运动，在天气突变时，要注意防风、防淋和保暖。

（十二）肠阻塞

肠阻塞又叫结症、便秘、秘结、梗阻，是肠管运动和分泌机能紊乱，粪便停滞而使其某段或某几段肠管，完全或不完全发生阻塞的一种急性腹痛病。临床特征上以急性腹痛、食欲废绝、口腔干燥、后期肠音减弱或废绝、排粪停止、脱水、肠臌气以及自体中毒等为主要特征。

本病马、骡发病较多，驴较少见，治疗不及时易造成家畜死亡。

范例(1)　某马腹痛厉害，继发胃扩张，鼻流粪水，或在颈部食道出现逆蠕动，并能用胃管反复导出大量酸臭的黄绿色液体。直肠检查时在前肠系膜根后方，左、右肾之间有一横行如手臂粗细或呈棒状的阻塞块。后经兽医检查，确定为肠阻塞。

范例(2)　某马中等程度腹痛，肠臌气不甚严重。直肠检查，于耻骨前缘、体中线的左侧或右侧，摸到呈肘样弯曲、光滑并呈游离状阻塞块。后经兽医检查，确定为肠阻塞。

范例(3)　某马腹痛不厉害,且呈间歇性,肠臌气。直肠检查,在腹腔右前方可摸到半球状、随呼吸前后移动的阻塞物。后经兽医检查,确定为肠阻塞。

范例(4)　某马腹痛轻微,饮食欲大减,但不废绝,排粪水,T、P、R常数无明显变化,但病马逐渐消瘦,也缺乏肠臌气,治愈后易复发。直肠检查可在右腹胁部及肋骨弓处摸到如排球大小、捏粉样或稍坚硬、表面凹凸不平、位置固定的阻塞块。后经兽医检查,确定为肠阻塞。

病因分析

(1)饮水不足。充足的饮水,是保证马骡消化功能正常进行的重要条件。当饮水不足时,消化液分泌减少,草料在胃肠内得不到充分消化;同时,由于机体缺水,胃肠黏膜对水的吸收加强,使肠内容物变干,甚至停滞而发生便秘。此外,水的质量不好,有气味,或冬季水温过低,马不愿喝,也是造成饮水不足的原因。

(2)饲料品质不良。如长期大量饲喂粗硬的饲料或霉败饲料时,容易发生便秘(这是由于粗硬饲料含粗纤维多,不易铡碎,马骡咀嚼困难,不易消化,在胃肠内停滞过久;霉草中霉菌毒素及其他有害物质,刺激消化道,引起胃肠功能紊乱,粪便后送困难,甚至停滞而造成便秘。如某单位喂霉草,在半个月内65匹马骡中先后有28匹发生肠阻塞)。

(3)饲养方法不当。常见的有饲喂不定时、不定量,饲养方法的突变,以及饲喂后立即重役,或重役后立即饲喂等都能引起发病(马骡过度饥饿抢食、咀嚼或混合唾液不充分的草料迅速进入胃肠内,饲料和饲养方法的突变,尤其是放牧转为舍饲时,使马骡长期形成的规律性消化活动遭到破坏,机体一时不易适应,引起消化功能紊乱。另外,饲喂后立即使重役时,由于交感神经高度兴奋,大量出汗,血液流注于四肢肌肉,胃肠的血液供应相对地减少,使胃肠蠕动弛缓,消化液分泌减少,进入胃肠的浓厚饲料不能充分消化,因而容易引起便秘)。

(4)运动不足。长期休闲和运动不足的马骡,由于机体对营养的需要减少,植物性神经功能和胃肠平滑肌的紧张性降低,蠕动缓慢,消化腺的兴奋性减退,消化液分泌减少,一旦突然使役,采食量迅速增加,胃肠功能难以很快适应,容易发生便秘。

(5)喂盐不足。每天适当喂盐,可以减少胃肠病,尤其是可以减少肠阻塞的发病率。在夏季暑热炎天,或剧役出汗后,如不增喂食盐,可使胃酸含量不足,胃肠蠕动减弱,消化功能降低,而且直接影响到肠管内的水分含量,致使粪便干硬,后移困难,停滞于某段肠管而发生便秘。

(6)天气突变,尤其是在气候骤变的头几天内,肠阻塞病畜增多,这一客观存在的现象，其道理尚不清楚。一些科研资料表明气候骤变前发病率为46%，改变后(阴、雨、雪过程)为40%，由阴、雨、雪转晴为9%。

疾病信息收集

(1)不论哪段肠管发生阻塞，都存在不同程度的腹痛。一般小肠阻塞，小结肠、骨盆曲阻塞(尤其在继发性臌气时)腹痛重剧；骨盆曲不完全阻塞，左上大结肠阻塞疼痛次之；而胃状膨大部，左下大结肠、盲肠阻塞腹痛较轻，病程较长。

(2)病初口色、舌色及口内湿润度接近正常，随着腹痛的持续和加重，口腔逐渐变干，并出现舌苔(初为黄白或黄青苔)。病至中期，舌稍紫红，苔变厚，灰黄色，口干口臭。后期，舌色紫红，有厚而污秽不洁的黄灰苔，口腔干燥更甚。

(3)病初肠音稍增强，排粪次数稍增多，以下减弱甚至废绝，排粪减少或停止。

(4)出汗与疼痛程度有关，疼痛越严重，出汗越多。出汗也与腹围变化有关，腹围增大越明显则出汗越多，出汗区域也就越大。腹围极度增大或内脏破裂时，则大汗淋漓。但腹围的变化又与是否继发肠臌气有关。所有的肠阻塞病例并不都有腹围的变化。

(5)休克和脱水的末期，呼吸困难带有哼声，此时病畜还表现肌肉震颤，以腕、肘、膝、部最为明显。

(6)饮食欲减少或废绝，结膜潮红或暗红，体温一般无变化。疼痛时心跳加快，呼吸次数增多。当继发胃肠炎、腹膜炎和自体中毒时，体温升高，心跳次数增加。腹痛越剧烈排尿量越少，或不时呈排尿姿势，但无尿排出，这可能与因疼痛而反射性地引起膀胱括约肌痉挛使尿液潴留有关。

诊断　根据临床症状、直肠检查多数可得到确诊。

诊断要点　发病后12～24 h内全身症状明显加重，通常为完全阻塞，阻塞部可能在小肠、小结肠、骨盆曲。很快继发胃扩张的，多为小肠阻塞。继发肠臌气的，多为小结肠、骨盆曲阻塞。腹痛轻微、发病缓慢、饮食欲未废绝者多为不完全阻塞，阻塞部位可能在胃状膨大部、左下结肠或盲肠。

治疗技术　根据病情可灵活运用“静、通、减、补、护”的治疗原则，做到急者治其标，缓者治其本。

(1)镇静　常用30%安乃近10～30 mL，一次注射，或内服水合氯醛15～25 g。但禁用颠茄、吗啡、阿托品等抑制胃肠运动的药物。

(2)疏通

①药物疗法　静脉注射10%氯化钠溶液300～500 mL。石蜡油500～2 000 mL，芳香亚醑30～60 mL，水合氯醛15～25 g，陈皮酊15～80 mL，一次内

服。某些大肠阻塞时，在上方内加硫酸钠 200～500 g，并加多量水，一次灌服。或用硫酸钠 200～300 g，石蜡油 500～1 000 mL，来苏儿 30 mL，酒精 80 mL，加水适量，一次内服。有中等程度以上肠臌气者，用滑石粉 300 g，敌百虫 8～15 g，加水一次胃管灌服。大多数病例经药物治疗即可痊愈。但须注意，小肠阻塞时不能用盐类泻剂。用温食盐水(1%)或软皂水深部灌肠对小结肠阻塞直肠便秘有一定治疗作用。

②生物软化法　用酵头 0.5～1 kg，多用于盲肠和胃状膨大部阻塞。或者醋曲 0.5～1 kg，加温水适量，一次灌服。或者酵母粉 500 g，加温水 1 000～2 000 mL，一次内服。

③破结疗法　适用于小结肠和胃幽门处阻塞，包括直肠破结和剖腹破结。直肠破结常用的手法有按压、握压、切压、捶结和直取 5 种。

按压法，主要用于小结肠、骨盆曲阻塞，其手法是将有结粪的肠管牵引到左腹壁或骨盆腔前口，抵于耻骨前缘，拇指屈于掌心，其余四指并拢，用指腹由结粪中央向两端逐点按压，压成纵沟，待气体通过即可，也可进一步压扁或压碎。

握压法，主要用于小肠和小结肠阻塞，手势同上，握住结粪块，反复握压，把结粪块压扁压碎。

捶结法，主要用于小结肠、骨盆曲和左上大结肠阻塞。操作时用掌心将阻塞肠管托至腹壁，并紧贴之，另一助手用拳头或木棒从腹外捶打，将结粪块砸碎。

直取法，只用于直肠便秘，用手指将结粪一点一点地取出。

上述方法无效时，可采用剖腹破结。

④新针疗法　包括电针、耳穴水针以及耳针治结等，这类方法只对初中期肠阻塞有一定效果，但对重症病畜往往无效

⑤深部灌肠　经直肠灌入大量温水、软皂水或按 1%比例加入食盐，效果更好。此法适用于大肠阻塞，在灌肠后 2～6 h 开始排粪。

(3)减压　在腹围增大、腹胀严重病例要及时穿刺放气。

(4)补液　目的在于维护心脏机能，缓解脱水和自体中毒。10% NaCl 溶液 300 mL，20%安钠咖注射液 10～20 mL，5% 维生素 C 注射液 40～80 mL，静脉注射。数小时后用 5%葡萄糖生理盐水或生理盐水 2 000～4 000 mL，根据病畜的脱水程度和心脏机能可进行多次输液。

护理方法　防止打滚，摔伤。病初禁食 1～3 d，但整个患病期内都要充分供给饮水。当肠道疏通后，逐渐增加草料，千万不要饱食，防止复发阻塞。对于上述治疗技术，不能机械地搬用。例如病初，脱水、自体中毒比较轻微则偏重于疏通。后

期，胃肠臌气、脱水、自体中毒已突出地表现出来，应采取减压补液、强心等，创造条件，因势进行疏通。

预防措施　加强饲养管理，合理搭配日粮，每天保持适当的运动，在天气突变时，要注意防风、防淋和保暖。

二、实训与练习

实训七　前胃弛缓的防治技术

一、目的要求

1. 掌握家畜前胃弛缓的症状收集、鉴别方法。

2. 提出前胃弛缓的治疗方案，并能实施治疗护理。

二、先备知识

(1)基础知识：了解反刍兽消化器官解剖部位，掌握反刍兽消化器官生理学特点，理解功能障碍疾病病理变化过程，掌握反刍兽消化器官用药药理、中草药药性和处方等。

(2)技能操作：熟练掌握临床诊断的方法、中兽医诊断方法、治疗技术等。

(3)课程知识：掌握消化器官功能障碍性疾病防治知识。

三、实训条件

(1)实训地点：一体化实训室、动物医院、养殖场等。

(2)实训病例：家畜前胃弛缓的复制病例模型、患有前胃弛缓疾病的家畜等。

(3)材料用具：听诊器、体温计、注射用具、常用保定器械、投药器械等、相应前胃弛缓治疗药品、考核评价单(详见附录)等。

(4)指导教师：有从事兽医岗位工作3年以上经历的校内专任指导教师或校外兼职指导教师。

四、实训内容

1. 疾病信息收集　小组成员对病畜进行病史调查和临床检查，并记录各项检查结果。

(1)病畜登记：年龄辨别，畜主问询，病情调查。

(2)现症检查：一般检查中，体温、脉搏、呼吸数的测定；消化道系统检查中，注重听诊反刍兽瘤胃蠕动频率的变化，触诊反刍兽瘤胃内容物的变化，视诊粪便的变化等。

(3)实验室检查：反刍兽瘤胃内容物的实验室检查等。

2.诊断　分组讨论建立诊断分析，小组应用鉴别诊断和论证诊断法，对有关症状进行逻辑分析。

3.治疗方案　由小组医生提出治疗方案并制定处方，对处方的配伍进行说明。

4.实施治疗　由小组进行处方的执行，实施治疗。其他小组成员进行配合。

5.效果观察　观察、记录治疗效果。根据治疗效果各小组代表进行诊断说明和治疗方案分析，分小组实施治疗，由指导教师指导。

6.工作过程评估　整个工作过程的优劣，由学生自评、小组互评、教师评价完成。

注意事项：病例取得可采用人工诱发复制模型或动物门诊、养殖场预约的方式完成，同时结合电教片进行，针对相关的病例问题，由教师及时提出帮助，正确引导学生进行讨论。

五、教学组织

学生每4人一组，分组进行实验，按照操作步骤进行课程实践。

六、作业

1.实验报告分析。

2.实训心得和建议。

3.小组讨论完成接诊单、诊断书、处方、治疗护理单、病历册等相关医疗文件。

备注：考核办法采用过程考核（详见附录）。

【课后作业】

一、名词解释

1.咽麻痹　2.前胃弛缓　3.瓣胃阻塞　4.真胃变位　5.急性胃扩张　6.胃肠痉挛　7.肠臌气　8.直肠脱　9.肠阻塞　10.脱肛

二、填空

1.牛食道阻塞可继发________，阻塞多发于________和________。

2.前胃迟缓根据病程可分为________和________，呈________瘤胃臌气，有时可发生________，粪干并附黏液，病畜弓背________，怀孕家畜治疗时禁用________药物。

3.瘤胃积食，中兽医称为________，触诊内容物________。

4.瘤胃臌气据性质分为________和________两种。

5.瓣胃阻塞中兽医称为______，最简单鉴别方法是导胃管，据病因可分为________和________。

6.急性胃扩张据内容物分为________、________、________3种。

7.肠阻塞的治疗原则为________、________、________、________。

8.肠痉挛呈________腹痛,口色________,粪便________。

9.肠阻塞又名________、________,多发于________、________。

10.急性胃扩张的治疗原则为________,消食化滞,强心补液。

三、选择题

1.病畜呈现严重吞咽机能障碍,但触诊咽部,无热,无肿痛,应考虑(　　)。

A.咽炎　　B.咽麻痹　　C.食道阻塞　　D.前胃弛缓

2.病畜采食过程中突然发病,不能咽下,探诊咽部不通,可提示为(　　)。

A.咽炎　　B.咽麻痹　　C.前胃迟缓　　D.食道阻塞

3.病畜腹围迅速增大,软肋部隆起,呼吸困难,触诊瘤胃坚实又无弹性,应诊断为(　　)。

A.瘤胃积食　　B.前胃迟缓　　C.瘤胃臌气　　D.食道阻塞

4.瘤胃臌气时,瘤胃蠕动音(　　)。

A.初增强,很快减弱而消失　　B.增强　　C.减弱或消失　　D.消失

5.病畜食欲减退,反刍缓慢,瘤胃内容物稀软呈粥样,蠕动音减弱、短促、次数减少,可提示为(　　)。

A.前胃迟缓　　B.瘤胃积食　　C.瘤胃臌气　　D.食道阻塞

6.病牛前胃疾病严重,粪便干小难下,呈算盘珠状,触诊瓣胃还敏感疼痛,可提示为(　　)。

A.真胃积食　　B.瓣胃阻塞　　C.肠便秘　　D.肠梗阻

7.病牛左侧倒数1～3肋骨突出,前胃迟缓,肋间听叩诊,可闻钢管音,提示为(　　)。

A.真胃积食　　B.瘤胃臌气　　C.瘤胃积食　　D.真胃左方变位

8.病牛右侧肋弓突出,触诊呈拍水音,粪便呈煤焦油样,提示为(　　)。

A.炭疽　　B.瘤胃积食　　C.肠梗塞　　D.真胃右方变位

9.病马急剧腹痛,呼吸困难,腹围不大,胃管检查可导出多量气体或液状胃内容物,病情缓解,可提示为(　　)。

A.胃阻塞　　B.急性胃扩张　　C.肠梗阻　　D.肠臌气

10.肠痉挛病畜呈(　　)腹痛,口色(　　),排粪(　　)。

A.间歇性　　B.持续性　　C.青白　　D.黄厚　　E.干　　F.稀软

11.病畜呈不同程度腹痛,排粪迟滞或停止,口干舌燥,直肠检查摸到结粪块,可提示为(　　)。

A.肠便秘　　B.肠梗阻　　C.瓣胃阻塞

12.病马腹胀，右肋部突出，听诊金属音明显，可提示为（　）。

A.盲肠臌气　B.肠炎　C.肠阻塞

13.病畜腹痛重剧，可摸到局限性肠臌气，腹腔穿刺有血样液体，可提示为（　）。

A.肠梗阻　B.肠便秘　C.肠臌气　D.肠变位

14.食道阻塞多发于（　）。

A.马　B.牛　C.羊　D.猪

15.鱼脂酒精在治疗前胃迟缓时起（　）作用。

A.抗菌　B.防腐止酵　C.健胃　D.缓泻

16.怀孕家畜治疗瘤胃积食可用（　）。

A.硫酸钠　B.硫酸镁　C.液体石蜡　D.酒精

17.瓣胃穿刺部位在右侧第（　）肋间向对侧肘头方向刺入，正常时针尾呈（　）摆动。

A.6　B.9　C.左右　D."8"字形

18.真胃阻塞，内容物 pH 为（　）。

A.1～4　B.6～8　C.3～5

四、判断题

1.瘤胃积食家畜呈现酸中毒。（　）

2.瘤胃臌气均可采用放气疗法。（　）

3.瓣胃阻塞手术疗法，瘤胃切口比真胃切口成功率高。（　）

4.真胃阻塞可继发瓣胃阻塞。（　）

5.真胃变位多发于奶牛分娩后。（　）

6.真胃变位左方变位比右方变位多。（　）

7.真胃变位右方变位比左方变位轻。（　）

8.急性胃扩张在剧烈躁动时，突然安静下来，出冷黏汗，提示病情好转。（　）

9.马急性胃扩张腹围迅速臌大。（　）

五、简答题

1.咽麻痹的诊断要点是什么？

2.瘤胃臌气原发性病因是什么？诊断要点是什么？

3.瓣胃阻塞诊断要点是什么？

六、病例分析

1.病牛精神沉郁，呼吸急促，结膜发绀，皮肤弹性降低；食欲废绝，反刍停止，腹围明显增大，瘤胃蠕动音减弱至消失，排粪少。初步诊断是什么病？如何治疗？

2.一匹3岁公马，脱缰后找回，不久突然腹痛，排粪频繁，每次排出少量软粪。经临床检查，发现病畜口腔干燥，味奇臭，眼球凹陷，肠音弱，排粪停止，卧地滚转，急起急卧。初步诊断是什么病？如何治疗？

3.一黄牛，突然停止采食，骚动不安，缩颈，空嚼吞咽，大量流涎，或流泪，咳嗽，反刍、嗳气停止，瘤胃膨胀，呼吸困难。触压颈部食道有波动感。食道探诊时，胃管插至胸部食道时受到阻碍不能继续插入。初步诊断是什么病？如何治疗？

4.一黄牛，放牧回来后即表现不安，回顾腹部，张口呼吸，反刍、嗳气停止。腹部迅速膨大，左肋部显著突起，叩诊呈鼓音，瘤胃蠕动音消失。胃管检查，仅排出少量气体，初步诊断是什么病？如何治疗？

5.一成年高产奶牛，分娩后呈现前胃迟缓症状，逐渐表现为精神沉郁，迅速消瘦，颌下、胸垂水肿，鼻镜湿润，粪便稀软、色暗、恶臭。左腹膨大，在左侧后3个肋骨区域内指弹或叩诊，可听到清晰的钢管音。在该区域进行穿刺检查，穿刺液棕褐色，pH为4。初步诊断是什么病？如何治疗？

6.一只德国牧羊犬，体重约10 kg，病初表现食欲减少，腹泻，随后呕吐，应用抗菌药物和止吐药物治疗不见好转。随后病程延长，病犬食欲废绝，呕吐更为剧烈，频频努责，排出物多为黏液。腹部触诊，发现一段增粗的香肠样、弯曲的肠段。X射线检查，见密度增高的香肠状阴影，有分层图像。初步诊断是什么病？如何治疗？

7.一匹役用马，表现间歇性的急起急卧、打滚翻转。发作时，肠音高朗如雷鸣，持续不断。口腔湿润，口、舌色淡，鼻寒耳冷。据主人讲，之前曾大量饮冷水。初步诊断是什么病？如何治疗？

8.一匹7岁的骡，早晨吃完草料就去拉石头，约8 h后该骡不安，卧地但很快站起来，前蹄刨地，有时回顾腹部。临诊症是起卧不安，前蹄刨地，呼吸急促，胃肠蠕动音弱，直肠检查有一段小肠有硬感。初步诊断是什么病？如何治疗？

9.一匹10岁母马，昨天上午不安，食欲减退，粪便干硬而少，每隔3 h左右卧地一次。结膜轻度发绀，体温38.2℃，脉搏45次/min，呼吸数36次/min，小肠音4次/min，大肠音减弱或消失，偶有举尾排粪动作，不见粪便排出。治疗：10%安乃近30 mL肌肉注射，灌服液体石蜡500 mL。试问：

(1)初步诊断病名是什么？

(2)你如果当时在场，你是否同意这种处理方法？为什么？

(3)如果要进一步诊治本病，还需补充哪些检查项目？

子情境二　心血管及血液机能性疾病防治技术

一、岗位工作范例

(一)心脏衰弱

心脏衰弱又叫心力衰竭，是指心肌收缩力减弱，心脏排血量减少，动脉压降低，静脉回流受阻，呈现全身血液循环障碍的一系列综合征。临床特征上以心跳加快、静脉淤血、黏膜发绀、水肿、呼吸困难等为主要特征。

本病各种家畜均可发生，马、犬、牛多见。

范例(1)　某马春天重役后发病，病初精神沉郁，可视黏膜轻度发绀，出汗，烦躁不安，步态踉跄以致跌倒；食欲不振甚至废绝，出现盲肠臌气；气喘，肺泡呼吸音增强，两侧肺的前下方可听到大面积的湿啰音，鼻液带细小而均匀白色的泡沫；少尿或无尿；体表静脉怒张，全身血压下降，心搏动亢进，第一心音增强，脉搏细数，出现心内杂音和节律不齐。进一步发展，各症状全部严重，心搏动震动全身，第一心音高朗，第二心音微弱，伴发阵发性心动过速，脉细不感于手，在症状出现后数分钟内死亡。后经兽医检查，确定为心脏衰弱。

范例(2)　某马病情发展缓慢，病程长达 3 个月，精神沉郁，不愿走动，不耐使役，易于疲劳、出汗，黏膜发绀，垂皮、腹下和四肢下端水肿，捏粉样感觉；呼吸比正常深，次数略增多，运动后气喘加重，有时咳嗽；食欲减少，初期粪正常，后期腹泻；心率加快，第一心音增强，第二心音减弱，有时出现相对闭锁不全性缩期杂音，心律失常。心区叩诊心浊音区增大。后经兽医检查，确定为心脏衰弱。

病因分析

(1)急性原发性心脏衰弱，主要是由于压力负荷过重或容量负荷过重而导致的心肌负荷过重。由于压力负荷过重所引起的心力衰竭主要发生于使役不当或过重的役畜，尤其是饱食逸居的家畜突然进行重剧劳役。由于容量负荷过重而引起的心力衰竭往往是在治疗过程中，静脉输液量超过心脏的最大负荷量，尤其是向静脉过快地注射对心肌有较强刺激性药液，如钙制剂或砷制剂等。此外见于发生麻醉意外、雷击、电击等。

(2)急性继发性心脏衰弱，多继发于急性传染病(马传染性贫血、马传染性胸膜肺炎、口蹄疫、猪瘟等)、寄生虫病(弓形虫病、住肉孢子虫病)、内科疾病(如肠便秘、胃肠炎、日射病等)以及各种中毒性疾病的经过中,多由病原菌或毒素直接侵害心肌所致。

(3)慢性心脏衰弱(充血性心力衰竭),是心脏由于某些固有的缺损,在休息时不能维持循环平衡并出现静脉循环充血,伴以血管扩张,肺或末端水肿,如心脏扩大和心率加快。除长期重剧使役外,本病常继发或并发于多种亚急性和慢性感染,如心脏本身的疾病(心包炎、心肌炎、心肌变性、心脏扩张和肥大、心瓣膜病、先天性心脏缺陷等)、中毒病(棉籽饼中毒、霉败饲料中毒、含强心苷的植物中毒、呋喃唑酮中毒等)、甲状腺机能亢进、幼畜白肌病、慢性肺泡气肿、慢性肾炎等。

疾病信息收集

(1)一般检查动物的精神状态及体表静脉充盈状态。

(2)听诊心音的变化,第一心音高朗,第二心音微弱。

(3)观察动物的行为,容易疲劳。

诊断　根据发病原因、临床症状、视诊和听诊可得到确诊。

诊断要点　静脉怒张,脉搏增数,呼吸困难,垂皮和腹下水肿以及心率加快,第一心音增强,第二心音减弱。

治疗技术　治疗原则是加强护理,减轻心脏负担,缓解呼吸困难,增强心肌收缩力和排血量以及对症治疗。

(1)对于急性心力衰竭,往往来不及救治,病程较长的可参照慢性心力衰竭使用强心苷药物。麻醉时发生的心室纤颤或心搏骤停,可采用心脏按压或电刺激起搏,也可试用极小剂量肾上腺素心内注射。

(2)对于慢性心力衰竭,首先应将患畜置于安静厩舍休息,给予柔软易消化的饲料,以减少机体对心脏排血量的要求,减轻心脏负担。同时也可根据患畜体质,静脉淤血程度以及心音、脉搏强弱,酌情放血 1 000～2 000 mL(贫血患畜切忌放血),放血后呼吸困难迅即解除,此时缓慢静脉注射 25%葡萄糖溶液 500～1 000 mL,增强心脏机能,改善心肌营养。

为消除水肿和钠、水滞留,最大限度地减轻心室容量负荷,应限制钠盐摄入,给予利尿剂,常用双氢克尿噻或速尿。

为缓解呼吸困难,可用樟脑兴奋心肌和呼吸中枢,在马、牛发生某些急性传染病及中毒经过中的心力衰竭时,常用 10%樟脑磺酸钠注射液 10～20 mL,皮下或肌肉注射。

为了增加心肌收缩力,增加心脏排血量,习惯上用洋地黄类强心苷制剂。但要注意蓄积中毒。此外,应针对出现的症状,给予健胃、缓泻、镇静等制剂,还可使用 ATP、辅酶 A、维生素 C、维生素 B_6 和葡萄糖等营养合剂,作辅助治疗。

(3)中兽医对心力衰竭,多用“参附汤”治疗和“营养散”治疗。参附汤:党参60 g,熟附子32 g,生姜60 g,大枣60 g,水煎两次,候温灌服。营养散:当归16 g,黄芪32 g,党参25 g,茯苓20 g,白术25 g,甘草16 g,白芍19 g,陈皮16 g,五味子25 g,远志16 g,红花16 g,共为末,开水冲服,1剂/1 d,7剂为一疗程。

护理方法 病畜要置于安静的圈舍休息,饲喂柔软易消化的、富有营养的草料。

预防措施 对役畜平时要坚持经常使役或锻炼,提高使役适应能力。坚持合理使役,避免突然过劳。在输液或静脉注射刺激较强的液体时,应按患畜心脏状态,适当掌握注射速度和剂量。对于继发者,应及时根治其原发病。

(二)贫血

贫血是指单位容积血液中的红细胞数、血红蛋白量和红细胞压积值低于正常水平的综合征。贫血不是独立的疾病,而是一种症状表现,也是临床上一种最常见的病理状态。主要表现是皮肤和可视黏膜苍白,以及各器官由于组织缺氧而产生的各种症状。

范例(1) 某马被车撞后突然发病,虚弱,步履维艰。呼吸困难,心动疾速,瞳孔反射迟钝,失明,尿失禁,出冷汗,肌肉痉挛。血压及体温急剧下降,四肢厥冷。初诊为出血性贫血。

范例(2) 某犊牛吃初乳后快速发病,可视黏膜和皮肤呈现苍白黄染以及全身贫血现象。初诊为溶血性贫血。更换牛奶喂后病情好转。

范例(3) 某牛长期单一饲喂玉米秸秆,营养不良,可视黏膜淡染、苍白,体温正常或略低,脉搏增数。初诊为营养不良性贫血。

范例(4) 某马初病较缓,可视黏膜苍白逐渐明显,全身症状越来越重,而且伴有出血综合征。血液学变化,全血细胞减少,即红细胞、粒细胞和血小板均显著减少,血片上几乎看不到多染性红细胞等各种幼稚细胞,初诊为再生障碍性贫血。

病因分析

(1)出血性贫血 急性出血见于血管受到损伤(外伤及外科手术等),内脏出血,肝、脾破裂,某些中毒病(草木樨中毒、敌鼠中毒、蕨类植物中毒)。

(2)溶血性贫血 凡是以溶血为主要症状的疾病,如传染病(马传染性贫血、溶血性梭菌病、猫的传染性贫血)、寄生虫病(锥虫病、焦虫病、羊及猪的附红细胞体病、钩端螺旋体病)、中毒病(铜、铅、蛇毒中毒)及抗原抗体反应(新生幼畜溶血病、不相合血型输血),表现溶血性贫血。

(3)营养性贫血 由于造血原料供应不足所引起的贫血。其中包括微量元素

(铁、铜及钴)、维生素(维生素 B_{12} 及叶酸、烟酸、硫胺素)及蛋白质缺乏。

(4)再生障碍性贫血 造血器官如骨髓受到放射性损伤,羊齿类植物中毒,磺胺及氯霉素过度使用而发生的贫血;也可见于病毒性疾病。

疾病信息收集

(1)一般检查,观察动物的可视黏膜。

(2)做血常规检查。

诊断 根据发病原因、临床症状、视诊和听诊,血细胞检查可得到确诊。

诊断要点

(1)发病突然,可视黏膜苍白,且伴有休克,应考虑急性失血性贫血。

(2)发病快,可视黏膜苍白,黄染明显或不明显,有血红蛋白血症并排血红蛋白尿,应考虑急性血管内溶血性贫血。

(3)病程较长,可视黏膜苍白并黄染,但不排血红蛋白尿,应考虑慢性(血管外)溶血和慢性失血性(内出血)贫血。

(4)发病缓慢,病程长,可视黏膜逐渐苍白,应考虑慢性失血性贫血、营养性贫血和再生障碍性贫血。

治疗技术 治疗原则是除去致病因素,补给造血物质,增进骨髓造血机能,维持循环血量,防止休克等。但类型不同的贫血,治疗时应各有侧重。

(1)急性失血性贫血 治疗要点是止血和解除循环衰竭。外出血时,可用外科方法止血(如结扎止血)或敷以止血药。内出血时,可选用5%安络血注射液,马、牛 5~20 mL,猪、羊 2~4 mL,肌肉注射,2~3 次/d。止血敏,马、牛 10~20 mL,肌肉注射或静脉注射。复合维生素注射液,马、牛 0.1~0.3 g,猪、羊 8~40 mg,肌肉注射,2~3 次/d。凝血质注射液,马、牛 20~40 mL,猪、羊 5~10 mL,皮下或肌肉注射。马、牛还可静脉注射 10%氯化钙液 100~200 mL。为解除循环衰竭,应立即静脉注射 5%葡萄糖生理盐水 1 000~3 000 mL,其中可加入 0.1%肾上腺素液 3~5 mL。条件许可时,最好迅速输给全血或血浆 2 000~3 000 mL,隔 1~2 d 再输注一次。脱离危险期后,应给予富含蛋白质、维生素及矿物质的饲料,并加喂少量的铁剂,以促进病畜康复。

(2)慢性失血性贫血 应及早发现和根治原发病,对寄生虫引起的贫血进行阶段性驱虫。止血方法可参考急性失血性贫血。此外,要注意加强饲养管理,补充造血物质,如足够的蛋白质、维生素和含铁的饲料。

(3)溶血性贫血 治疗要点是消除感染,排除毒物,输血换血。凡感染和中毒所引起的急性溶血性贫血病畜,只要感染被抑制或毒物被排出,则贫血本身一般无需治疗,可由骨髓代偿性增生而迅速自行恢复。但溶血性贫血常因血红蛋白阻塞肾小管而引起少尿、无尿，甚至肾功能衰竭，应及早输液并使用利尿剂。对新生畜溶血病，可行输血。输血时力求一次输足，不要反复输注，以免因输血不当而加重溶血。最好是换血输血，即先放血后输血或边放血边输血，以除去血液中能破坏病畜自身红细胞的同种抗体，以及能导致黄疸。

(4)营养性贫血　治疗要点是补给所缺乏的造血物质，并促进其吸收和利用。绵羊可用维生素 B_{12} 100～300 μg 肌肉注射，每周 1 次，3～4 次为一疗程；也可用硫酸钴内服，牛 30～70 g，羊 7～10 g，每周 1 次，4～6 次为一疗程。单纯缺铜性贫血，通常只用口服或静脉注射硫酸铜，不必补铁，牛 3～4 g，羊 0.5～1 g，溶于水中灌服，每隔 5 d 一次，3～4 次为一疗程。静脉注射时，可配成 0.5%硫酸铜溶液，牛 100～200 mL，羊 30～50 mL。缺铁性贫血，常用 0.1%～0.2%硫酸亚铁水溶液内服，马、牛 2～10 g，猪、羊 0.5～2 g；或用硫酸亚铁，配合人工盐，制成散制剂混入饲料中喂给，大家畜开始 6～8 g/d，3～4 d 后逐渐减少到 3～5 g，连用 1～2 周为一疗程，为促进铁的吸收，可同时用稀盐酸 10～15 mL，加水 0.5～1 L 投服，1 次/d。

(5)再生障碍性贫血　治疗要点是消除发病因素，刺激骨髓造血功能，补充血液量。睾酮类具有刺激骨髓新生细胞的作用，是目前比较有效的药物。丙酸睾丸酮，马、牛 0.1～0.3 g，猪、羊 0.1 g，肌肉注射，每 2～3 d 一次；氟烃甲胺酮，马、牛 100～300 g；氯化钴，牛 0.5 g，羊 0.1 g，内服。另可反复进行中等量的输血，兴奋造血机能。此类贫血的原发病常难根治，反复输血维持生命又失去经济价值，故一旦确诊，建议及早淘汰。

护理方法　对病畜要隔离饲养，加强营养，多饲喂一些富有营养的饲草料，充足休息和饮水，少量运动。

预防措施　加强平时的饲养管理，发现异常要及时送诊；合理搭配日粮，注意日粮营养的全面性，防止出现微量元素的缺失；对患有慢性疾病的病畜要特别注意加强营养，防止继发贫血性疾病。

(三)休克

休克是机体在神经、内分泌、循环、代谢等系统发生严重障碍时，表现的症候群，以有效循环血量锐减、微循环障碍为特征的急性循环不足，是一种组织灌注不良、导致组织缺氧和器官损害的综合征。

范例(1)　某马失血后，兴奋，嘶鸣，可视黏膜变淡，皮温较高，四肢及末梢发凉。脉搏快而充实，呼吸加快。多汗，患畜做无意识地排尿，有时无尿或少尿。该期很短，常被忽视。初诊为微循环缺血期。

范例(2)　某马农药中毒后，精神沉郁，视觉、听觉及痛觉反应微弱或消失。肌肉颤抖，行走不稳。可视黏膜发绀，血压显著下降，脉搏细微，心音低沉。体温下

降，四肢发凉，无尿，呼吸浅表不规则。初诊为微循环淤血期。

范例(3)　某马因剧痛昏迷，体温继续下降，四肢厥冷。可视黏膜暗紫色。脉搏快而微弱。呼吸快而浅表，呈陈-施氏呼吸，无尿。初诊为微循环凝血期。

病因分析　多发生于严重的创伤、大面积的烧伤、大神经干损伤、骨折、大出血、手术过程中过度地刺激内脏、创伤分解产物及毒素的吸收，过敏等都可能引起休克。

疾病信息收集　病程发展的3个不同时期，均会出现缺血、呼吸心跳加快、少尿或无尿症状。

诊断　根据发病原因、临床症状、视诊和听诊可得到确诊。

诊断要点　患畜精神沉郁，肌肉颤抖，呼吸快而浅表，体温下降，脉搏快而微弱，最后昏迷。

治疗技术　治疗原则是除去病因，改善血液循环，提高血压，消除毒血症、缺氧症，恢复新陈代谢。

(1)除去病因。及时给患畜使用止血剂或止痛剂。可应用封闭疗法，注射吗啡等药物止痛。败血症继发休克时，应用对病原微生物敏感的抗生素治疗。过敏性休克应注射肾上腺素。急腹症引起的休克，在症状缓解后立即施行手术治疗。

(2)补充血容量。补充血量是治疗休克的最基本方法。首先，静脉注射乳酸钠林格氏溶液，大动物每千克体重20～40 mL，犬每千克体重90 mL，猫每千克体重50 mL。

(3)纠正酸中毒。代谢性酸中毒是各种休克的特点。血液pH在7.28以下时，应静脉注射5%碳酸氢钠注射液。如果配合给氧与换气，会提高疗效，可静脉注射过氧化氢，马用0.3%过氧化氢每千克体重5 mg；牛用0.24%过氧化氢每千克体重2 mg。

(4)血管活性药物的应用。心源性休克时给患畜静脉注射洋地黄毒甙，大家畜每千克体重0.006～0.012 mg；或静脉注射毒毛旋花子甙K，大家畜每千克体重1.5～3.5 mg。

(5)肾上腺皮质激素疗法。早期大剂量应用氢化可的松每千克体重50 mg，强的松龙每千克体重40 mg，甲泼尼松龙每千克体重30 mg，或地塞米松每千克体重15 mg。

(6)抗生素及磺胺疗法。为防止或控制感染应早期应用抗生素或磺胺药物，常用青霉素、金霉素、链霉素、卡那霉素、新霉素以及磺胺类药物。

二、实训与练习

【课后作业】

一、名词解释

1.心脏衰弱　2.贫血　3.休克

二、填空题

1.心力衰竭临床上根据病程分为________心脏衰弱、________心脏衰弱、慢性心脏衰弱。

2.心力衰竭时，听诊第一心音________，第二心音________。

3.贫血根据病因分为________贫血、________贫血、________贫血、________贫血。

4.休克病程发展的3个不同时期是________、________、________。

5.休克根据病因可分为________休克、疼痛性休克、________休克、过敏性休克。

三、选择题

1.大静脉过快的注射钙制剂可引起(　　)而死亡。

A.中毒　　B.休克　　C.急性心衰　　D.慢性心衰

2.急性心衰时第一心音(　　)，脉搏(　　)。

A.增强　　B.减弱　　C.肿大　　D.细数

3.急性心衰发展急剧者，可视黏膜发绀，胸部听诊(　　)。

A.干啰音　　B.湿啰音　　C.捻发音　　D.摩擦音

4.慢性心衰可引起腹下、四肢下端肿胀，触诊(　　)。

A.波动感　　B.捏粉样　　C.坚实感　　D.气肿感

5.溶血性贫血，可视黏膜(　　)。

A.苍白　　B.苍白黄染　　C.潮红　　D.出血

四、判断题

1.缺铁引起再生障碍性贫血。(　　)

2.敌鼠钠中毒可引起溶血性贫血。(　　)

3.突然发病，可视黏膜苍白且伴有休克，应考虑急性失血性贫血。(　　)

4.新生幼驹吃初乳后引起可视黏膜苍白或黄染，为溶血性贫血。(　　)

5.输血可引起溶血性贫血。(　　)

五、简答题

1.贫血的诊断要点是什么？

2.休克如何治疗？

子情境三　泌尿生殖器官机能性疾病防治技术

一、岗位工作范例

(一)尿结石

在病理状态下,原来溶解在尿中的各种盐类析出形成的凝结物,称尿结石或尿石。尿石刺激尿路黏膜而引起炎症和阻塞的一种泌尿器官疾病称尿石症。根据尿石形成和部位不同,可分为肾结石、肾盂结石、输尿管结石、膀胱结石、尿道结石等。本病发生于各种家畜,主要发生于牛,特别是去势后的肉用公牛,水牛亦屡有发生。

范例(1)　某育肥牛场,大量使用棉籽饲喂,育肥公牛先后发病,排尿痛苦且排尿时间延长,尿液呈断续或点滴状流出,有时排出血尿。后经兽医检查,确定为尿结石。

范例(2)　某公马长期大量饲喂麸皮,突然发病,后肢屈曲叉开,弓背缩腹,频频举尾,屡作排尿动作但无尿排出。尿道探诊时,不通,尿道外部触诊时有疼痛感。直肠内触诊时,膀胱膨满,体积增大,富弹性感。后经兽医检查,确定为尿结石。

病因分析　尿石形成的原因,其说不一。目前普遍认为尿石的形成乃是多种因素的综合,但主要与饲料及饮水的数量和质量、机体矿物质代谢状态以及泌尿器官特别是肾脏的机能活动有密切关系。

在正常尿液中,含有大量呈溶解状态的盐类晶体及一定量的胶体物质,且晶体盐与胶体物质之间保持着相对的平衡。一旦这种平衡破坏,即晶体超过正常的过饱和浓度,或胶体物质由于不断丧失其分子间的稳定性结构,且核心物质又不断产生时,则尿中的盐类晶体物质就不断析出,进而凝结成为尿石。尿石是核心物质(黏液、凝血块、脱落的上皮细胞、坏死组织片、异物等)的基础上,其外周由矿物质盐类(碳酸盐、磷酸盐、硅酸盐、草酸盐、尿酸盐等)和保护性胶体物质(黏蛋白、核酸、黏多糖等)环绕凝结而形成。前者称为尿石的基质,后者称为尿石的实体。尿石的形状为多样性,有的呈球形、椭圆形、多边形,亦有呈细颗粒或沙石状者。其大小也不一致,小者如粟粒,大者如蚕豆或更大。

促进尿石形成的因素,主要有饲料与饮水的质量不良,如长期饲喂家畜以大量薯、甜菜、萝卜等块根类饲料,喂含硅酸盐较多的酒糟,或是喂饲单纯富磷的糠皮类等精饲料,以及长期给予钙盐丰富的饮水,长期饮水不足使尿液浓缩,碱性尿则能促进结石的形成。饲料中维生素 A 或胡萝卜素不足或缺乏等。肾及尿路感染性疾患时,尿中细菌和炎性产物积聚,可成为盐类晶体沉淀的核心。特别是肾脏的炎症,使尿液晶体和胶体的正常溶解与平衡状态破坏,导致盐类晶体易于沉积而形成结石。甲状旁腺机能亢进,特别是甲状旁腺激素分泌过多时,亦可促进尿结石形成。

此外,近年来曾发现有应用磺胺类药物(某些乙酰化率高的磺胺制剂)治疗病畜而出现结石形成的病例。尿石形成的原始部位主要是肾脏(肾小管、肾盏、肾盂),以后可转移至膀胱,并在膀胱中继续增大。肾小管内的尿石多固定不动,但肾盂或膀胱内的尿石则可移动,有时移行至输尿管及尿道等部位而发生阻塞。

疾病信息收集　若尿石的体积细小且数量较少,一般不显任何症状。但体积较大的结石,则呈现明显的临床症状。尿石症的主要症状是排尿障碍、肾性腹痛和血尿。但由于尿石存在部位及其对各器官损害程度不同,其临床症状颇不一致。

(1)肾盂结石　多呈肾盂肾炎症状,并见有血尿现象。严重时形成肾盂积水。患畜肾区疼痛,运步强拘,步态紧张。

(2)输尿管结石　病畜表现剧烈的疼痛不安,当单侧输尿管阻塞时,不见有尿闭现象。直肠内触诊,可见阻塞部的近肾端的输尿管显著紧张且膨胀,而远端呈正常柔软的感觉。

(3)膀胱尿石　有时并不呈现任何症状,但大多数病畜表现有频尿或血尿,膀胱敏感性增高。公牛、公羊的阴茎包皮周围,常附有干燥的细沙粒样物。尿石位于膀胱颈部时,可呈现明显的疼痛和排尿障碍。病畜频频呈现排尿动作,但尿量较少或无尿排出。排尿时患畜呻吟,腹壁抽缩。

(4)尿道结石　公马多阻塞于尿道的骨盆终部,公牛则多发生在乙状弯曲处或龟头上方,公猪多见于膀胱口尿道起始部或龟头上方。当尿道不完全阻塞时,病畜排尿痛苦且排尿时间延长,尿液呈断续或点滴状流出,有时排出血尿。当尿道完全阻塞时,则呈现尿闭,或肾性腹痛现象。病畜后肢屈曲叉开,弓背缩腹,频频举尾,呈排尿动作,但无尿排出。尿道探诊时,可触及尿石所在部位,尿道外部触诊时有疼痛感。直肠内触诊时,膀胱膨满,体积增大,富弹性感,按压膀胱也不能使尿排出。长期的尿闭,可引起尿毒症或发生膀胱破裂。

诊断　根据发病原因、临床症状、视诊可得到确诊。

诊断要点　根据临床症状(排尿障碍、肾性腹痛)、尿液变化(尿中混有血液及微细沙砾样物质)、尿道触诊(压迫时疼痛不安)、尿道探诊以及直肠检查,进行综合诊断。

治疗技术　治疗原则是消除结石,控制感染,对症治疗。

【处方 1】利尿法:给患畜流体饲料和大量饮水。必要时可投以利尿剂和尿路消毒剂,如利尿素、双氢克尿塞、乌洛托品等,以期形成大量稀释尿,借以冲淡尿液晶体浓度,减少析出并防止沉淀。也可同时使用尿道肌松弛剂,如 2.5%氯丙嗪溶液,牛、马 10～20 mL,猪、羊 2～4 mL,肌肉注射,或皮下注射硫酸阿托品。

【处方 2】调节尿液 pH 法:碱性尿液(磷酸盐尿石)的病畜内服氯化铵或稀盐酸,酸性尿液(草酸盐尿石)时内服碳酸氢钠或硫酸镁可促进盐类溶解。

【处方 3】手术法:对体积较大的膀胱结石,特别是伴发尿路阻塞或并发尿路感染时,需施行尿道切开手术或膀胱切开手术以取出结石。必要时,可施行尿道改向手术。

为了防止尿道阻塞引起的膀胱破裂,可施行膀胱穿刺排尿。对膀胱破裂的患畜可施行膀胱修补手术。

预防措施　防止长期喂饲含某种矿物过多的饲料和饮水。饲料日粮的钙、磷比例适当,日粮中,应含有适量的维生素 A。及时对泌尿器官疾病(肾炎、肾盂肾炎、膀胱炎、膀胱痉挛等)给予治疗,以免尿液潴留。

(二)流产

流产是指胚胎或胎儿与母体的正常生理关系被破坏,而使妊娠中断,胚胎在子宫内被吸收,或排除死亡的胎儿,称为流产。分为传染性流产和非传染性流产。

范例(1)　某牛场奶牛,饲喂发霉变质的青储后,妊娠母牛先后排出未成熟的胎儿死胎,经兽医检查,确定为小产。

范例(2)　某奶牛妊娠后期因打斗,排出活的胎儿,尽管怀孕期未满,经过特殊护理后仍成活。经兽医检查,确定为早产。

范例(3)　某母牛长期不发情,超过预产期未分娩,腹围增大不明显,经药物引产,排出干尸化胎儿,经兽医检查,确定为延期流产。

范例(4)　某奶牛配种后,经检查已怀孕,但过 3 个月后又再次发情,从阴门中流出较多的分泌物。经兽医检查,确定为隐性流产。

范例(5)　某母犬怀孕后不见进展,而逐渐消退,不发情,从子宫内排出污秽不洁的恶臭液体,并含有胎儿组织碎片及骨片。经兽医检查,确定为胎儿浸润。

病因分析　引起非传染性流产的,原因有以下几种。

(1)饲养管理不当。由于饲料品质不良,缺乏某些营养物质,以及饲养管理失误,贪食过多,过劳等而引起。

(2)损伤。机械性损伤,引起子宫收缩,如冲撞、拥挤、踢蹴、剧烈的运动,闪伤以及粗暴的直肠检查、阴道检查等。

(3)习惯性流产。主要由于子宫过度病变及子宫发育不全等引起。

(4)用药不当。母畜在怀孕时大量服用泻剂、利尿剂、驱虫剂和误服子宫收缩药物、催情药和妊娠禁忌的其他药物。

(5)继发于某些疾病。继发于子宫阴道疾病、胃肠炎、疝痛病、热性病及胎儿发育异常等。

疾病信息收集

(1)隐性流产　即胚胎在子宫内被吸收称为隐性流产。无临床症状。只是配种后，经检查已怀孕，但过一段时间后又再次发情，从阴门中流出较多的分泌物。

(2)早产　有和正常分娩类似的前症和过程，排出不足月的胎儿，称为早产。一般在流产发生前 2～3 d，乳房肿胀，阴唇肿胀，乳房可挤出清亮的液体。腹痛，努责，从阴门流出分泌物或血液。

(3)小产　排出死亡的胎儿，是最常见的一种流产。

(4)延期流产　也称死胎停滞。胎儿死亡后长久不排出。死胎在子宫内变成干尸或软组织被分解液化。早期不易被发现，但母畜怀孕后不见进展，而逐渐消退，不发情，有时从子宫内排出污秽不洁的恶臭液体，并含有胎儿组织碎片及骨片。

诊断　根据发病原因、临床症状、视诊可得到确诊。

诊断要点

(1)母畜配种后以确认怀孕，但过一段时间再次发情。

(2)腹痛、弓腰、努责，从阴门流出分泌物或血液，进而排出死胎儿或不足月的胎儿。

(3)怀孕后一段时间腹围不再增大而逐渐变小，有时从阴门排出污秽恶臭的液体，并有胎儿组织碎片。

治疗技术　有流产症状而胎儿未排除及习惯性流产，应全面保胎，以防流产。胎儿死亡，且已排出，应调养母畜。胎儿已死，若未排出，则应及早排出死胎，并剥离胎衣，以防继发病的发生。

【处方 1】保胎、安胎：可肌肉注射黄体酮。

【处方 2】促使胎儿排出：可用已烯雌酚和催产素配合应用。

【处方 3】对延期流产，开张子宫颈口，排出胎儿及骨头碎片，冲洗子宫并投入抗菌消炎药，必要时进行全身疗法。

护理方法

(1)出现流产症状，首先采取保胎措施。

(2)对已发生流产或不能保住胎儿的，首先要弄清流产原因，是侵袭性的还是创伤性的，或是饲养管理性的原因。同时对死胎要及时打胎。

(3)检查胎儿、胎膜的发育及病变，判断属于自发性还是症状性。

(4)流产后或胎儿取出后,应在规定时间内冲洗子宫,后投入抗生素。

(5)注意母畜体况,防止产后子宫内膜炎和败血症的发生。

预防措施　主要在于加强饲养管理,防止意外伤害及合理使役;怀孕后饲喂品质良好及含维生素的饲料;发现有流产预兆时,应及时采取保胎措施。

(三)难产

难产即分娩受阻。分娩过程是否顺利,取决于产力、产道和胎儿3个因素。其中任何一个因素发生异常,不能适应胎儿排出,就造成难产。根据病因可分为产力性难产、产道性难产、胎儿性难产。

范例(1)　某10岁奶牛,阵缩及努责微弱;分娩时子宫及腹壁肌收缩次数少,持续时间短,强度不足,使胎儿不能排出。经兽医诊断,确定为产力性难产。

范例(2)　某奶牛,分娩12 h未见胎儿产出,努责时阴道脱出;视诊,阴门出现螺旋形皱褶。经兽医诊断,确定为子宫扭转。

范例(3)　某奶牛,分娩12 h未见胎儿产出,直肠检查,胎势异常。经兽医诊断,确定为胎儿性难产。

病因分析

(1)产力不足。

(2)产道狭窄。

(3)胎儿异常。

疾病信息收集

(1)病史调查

①了解母畜是初产还是经产,怀孕是否足月或超过预产期。一般初产畜,可考虑产道是否狭窄,胎儿是否过大;经产畜,可考虑是否胎位、胎势不正,胎儿畸形或单胎动物怀双胎等。如果预产期未到,可能早产或流产。

②了解分娩开始的时间,努责的强度及频率,胎水是否排出,综合分析判断是否难产。

③分娩前是否患过阴道脓肿、阴门裂伤以及骨盆骨折及其他产科疾病,患过上述疾病可引起产道或骨盆狭窄,影响胎儿产出。

④分娩开始后是否经过治疗,如何治疗;治疗前胎儿的方向、位置及胎势如何;胎儿是否死亡,经过何种处理。以便在此基础上确定下一步救治措施。

⑤多胎动物尚需了解两个胎儿之间娩出相隔的时间、努责的强度、产出胎儿的数量与胎衣排出的情况。如果分娩过程中突然停止产出,很可能是发生难产。

(2)全身检查　首先检查母畜的体温、脉搏、呼吸、可视黏膜、精神状态,以及母畜能否站立,了解母畜的全身状况,作为选择助产方法、确定综合治疗及判断预后的依据。如结膜苍白，表明有内出血的可能，预后应慎重。其次还要检查阴门及尾根两旁的荐坐韧带后缘是否松软，向上提尾根时荐椎后端的活动程度如何，以便估计骨盆及阴门扩张的程度。

(3)产道检查　主要是查明软产道的松软和滑润程度，有无损伤、水肿和狭窄，并要注意产道内液体的颜色和气味，子宫颈松软和开张程度（特别是牛、羊），有无瘢痕、肿瘤及骨盆畸形等。如果难产时间已久，母畜因产程过长，软产道黏膜往往发生水肿，致产道狭窄，妨碍助产。有时虽然难产时间不长，但由于胎水过早流失，造成黏膜表面干燥，亦可导致产道水肿，甚至损伤或出血。产道的损伤一般可以触摸到，流出的血液颜色要比胎膜血管中的血新鲜（鲜红）。产道的水肿或损伤，将给助产工作带来很大困难，有时甚至使手臂无法伸入到宫腔。强行助产会造成产道更大的损伤，应及时调整助产方法。

(4)胎儿检查　胎势、胎向和胎位有无异常，胎儿是否存活，体格大小和进入产道的深浅，均是术前检查的重要内容。同时胎儿是否畸形，是否发生了气肿或腐败等亦应检查。

检查前，术者手臂及母畜外阴部均需消毒。如果胎膜未破，应隔着胎膜用手触摸胎儿的前置部分；如果胎膜已破，手要伸入胎膜内直接触诊，这样既可检查胎儿在宫腔内的状况，又能感觉出胎儿体表的滑润程度以及胎儿的死活。

胎儿检查的项目主要包括：

①胎儿是否异常　通过触诊其头、颈、胸、腹、臀或前后肢，弄清楚胎儿的胎势、胎向和胎位如何，产出时可否出现异常。

②胎儿的大小　检查胎儿的大小应和产道的大小相比较来确定是否容易矫正和拉出。

③胎儿进入产道的程度　如胎儿进入产道很深，不能推回，且胎儿较小，异常不严重，可先试行拉出；进入尚浅时，如有异常，则应先矫正后再拉。

④胎儿的死活　当正生时，术者可将手指伸入胎儿口腔，注意有无吸吮动作；或轻拉舌头，注意是否收缩；或以手指轻压眼球，注意有无反应；或牵拉、刺激前肢，注意有无向相反方向退缩；也可触诊颈动脉或心区，检查有无搏动。倒生时，最好是触诊脐带是否有动脉搏动；也可牵拉或刺激后肢，注意有无反射活动；或将食指轻轻伸入肛门，检查有无收缩反射。

在判定胎儿死活时，只要确实检查到了上述各项中某一项生理性活动，即可确定是活的胎儿。但判断胎儿死亡时，却不能单纯依据某一种生理活动的消失，而必须在可查的各种活动全部消失时，方能最后确定。

诊断　根据临床症状、视诊、直肠检查可得到确诊。

诊断要点　超过正常时间不能将胎儿产出。

治疗技术

(1)助产方法的选用:能牵引拉出的,或经矫正子宫、胎儿能拉出的,不用药物或截胎、剖腹产。中、小家畜尽可能药物助产,不用剖腹产;大家畜不用药物助产,在不能牵引拉出时,可弃子保母,截胎可减少母畜损伤,如果上述方法均不能,则剖腹产。

(2)对于危急病例,应实行弃子救母的方针。

(3)一旦确诊后,采取果断措施,争取时间,不能犹豫。

(4)越早进行,效果越好(早进行母畜娩出力大,胎儿成活率高,产道水肿轻)。

治疗方案

(1)药物催产:主要用于猪、羊、猫、犬等不能手术(用手)助产的动物。适应症:产力性难产的阵缩及努责微弱。

(2)手术助产。

预防措施　预防难产的方法是在临产时进行产道检查,对分娩正常与否做出早期诊断。这种检查可以使胎势不正和胎位异常情况及时得到处理矫正,避免发生难产。

知识补充

A.手术助产前的准备

根据对产畜、胎儿检查的结果,及时做出助产计划及实施方案,并做好以下准备工作,以确保助产工作的顺利进行。

(1)保定　难产时对母畜保定的好坏,是手术助产能否顺利进行的关键。以站立保定为宜,取前低后高姿势,以便于使胎儿能够向前推入子宫,不致楔入于骨盆腔内,妨碍操作。如果母畜不能站立,则可使其侧卧,至于侧卧于哪一侧,主要以便于操作为原则。如胎儿头颈于左侧者,母畜须右侧卧,反之则取左侧卧姿势。侧卧保定时,也应将后躯垫高。

(2)麻醉　为了抑制产畜努责,便于操作,可给予镇静剂或硬膜外腔麻醉。

(3)消毒　为了预防感染,助产必须对产房、场地、产畜外阴部、胎儿外露部分、助产所用器械和术者手臂进行严密消毒,按外科手术常规消毒方法进行。

(4)润滑产道　为了便于推回、矫正和拉出胎儿,尤其当胎水流尽、产道干燥、胎衣及子宫壁紧包着胎儿时,必须向产道及子宫内灌注温肥皂水或润滑油。如果一味强行推、拉矫正,极可能造成子宫脱出或产道破裂。

B.手术助产常用器械及使用方法

1.拉出胎儿的器械

(1)产科绳　一般是由棉线或合成纤维加工制成，质地要求柔软结实，不宜用麻绳或棕绳，以防损伤产道。产科绳的粗细以直径0.5～0.8 cm为宜，长2.5～3.0 m，绳的两端有耳扣，借助耳扣做成绳圈，以便捆缚胎儿，也可以用活结代替。使用时术者将绳扣套在中指与无名指间，慢慢带入产道，然后用拇、中、食指握住欲捆缚部位，将绳套移至被套部位拉紧，切勿将胎膜套上，以免拉出胎儿时损伤子宫或子叶。

(2)绳导(导绳器)　在使用产科绳套住胎儿有困难时，可用金属制的绳导，将产科绳或线锯条带入产道，套住胎儿的某一部分。常用的有长柄绳导及环状绳导两种。

(3)产科钩　在用手或产科绳拉出胎儿有困难时，可配合使用产科钩。产科钩有单钩与复钩两种，而单钩又分为锐钩与钝钩。单钩用于钩住眼眶、下颌、耳及皮肤、腱等，复钩用于钩住眼眶、颈部、脊柱等部位。使用时术者应用手保护好，勿损伤子宫及产道。产科钩多用于死胎。钝钩一般不至于损伤子宫及胎儿，所以钝钩必要时也可用于活胎儿，但锐钩严禁用于活胎儿。

(4)产科钳　分为有齿钳和无齿钳两种。有齿产科钳多用于大家畜，钳住皮肤或其他部位，以便拉出胎儿；无齿产科钳常用于固定仔猪、羔羊头部，以拉出胎儿。

2.推胎儿的器械

常用的是产科梃，直径1～1.5 cm，长1 m的圆形铁杆，其前端分叉，呈半环形两叉，另端为一环形把柄。用于推胎儿，将胎儿推入子宫便于整复，或矫正胎儿姿势时，边推边拉。

推拉梃可将产科绳带入子宫，捆缚胎儿的头颈或四肢，进行推拉等矫正胎儿姿势。

3.截胎器械

(1)隐刃刀　是刀刃出入于刀鞘的小刀，使用时将刀刃推出，不用时又可将刀刃退回刀鞘内。此种刀使用方便，不易损伤产道及术者。刀形各异，有直形、弯形或弓形等形状，刀柄后端有一小孔，用于穿入绳子系在术者手腕上，或由助手牵拉住，以免滑脱而掉入产道或子宫内。隐刃刀多用于切割胎儿皮肤、关节及摘除胎儿内脏。

(2)指刀　是一种小的短弯刀，分为有柄和无柄两种，刀背上有1～2个金属环，可以套在食指或中指上操作，当带入产道或拿出时，可用食指、中指和无名指保护刀刃。其用途和用法同隐刃刀。由于指刀小而且刀刃呈不同程度的弯形或钩形，使用起来比较安全可靠。

(3)产科刀　是一种短刀，有直形的，也有钩状的。产科刀身小，用食指紧贴，容易保护，可自由带入、拿出，刀柄也有小孔，可以系绳固定，用途同隐刃刀和指刀。

(4)产科凿（铲） 是一种长柄凿（铲），凿刃形状有直形的、弧形的和“V”字形的，主要用于铲断或凿断骨骼、关节及韧带。使用时术者用手保护送入预截断的位置上，指示助手敲击或推动凿柄，术者随时控制凿刃部分，有时也经皮肤切口伸入皮下，用于分离皮下组织。

(5)产科线锯 是由两个固定在一起的金属管和一根线锯条构成，还有一条前端带一小孔的通条。使用时事先将锯条穿入管内，然后带入子宫，将锯条套在要截断的部位，拉紧锯条使金属管固定于该部，也可以将锯条一端带入子宫，绕过预备截断的部位后，再穿大金属管拉紧固定，再由助手牵拉锯条，锯断欲切除部分。

(6)胎儿绞断器 是目前较常用且效果好的大动物截胎器具。

C.手术助产的原则

(1)难产助产应及早进行，否则胎儿楔入产道，子宫壁紧裹胎儿，胎水流失以及产道水肿，将妨碍矫正胎儿姿势及强行拉出胎儿。

(2)手术助产时，将母畜置于前低后高姿势，整复时尽量将胎儿推回子宫内，以便有较大的活动空间。只有在努责间隙期方能进行推进或整复，努责时拉。

(3)如果产道干燥，应预先向产道内注入液体石蜡等滑润剂，便于操作及拉出胎儿。

(4)使用尖锐器械时，必须将尖锐部分用手保护好，以防在操作过程中损伤产道。

(5)为了预防手术后感染，术后应用0.01%高锰酸钾溶液或0.1%雷夫努尔溶液冲洗产道及子宫，排出冲洗液后放入抗生素或磺胺类药物。

D.手术助产的基本方法

1.胎儿牵引术

[适应症] 适用于胎儿过大、母畜努责阵缩微弱、产道扩张不全等。

[方法] 先用产科绳将胎儿前置部分捆缚住拉紧。正生时捆缚住胎儿头或两前肢，倒生时捆缚住两后肢。拉出时要配合母畜阵缩和努责，用力要缓，并上下左右反复活动胎儿，术者保护胎儿及产道，令助手按照骨盆轴方向强行拉出胎儿。

2.胎儿矫正术

[适应症] 主要用于胎势、胎位、胎向异常造成的难产。

[方法] 徒手配合器械矫正胎儿的异常部分。除使用产科绳外，配合使用绳导、双孔梃、产科梃、产科钩。

矫正时，用手将胎儿姿势扭正，在扭的过程中配合牵拉，把屈曲的部位拉直。然后应用牵引术拉出胎儿。

3.截胎术

(1)截头术　适用于胎头侧转、胎儿发育过大、产道狭窄及胎儿前肢姿势不正等所造成的难产。先用产科钩钩住眼眶，将胎头拉至产道，然后经耳前、眼眶后至下颌作一切口；在寰枕关节处切断项韧带，用产科钩钩住枕骨大孔，拉住颈部，同时把连接头颈的皮肤、肌肉用刀切断。切掉头部之后，把3个皮瓣(两耳及下颌)结扎在一起，形成一个坚固的结，以便推进或拉出胎儿时用。此法无效时，可用线锯绕过颈部，将其锯断，或用产科铲将颈部铲断。

(2)前肢截断术　适用于前肢各关节屈曲无法矫正或肩围过大难于产出的难产。其方法是用指刀或隐刃刀沿肩胛骨后角切开皮肤和肌肉，借指刀或隐刃刀反复切割，即可将肩胛骨与胸廓的联系切断。然后用产科钩或产科绳将前肢扯断拉出。肘关节或腕关节屈曲时，可用指刀或隐刃刀切断关节处的周围皮肤、肌肉及韧带的联系，然后用铲或凿铲断或用线锯锯断。

(3)后肢截断术　适用于倒生时、胎儿过大及后肢姿势不正常等。施术时首先用产科绳把后肢拴住并拉紧，然后再用钩状指刀或隐刃刀沿荐骨平行的方向切开荐部与股骨间的皮肤和肌肉，一直切到髋关节，然后经坐骨结节外侧向后与会阴平行深深地切割，如此反复切割，即将骨盆与大腿之间的软组织完全切断。最后切断髋关节及其周围的韧带，再把后肢扯下。如果扯下有困难时，可将股骨用产科凿凿断，或用线锯将其锯断，然后拉出后肢。

4.剖腹取胎术(剖腹产)

剖腹取胎术是经过腹壁及子宫切口取出胎儿，以达到解决难产的一种手术。剖腹助产术是作为一种独立的助产技术，它是切开难产母畜的腹壁(而不切开子宫壁)之后，术者手伸入母畜腹腔，助产者手臂通过母畜产道伸入子宫内(牛、马等大动物)，二者协同配合，矫正异常胎势、胎向、胎位，然后通过产道拉出难产胎儿的一种新的助产技术。可以认为，它是剖腹术与矫正术的结合，它的适应症同剖腹取胎术。在临床上一旦决定了剖腹取胎术后，在切开腹壁后均可试行此术。经验证明，这种手术对大家畜及猪等动物往往可望达到预期目的。剖腹助产术比起剖腹取胎术，优点很多。而在此术未能获得成功之后，再转为切开子宫壁，然后经子宫壁、腹壁切口拉出难产胎儿(即转为剖腹取胎术)。这样既不误手术时机，又避免因切开子宫壁对难产母畜造成的伤害。

[适应症]

(1)胎儿的姿势、位置或方向严重异常，矫正无望，同时因器械不全或不能截胎时。

(2)母畜骨盆发育不全(过早配种)，骨盆变形(骨软症、骨折)而盆腔过小，长时期助产无效引起阴道剧烈水肿，子宫颈与阴道外伤瘢痕收缩导致产道狭窄。

(3)子宫破裂。

(4)胎儿过大，双胎难产，胎儿气肿，脑积水，胎儿各种畸形以及大的干尸化胎儿。

(5)子宫捻转，矫正无效。

[手术方法]

a.牛、羊剖腹产术

牛、羊、马的剖腹产术方法基本相同，这里以牛为例进行介绍。

(1)术部　切口的选择应视具体情况而定。一般选择切口的原则是，胎儿在哪里摸得最清楚，就靠近哪里作切口。牛剖腹产的切口有腹侧切口和腹下切口两种。

腹侧切口：腹侧切口又可以分左侧壁切口和右侧壁切口两种。左子宫角怀孕以左侧壁切口较宜，右子宫角怀孕以右侧壁切口较好。可以采用左侧壁切口的尽可能采用左侧切口，因为右侧常受空肠干扰，给手术的实施带来一定难度；而左侧由于膨大的子宫体积，在临产前常常将瘤胃前移，不会影响子宫的暴露与手术。腹侧切口亦有上下位之分，上位是在腹壁的上 1/3 部髋结节下角 5 cm 的下方起始；下位是在腹壁的中 1/3 与下 1/3 交界处起始，做斜行或垂直切口。

腹下切口：因为子宫角和胎儿是沉于腹底的，所以在侧卧保定的情况下，很容易把子宫壁的一部分拖出腹壁切口之外，子宫内容物不易流入腹腔。此外，较之腹侧切口，它破坏的肌肉很少，出血也很少。缺点是如果缝合不好，可能发生疝气或豁口，亦容易发生感染。腹下切口可供选择的部位有 5 处，即乳房前方腹白线、腹白线与右乳静脉之间的平行线上、乳房和右乳静脉的右侧 5～8 cm 的平行线上、腹白线与左乳静脉之间的平行线上以及乳房和左乳静脉的左侧 5～8 cm 处的平行线上。

(2)保定　左或右侧卧保定，将前后肢分别绑缚，并将头保定。

(3)消毒　术部剪毛、剃毛，进行手术常规消毒。

(4)麻醉　药物全身麻醉用于难产母畜，有时后果不良，一般多采用腰旁神经干传导麻醉，并配合局部浸润麻醉法。

(5)手术步骤

①切开腹腔。按切口部位，切开皮肤 30 cm 左右，然后依次分层切开各层肌肉，其切口均需与皮肤切口等长。切开腹膜时须先用有钩镊子夹起剪开或切一个小口，然后将中指和食指伸入切口，在手的引导下剪开腹膜至适当长度。切开腹膜时助手要随时注意用大纱布堵塞切口，防止肠管、网膜涌出。

②拉出子宫。将双手伸入子宫之下，隔着子宫壁握住胎儿的一部分（正生时

为两后肢跖部，倒生时为头和前肢掌部），小心地将子宫大弯拉出于腹壁切口，忌只拉子宫壁而不拉胎儿，否则会撕破子宫壁。拉出部分子宫后，在子宫和切口之间塞上大块纱布，以免肠道脱出及切开子宫后其内容物注入腹腔。

③切开子宫。在子宫角大弯处，避开子宫阜，做一与腹壁切口等长的切口。切口不可过小，以免拉出胎儿时被撕裂，不易缝合。也不应在子宫角侧面，尤其不可在小弯上作切口，这些地方血管较多，容易引起大出血。

④拉出胎儿。先剥离一部分子宫切口附近的胎膜，拉出于切口之外，然后再切开，这样可以防止胎水流入腹腔。然后慢慢拉出胎儿。如果发生胎儿气肿或胎儿已死亡拉出有困难时，可先将其进行截胎，分别取出。拉出胎儿后，助手要固定好子宫，不要让其缩回腹腔。

⑤胎衣处理。尽可能把胎衣完全剥离，不能剥离时，则将已脱落的部分剪除，其余的待其自行脱落后排出，但切口两侧边缘附近的胎衣必须剥离完全，否则有碍缝合。

⑥子宫缝合。第一层对切口全层连续缝合；第二层行浆膜肌层连续内翻缝合，两端应超出第一层 2 cm。在缝合完第一层之前应向子宫内投入抗生素（青霉素 80 万 IU、链霉素 1 g，或其他抗生素）。缝合结束后用温的青霉素生理盐水洗净子宫表面，并涂抗生素软膏后，将子宫纳入腹腔原位，避免子宫变位。

⑦腹壁缝合。与普通腹腔外科手术方法相同。

b. 猪的剖腹产术

(1)术部　由于猪的乳房位于腹下，切口部位可选择腹侧的两个地方（左右侧均可）。一是距腰椎横突 5～8 cm 的下方，髋结节与最后肋骨中点连线上作垂直切口；二是在髋结节之下 10 cm 处，沿肋弓方向向前向下作斜行切口。

(2)保定与消毒　侧卧保定，常规外科手术消毒。

(3)麻醉　可应用氯丙嗪、静松灵基础麻醉，配合切口局部浸润麻醉。

(4)手术要点　外科手术基本操作与牛的剖腹产术基本相同，在此仅介绍猪的特点。

打开腹腔后，术者首先向骨盆方向探摸，隔着子宫壁将最靠近产道的胎儿推向产道，由助手协助试行从产道拉出。如果取出的胎儿是唯一过大或为最后一个胎儿，不必再将子宫切开，可等待或帮助其余胎儿排出。此法不能奏效时，再切开子宫。

如果切开子宫，术者可将手伸入腹腔找到一侧子宫角，隔着子宫壁抓住胎儿头或臀部将其慢慢向切口外拉，等一侧子宫角全部被拉出以后，分辨清楚子宫体与子宫角交界处，在被拉出的子宫上盖以用生理盐水浸润的纱布，子宫切口在已拉出的子宫角和子宫体交界处的大弯上，切口长 10～15 cm。切开子宫后，把每一个胎儿与其胎衣取出来，当一侧子宫角掏完后，再从同一切口将另一侧子宫内的胎儿和胎衣取出。子宫缝合与腹壁缝合同牛。

c. 犬、猫的剖腹产术

(1)术部　可选在距离腹白线 1～2 cm 的两侧，最后一个或倒数第 1～2 对乳头之间，亦可在脐孔后腹壁正中线上，切口长度一般 10～15 cm，可依犬体大小灵活掌握。

(2)保定与消毒　可采用后躯仰卧、前躯侧卧的姿势保定，犬应戴上防护口罩或用绷带缠绕上下颌加以捆绑，防止咬伤工作人员。保定以后常规手术消毒。

(3)麻醉　麻醉效果的好坏，直接影响手术的结果。如果效果不确切，常常在手术过程中骚动不安，甚至母犬或猫由于疼痛而引起休克。一般作全身麻醉再配以局部浸润麻醉，全身麻醉常用药为氯胺酮或 846 合剂。

(4)手术要点　因为犬、猫的皮肤很薄，切开腹壁要小心细致，下刀不可用力过大。在切开腹膜之前必须先开一个小口，然后在伸入的手指指引下，用钝头剪刀剪开。犬、猫都是多胎动物，且又仰卧保定，探找和拉出怀孕子宫并不困难。子宫拉出后行子宫切口及其他处理方法同猪剖腹产术，但腹壁缝合后的腹壁创口应装置绷带加以保护，以防止舔咬。

[术后护理] 术后的护理对于母畜生产力和繁殖力的恢复至关重要，尤其是繁殖能力的恢复与术后的护理密切相关。

(1)术后应每日检查全身症状 1～2 次，按常规应用抗菌消炎药物，发现异常变化时要及时分析原因并及时处置。

(2)为之提供一个温暖、宽敞、清洁的环境，要勤换垫草以减少创口感染机会，对犬、猫等动物要严防其舔咬创口，以免影响创口愈合。

(3)饲喂富于营养且易消化的饲料，对食欲不振的母畜可静脉注射一定量的糖盐水、20%安钠咖以及应用健胃药物。

(4)为促进子宫内残留物的排出，以利子宫的恢复，可使用子宫收缩剂，并于术后 3～5 d 内可肌肉注射青霉素、链霉素，防止子宫感染的发生。

(5)一般情况下，于术后 10～14 d 拆除皮肤缝线。

E. 常见的难产及救助方法

由于发生的原因不同，临床上将常见的难产分为产力性难产、产道性难产和胎儿性难产 3 种。前两种是由于母体异常引起的，后一种是由胎儿异常所造成的。

1. 产畜异常引起的难产

(1)阵缩及努责微弱　分娩时子宫及腹肌收缩无力、时间短、次数少，间隔时间长，以致不能将胎儿排出，称为阵缩及努责微弱。

[病因] 原发性阵缩微弱，是由于长期舍饲、缺乏运动，饲料质量差，缺乏青绿饲料及矿物质，老龄、体弱或过于肥胖的家畜。家畜患有全身性疾病、胎儿过大、胎水过多等。

继发性阵缩微弱，在分娩开始时阵缩努责正常。进入产出期后，由于胎儿过大、胎儿异常等原因长时间不能将胎儿产出，腹肌及子宫由于长时间的持续收缩，过度疲乏，最后导致阵缩努责微弱或完全停止。

[症状] 母畜怀孕期已满，分娩条件具备，分娩预兆已出现，但阵缩力量微弱，努责次数减少，力量不足，长期不能将胎儿排出。产道检查可见子宫颈已松软开大，但还开张不全，胎儿及胎囊进入子宫颈及骨盆腔。在此种情况下，常因胎盘血液循环减弱或停止引起胎儿死亡。

[治疗] 大家畜原发性阵缩和努责微弱，早期可使用催产药物，如脑垂体后叶素、麦角等。在产道完全松软、子宫颈已张开的情况下，则实施牵引术即可。胎位、胎向、胎势异常者经整复后强行拉出，否则实行剖腹产手术。

中、小动物可应用脑垂体后叶素 10 万～80 万 IU 或已烯雌酚 1～2 mg，皮下或肌肉注射。否则可借助产科器械拉出胎儿。强行拉出胎儿后，注射子宫收缩药，并向子宫内注入抗生素药物。

(2)产道狭窄　产道狭窄包括硬产道狭窄和软产道狭窄狭窄。多发生于牛和猪，其他家畜少见。

[病因] 骨盆骨折及骨质异常增生而形成。肉牛与黄牛杂交，胎儿相对过大，产道相对狭窄，造成分娩困难。

软产道狭窄主要是子宫颈、阴道前庭和阴门狭窄。多见于牛，尤其是头胎分娩时往往产道开张不全；或由于早产，也可能由于雌激素和松弛素分泌不足，致使软产道松弛不够；此外牛子宫颈肌肉较发达，分娩时需要较长时间才能充分松弛开张。这些都属于开张不全，临床上比较多见。而由于以往分娩时或手术助产及其他原因，造成子宫颈和阴道的损伤，使子宫颈形成疤痕、阴道发生粘连，以致分娩时产道不能充分开张。

[症状] 母畜阵缩及努责正常，但长时间不见胎膜及胎儿的排出，产道检查可发现子宫颈稍开张，松软不够或盆腔狭小变形。

[治疗] 硬产道狭窄及子宫颈有疤痕时，一般不能从产道分娩，只能及早实行剖腹产术取出胎儿。轻度的子宫开张不全，可通过慢慢地牵拉胎儿机械地扩张子宫颈，然后拉出胎儿。

2.胎儿异常引起的难产

(1)胎儿过大 胎儿过大是指母畜的骨盆及软产道正常，胎位、胎向及胎势也正常，由于胎儿发育相对过大，不能顺利通过产道。

[病因]可能是由于母畜或胎儿的内分泌机能紊乱所致，母畜的怀孕期过长，使胎儿发育过大。多胎动物在怀胎数目过少时，有时也有胎儿发育过大而造成难产的。

[助产]胎儿过大的助产方法，就是人工强行拉出胎儿，其方法同胎儿牵引术。强行拉出时必须注意，尽可能等到子宫颈完全开张后进行；必须配合母畜努责，用力要缓和，通过边拉边扩张产道，边拉边上下左右摆动或略为旋转胎儿。在助手配合下交替牵拉前肢，使胎儿肩围、骨盆围呈斜向通过骨盆腔狭窄部。强行拉出确有困难的而且胎儿还活着，应及时实施剖腹产术；如果胎儿已死亡，则可施行截胎术。

(2)双胎难产 双胎难产是指在分娩时两个胎儿同时进入产道，或者同时楔入骨盆腔入口处，都不能产出。

[诊断]可能发生在一个正生另一个倒生，两个胎儿肢体各一部分同时进入产道。仔细检查，可以发现正生胎儿的头和两前肢及另一个胎儿的两后肢，或一个胎头及一前肢和另一胎儿的两后肢等多种情况，但在检查时，必须排出双胎畸形和横向腹部前置胎儿。

[助产]双胎难产助产时要将后面一个推回子宫，牵拉外面的一个，即可拉出。手伸入产道将一个胎儿推入子宫角，将另一个再导入子宫颈即可拉出。但是在操作过程中要分清胎儿肢体的所属关系，用附有不同标记的产科绳分别捆住两个胎儿的适当部位避免推拉时发生混乱。在拉出胎儿时，应先拉进入产道较深的或在上面的胎儿，然后再拉出另一个胎儿。

(3)胎儿姿势不正

①胎儿头颈姿势不正 分娩时两前肢虽已进入产道，但是胎儿头发生了异常。如胎头侧转、后仰、下弯及头颈扭转等，其中以胎儿头部侧转、下弯较为常见。

[诊断]胎头侧转时，可见由阴门伸出一长一短的两前肢，在骨盆前缘可摸到转向一侧的胎头或颈部，通常头是转向伸出较短前肢的一侧。胎头下弯时，在阴门处可见到两蹄尖，在骨盆前缘胎儿头向下弯于两前肢之间，可摸到胎头下弯的颈部。

[助产]

徒手矫正法：适用于病程短、侧转程度不大的病例。矫正前先用产科绳拴住两前肢，然后术者手伸入产道，用拇指和中指握住两眼眶或用手握住头端，也可用绳套住下颌将胎儿头拉成头端朝向产道，如果是头顶向下或偏向一侧，则把胎头矫正拉入产道即可。

器械矫正法：徒手矫正有困难者，可借助器械来矫正。用绳导把产科绳双股引过胎儿颈部拉出与绳的另端穿成单滑结，将其中一绳环绕过头顶推向头端，另一绳环推到耳后由助手将绳拉紧，术者用手护住胎儿头端，助手按术者旨意向外拉，术者将胎头拉向产道。

马、牛等大家畜胎头高度侧转时，往往用手摸不到胎头，须用双孔梃协助，先把产科绳的一端固定在双孔梃的一个孔上，另一端用绳导带入产道。绕过头颈屈曲部带出产道；取下绳导，把绳穿过产科梃的另一孔。术者用手将产科梃带入产道，沿胎儿颈椎推至耳后，助手在外把绳拉紧并固定在梃柄上，术者手握住胎儿头端，然后在助手配合下把胎头矫正后并强行拉出。

无法矫正时，则实施截头术，然后分别取出胎儿头及躯体。

胎头下弯时，先捆住两前肢，然后用手握住胎儿下颌向上提并向后拉。也可用拇指向前顶住胎头，并用其他四指向后拉下颌，最后将胎头拉正。

②胎儿前肢姿势不正　有腕关节屈曲、肩关节屈曲和肘关节屈曲，或两前肢压在胎头之上等。临床上常见者为一前肢或两前肢腕关节屈曲，其他异常姿势较少见。

［诊断］一侧腕关节屈曲时，从产道伸出一前肢，两侧腕关节屈曲时，则两前肢均不见伸出产道。产道检查，可摸到正常的胎头和弯曲的腕关节。肩关节屈曲时，前肢伸入胎儿腹侧或腹下，检查时，可摸到胎头和屈曲的肩关节。有时胎头进入产道或露出阴门，而不见前肢或蹄部。

［助产］腕关节屈曲时，先将胎儿推回子宫，推的同时术者用手握住屈曲的肢体的掌部，一面尽力往里推，一面往上抬，再趁势下滑握住蹄部，在上抬的同时，将蹄部拉入产道。另外，也可用产科绳捆住屈曲前肢的系部，再用手握住掌部，在向内推的同时，由助手牵拉产科绳，拉至一定程度，术者转手拉蹄子，协助矫正拉出。如果胎儿已死亡，可实施腕关节截断术。

肩关节屈曲，有时不进行矫正也可以拉出。如果拉出有困难，可先拉前臂下端，尽力上抬，使其变成腕关节屈曲，然后再按腕关节屈曲的方法进行矫正。如仍无法拉出，且胎儿已死亡，可实施一前肢截除术，再拉出胎儿。

③胎儿后肢姿势不正　在倒生时，有跗关节屈曲和膝关节屈曲两种，临床上以一后肢或两后肢的跗关节屈曲较为多见。

［诊断］两侧跗关节屈曲时，在阴门处什么也看不到，产道检查，可摸到屈曲的两个跗关节、尾巴及肛门，其位置可能在耻骨前缘，或与臀部一齐挤入产道内。一侧跗关节屈曲时，常由产道伸出一蹄底向上的后肢。产道检查，可摸到另一后肢的

跗关节屈曲，并可摸到尾巴及肛门。

[助产] 先用产科绳捆住后肢跗部，然后术者用手压住臀部，同时用产科梃顶在胎儿尾根与坐骨弓之间的凹陷内，往里推，同时助手用力将绳子向上向后拉，术者顺次握住系部乃至蹄部，尽力向上举，使其伸入产道，最后用力将胎儿后肢拉出。如跗关节挤入骨盆腔较深无法矫正且胎儿过大时，可以把跗关节推回子宫内，使变为髋关节屈曲（坐骨前置），此时可以用产科绳分别系于两大腿基部，并将绳子扭在一起，并向产道注入大量滑润剂，强行拉出胎儿。

如果前法无效或胎儿已死亡时，则实行截胎术，再拉出胎儿。

(4)胎位不正　有下胎位和侧胎位。

①下胎位　有正生下位和倒生下位两种。

[诊断] 正生下位时，阴门露出两个蹄底向上的蹄子，产道检查可摸到腕关节、口、唇及颈部。倒生下位时，阴门露出两个蹄底向下的蹄子。产道检查可摸到跗关节、尾巴，甚至脐带，即可确诊。

[助产] 上述两种下位，均需将胎儿的纵轴作180°的回转，使其变为上位，或轻度侧位，再实行强行拉出。或者由术者先固定住胎儿，然后翻转产畜，以期达到使下位变为上位的目的，不过这样矫正难度较大。如矫正无效，应及时施行剖腹产术。

②侧胎位　有正生和倒生两种侧胎位。

[诊断] 正生侧胎位时，两前肢以上下的位置伸出于阴门外，产道检查，可摸到侧胎位的头和颈；倒生时，则两后肢以上下的位置伸出于阴门外，产道检查，可摸到胎儿的臀部、肛门及尾部。

[助产] 倒生时的侧位，胎儿两髋关节之间的距离较母畜骨盆入口的垂直径短，所以胎儿的骨盆进入母畜骨盆腔并无困难，或稍加辅助，即可将侧位胎儿变为上位而拉出。但正生侧位时，常由于胎头的妨碍而难以通过骨盆腔，所以需要矫正胎头，通常是推回胎儿，握住眼眶，将胎头扭正拉入骨盆入口，然后再拉出胎儿。

(5)胎向不正　胎向不正是指胎儿身体的纵轴与产畜的纵轴不呈平行状态。

①腹部前置的横向和腹部前置的竖向　即胎儿腹部朝向产道，呈横卧或犬坐姿势。分娩时，两前肢或两后肢伸入产道，或四肢同时进入产道。

[助产] 先用产科绳拴住两前肢往外拉，同时将后肢及后躯推回子宫，使其变为正常胎位，而后强行拉出。

②背部前置横向和背部前置竖向　即胎儿的背部朝向产道，胎儿呈横卧或犬坐姿势，分娩时无任何肢体露出，产道检查，在骨盆入口处可摸到胎儿背部或颈项部。

［助产］将产科绳拴住胎儿头部往外拉，同时将后躯向里推，或将后躯往外拉，将前躯向里推，使其变为正生下位或倒生下位，再行矫正拉出。

胎向不正一般较少发生，一旦发生矫正和助产也很困难，应就早实施剖腹产手术。

F. 犬难产助产原则及方法

犬发生难产的原因也是由于母犬分娩力不足、产道狭窄及胎儿异常等 3 个方面因素引起的。为此，助产前应详细检查是属于哪种原因引起。如对阵缩及努责微弱引起的难产，助产原则是促进子宫收缩，应用药物催产。可用垂体后叶素 2～15 IU、催产素（缩宫素）5～10 IU，皮下或肌肉注射。注射后 3～5 min 子宫开始收缩，可持续 30 min，然后再注射一次，同时配合按压腹壁，以促进胎儿产出。

应用催产药物，子宫颈必须完全扩张，若子宫颈未开张，禁止使用垂体后叶素和催产素。子宫颈扩张不全，可使用己烯雌酚，提高母犬对垂体后叶素的敏感性，促进子宫收缩，而且还能促进子宫颈再扩张。使用催产药物必须剂量适宜，剂量过大往往引起子宫强直性收缩。特别是垂体后叶素剂量大时，还能引起子宫颈收缩，对胎儿排出更不利。

对难产母犬，如因产程过长使体质衰弱时，可静脉注射葡萄糖液，以增强体力，增加腹壁肌肉的收缩力。

对因产道或胎儿异常引起的难产，可施行牵引术及矫正术。如经一般助产无效时，可施行剖腹产手术。

（四）子宫脱

子宫脱是指子宫的部分或全部经由子宫颈、阴道脱出于阴门之外。

范例(1)　某奶牛子宫内膜翻转在外，黏膜呈深红色，可见子叶。病畜表现不安，弓腰，努责，排尿淋漓或排尿困难。初诊为子宫完全脱出。

范例(2)　某奶牛产后恶露排出障碍，开膛器检查，子宫角翻入阴道内，直肠检查，只能摸到一侧子宫角。初诊为子宫部分脱出。

病因分析

(1)常由于怀孕母畜运动不足、劳役过度、营养不良等，使骨盆韧带及会阴部结缔组织弛缓无力。

(2)由于胎儿过大，胎水过多，造成韧带持续伸张而发生子宫脱出。

(3)怀孕末期或产后家畜处于前高后低的厩床，努责过强，使腹压增大亦可引起。

(4)在难产、助产失误以及胎衣不下剥离时强力牵拉，或在露出的胎衣上系上过重之物等。

疾病信息收集　子宫完全脱出后，子宫内膜翻转在外，黏膜呈粉红色、深红色到紫红色不等。牛、羊可见到脱出子宫上有许多子叶；马的子宫黏膜呈紫红色；猪的子宫角很长，脱出后类似肠管样拖在地上，呈紫红色，黏膜上有横皱褶，容易擦破或被踩破。子宫脱出后血液循环受阻，子宫黏膜发生水肿和淤血，黏膜变脆，极易损伤，有时发生高度水肿，子宫黏膜常被粪土草渣污染。病畜表现不安，拱腰，努责，排尿淋漓或排尿困难，一般不表现全身症状。脱出时间久之，黏膜发生干燥、龟裂乃至坏死。如肠管进入脱出的子宫腔内，则出现疼痛症状。子宫脱出时如卵巢系膜及子宫阔韧带被扯破，血管断裂，则表现贫血现象。

诊断　根据发病原因、临床症状、视诊可得到确诊。

诊断要点　子宫全脱，阴门外脱垂一很大的囊状物；子宫部分脱出，产后恶露排出障碍，开膣器检查，子宫角翻入阴道内，直肠检查，只能摸到一侧子宫角。

治疗技术　子宫脱出后应及时整复，越早越好。否则，子宫肿胀，损伤污染严重，造成整复困难而预后不佳。整复步骤如下：

(1)保定。站立保定，取前低后高姿势。

(2)麻醉。为减少努责，可肌肉注射氯丙嗪，或实施腰荐间隙硬膜外腔麻醉。

(3)消毒。清洗脱出子宫用0.5%高锰酸钾溶液或0.1%雷夫奴尔溶液，将脱出子宫洗净，清除粪便、草屑、泥土等污物。如有出血，应进行缝合、结扎止血。如果水肿严重，可用针刺破挤出，也可用2%明矾溶液浸泡、湿敷。

(4)整复。应由助手用消毒过的大搪瓷盘或塑料布将子宫托起与阴门同高度，术者先由脱出的基部向里逐渐推送，在努责时停止推送，并用力加以固定以防再脱出。不努责时小心地向内整复，待大部分送回之后，术者用拳头顶住子宫角尖端，趁母畜不努责时，用力小心地向里推送，最后使子宫展开复位。然后向子宫内投入抗生素胶囊。

(5)固定。为防止再脱出，整复后令患畜于前低后高的厩床上，阴门做几针纽扣状缝合。或用阴户压定器、空酒瓶等加以固定，为减轻努责，可于腰荐间隙硬膜外腔麻醉。

护理方法

(1)补钙、补糖，强心，失血多者，再加代血浆。

(2)注意体温变化。为防止子宫感染，整复后应在子宫内放入抗菌药物，如土霉素20～50 g。

(3)子宫收缩剂催产素50～100 IU肌肉注射。

(4)2 d后冲洗子宫。

(5)饮水足，另加红糖益母草汤，注意保温。

(6)给予易消化饲料、汤料。

预防措施　怀孕母畜要合理使役，加强饲养管理，产前1～2个月停止使役，合理运动。助产时要操作规范化，牵拉胎儿不要过猛过快。胎衣不要系过重物体。

(五)阴道脱

阴道脱是阴道壁一部分形成皱襞，突出于阴门外，或者整个阴道翻转脱垂于阴门之外。一般见于年龄较大的母畜，有时也发生于产后。

范例(1)　某9岁奶牛，卧下时，从阴门突出鹅卵大至拳头大、表面光滑的红色球状物，站立后又自行缩回。初诊为阴道部分脱出。

范例(2)　某犬妊娠后期，从阴门突出红色排球大的球状物，表面光滑，站立也不能缩回，脱出部分的末端可见到子宫颈外口，下壁前端有尿道外口。初诊为阴道完全脱出。

病因分析　阴道脱主要由于固定阴道的组织弛缓，腹内压增高及强烈努责而引起。

(1)孕畜老龄经产、营养不良、缺乏运动等易使固定阴道的组织松弛而发病。

(2)孕畜长期卧于前高后低的地面上或单胎动物双胎怀孕，使腹内压升高，子宫及内脏压迫阴道而引起阴道脱。

(3)严重便秘或腹泻，引起母畜强烈努责时，也可发病。

疾病信息收集　根据脱出的程度不同，分为部分脱出和全部脱出。

(1)部分阴道脱　病初孕畜卧下时，从阴门突出鹅卵大至拳头大、表面光滑的红色球状物，站立后又自行缩回。如长期反复脱出，阴道壁组织逐渐松弛，站立后也难回缩，且逐渐增大，黏膜红肿、干燥。

(2)完全阴道脱　从阴门突出红色排球大的球状物，表面光滑，病畜站立也不能缩回，脱出部分的末端可见到子宫颈外口，下壁前端有尿道外口，病久者，脱出部淤血变紫红色，并发生水肿，进而表面干裂或糜烂，渗出血水。黏膜上附有粪土、草末等污物。

诊断　根据发病原因、临床症状、视诊可得到确诊。

诊断要点　阴门外有红色表面光滑的球状脱出物。

治疗技术

(1)对脱出部较少、站立后能自行缩回的患畜，改善饲养管理，补喂矿物质及维生素；适当运动，防止卧地过久，保持体躯处于前低后高的位置，以减轻腹内压。内服补中益气散。

(2)脱出严重不能自行缩回者，必须加以整复和固定。整复步骤如下：

①保定。站立保定前低后高，小动物可提起后肢保定。

②麻醉。大家畜多用荐尾硬膜外腔麻醉，用2%普鲁卡因10 mL。中、小动物全身麻醉，猪可用氯丙嗪1～3 mL/kg，犬、猫可用846合剂，犬0.1 mL/kg，猫0.3～0.5 mL/kg。

③清洗和消毒脱出部。用温0.1%高锰酸钾液或0.1%新洁尔灭溶液等，彻底清洗消毒，除去坏死组织，并涂以碘甘油或抗生素软膏。

④整复。用消毒纱布托起脱出部，趁母畜不努责时，用手掌将脱出部分向阴门内推进，待全部送入阴门后，再用拳头将阴道顶回原位，并轻轻揉压，使其充分复位。

⑤固定。整复后为防止再脱，采用阴门缝合固定。用粗缝线距阴门3～4 cm处下针进行两个双内翻缝合。在露出外面的线段上，最好套上短胶管或纽扣，以免撕裂阴门组织。阴门下1/3不缝合以免妨碍排尿，缝合部定期消毒，以防感染。拆线不宜过早，如患畜不再努责，可拆除缝线。若母畜出现分娩预兆时应立即拆线。

护理方法

(1)防止感染，尤其手术固定部分，使用抗生素，严防化脓。

(2)有胎的，注射50～100 mg孕酮，防止流产。

(3)无胎的，注射50～80 IU催产素，加强子宫收缩。

预防措施　对妊娠母畜要改善饲养管理，加强运动，如放牧，以提高全身组织的紧张性。妊娠母畜患产前截瘫不能站立时，应加强护理，适当垫高其后躯。

(六)胎衣不下

家畜在分娩以后，胎衣在正常时间内未能排出，称为胎衣不下。胎衣正常排出的时间是：猪1 h，牛12 h，羊4 h，马1.5 h以内。牛多发，特别是奶牛，其次是马和山羊。

范例(1)　某奶牛因强力助产，从阴门脱出部分胎衣，病畜弓背，频频努责。滞留的胎衣经24～48 h发生腐败，腐败的胎衣碎片随恶露排出，全身症状严重。经兽医检查，确定为胎衣不下。

病因分析　引起胎衣不下的原因很多，但直接的原因不外以下两种：产后子宫收缩无力，怀孕后期劳役过度，或运动不足；饲料中缺乏矿物质、维生素；年老体弱、过于肥胖或过于瘦弱，从而导致子宫收缩无力，引起胎衣不下。胎盘的炎症，由于子宫内膜或胎膜发生炎症，使母体胎盘与胎儿胎盘之间发炎而导致粘连。此外，患布氏杆菌病、结核等疾病的过程中，往往引起胎衣不下。

疾病信息收集　牛胎衣全部不下时，可见由阴门脱出部分胎衣，或全部停滞于子宫内。病畜弓背，频频努责。滞留的胎衣经24～48 h发生腐败，腐败的胎衣碎片随恶露排出，腐败分解产物经子宫吸收后可发生全身中毒症状，即食欲及反刍减退或停止，体温升高，奶量剧减，瘤胃弛缓。部分胎衣不下的病例，可并发子宫内膜炎或败血症。山羊对胎衣不下耐受性小，全身症状严重，病程急骤，常继发败血症而死亡。

诊断　根据发病原因、临床症状、视诊可得到确诊。

诊断要点

(1)部分胎衣脱出于阴门外。

(2)病畜弓腰，频频努责，从阴门排出带有胎衣碎片的恶露。

治疗技术

(1)药物疗法　其目的在于促进子宫收缩，使胎儿的胎盘与母体胎盘分离，促进胎衣排出。可肌肉或皮下注射垂体后叶素，马、牛 50～80 IU，猪、羊 5～10 IU，2 h 后重复注射一次；或麦角新碱，马、牛 2～5 mg，猪、羊 0.2～0.4 mg，也可用己烯雌酚。静脉注射 5%～10%氯化钠溶液 200～300 mL。牛灌服羊水 300 mL，也可促进子宫收缩，灌服后经 4～6 h 胎衣即可排出，否则复灌服一次。

为了促使胎儿胎盘与母体胎盘分离，可向子宫黏膜与胎膜之间注入 5%～10%氯化钠溶液 3 000 mL，猪、羊等小动物减量。

为预防胎盘腐败及感染，及早用消毒药液如 0.1%雷夫奴尔或 0.1%高锰酸钾冲洗子宫，并向子宫黏膜与胎膜之间放入金霉素胶囊 3～4 粒或其他抗生素类药物，每日冲洗 1～2 次，直至胎盘碎片完全排出。

(2)手术治疗

①术前准备　病畜取前高后低站立保定，尾巴用缠尾绷带拉向一侧，用 0.1%新洁尔灭溶液洗涤外阴部及露在外面的胎膜。向子宫内注入 5%～10%的氯化钠溶液 2 000～3 000 mL，如果母畜努责剧烈可行腰荐间隙硬膜外腔麻醉。术者按常规准备，戴长臂手套并涂灭菌润滑剂。

②手术方法

牛的剥离方法：先用左手握住外露的胎衣并轻轻向外拉紧，右手沿胎膜表面伸入子宫内，探查胎衣与子宫壁结合的状态，而后由近及远逐渐螺旋前进，分离母子胎盘。剥离时用中指和食指夹住子叶基部，用拇指推压子叶顶部，将胎儿胎盘与母体胎盘分离开来。剥离子宫角尖端的胎盘比较困难，这时可轻拉胎衣，再将手伸向前方迅速抓住尚未脱离的胎盘，即可较顺利地剥离。在剥离时，切勿用力牵拉子叶，否则会将子叶拉断，造成子宫壁损伤，引起出血，而危及母畜生命安全。

胎衣剥完之后，如胎衣发生腐败，可用 0.1%高锰酸钾溶液或 0.1%雷夫奴尔溶液冲洗子宫，待完全排出后，再向子宫内注入抗生素类药物，以防子宫内感染。马对胎衣的腐败分解产物很敏感，容易引起中毒，所以在分娩后，经过 2 h 胎衣没有排出即应着手剥离。剥离的方法是五指并拢在绒毛膜与子宫黏膜之间逐渐向前移动手指，将绒毛膜与腺窝分开，并用手将胎衣轻轻拉出，或者用两手握住露出的胎衣，逐渐拉紧向外将胎衣拉出来。

护理方法

(1)无论何种方法，胎衣下来后，应用消毒液反复冲洗子宫 2～3 次，至流出的液体与注入的液体颜色一致为止。但需注意冲洗压力不宜太大，防止流入输卵管。选用 0.1％高锰酸钾，0.25～0.5％利凡诺尔，0.05％洗必泰。

(2)冲洗子宫后，给予子宫收缩剂和抗生素，防止感染。

(3)注意全身变化。

预防措施

(1)加强饲养管理，增加怀孕后期的运动和光照，给予富含蛋白质、矿物质、维生素的饲料，增强家畜体质。

(2)牛、羊要定期检疫、预防注射，以减少本病的发生。

(3)尽可能灌服羊水，并让母畜自己舔干仔畜身上的黏液。

(4)产后饮服益母草煎剂。

(七)卵巢囊肿

在卵巢组织内未破裂的卵泡或黄体，因其本身成分发生变性和萎缩，形成一球形空腔，即囊肿，前者为卵泡囊肿，后者为黄体囊肿。主要发生于马、牛，特别是奶牛。产后 1～5 个月多发。

范例(1)　某母牛产后两个月不间断地发情，呈慕雄狂现象，表现高度性兴奋，经常发出如公牛的吼叫声，并经常爬跨其他母牛，性欲特别旺盛，久之食欲减退，逐渐消瘦。病畜的荐坐韧带松弛，在尾根与坐骨结节之间出现一个凹陷。经兽医检查，确定为卵巢囊肿。

范例(2)　某高产奶牛产后 6 个月不发情，直肠检查，卵巢发生黄体化囊肿，囊肿壁厚，稍有波动。经兽医检查，确定为卵巢囊肿。

病因分析

(1)舍饲期间运动不足，非全价饲养，特别是以精料为主的日粮中缺乏维生素 A，或有较多的糟粕、饼渣，其中酸度较高，容易发生。

(2)注射大剂量的孕马血清、已烯雌酚或其他雄激素引起卵泡滞留，而发生囊肿。

(3)母畜产科疾病的继发症，如卵巢、子宫或其他部分的炎症、变性、胎衣不下等，继发卵巢囊肿。

(4)配种季节中使役过重，长期发情不予以配种，或在卵泡发育过程中外界温度突然改变等，均可引起卵巢囊肿。

疾病信息收集　性的表现反常，长时期的有时呈不间断地发生性欲，呈慕雄狂现象，这种情况多见于牛，表现高度性兴奋，经常发出如公牛的吼叫声，并经常爬跨其他母牛，性欲特别旺盛，久之食欲减退，逐渐消瘦。病畜的荐坐韧带松弛，在尾根与坐骨结节之间出现一个凹陷。母马的慕雄狂，表现为频频而持久的发情。直肠检查，可发现卵巢增大，变为球形，有一个或数个大而有波动的卵囊，其大小在牛直径为 3～7 cm，在马可达 6～10 cm。发生黄体囊肿时，骨盆及外阴部无变化，母畜不发情。直肠检查，卵巢发生黄体化囊肿，囊肿壁厚，稍有波动。

诊断　根据临床症状、直肠检查可得到确诊。

诊断要点

(1)发情反常，无规律地频繁而持久地发情，性欲旺盛，呈慕雄狂现象。

(2)直肠检查可发现卵巢增大，上有一个至数个有波动的卵囊。

(3)黄体囊肿时，母畜不发情，直肠检查，卵巢发生黄体化囊肿，囊肿壁厚，稍有波动。

治疗技术

【处方 1】消除致病因素，改善饲养管理和使役条件，针对发病原因，增喂所需饲料，特别是维生素类饲料。

【处方 2】激素疗法：促黄体激素，肌肉注射，牛、驴每次 100～200 IU，马 200～400 IU，连用 1～3 次；黄体酮，肌肉注射，牛、马每次 50～100 mg，每日或隔日 1 次，连用 2～7 次。

【处方 3】手术疗法：挤破或刺破囊肿，将手伸入直肠，用中指和食指夹住卵巢系膜固定住卵巢后，再用拇指压迫囊肿，将其挤破并按压 5～10 min，待囊肿局部形成深的凹陷，即达止血目的。

(八)卵巢机能减退及萎缩

卵巢机能减退及萎缩是指卵巢机能暂时性紊乱，机能减退，性欲缺乏，久不发情，卵泡发育中途停滞等；或其机能长期衰退而引起卵巢组织萎缩。

范例(1)　母畜长期不发情，直肠检查，卵巢体积偏小，但质地正常、具有弹性，卵巢上既无卵泡又无黄体。经兽医检查，确定为卵巢机能减退及萎缩。

病因分析　常由于子宫、卵巢的疾病，全身的严重疾病以及饲养管理不当，使役过重而引起家畜身体的衰弱和消瘦所致。气候骤变、突然改变环境也可引起卵巢机能暂时性减退。

疾病信息收集　主要表现为性周期紊乱，发情不定期，发情时的外表征候不明显，或出现发情而无排卵。直肠检查，卵巢上摸不到卵泡或黄体，有时一侧卵巢上有黄体残迹。卵巢萎缩时，母畜长期不发情，卵巢往往变硬，体积显著缩小，牛的仅有黄豆大小，马的如鸽蛋大。卵巢中既无黄体又无卵泡，如果每隔1周左右检查，卵巢仍无变化，即可做出确诊。

诊断　根据发病原因、临床症状、视诊可得到确诊。

诊断要点

(1)性周期紊乱或长期不发情。

(2)直肠检查触摸卵巢可确诊。

治疗技术

(1)治疗原发病。由于生殖器官或其他方面疾病所致者，必须按原发病有关治疗方法和措施进行积极治疗。

(2)利用试情公畜催情。将试情公畜混放于母畜群中，在公畜的影响下刺激母畜卵巢代谢机能旺盛，以刺激母畜发情、排卵。

(3)激素疗法

①促卵泡激素　肌肉注射牛每次100～200 IU，马每次200～300 IU，每日或隔日1次，每注射1次后，须做直肠检查，如无效可连续应用2～3次，至出现发情为止。

②绒毛膜促性腺激素　静脉注射牛、马每次2 000～5 000 IU；肌肉注射牛、马每次10 000～20 000 IU，猪、羊肌肉注射每次500～1 000 IU。必要时可间隔1～2 d重复注射一次。个别病畜于重复注射时可能出现过敏反应，使用时要注意。

③雄激素　常用己烯雌酚，肌肉注射牛、马每次20～25 mg，羊1～2 mg，猪4～10 mg。苯甲酸雌二醇或丙酸雌二醇，肌肉注射，牛、马每次4～10 mg，羊1～2 mg，猪2～8 mg。

④激光疗法　应用氦-氖激光照射阴蒂部、地户穴，或两处同时照射，每日1次，连续照射12～14次为一疗程，对卵巢机能减退或不全效果良好。

⑤按摩疗法　通过直肠按摩卵巢或通过阴道触压按摩子宫颈，每日1次，每次3～5 min，连续3～5次，有一定疗效。

护理方法　病畜要置于安静的圈舍休息，饲喂柔软易消化的富有营养的草料。

预防措施　应从饲养管理方面着手，改善饲料成分，增加矿物质和维生素的含量，合理使役，注意运动等。

二、实训与练习

实训八 难产的防治技术

一、目的要求

(1)掌握家畜难产的症状收集、鉴别方法。

(2)提出难产的治疗方案,并能实施治疗护理。

二、先备知识

(1)基础知识:了解家畜生殖器官解剖部位,掌握家畜生殖器官生理学特点,理解生殖器官功能障碍疾病病理变化过程,掌握家畜生殖器官用药药理、中草药药性和处方等。

(2)技能操作:熟练掌握临床诊断的方法、中兽医诊断方法、治疗技术等。

(3)课程知识:掌握生殖器官功能障碍性疾病防治知识。

三、实训条件

(1)实训地点:一体化实训室、动物医院、养殖场等。

(2)实训病例:患有难产疾病的家畜等。

(3)材料用具:听诊器、体温计、注射用具、常用保定器械、投药器械等、相应难产治疗药品、实训作业单、考核评价单(详见附录)等。

(4)指导教师:有从事兽医岗位工作 3 年以上经历的校内专任指导教师或校外兼职指导教师。

四、实训内容

1.疾病信息收集　小组成员对病畜进行病史调查和临床检查,并记录各项检查结果。

(1)病畜登记:年龄辨别,畜主问询,病情调查。

(2)现症检查:一般检查中,体温、脉搏、呼吸数的测定;生殖道系统检查中,注重观察怀孕母畜子宫蠕动频率的变化和胎儿大小与硬、软产道的变化,视诊家畜机体机能的变化等。

(3)实验室检查:B超仪检查。

2.诊断　分组讨论建立诊断分析,小组应用鉴别诊断和论证诊断法,对有关症状进行逻辑分析。

3.治疗方案　由小组医生提出治疗方案并制定处方,对处方的配伍进行说明。

4.实施治疗　由小组进行处方的执行,实施治疗。其他小组成员进行配合。

5.效果观察　观察、记录治疗效果。根据治疗效果各小组代表进行诊断说明和治疗方案分析,分小组实施治疗,由指导教师指导。

6.工作过程评估　整个工作过程的优劣，由学生自评、小组互评、教师评价完成。

注意事项：病例取得可采用动物门诊、养殖场预约的方式完成，同时结合电教片进行，针对相关的病例问题，由教师及时提出帮助，正确引导学生进行讨论。

五、教学组织

学生每 4 人一组，分组进行实验，按照操作步骤进行课程实践。

六、作业

1.实验报告分析。

2.实训心得和建议。

3.小组讨论完成接诊单、诊断书、处方、治疗护理单、病历册等相关医疗文件。

备注：考核办法采用过程考核（详见附录）。

实训九　胎衣不下的防治技术

一、目的要求

1.掌握家畜胎衣不下的症状收集、鉴别方法。

2.提出胎衣不下的治疗方案，并能实施治疗护理。

二、先备知识

(1)基础知识：了解家畜泌尿生殖器官解剖部位，掌握家畜泌尿生殖器官生理学特点，理解功能障碍疾病病理变化过程，掌握家畜泌尿生殖器官用药药理、中草药药性和处方等。

(2)技能操作：熟练掌握临床诊断的方法、中兽医诊断方法、治疗技术、胎衣不下剥离手术等。

(3)课程知识：掌握泌尿生殖器官功能障碍性疾病防治知识。

三、实训条件

(1)实训地点：一体化实训室、动物医院、养殖场等。

(2)实训病例：患有胎衣不下疾病的家畜等。

(3)材料用具：听诊器、体温计、注射用具、常用保定器械、子宫冲洗器械等、相应胎衣不下治疗药品、实训作业单、考核评价单（详见附录）等。

(4)指导教师：有从事兽医岗位工作 3 年以上经历的校内专任指导教师或校外兼职指导教师。

四、实训内容

1.疾病信息收集　小组成员对病畜进行病史调查和临床检查，并记录各项检查结果。

(1)病畜登记：年龄辨别，畜主问询，病情调查。

(2)现症检查:一般检查中,体温、脉搏、呼吸数的测定;泌尿生殖道系统检查中,注重视诊家畜胎衣垂在外阴处、子宫探查胎衣滞留在子宫内等。

2.诊断　分组讨论建立诊断分析,小组应用鉴别诊断和论证诊断法,对有关症状进行逻辑分析。

3.治疗方案　由小组医生提出治疗方案并制定处方,对处方的配伍进行说明。

4.实施治疗　由小组进行处方的执行,实施治疗。其他小组成员进行配合。

5.效果观察　观察、记录治疗效果。根据治疗效果各小组代表进行诊断说明和治疗方案分析,分小组实施治疗,由指导教师指导。

6.工作过程评估　整个工作过程的优劣,由学生自评、小组互评、教师评价完成。

注意事项:病例取得可采用动物门诊、养殖场预约的方式完成,同时结合电教片进行,针对相关的病例问题,由教师及时提出帮助,正确引导学生进行讨论。

五、教学组织

学生每 4 人一组,分组进行实验,按照操作步骤进行课程实践。

六、作业

1.实验报告分析。

2.实训心得和建议。

3.小组讨论完成接诊单、诊断书、处方、治疗护理单、病历册等相关医疗文件。

备注:考核办法采用过程考核(详见附录)。

【课后作业】

一、名词解释

1.尿结石　2.流产　3.难产　4.子宫脱　5.阴道脱　6.胎衣不下　7.卵巢囊肿　8.卵巢机能减退及萎缩

二、填空题

1.根据尿石形成和部位不同,尿结石可分为________、________、________、________、________。

2.尿石形成的原始部位主要是________,以后可转移至________。

3.尿石症的主要症状是________,肾性腹痛________。

4.公牛尿石症多发于阴茎________或龟头上方。

5.流产根据症状可分为________、________、________、________。

三、选择题

1.牛的胎儿排出时间是(　)。

A. 15～30 min　　B. 1～2 h　　C. 0.5～4 h　　D. 8～12 h

2. 牛的胎衣排出时间是(　　)。

A. 15～30 min　　B. 1～2 h　　C. 20～90 min　　D. 8～12 h

3. 干尸化胎儿是由于怀孕中断黄体(　　)。

A. 萎缩　　B. 不萎缩　　C. 囊肿　　D. 紧闭　　E. 扩张

4. 胎儿浸润是由于黄体不萎缩,子宫颈(　　)。

A. 萎缩　　B. 不萎缩　　C. 部分开张　　D. 紧闭

5. 难产发生时孕畜应保持(　　)姿势,以便矫正胎儿。

A. 前高后低　　B. 前低后高　　C. 水平

6. 矫正胎儿必须在(　　)内进行。

A. 阴道　　B. 骨盆　　C. 子宫　　D. 前庭

7. (　　)易发生胎衣不下。

A. 马　　B. 牛　　C. 羊　　D. 猪

8. 产后灌服(　　)可预防胎衣不下。

A. 糖盐水　　B. 速补钙　　C. 羊水

9. 阴道露在阴门外,如拳头大,站立时能缩回称(　　)。

A. 全脱　　B. 半脱

10. 子宫内翻入子宫腔或阴道内称(　　)。

A. 子宫脱　　B. 半脱　　C. 全脱

11. 持久黄体可选用(　　)治疗。

A. 雌二醇　　B. LH　　C. PG　　D. 促排 2 号

12. (　　)牛不发情。

A. 黄体囊肿　　B. 卵泡囊肿

13. (　　)牛持续性发情。

A. 卵泡囊肿　　B. 黄体囊肿

14. 排出死亡的胎儿叫(　　)。

A. 早产　　B. 小产　　C. 死产　　D. 延期流产

四、判断题

1. 因骨盆特点,马比牛易造成难产。(　　)

2. 牛的胎盘结构决定胎衣排出期较马短。(　　)

3. 产后从母牛子宫内排出的污物,在产后特定时间内称为恶露。(　　)

4. 流产指排出不足月的胎儿。(　　)

5. 流产的治疗原则是发生流产不能保胎时,及时打胎。(　　)

6. 流产后为防子宫炎,可在规定时间内冲洗子宫。(　　)

7.产力性难产可使用大剂量催产素治疗。(　　)

8.难产对于危及病例,应弃母保犊。(　)

9.难产救助越早越好。(　)

10.胎衣不下时,应及早剥离。(　)

11.子宫脱指子宫脱出阴门外。(　　)

五、简答题

1.尿结石的诊断要点是什么?

2.流产的诊断要点是什么?

3.卵巢囊肿的诊断要点是什么?

子情境四　神经器官机能性疾防治疗技术

一、岗位工作范例

(一)面神经麻痹

面神经麻痹是指面神经所支配的眼睑、鼻及唇部的肌肉发生机能障碍的一种疾病。本病主要多发生于马属动物。根据其性质可分为中枢性麻痹和末梢性麻痹两种。

范例(1)　某马一侧的耳及眼睑下垂,鼻翼塌陷,下唇下垂,上唇则歪向健侧,一侧鼻孔狭窄而发生轻度的呼吸、采食、饮水困难,咀嚼不充分,初诊为末梢性神经麻痹。

范例(2)　某马棘豆草中毒,两耳呈现两侧性下垂,不能闭眼,唇部下垂,不能采食,鼻翼下垂,鼻孔开张不全,初诊为中枢性神经麻痹。

病因分析

(1)中枢性神经麻痹　起因于脑部疾病,如脑炎、脑包虫或并发于马腺疫、感冒、腮腺炎、咽侧淋巴结炎、耳病及中毒等。

(2)末梢性神经麻痹　常由于面神经及其分支受到创伤、挫伤,笼头的过度压迫和摩擦。此外,潮湿、寒冷的刺激也可促使本病的发生。

疾病信息收集

(1)末梢性麻痹　患病侧的耳及眼睑下垂,鼻翼塌陷,下唇下垂,上唇则歪向健侧,一侧鼻孔狭窄而发生轻度的呼吸、采食、饮水困难,咀嚼不充分,患侧颊部与白齿间常积滞草料，口角流涎。

(2)中枢性麻痹　其主要症状是两耳呈现一侧性或两侧性下垂。当眼轮匝肌麻痹时，不能闭眼。眼睑举肌麻痹时眼睑下垂。提鼻唇肌麻痹时，唇部下垂，不能采食，鼻翼下垂，鼻孔开张不全，而发生吸气性呼吸困难。

诊断　依发病临床症状、发病情况可以确诊。

诊断要点

(1)唇下垂或歪向一侧，采食、饮水困难。

(2)鼻翼塌陷，鼻孔开张不全，出现呼吸困难。

治疗技术　治疗原则首先去除病因，恢复神经机能，预防肌肉萎缩。

【处方1】应用神经兴奋药，于耳下四横指处的面神经径路上，皮下注射硝酸士的宁溶液0.01～0.039 mg/kg和20%的樟脑油10～20 mL，交替进行，3～5次为一疗程。局部沿面神经径路涂擦10%樟脑酒精或四三一合剂。用药前后还可进行局部按摩，1～2次/d，每次15 min。

【处方2】电针治疗：第一针于太阳穴下方3～4 cm处，与地面垂直将电针刺入皮下10～15 cm；第二针于面颊末端下方2指处，与地面垂直刺入皮下5～10 cm，然后接上电针机，通电，电流由弱到强，频率由慢到快，以家畜最大耐受量为度；每次20～30 min，每日或隔日1次，连续15～20 d。

【处方3】针灸治疗：针灸开关、锁口、上关或下关等穴位。

【处方4】双侧性麻痹而致呼吸困难时，可将鼻翼背部的皮肤做成若干个纵褶，穿粗缝线打结，造成鼻孔被动扩张。因其他疾病引起的面神经麻痹，需对原发病进行有效的治疗。

(二)阴茎垂缕

本病表现为阴茎不能缩回，而松弛地垂于包皮之外，时间稍长则出现环状而有冷感无痛的浮肿，甚至引起溃疡与坏死。

范例(1)　某种公马配种季节，要完成50匹母马的配种任务，突然发病，阴茎下垂不收，触诊有冷感而无痛的水肿。

病因分析　多因体质衰弱，劳动过度，空肠饮冷水太多引起肾阳衰弱，精气衰败而引起。西兽医认为阴茎麻痹是由于阴茎运动神经和牵引肌的损伤引起，也常见于脊髓疾病、肌红蛋白尿病、马媾疫等疾病。

疾病信息收集　突然发病，阴茎下垂不收，触诊有冷感而无痛的水肿。

诊断　依发病临床症状、视诊、触诊情况可以确诊。

诊断要点

(1)阴茎下垂不收，久则引起环状、有冷感而无痛的水肿，水肿处皮肤透亮。

(2)舌色淡红或淡白,脉象迟细,腰胯酸软。

治疗技术

【处方1】中药疗法:中药以温和壮阳,暖肾去湿为主,用加减故纸散,并用霍芥汤煎洗浮肿部。如肿胀严重,可用三棱针乱刺浮肿处,放出血水。病至末期,浮肿处破溃流脓,除内服药外,可用烙铁烧烙溃烂处,然后涂以烫伤药膏,每日3次。也可用少许葱白切细,拌入蜂蜜100 g,涂于患部,1次可愈,多则2次。此外,五倍子30 g,瓦上焙黄,研细末,掺入冰片2 g,再研,装瓶备用,用盐水洗净烂部,再撒药末,2次/d,至愈(本方治公畜龟头炎有良效,多在3~5 d治愈)。

【处方2】热敷疗法和缝合法(治牛垂缕不收):热敷疗法是用热水一盆(50~60℃,冬天用60~70℃的水),用毛巾泡湿后热敷睾丸,利用温热的刺激,使阴茎缩回去,有时一次即愈。

用缝合疗法时,先用0.01%高锰酸钾液清洗脱出部,除去污物和坏死组织,再涂上青霉素软膏,将脱出阴茎送入包皮囊内,用缝针在包皮口缝1~2针,留出一小排尿口即可,排尿口大小以一不露龟头,二不影响排尿为度,一般经10~15 d可愈。如用普鲁卡因局麻后,用手术刀刮削坏死组织至鲜血流出,再撒青、链霉素粉,涂软膏后送回缝合,更具良效。

【处方3】针刺疗法:电针百会、阴茎背侧(在肿胀部阴茎背侧进针,针沿着阴茎背侧向后上方刺入12~15 cm),每次通电0.5 h,2次/d,连续3 d。也可电针后海与阴茎背侧。

【处方4】西药疗法:①体温升高时,用10%磺胺嘧啶钠200~300 mL,40%乌洛托品20~60 mL,5%葡萄糖500 mL混合静脉注射。②水肿严重,用25%硫酸镁80~100 mL,20%安钠咖10~20 mL,50%葡萄糖250 mL,混合静脉注射。③0.2% 硝酸士的宁10 g,50%葡萄糖60 mL,5%维生素B 20 mg,混合,百会、后海两穴分注,隔日1次,用4次。④营养不良病畜,在用上述疗法的同时,可用低分子右旋糖酐铁500 mL,5%氯化钙150 mL,10%葡萄糖500 mL,混合静脉注射。⑤有马媾疫可疑时,用拜耳九一四3 g,加入5%葡萄糖液500 mL中静脉注射,隔4 d 1次,用2次。⑥洗净局部,除去坏死组织后,用蛋清调青霉素粉涂布,并送入包皮筒内。

【处方5】辣椒酊治马驴阴茎麻痹:干辣椒50 g,酒精250 mL,将辣椒在酒精中浸泡6 h备用。先用温水洗净阴茎,将辣椒酊加热至40~50℃,用镊子夹药棉蘸辣椒酊洗5 min,轻症洗5次,重症洗7次。

牛的阴茎垂缕修复术:右侧卧保定患畜,术者蹲于患畜腹侧,左手固定阴茎包皮和阴茎,右手迅速将阴茎向后方用力推送,将阴茎还纳于阴茎包皮内,再尽量把阴茎向内挤，同时将活动阴茎包皮由内向外翻，恢复常态为度。成功的关键是左手紧紧固定阴茎包皮，越紧越易还纳。对脱出时间久，有阴茎外膜坏死、溃烂的患畜，用消毒液清洗浸泡，除去坏死组织，待阴茎软化后进行还纳。助手蹲于患畜的腹侧，用两手拇指伸进活动阴茎包皮内用力向外翻，而两手之食指和中指在阴茎包皮外部用力向阴茎根部方向压，同时术者助手蹲于患畜背侧，左手用力固定未脱出之阴茎前段的阴茎包皮内阴茎，右手大拇指和食指、中指固定脱出部分阴茎向后方抵送，二人配合即可将阴茎送回。待阴茎还纳后，再将活动阴茎包皮向外翻至常态为度，然后用缝合线将包皮口缝合 1/3，防治阴茎脱出。土方可用活蝌蚪 20 条，白砂糖 100 g，共捣溶，涂于脱出阴茎部，2 次/d，4～5 d 见效。

此外，用绷带包扎治疗牛阴茎损伤也有良效。先用 0.1%高锰酸钾水洗净污物、坏死组织和结痂，均匀大量涂磺胺或呋喃西林软膏，用绷带从阴茎前端呈螺旋状包扎垂出的阴茎至基部结扎。2～4 d 后除去绷带，轻者垂出的阴茎全部缩入包皮而愈，重者部分缩入包皮。对未收入包皮的阴茎照上法同样处理，一般 1～3 次即愈。

护理方法

(1)冬季注意保温，防冻伤。

(2)夏季防蚊蝇叮咬。

二、实训与练习

【课后作业】

一、名词解释

1. 面神经麻痹　2. 阴茎垂缕

二、填空题

面神经麻痹根据其性质可分为________和________两种。

学习情境五　家畜营养代谢性疾病防治技术

能力目标

- 掌握动物营养代谢性疾病的诊断，治疗方案的制定，治疗、护理等工作。
- 具备动物营养代谢性疾病病例病因分析和建立预防措施的能力。

知识目标

- 理解营养代谢性疾病的发病机制。
- 熟悉营养代谢性疾病病因、症状、鉴别诊断和治疗方案。
- 掌握核心病例的概念、诊断要点和治疗原则。

学习基础

一、家畜营养代谢性疾病防治技术发展概况

营养学在我国源远流长，博大精深，早在 2 000 多年前，《黄帝内经》中就提出了"五谷为养，五果为助，五畜为益，五菜为充"的饮食模式，此为我们的祖先依据实践经验加以总结而形成的古代朴素的营养学说。

现代营养学源自于 18 世纪末期，经过 19 世纪到 20 世纪初叶，其研究达到全盛时期。此间代表人物是法国的拉瓦锡，被尊为"营养学之父"。他测定了豚鼠在进食前后及活动中的摄氧量，第一次证实了动物机体中热能的产生和氧气的利用相关。从 19 世纪初叶以来，经过漫长的探索性研究，逐渐发现并且认识到三大营养物质和矿物质以外的营养物质，尤其是维生素的生理功能。证明了原以为是中毒性或传染性的脚气病、坏血病、癞皮病和佝偻病，其实都是因为某些营养物质缺乏的结果。1930 年后，发现某些原因不明的人畜地域性疾患和微量元素有关，1931 年发现人患斑釉齿病和饮水中氟元素过多有关，1937 年发现仔猪营养性软骨病和日粮中锰元素缺乏有关，等等。此后的 40 多年中，先后发现多种微量元素（如铜、硒和锌等）对动物正常生理功能的维持有重要作用。1955 年以来，研究证明，

若动物机体缺乏某些必需的营养物质，其细胞的相关成分就无法合成，导致细胞死亡。1985 年 Artemis P. Simpopoulos 博士，首次使用“分子营养学”这个术语。近年来，叶酸、维生素 B_{12}、维生素 B_6 和有关疾病的相关研究，已经深入到分子水平。

二、对营养代谢性疾病的认识

动物机体必需的各种营养物质，对其维持正常的生命活动和生理功能是极其重要的。营养物质主要包括水、矿物质(常量元素、微量元素)、糖、脂肪、蛋白质和维生素之类的物质。若某种营养物质缺乏或吸收、代谢障碍，就会导致动物相关的疾病。

(1)病因　日粮营养不足或单一，日粮营养不平衡或加工、贮存不当；生长发育期、妊娠期和哺乳期，动物机体对各种营养物质的需求量显著增加；慢性胃肠炎症，导致营养物质的消化吸收不良；环境因素如高温条件下，引起动物损失大量的水分、无机盐和水溶性维生素等。

(2)治疗　宜采取综合措施，针对疾病本身，提供合理的日粮，适当补充相应的营养物质。另外，还应积极消除诱发本病的因素。对轻度营养代谢性疾病，应该坚持提供合理日粮为主，相应药物治疗为辅的原则。对于中度或重度的，应该在提供合理日粮的前提下，着重针对缺乏某些营养物质进行使用。

(3)预防　提供合理营养是预防本病的根本措施。应该通过日粮的合理搭配，满足不同环境条件下或不同生理阶段对各种营养物质的需要，以及各种营养物质之间的平衡。还应考虑到加工、贮存的影响，以利于各种营养物质的消化吸收和利用。

营养缺乏症和代谢紊乱不属于任何一个生理解剖系统，但在病理变化或症状方面常以某些系统为主。如钙、磷代谢障碍和维生素 D 缺乏症主要在骨骼系统，维生素 A 缺乏症主要在视网膜及骨骼，维生素 E 和硒缺乏症主要在肌肉，碘缺乏症主要在甲状腺，锌缺乏症主要在皮肤等。构成这类疾病的原因很多，常表现一定的地方性特征。如北纬 40°以上的地区由于光照时间缩短，常发生骨软病和维生素 D 缺乏症；在硒、碘、锌等微量元素缺乏地区，可分别发生羔羊白肌病、幼畜甲状腺肿、仔猪皮肤不全角化症等疾病。随着家畜生产性能的提高，这类疾病更易发生。如高产奶牛分娩后最初 10 周可因机体中能量及糖不足而发生酮病；饲料营养成分中高钙低磷及维生素 D 缺乏、分娩后又大量泌乳可促使发病。近年已把奶牛酮病、生产瘫痪、倒地不起综合征、低镁血症性搐搦、产后血红蛋白尿等营养和代谢疾病独立出来称之为生产疾病，都是由于母牛在饲料营养的摄取与生产的支出之间呈现不平衡所致。某些营养成分过多而另一些营养元素的不足或缺乏，与两种或两种以上元素进入机体内产生互相加成或互相拮抗作用有关，如牛缺铜可因钼过多，猪缺锌可因钙过剩。机体内各种营养物质之间也常相互干扰吸收和转化，如缺磷饲料可降低胡萝卜素的转化作用，而低磷饲料却有利于维生素 A 的贮存；维生素 E 可防止体内硒的氧化；饲料中含大量胡萝卜素具有抗维生素 D 作用；植物中草酸进入体内能与钙结合而被排除等。

三、掌握岗位技术应具备的知识、能力

掌握动物各系统、器官和组织的解剖构造、功能，熟知生理、药理及病理知识。在全身观察方面，应注意精神状态、消瘦、被毛和皮肤等异常状态；在局部检查时，应注意有无疼痛、形态改变及跛行等；剖检化验时，应根据临床症状，重点检查某些方面，如骨骼、关节、肋骨末端及肋骨与脊柱连接处、胸骨、生殖器官、小肠黏膜；小便的颜色及气味；血清中某些矿质元素的水平等。

掌握治疗动物营养代谢性疾病药物的种类、特性、毒性、用法和用量等；同时还要掌握最佳的给药途径，药物在动物机体内生化过程的半衰期、配伍禁忌及合理组方等。同时，应掌握中医药知识及中西结合治疗方法，中药优点显著，如副作用小、不产生耐药性和无残留等。

熟练掌握营养代谢性疾病的发病机理、临床症状、病理、疾病特点及诊断要点，并根据疾病特点科学地进行诊断，指明动物的预后情况，根据病情进行治疗，根据个性疾病发病的原因进行分析，并能提出有效的预防措施。

子情境一　蛋白质代谢疾病防治技术

一、岗位工作范例

禽痛风

禽痛风是因为家禽机体蛋白质代谢障碍或其肾脏受损，导致体内蓄积尿酸盐而引起的营养代谢障碍性疾病。临床上以行动迟缓，腿、翅关节肿大，厌食，跛行，腹泻和衰弱为特征。本病为禽的常见病，集约化饲养的鸡群，尤其是肉仔鸡、蛋鸡群发病率很高。

范例(1)　某户 1 000 只蛋鸡，3 月龄，腹泻，粪便白色，厌食，衰弱，贫血。剖检肾脏有尿酸盐沉积。后经兽医诊断为禽痛风病。

范例(2)　500只肉鸡，30日龄，食欲降低，羽毛松乱，趾关节肿胀，肿胀硬而微痛，有稍能移动的豌豆大结节。该鸡呈蹲坐姿势，走时跛行。后经兽医诊断为禽痛风病。

病因分析　氮在鸡体内的代谢终产物是尿酸，占总尿氮的80%。尿酸通常由肾小管分泌后排泄到尿中。肾小管功能异常会使尿酸中钙和钠盐分泌减少，进一步受损会抑制尿酸的排泄，高尿酸症导致尿酸盐在各种脏器(如心脏、肝脏、肺脏、胃、小肠和腹膜等)表面沉积结晶。

(1)尿酸盐生成太多

①高蛋白饲料　饲喂大量富含核蛋白和嘌呤碱的蛋白质饲料，机体内可以产生过多的尿酸盐。高蛋白饲料为禽类饲料中粗蛋白含量超过28%，此类饲料有动物内脏、肉屑、鱼粉、大豆等。有研究表明，成年鸡的日粮中蛋白质的含量达到40%，结果引起痛风。也有人试验，用38%的蛋白质日粮喂幼火鸡导致痛风，而将蛋白质含量降到20%时，痛风则不再发生，原来的病鸡逐渐康复。

②遗传因素　在某些品系的鸡中，存在着痛风的遗传易感性。

(2)尿酸排泄障碍因素

①传染性因素　鸡传染性支气管炎病毒(IBV)、禽肾炎病毒(ANV)及其他相关病毒均会影响肾脏的功能，诱发痛风。

②非传染性因素　包括中毒因素和营养因素两个方面。

中毒因素，包括嗜肾性化学毒物、药物和霉菌毒素。可以导致肾损伤的化学毒物有重铬酸钾、镉、铊、锌、铅、丙酮、石炭酸、升汞、草酸等。某鸡场因使用漂白精而导致大批肉鸡发生痛风致死的事件。药物中主要为磺胺类药物中毒。霉菌毒素中主要有黄曲霉毒素、烟曲霉毒素等中毒。

营养因素，最多见的为日粮中维生素A长期缺乏，引起肾小管和输尿管上皮细胞代谢障碍，导致尿酸排出受阻。其次高钙低磷和镁过高，都可以导致尿石症而损伤肾脏，引起尿酸排泄不畅。再者饮水不足或食盐含量过多，可以造成尿浓缩，尿量减少，进而引起尿酸排泄不畅。

疾病信息收集　由于尿酸盐的沉积部位不同，可分为内脏型痛风和关节型痛风两种类型。

(1)内脏型痛风　精神不振，食欲下降，消瘦，贫血，鸡冠苍白，羽毛松乱。排白色石灰水样稀便，肛门周围羽毛常被粪便污染。母鸡产蛋下降或完全停止，个别鸡突然死亡。病鸭不愿下水，或下水后不愿戏水，雏鸭出水后羽毛不易干。

病例剖检可见肾脏肿大、苍白，有尿酸盐沉积，输尿管高度扩张，内有石灰样沉积物。心、肝、脾、肠系膜表面有白色尿酸盐沉着，形成一层白色的膜。鸭皮下尿酸盐沉积，尤其两翅下最多。有关内脏痛风的最早报道来源于1日龄的雏鸡。蛋鸡中发病率高的是1年龄内的青年鸡，易始发于14周龄。蛋鸡发病时，死亡率每周可达1%，而且无法彻底治愈。肉鸡的发病率高于蛋鸡，肉鸡中如果暴发内脏痛风可导致2%～3%的死亡率。

（2）关节型痛风　脚趾和腿部、翅部关节肿胀，运动迟缓，跛行，站立困难。病理剖检见关节内白色黏稠的液体，关节面上有白色尿酸盐沉着，有的关节面糜烂或坏死。

因感染传染性支气管炎病毒而导致肾炎和痛风病的典型症状为食欲不振、精神委靡、脱水和腿病。病理解剖可见单侧或双侧输尿管膨大，黏膜增厚，表面有一个或多个结石，肾脏因此而严重萎缩。这种病变可使一叶或两叶甚至一侧肾脏完全衰竭，从而另一侧肾脏代偿性增生，但有些病例是两侧肾脏。内脏尿酸盐沉积一般发生在心、肺、前胃、胃、小肠、肝、气囊、肌肉、关节以及肾，在这些内脏器官上肉眼明显可见白色粉末状的尿酸钙盐或钠盐的沉积。

诊断要点

（1）食欲减退，逐渐消瘦，羽毛松乱，精神委靡，禽冠苍白。

（2）不自主排出白色黏液状稀粪，其中含有多量尿酸盐。

（3）血液中尿酸水平持久增高到150 mg/L以上。

（4）内脏型痛风者在心包膜、胸膜、腹膜、肝、脾、胃、肠系膜等器官表面覆盖一层白色尿酸盐沉积物；关节型痛风者，切开关节肿胀处，有米汤状、膏样的白色物流出。

治疗技术　治疗原则为增强尿酸的排出和减轻关节疼痛，减少尿酸的形成。

【处方1】阿托方，0.2～0.5 g/kg，2次/d，口服（此药能促进尿酸排出，但是机体伴有肝、肾疾病时禁用）。

【处方2】别嘌呤醇，10～30 mg/kg，2次/d，口服（此药可以减少尿酸形成，但用此药期间可以引起急性痛风发作，用秋水仙碱50～100 mg/kg，每日3次，可以缓解症状）。

【处方3】五苓散按每吨饲料中添加1～2 kg，连用5～7 d。

护理方法　在料中添加2%鱼肝油乳剂，增加光照时间，适当增加运动，改变饲料（如降低蛋白质含量等）。

预防措施

（1）饲料要全价，药物使用要严格按说明使用，避免中毒；发霉变质的饲料禁止使用。

（2）在鸡的饮水中加入5%的碳酸氢钠，配成0.1%～0.5%的饮水，再加入适量的氨茶碱和维生素 A、维生素 C 等。

(3)在饮水中也可加入乌洛托品或乙酰水杨酸,使尿液酸化,减少肾损伤。

(4)鸡舍防潮、通风,减少鸡群的应激因素等。

二、实训与练习

【课后作业】

一、名词解释

禽痛风

二、填空题

禽痛风包括________型、________型。

三、判断题

1. 禽痛风诊断依据之一为血液中尿酸水平持久增高到 150 mg/L 以上。( )

2. 有人试验,用 38%的蛋白质日粮喂幼火鸡导致痛风,而将蛋白质含量降到 20%时,痛风则不再发生,原来的病鸡逐渐康复。( )

四、单项选择题

1. 禽痛风属于哪一类营养代谢病?( )

A. 维生素缺乏 B. 蛋白质代谢疾病 C. 脂类代谢疾病 D. 糖类代谢疾病

2. 哪些原因不会引起禽痛风?( )

A. 尿酸盐生成太多 B. 尿酸排泄障碍

C. 霉菌毒素中毒 D. 蛋白质含量过低

五、简答题

禽痛风的诊断要点和治疗方法是什么?试分析禽痛风的形成因素有哪些。

子情境二 脂类代谢疾病防治技术

一、岗位工作范例

(一)牛醋酮血病

牛醋酮血病又名奶牛酮病、母牛热,是因为母牛体内碳水化合物及挥发性脂肪酸代谢紊乱所引起的一种全身性功能失调的代谢性疾病,其特征为血液、尿液和乳汁中的酮体含量增高,血糖浓度下降,消化功能紊乱,体重下降,产奶减少,间有神经症状。本病发生于长期舍饲、运动不足、饲养良好、产奶量较高、3～6 胎的母牛。

范例(1)　某牛表现轻度的不安,从呼气、尿和乳汁中可以闻到轻度的烂苹果味(丙酮味)。后经兽医诊断为酮病。

范例(2)　某奶牛精神沉郁,对刺激(如针刺)的反应消失。食欲减退,产乳量下降,尿有明显丙酮味。有时兴奋不安,转动舌头,空口咀嚼,大量流涎,做圆圈运动。后经兽医诊断为酮病。

病因分析　本病通常发生于产犊后的早期泌乳阶段,母牛需要消耗大量的能量和更多的矿物质,此时如果生糖物质不足或日粮中碳水化合物供给不足,即会导致葡萄糖的负平衡,引起脂肪代谢障碍而呈现酮病。本病可以继发于创伤性网胃炎、前胃弛缓、子宫内膜炎、胎衣不下、产后瘫痪及饲料中毒等。另外,该病的发生与肝脏疾病以及矿物质如钴、碘、磷缺乏等有关。

疾病信息收集

(1)病初期,病牛可能表现轻度的不安和对外界刺激的反应增强,从呼气、尿和乳中可以闻到轻度的烂苹果味(丙酮味)。

(2)病中期,精神沉郁,对刺激(如针刺)的反应减弱或消失。有时兴奋不安,转动舌头,空口咀嚼,大量流涎,有时做圆圈运动。少数病例过度兴奋,盲目徘徊,步态蹒跚,或冲撞障碍物。

(3)病后期,卧地不起,头颈侧转,颇似生产瘫痪。

(4)体温一般正常,时有偏低,但病初可能略有升高。

(5)病牛血、尿、乳有丙酮味。

诊断要点

(1)发生于营养良好的高产奶牛。

(2)皮肤、呼出气、尿、乳有酮味。

(3)尿、乳中酮体检验呈阳性。

(4)注意与产后瘫的区别。产后瘫多发于产后 1～3 d,皮肤、呼出气、尿、乳无特异性气味,尿、乳酮体检验呈阴性。

治疗技术　治疗原则为以提高血糖含量为主,辅之解除酸中毒。

(1)50%葡萄糖溶液 500 mL,静脉注射,1～2 次/d,连用 2～3 d;口服丙酸钠 200 g,每天 1 次,连用 5 d。

(2) 促肾上腺皮质激素 200～600 IU,肌肉注射,每隔 3 d 注射 1 次。也可以用醋酸可的松,每次用 1 g,肌肉注射。

(3)为解除酸中毒,可以配合主药使用 5%碳酸氢钠 1 000～2 000 mL,2 次/d 静脉注射。

预防措施　加强对妊娠和泌乳牛的饲养管理，合理配制日粮，保证供给足够的碳水化合物饲料，切忌多喂青贮料。牛妊娠期要适当运动。高产奶牛泌乳高峰期，可以适当喂服丙酸钠（每次 120 g，2 次/d，连用 10 d）。

（二）脂肪肝综合征

脂肪肝综合征又名脂肪肝出血综合征，是以肝脏发生脂肪变性为特征的一种营养代谢性疾病。临床上以病禽个体肥胖、产蛋减少，个别病禽因肝功能障碍或肝破裂、出血而死亡为特征。本病主要发生于笼养产蛋鸡，平养的肉用型种鸡和蛋鸡也有发生。

范例（1）　某鸡突然发病死亡，腹大且软绵下垂，冠和肉髯苍白色。病理剖检，肝脏呈黄色，肝肥大，质地柔软，肝包膜下有大小不等的出血点。

范例（2）　某群鸭嗜睡，瘫痪，不产蛋，肉髯和冠及脚变凉，零星死亡。病理剖检，肝脏呈黄色，有的肝脏破裂，腹腔内有大量凝血块。

病因分析　多数人认为饲料因素是主要的。

（1）饲料因素　①人为地让鸡过量采食高能量、高蛋白的饲料。②饲料中缺乏胆碱、烟酸、锰、蛋氨酸、维生素 E 等。③饲料中霉菌毒素（如黄曲霉毒素、青霉菌毒素）引起肝脏脂肪变性。

（2）其他因素　有遗传背景。此外，饲养密度大，环境温度高，应激频繁皆会促进脂肪肝综合征的发生。

疾病信息收集　鸡群无明显的临床症状，主要表现为鸡体肥胖，超出正常体重的 20%～30%。生产性能下降，产蛋率可由 80%逐渐下降到 50%，或根本达不到产蛋高峰。有的鸡突然死亡，受到惊吓时死亡率更高。

病理剖检可见尸体过于肥胖，冠、肉髯苍白，腹腔、肝脏、肾脏沉积大量脂肪，肝脏因脂肪变性而呈黄色，肝肥大，质地柔软，易碎。肝包膜下有大小不等的出血点。有的病例肝脏破裂，腹腔内有大量凝血块。其他脏器无明显眼观变化。

诊断要点

（1）依据病因、症状表现。

（2）病禽血清胆固醇高达 6 050～11 480 mg/L（正常为 1 120～3 160 mg/L）。

（3）剖检时，可以见到肝脏肥大，边缘钝圆、油腻，呈黄色，表面有出血点和白色坏死灶，质地脆，易破碎如泥样，用刀切时，在刀的表面有脂肪滴附着。

治疗技术　本病无特效疗法。

【处方 1】在每千克饲料中加入 22～110 mg 胆碱，连用 7 d，有一定疗效。

【处方 2】每吨日粮中加入氯化胆碱 1 kg，维生素 E 10 000 IU，维生素 B 12 mg，肌醇 900 g，连用 10 d，有一定的疗效。

【处方3】每吨饲料中添加2～3 kg龙胆泻肝散，连用5～7 d。

预防措施

(1)科学的饲料配方，合理的日粮能量。国外资料显示，可以通过额外添加富含亚麻酸的花生油来减轻脂肪肝综合征。

(2)在饲料中加入某些营养物质。有资料介绍，在饲料中加入胆碱、肌醇、甜菜碱、蛋氨酸、维生素E、维生素B_{12}、锰、亚硒酸钠等对预防和控制本病有一定效果。

(3)加强饲养管理。开产后，适当控制光照时间，保持环境安静，适宜温度，减少噪音，不喂霉变的饲料。

(4)控制蛋用鸡育成期的日增量。在8周龄时应严格控制体重，不可过肥。

二、实训与练习

实训十　牛醋酮血病的防治技术

一、目的要求

(1)掌握牛醋酮血病的症状收集、鉴别方法。

(2)提出牛醋酮血病的治疗方案，并能实施治疗护理。

二、先备知识

(1)基础知识：了解家畜解剖部位，掌握家畜消化、代谢生理学特点，理解脂肪代谢疾病发病机理、过程，掌握牛醋酮血病用药药理、中草药药性和处方等。

(2)技能操作：熟练掌握临床诊断的方法、中兽医诊断方法、治疗技术等。

(3)课程知识：掌握脂肪代谢疾病防治知识。

三、实训条件

(1)实训地点：一体化实训室、动物医院、养殖场等。

(2)实训病例：家畜奶牛醋酮血病的复制病例模型、患有奶牛醋酮血病的家畜等。

(3)材料用具：听诊器、体温计、注射用具、保定器械、投药器械、相应奶牛醋酮血病治疗药品、考核评价单(详见附录)等。

(4)指导教师：有从事兽医岗位工作3年以上经历的校内专任指导教师或校外兼职指导教师。

四、实训内容

1.疾病信息收集　小组成员对病畜进行病史调查和临床检查，并记录各项检查结果。

(1)病畜登记：年龄辨别，畜主问询，病情调查。

(2)现症检查：一般检查中，体温、脉搏、呼吸数的测定；系统检查中，嗅诊注重呼出气体、乳汁、尿液、体表散发出气味的变化，注重家畜临床表现的变化等。

(3)实验室检查：乳汁、尿液醋酮检查。

2.诊断　分组讨论建立诊断分析，小组应用鉴别诊断和论证诊断法，对有关症状进行逻辑分析。

3.治疗方案　由小组医生提出治疗方案并制定处方，对处方的配伍进行说明。

4.实施治疗　由小组进行处方的执行，实施治疗。其他小组成员进行配合。

5.效果观察　观察、记录治疗效果。根据治疗效果各小组代表进行诊断说明和治疗方案分析，分小组实施治疗，由指导教师指导。

6.工作过程评估　整个工作过程的优劣，由学生自评、小组互评、教师评价完成。

注意事项：病例取得可采用人工诱发复制模型或动物门诊、养殖场预约的方式完成，同时结合电教片进行，针对相关的病例问题，由教师及时提出帮助，正确引导学生进行讨论。

五、教学组织

学生每 4 人一组，分组进行实验，按照操作步骤进行课程实践。

六、作业

1.实验报告分析。

2.实训心得和建议。

3.小组讨论完成接诊单、诊断书、处方、治疗护理单、病历册等相关医疗文件。

备注：考核办法采用过程考核（详见附录）。

【课后作业】

一、名词解释

1.牛醋酮血病　2.脂肪肝综合征

二、填空题

牛醋酮血病又名________，其特征为________、________、________中的酮体含量增高。

三、判断题

1.患牛醋酮血病的奶牛可从呼气、尿和乳中闻到轻度的烂苹果味（丙酮味）。(　　)

2.奶牛酮病常发生于营养不良的奶牛。(　　)

四、单项选择题

1.患酮病的病牛的血、尿、乳有含有(　　)味。

A.大蒜味　　B.烂苹果味　　C.腥臭味　　D.氨水味

2. 哪些病属于脂类代谢疾病？(　)

A. 禽痛风　B. 奶牛酮病　C. 马麻痹性肌红蛋白尿病　D. 脂肪肝综合征

3. 引起脂肪肝综合征的主要病因是(　)。

A. 饲养因素　B. 传染因素　C. 遗传因素　D. 应激因素

五、简答题

1. 脂肪肝综合征的诊断要点和治疗方法是什么？

2. 牛醋酮血病的诊断要点和治疗方法是什么？试分析牛醋酮血病的形成因素有哪些。

六、病例分析

一牛产犊后 15 d 开始食欲不振，拒食精饲料，喜食垫草，产奶量下降明显，牛奶呈酒精阳性奶。按前胃弛缓治疗 10 d，无好转。

针对以上病例，依据所给的临床症状，做出病因分析和治疗。

子情境三　糖类代谢疾病防治技术

一、岗位工作范例

(一)仔猪低血糖病

本病又名乳猪病或憔悴病，为仔猪在出生后最初几天内因饥饿导致体内贮备的糖原耗竭而引起的一种营养代谢病。其特征为血糖明显降低，临床上表现迟钝、虚弱、惊厥、昏迷等，最后死亡。该病是 1 周龄内小猪死亡的主要原因之一，有的猪群死亡率高达 30%。

范例(1)　某仔猪产出后 2 d，步态不稳、发抖、迟钝、厌食，常发出尖叫声。体温下降，皮肤发冷，黏膜苍白，毛色暗淡，四肢无力，卧地不起。后经兽医诊断为猪低血糖病。

范例(2)　某仔猪生出后 36 h，出现惊厥，伴有空口咀嚼，流涎，角弓反张，眼球震颤，前肢、后肢收缩。后经兽医诊断为猪低血糖病。

病因分析　本病发生的主要原因是仔猪饥饿。寒冷可促使发病。

(1)造成仔猪饥饿的因素有仔猪不能吸吮；母猪泌乳不足或不能泌乳；产仔数过多，奶头不够用。

(2)仔猪先天性糖原不足、消化不良等是发病的次要因素。

(3)环境温度过低或空气湿度过高使机体受寒是发病的诱因。

疾病信息收集　本病多发生于出生后 2～3 d 的仔猪。病猪步态不稳，全身发抖，常发出尖叫声。体温下降，皮肤发冷，四肢无力，卧地不起，黏膜苍白，毛色暗淡。有的猪阵发性痉挛，头颈僵硬，眼球震颤，流涎，角弓反张，于昏迷中死亡。病程 24～36 h。

诊断要点

(1)依据 1～3 d 龄仔猪出现范例中的临床症状，就能做出诊断。

(2)检查血糖，当血糖低于 2.775 mmol/L 时，就可以确诊本病。

治疗技术

【处方 1】用 10%～20%的葡萄糖溶液 15～20 mL 腹腔注射，每 4～6 h 一次，直到症状缓解，并能自行吮乳时为止。

【处方 2】口服 10%～20%葡萄糖水，每次 10～20 mL，每 2～3 h 一次。

预防措施　防止仔猪饥饿，注意保暖(16℃以上)。

(二)马麻痹性肌红蛋白尿病

本病是机体以糖代谢障碍，体内蓄积大量乳酸，导致后躯肌肉麻痹和排出红褐色肌红蛋白尿为主要特征的代谢性疾病。多发生于营养良好、闲后突然使役的 5～8 岁的重挽马。

范例(1)　某马在使役结束后的归途中，倒地，不能站立，呈犬坐姿势。触诊臀部及腹部肌肉呈木板样，针刺反应消失，病后 2 d，小便呈红褐色。后经兽医诊断为马麻痹性肌红蛋白尿病。

范例(2)　某骡于使役后 50 min，大量出汗，步态不稳，运步强拘，不愿行走。精神、食欲、体温、脉搏和呼吸基本正常。3 d 后恢复正常。后经兽医诊断为马麻痹性肌红蛋白尿病。

病因分析　本病多发于肌肉丰满、5～8 岁的重挽马。因为马匹在休息期内长期喂富含碳水化合物的饲料，导致机体内肌糖原贮备增高。当休息期过后突然使役，由于剧烈运动，氧供应不足，大量的肌糖原经过一系列复杂过程，无氧酵解为大量的丙酮酸和乳酸，最终肌肉中乳酸蓄积和血液中乳酸含量升高而发病。

本病多发于寒冷季节，因为寒冷的刺激，可促进肌糖原分解以提高能量代谢水平。

据报道，该病的发生可能还与维生素 E 和微量元素硒缺乏有关。

疾病信息收集　多数马在使役 10～60 min 后呈现症状，也有的在劳动结束后发病。病马表现出汗，步态不稳，运步强拘，休息后症状可减轻或消失。病重者呈现不安，后肢挣扎，试图站立，呈犬坐姿势。触诊臀部及腹部肌肉坚实，呈木板样。针刺反应迟钝或消失。病后 2～3 d，出现肌红蛋白尿，尿液呈红褐色。

诊断要点 根据平时膘情良好，而在休息期内未减精料，休息期结束后突然使役发病，又可以见到后肢麻痹及小便呈红褐色就可以诊断本病。对于临床症状较轻的病例，仅能见到跛行或后肢麻痹，小便不呈红褐色，因此应该和肌肉风湿、脊髓损伤等疾病相鉴别。肌肉风湿病例，表现肌肉疼痛，但是发病肌群仍有腱反射；脊髓损伤病例，肌肉正常，主要以直肠、膀胱麻痹、截瘫为特征。

治疗技术 治疗原则为镇静、纠正酸中毒、降低丙酮酸量。

(1)水合氯醛 10～25 g 加水 500 mL，口服。用于发病时挣扎不安。

(2)5%碳酸氢钠溶液 300～500 mL，静脉注射。用于纠正酸中毒。

(3)25%葡萄糖溶液 500 mL，静脉注射，2 次/d，连用 2～3 d；5%维生素 B_1 20 mL，皮下或肌肉注射。用于降低机体中丙酮酸的量。

护理方法 将病马置于宽敞的厩舍中，地面上多铺垫草，经常使其翻身。有食欲者，应提供足够的饮水。排尿困难者，应予导尿。适当使用缓泻剂或灌肠，帮助通便。

预防措施 科学饲养，合理使役。马在休息期时，应减少谷类日粮至平时的50%；使役时，再逐渐恢复到原来的水平。刚开始使役时，宜减轻负重并缓慢行走。

二、实训与练习

【课后作业】

一、名词解释

1. 仔猪低血糖病 2. 马麻痹性肌红蛋白尿病

二、填空题

当血糖低于________时，就可以确诊仔猪低血糖病。

三、判断题

1. 检查血糖，当血糖高于 2.775 mmol/L 时，就可以确诊为仔猪低血糖病。( )

2. 平时膘情良好，而在休息期内未减精料，休息期结束后突然使役发病，又可以见到后肢麻痹及小便呈红褐色就可以诊断马麻痹性肌红蛋白尿病。( )

四、单项选择题

下列哪些原因是会造成仔猪低血糖病的诱因？( )

A. 仔猪先天性糖原不足、消化不良 B. 母猪泌乳不足或不能泌乳

C. 产仔数过多，奶头不够用 D. 环境温度过低或空气湿度过高使机体受寒

五、简答题

1. 仔猪低血糖病的诊断要点和治疗方法是什么？分析仔猪低血糖病的形成因素有哪些。

2. 马麻痹性肌红蛋白尿病的诊断要点和治疗方法是什么？

六、病例分析

猪产出后 36 h，开始出现步态不稳，流涎，发抖，迟钝，体温下降，皮肤发冷，黏膜苍白，前肢、后肢收缩、卧地不起。

针对以上病例，依据所给的临床症状做出诊断，写出治疗方案及护理措施。

子情境四　代谢紊乱性疾病防治技术

一、岗位工作范例

（一）骨质软化症

本病是成年动物发生的一种矿物质代谢障碍疾病，主要表现是钙和磷代谢改变，已经形成的骨组织发生进行性脱钙而被未钙化的骨基质所代替，而导致骨骼软化。临床特征为消化紊乱、异食癖、跛行、骨质软化以及骨变形甚至瘫痪等。

本病主要发生于牛和绵羊，特别是妊娠和高产奶牛。马、山羊、猪发生的与本病极为相似的疾病，一般认为其病因与骨软化症有所不同，是钙不足所致，其脱钙的骨组织被增生的结缔组织代替，为此，特将其称之为纤维性骨营养不良。

范例(1)　某奶牛舔食泥土、墙壁、铁器，在野外啃石块，在舍内吃污秽的垫草。四肢颤抖，后肢伸展，做拉弓姿势。盆骨变形，尾椎骨变软，椎体萎缩，最后几个椎体消失。后经兽医诊断为骨质软化症。

范例(2)　某绵羊舔墙壁、食泥土。运步不灵活，四肢僵直，走路时后躯摇摆。弓背站立，经常卧地不愿起来。后经兽医诊断为骨质软化症。

病因分析　骨质软化症通常由于饲料及饮水中含磷不足或钙含量过多，钙、磷比例不平衡而发病。成年动物骨骼中钙磷比例接近 2∶1，若日粮中钙含量相对增多，磷相对减少，或相反，则破坏正常比例的平衡关系而致病。

长期干旱的环境，使植物对磷的吸收减少，局部干旱地区本病发病率高；山区易发本病，因山地土壤、黄黏土及丘陵土中含磷较少。

冬季或阴雨连绵，由于日照不足，导致机体维生素 D 缺乏，能促进本病的发生。

疾病信息收集

(1)顽固性消化不良。临床检查食欲不定，异嗜，常采食泥土、瓦块等异物。粪便时干时稀，消瘦，易出汗，易患感冒和肺炎。

(2)运动障碍。不明原因的跛行，有交替性。站立时频频换蹄，多卧少立，严重者卧地不起。鸡不愿走动，常卧地采食。

(3)骨变形。长骨变形，关节粗大，肋骨末端呈串珠状肿大。头骨粗大，额部突出，上颌骨肿胀，使口腔闭合困难。牙齿松动，磨面不整，伴有咀嚼障碍，反胃吐草。鸡胸骨变形、弯曲，常有裂痕，腿、翅骨脆易折。

诊断要点　依据自然条件，日粮成分，病畜的种类、年龄、性别、妊娠和泌乳情况，发病季节以及临床特征和治疗效果等，就可以做出诊断。

在诊断本病时，应注意和骨折、蹄病、关节炎、肌肉风湿症和慢性氟中毒等疾病相鉴别。

治疗技术　治疗原则为合理的补钙、磷、维生素 D。

【处方 1】病牛每天喂骨粉 250 g，5～7 d 为一个疗程，症状减轻后，每天喂骨粉 50～100 g，连喂 7 d。

【处方 2】病牛用 20％磷酸二氢钠溶液 300～500 mL，或 3％次磷酸钙溶液 1 000 mL，静脉注射，每天 1 次，连用 3～5 d。

【处方 3】维生素 D_2 或维生素 D_3 400 万 IU，肌肉注射，每周 1 次，连用 2～3 次。和处方 1、2 同时应用。

预防措施　根据动物需求，调整日粮中的钙、磷比例，补充维生素 D。日粮中钙、磷含量，黄牛按 2.5∶1，乳牛按 1.5∶1。粗饲料以花生秸、高粱叶、豆秸、豆角皮为好。为预防高产奶牛的骨软症，有人建议适当降低产乳量，并在产犊前保持 6～8 周的干奶期。

(二)佝偻病

该病是在生长期的幼畜、幼禽由于维生素 D 及钙、磷缺乏或饲料中钙、磷比例失调所导致的一种骨营养不良性代谢疾病。临床上以消化紊乱、异嗜癖、跛行和骨骼变形等为特征。

本病常见于犊牛、羔羊、仔猪和幼犬，幼驹和幼禽也可发生。

范例(1)　病犊精神沉郁，食欲减退，有异食癖，喜卧，不愿活动，生长停滞，消瘦，腿骨变形(两前肢呈“O”形，两后肢呈“八”字形)。后经兽医诊断为佝偻病。

范例(2)　病仔猪开始以蹄尖着地，点头运步，随后用腕部着地跛行，触诊前肢高声尖叫，再随后卧地不起，呈瘫痪状态。后经兽医诊断为佝偻病。

病因分析

(1)日粮中钙的绝对缺乏或继发于磷过量摄入。

(2)日粮中磷的绝对缺乏或继发于钙的过量摄入。

(3)维生素D缺乏。

(4)缺乏阳光照射。

犊牛、羔羊主要是原发性磷缺乏以及舍饲中光照不足。仔猪的病因为原发性磷过多而维生素D和钙缺乏。家禽(幼)的病因主要为维生素D缺乏。

疾病信息收集

(1)消化障碍。精神沉郁,食欲减退,异嗜,生长停滞,日渐消瘦。

(2)运动障碍。动物喜卧,不愿行走。仔猪以蹄尖着地,点头运步,后以腕部着地行走。犊牛站立时弓背、后肢跗关节内收,呈"八"字形叉开。小鸡常卧地采食,驱赶时勉强行走几步后,很快卧地。

(3)骨变形。长骨变形,呈"X"形腿或"Y"形腿。关节粗大,以腕关节、跗关节较明显。出牙期延长,齿形不规则,齿面易磨损,不平整。额部突出,下颌骨增厚。雏鸡胸骨弯曲,喙变形。

诊断要点　依据动物年龄、饲养管理条件、本病呈慢性经过、生长缓慢、异食癖、跛行及牙齿和骨骼变化等特征,不难诊断。骨骼X射线检查可以帮助确诊。应与动物风湿症、犊牛铜缺乏症等相区别。

治疗技术　治疗原则为合理地使用钙、磷及维生素D。

【处方1】维生素D_3 1 500～3 000 IU/kg,肌肉注射。

【处方2】维生素D_2胶性钙(每毫升含钙0.5 mg及维生素D_2 0.125 mg),牛、马2.5万～10万IU,猪、羊5 000～20 000 IU,犬2 500～5 000 IU,皮下或肌肉注射。

【处方3】骨粉,口服。牛、马50～100 g,猪、羊5～10 g。配合处方1、2使用。

【处方4】碳酸钙,口服。牛、马30～120 g,猪、羊3～10 g,犬0.5～2 g。配合处方1、2使用。

预防措施　日粮合理配制,饲料不能单一,尤其应该注意钙和磷的比例合理(正常钙、磷比例为1.2∶1)。骨粉、鱼粉是理想的补充物。冬季舍饲时,应该保证动物得到足够的日照和晒干的青草,还应该合理补充维生素D。

(三)异食癖

本病是指由于环境、营养、内分泌和遗传等多种因素引起的以摄取正常食物以外的物质为特征的多种疾病的综合征。临床特征为舔食、啃咬异物。

异食癖各种动物均可发生，而且多发生于冬季和早春舍饲的牛、羊和马。

范例(1)　牛舔食墙壁、饲槽，食大小便、污染的垫草、煤渣、破布等。皮肤干燥，弹力减退，被毛松乱，磨牙，拱腰，畏寒发抖，贫血，消瘦。后经兽医诊断为异食癖。

范例(2)　绵羊采食脱落的羊毛，该羊被毛粗乱，发黄，食欲减退，消化不良，贫血，消瘦。后经兽医诊断为异食癖。

范例(3)　母猪将其所产仔猪、胎衣吃掉，同窝仔猪相互咬耳朵、尾巴。后经兽医诊断为异食癖。

范例(4)　鸡群中常见的啄羽、啄趾、啄卵、啄肛现象。后经兽医诊断为异食癖。

范例(5)　初生驹吃大便。后经兽医诊断为异食癖。

病因分析　其一为环境因素，饲养密度过大，容易诱发恶癖，光照过强，光色不适当，高温高湿，通风不良，舍内有害气体浓度过高，容易引起家禽的啄癖。其二营养因素，硫、钠、铜、钴、锰、钙、磷、铁、镁等矿物质不足，能引起异食癖，特别是钠盐的不足是常见的原因；绵羊和鸡的食毛癖，猪吃胎衣、胎儿，鸡的啄肛癖与含硫的某些蛋白质、氨基酸的缺乏有关；某些维生素(特别是B族维生素)的缺乏，能诱发异食癖。其三为疾病因素，一些疾病和体内外寄生虫的刺激或毒素的作用等，可以成为异食癖的原因。如猪尾尖坏死，可以引起其咬尾症。

疾病信息收集

(1)多种动物的共同症状　食欲不振，消化不良，舔食墙壁、泥土、破布、煤渣、瓦块等异物。皮肤干燥，弹力减退，被毛松乱，磨牙，弓腰，消瘦，贫血。患畜易惊，对外界刺激反应过敏，后期反应迟钝。口腔干燥，便秘与下痢交替，食欲进一步恶化，最后衰竭而亡。

(2)牛、羊、鹿、兔食毛癖　动物互相舔食被毛，或拣拾地上脱落的被毛。被毛粗乱无光、脱毛，食欲减退，消化不良，贫血，消瘦。当毛球阻塞幽门或肠道时，食欲废绝，胃肠臌气，磨牙，气喘，腹痛和排粪停止。

(3)猪异食癖　母猪吃胎衣或仔猪，架子猪互相啃咬耳朵、尾巴和鬃毛，常引起外伤、感染。

(4)驹食粪癖　初生驹采食母畜粪便，引起消化不良、胃肠炎，还可以导致肠阻塞，如不及时治疗，迅速死亡。

(5)鸡啄癖　包括啄毛癖、啄肛癖、啄蛋癖、啄趾癖等。发生啄毛癖时，鸡互相啄食羽毛，导致背部、颈部、尾部羽毛脱落，一旦形成外伤，其他鸡都来啄食受伤的鸡，往往导致伤鸡死亡。发生啄肛癖时，鸡互相啄食肛门，引起出血，严重者肠管脱出，很快死亡。

诊断要点　根据表现症状诊断并不困难，但欲作病原学诊断，须从病史、临床特征及防治效果等方面进行具体分析，这是因为异食癖是多种疾病的一种表现，而且病因非常复杂，若不确定病原，就不能进行有效的防治。

治疗技术

【处方1】一般常用钙盐、磷酸盐、氯化钴等治疗，有一定疗效。氯化钴，牛30～40 mg，马20 mg，猪、犊牛10～20 mg，羊3～5 mg，内服。同时配合铁铜合剂效果更好。

【处方2】鸡可补喂石膏(硫酸钙)，每天每只0.5～3 g。同时，合理应用镇静剂，对恶癖有一定的疗效。

【处方3】猪、鸡可以补充鱼粉、骨粉等。

【处方4】对猪的咬尾现象，可以使用安眠酮，每50 kg体重用0.4 g，加入水中饮用。

预防措施　改善饲养管理，提供全价日粮。合理分群，饲养密度适宜，通风良好，降温，防寒，防潮等。多喂青草或青干草、青贮料，并适当补饲谷芽、麦芽及酵母等富含维生素的饲料。

(四)自咬症

本病是食肉毛皮动物常见的咬自己的尾巴、大腿内侧或躯体的某一部位的被毛和肢体，造成皮张破损或病兽死亡的疾病。发病时间多在喂食前后或有意外声音刺激时。

范例(1)　蓝狐仔兽，咬住自身膝前不松口，在笼内翻身打滚，吱吱叫唤。后经兽医诊断为自咬症。

范例(2)　水貂，啃咬自身的尾巴，随后精神沉郁，躺卧，眼半闭，对周围事物不敏感。后经兽医诊断为自咬症。

病因分析　营养因素；环境因素，如通风不良、光照不足等；矿物质缺乏；体内外有寄生虫；肛门腺堵塞；慢性传染病；应激因素等。

疾病信息收集　春、秋季节多发，育成兽较易发病。一般为慢性经过，反复发作，周期长短不一，表现高度兴奋。单向性转圈，自咬某一部位，如尾巴、臀部、后肢等；并发出尖叫声，咬伤皮肤，撕裂肌肉，造成流血、断尾。也有的啃咬脚掌、腹部。如继发感染，则出现全身症状。

诊断要点　根据临床症状，对本病不难做出诊断，只有明确病因，才能确定因何而引起本病的发生。

治疗技术　治疗原则为除去病因，镇静，防止感染。

【处方1】氯丙嗪片，7～10 kg 体重每次2片，2次/d。

【处方2】扑尔敏片，7～10 kg 体重每次1片，2次/d。

【处方3】颠茄片、维生素 B_1 片，7～10 kg 体重每次各1片，3次/d。

【处方4】对咬伤部，应用双氧水清洗后再涂碘酒。为防止感染，可以肌肉注射青霉素，每次10万～20万IU，2次/d。

预防措施　其一是淘汰已发生自咬症的种兽父母及家庭成员。其二是为动物提供良好的环境，如降低噪声，光线适宜，通风良好，搞好舍内卫生，舍、笼彻底消毒等。其三是提供全价饲料，合理配制日粮，如日粮组成动物性饲料45%，玉米45%，豆饼6%，酵母3%，维生素和微量元素1%，对自咬症有较好的预防作用。

(五)奶牛生产性瘫痪

本病也称乳热症、低血钙症，为奶牛分娩前后突然发生的一种严重的代谢性疾病。临床特征为低血钙、全身肌肉无力、知觉丧失及四肢瘫痪。

本病主要发生于饲养良好的高产奶牛，而且易发于产奶量最高峰时期(5～8岁之间)；以经产牛多发，初产者则几乎不发生此病。该病大多数发生于顺产后的3 d内(多数发生于12～8 h之间)，少数发病于分娩过程中或分娩前数小时，极少数发生于分娩后数周或妊娠末期。该病散发，个别奶牛场的发病率可以高达25%～30%。治愈的奶牛在下次分娩时还可能再次发病。

范例(1)　6岁奶牛分娩后24 h，突然食欲废绝，反刍、瘤胃蠕动及排便停止。产奶量减少，精神沉郁，表现轻度不安。不愿走动，后腿交替负重，后躯摇摆，好似站立不稳。四肢(有时为其他部分)肌肉震颤。鼻镜干燥。四肢及身体末端变凉，皮温降低。呼吸变慢(10次/min)，体温稍低(37.3℃)。1 h后，该牛后肢瘫痪，不能站立，由于挣扎站立，而致通体出汗，颈部最多，肌肉颤抖。接着意识抑制和知觉丧失。此时该牛呈昏睡状态。眼睑反射微弱，眼球干燥，瞳孔散大，对光线刺激无反应；皮肤对疼痛刺激无反应；肛门松弛，反射消失；心音弱，心律快，100次/min；脉搏微弱，难以触摸，呼吸变慢，有明显的喉头呼吸声；体温降低到37℃。此时该牛呈现一种特殊卧姿，伏卧，四肢屈于躯干下，头向后弯至胸部一侧。

范例(2)　5岁奶牛，分娩7 d后，突然瘫痪，头颈至鬐甲部呈一轻度的“S”状弯曲。精神极度沉郁，不食，各种反射不完全消失，能勉强站立，但是站立不住，体温38.5℃。

病因分析　本病的病因及发病机理目前尚不完全清楚，但一般认为奶牛分娩前后血钙浓度剧烈降低是致病的主要原因。产后大量的钙进入初乳，病牛丧失的钙量大于它能从肠道吸收和骨骼动用的数量总和，就会发病。根据测定，产后健康牛的血钙浓度为 0.08～0.12 mg/mL，而病牛的则下降为 0.03～0.07 mg/mL。

另外，有学者认为本病是母牛分娩后，乳腺迅速膨大和泌乳，使血钙骤然减少和血压降低双重原因，而引起大脑皮质发生抑制的结果。

疾病信息收集　牛发生生产瘫痪时，表现的症状不尽相同，可分为典型性和非典型性两种。

(1)典型性生产瘫痪　表现突然发病，初期通常是精神沉郁，不愿走动，后肢交替踏脚，后躯摇摆，站立不稳，四肢(有时其他部分)肌肉震颤。有些病例，开始时表现短暂的不安，出现惊慌、哞叫、凶暴、目光凝视等兴奋和过敏症状。

初期症状发生不久（多为 1～2 h)，病畜即表现出本病的瘫痪症状。后肢开始瘫痪，不能站立，随之出现意识抑制和知觉丧失的特征症状。病牛昏睡，眼睑反射微弱或消失，眼球干燥，瞳孔散大，对光线刺激无反应，皮肤对疼痛刺激无反应。肛门松弛，反射消失。心音减弱，节律加快，达 80～120 次/min；脉搏微弱，难以触摸。由于咽喉麻痹，口内唾液积聚，舌头外垂，呼吸带啰音。

病牛卧下时呈现一种特征姿势，取伏卧，四肢屈于躯干之下，头向后弯至胸部一侧。随着病程的进展，体温逐渐下降，最低可降至 35～36℃。临死时呈昏迷状态。

(2)非典型性生产瘫痪　临床上较多见，其症状除瘫痪外，特征是头颈姿势很不自然，头颈至鬐甲部呈一轻度的“S”状弯曲。病牛精神极度沉郁，但不昏睡。食欲废绝，各种反射减弱，但不完全消失，病牛有时能勉强站立，但站立不住，且行动困难，步态摇摆。体温一般正常。

诊断要点　诊断本病的主要依据为病牛为 3～6 胎、刚刚分娩不久(绝大多数在产后 3 d 内)高产奶牛，而且呈现特征性瘫痪姿势及血钙降低(一般小于 0.08 mg/mL，多数为 0.02～0.05 mg/mL)，并且乳房送风疗法有良好效果，就可以做出确诊。

非典型的奶牛生产性瘫痪应与酮血病进行鉴别诊断。本病还应与产后败血症、分娩而恶化的创伤性网胃炎和产后截瘫相鉴别。

范例(1)为典型性奶牛生产性瘫痪，范例(2)为非典型性奶牛生产性瘫痪。

治疗技术　治疗原则为补钙和抑制血钙浓度降低，治疗愈早愈好。

【处方 1】20%～25% 硼葡萄糖酸钙溶液(葡萄糖酸钙溶液中加入 4%的硼酸，以提高葡萄糖酸钙的溶解度和稳定性)500 mL，1 次静脉注射。注射 6～12 h 病牛若没有反应，可以重复注射，不能超过 3 次。第 2 次静脉注射时，可以配合注入等量的40％葡萄糖溶液、15％磷酸钠溶液和15％硫酸镁溶液。为了安全，500 mL含钙溶液至少要注射10 min。静脉补钙的同时，可以肌肉注射5～10 mL维丁胶性钙，有利于钙的吸收和减少复发率。

【处方2】乳房送风疗法：乳房注入空气后，使乳房内压升高，乳汁分泌减少，血钙水平回升，全身血压升高而痊愈。

用消毒过的乳房送风器向乳区打气前，使牛侧卧，挤净乳房中的奶，并将乳头消毒，将涂有少许润滑剂的乳导管插入乳头内，注入青霉素10万IU及链霉素0.25 g(溶于20～40 mL生理盐水中)。4个乳区均应打满空气。打入的空气量以乳房皮肤紧张、乳腺基部边缘清楚并且变厚，轻敲乳房呈现鼓音时为宜。应当注意，打入的空气不足，不能产生效果。打好气之后，用宽纱布条将乳头轻轻扎住，以不漏气为宜。待病畜站立后，经过1 h，将纱布条解除。大多数病例，打满空气后约30 min，就可痊愈。

【处方3】地塞米松20 mg，20％～25％硼葡萄糖酸钙溶液500 mL，1次静脉注射。据报道，此疗法对本病的治愈率可以达到92.8％。

护理方法　对病牛要有专人护理，厚垫草，气温低时应注意保暖。病牛侧卧时间过长，应每天翻转几次或设法使其伏卧，防止发生褥疮及反刍时引起异物性肺炎。病牛站立时，仍有困难或站立不稳，必须加以扶持，避免其跌倒导致骨折及乳腺损伤。病愈后的1～2 d内，挤奶量以仅够喂犊牛为宜。

预防措施

(1)奶牛从产前2周应该适当减少钙的摄入量，饲喂低钙高磷的饲料。此法可以激活甲状旁腺的机能，从而提高钙吸收和动用钙的能力。为此可以增加谷物饲料减少豆科饲料，使日粮中的钙、磷比例保持在(1.5～1)∶1。在临产前及分娩后立即增加钙的饲喂量。

(2)应用维生素D制剂可以有效地预防本病，可以在分娩后立即1次肌肉注射10 mg双氢速变固醇(DT10)。分娩前2～8 d，1次肌肉注射维生素D_2(骨化醇)1 000万IU，如用药后没有分娩，每8 d重复用药1次。

(3)产后不要立即挤奶及产后3 d之内不要将初乳挤净，对本病有一定的预防作用。

二、实训与练习

实训十一　奶牛生产性瘫痪的防治技术

一、目的要求

(1)掌握奶牛生产性瘫痪的症状收集、鉴别方法。

(2)提出奶牛生产性瘫痪的治疗方案,并能实施治疗护理。

二、先备知识

(1)基础知识:了解奶牛解剖部位,掌握奶牛消化、代谢生理学特点,理解代谢紊乱疾病发病机理、过程,掌握代谢紊乱疾病用药药理、中草药药性和处方等。

(2)技能操作:熟练掌握临床诊断的方法、中兽医诊断方法、治疗技术等。

(3)课程知识:掌握代谢紊乱疾病防治知识。

三、实训条件

(1)实训地点:一体化实训室、动物医院、养殖场等。

(2)实训病例:家畜奶牛生产性瘫痪的复制病例模型、患有奶牛生产性瘫痪的家畜等。

(3)材料用具:听诊器、体温计、注射用具、常用保定器械、投药器械等、相应奶牛生产性瘫痪治疗药品、实训作业单、考核评价单(详见附录)等。

(4)指导教师:有从事兽医岗位工作3年以上经历的校内专任指导教师或校外兼职指导教师。

四、实训内容

1.疾病信息收集　小组成员对病畜进行病史调查和临床检查,并记录各项检查结果。

(1)病畜登记:年龄辨别,畜主问询,病情调查。

(2)现症检查:一般检查中,体温、脉搏、呼吸数的测定;系统检查中,注重精神状态中意识抑制和知觉丧失的特征症状变化,注重病牛卧下的特征姿势等。

(3)实验室检查:血液生物化学分析检查。

2.诊断　分组讨论建立诊断分析,小组应用鉴别诊断和论证诊断法,对有关症状进行逻辑分析。

3.治疗方案　由小组医生提出治疗方案并制定处方,对处方的配伍进行说明。

4.实施治疗　由小组进行处方的执行,实施治疗。其他小组成员进行配合。

5.效果观察　观察、记录治疗效果。根据治疗效果各小组代表进行诊断说明和治疗方案分析,分小组实施治疗,由指导教师指导。

6.工作过程评估　整个工作过程的优劣,由学生自评、小组互评、教师评价完成。

注意事项:病例取得可采用人工诱发复制模型或动物门诊、养殖场预约的方式完成,同时结合电教片进行,针对相关的病例问题,由教师及时提出帮助,正确引导学生进行讨论。

五、教学组织

学生每 4 人一组,分组进行实验,按照操作步骤进行课程实践。

六、作业

1. 实验报告分析。

2. 实训心得和建议。

3. 小组讨论完成接诊单、诊断书、处方、治疗护理单、病历册等相关医疗文件。

备注:考核办法采用过程考核(详见附录)。

【课后作业】

一、名词解释

1. 纤维性骨营养不良　2. 佝偻病　3. 异食癖　4. 自咬症　5. 奶牛生产性瘫痪

二、填空题

1. 牛发生生产瘫痪时,表现的症状不尽相同,可分为_________和_________两种。

2. 奶牛生产性瘫痪大多数发生于顺产后的_________ d 内。

三、判断题

1. 脚气病、坏血病、癞皮病和佝偻病,都是因为中毒性或传染性疾病引起的结果。(　　)

四、单项选择题

1. 引起佝偻病的病因有哪几项?(　　)

A. 维生素 E 缺乏　B. 维生素 D 缺乏　C. 维生素 A 缺乏　D. 维生素 C 缺乏

2. 下列哪些代谢紊乱病属于骨营养不良症?(　　)

A. 佝偻病　B. 异食癖　C. 自咬症　D. 乳热症

3. 下列哪些药物不能有效治疗生产性瘫痪?(　　)

A. 4%硼酸　B. 20%~25%葡萄糖酸钙溶液　C. 地塞米松　D. 维丁胶性钙

五、简答题

1. 骨质软化症的形成原因和诊断要点是什么?

2. 佝偻病的诊断要点和治疗方法是什么?

3. 试分析奶牛生产性瘫痪的形成因素有哪些,如何进行鉴别诊断和治疗?

4. 请分析鸡的啄肛癖的形成原因和治疗方法。

子情境五　维生素缺乏性疾病防治技术

一、岗位工作范例

(一)维生素 A 缺乏症

本病是因维生素 A 或维生素 A 原(胡萝卜素、玉米黄素)缺乏或不足所引起的一种营养代谢疾病。临床特征为生长缓慢、上皮角化、夜盲症、繁殖机能障碍和机体免疫力低下等。

本病常发生于犊牛、仔猪和幼禽,其他动物也可以发生。

范例(1)　某犊牛在早晚或月光下盲目行动,甚至碰撞障碍物。被毛粗乱,皮肤出现麸皮样痂块,鼻腔分泌物明显增多,角膜混浊。后经兽医诊断为维生素 A 缺乏症。

范例(2)　某仔猪夜盲不明显,被毛粗乱,干燥。共济失调,轻度跛行。关节屈曲。后经兽医诊断为维生素 A 缺乏症。

范例(3)　某群雏鸡生长缓慢,逐渐消瘦,喙和小腿部皮肤的黄色消失。神经症状明显,如捕捉时,头颈扭转或后退。后期幼雏从眼角和鼻孔流出浑浊或透明的渗出物。后经兽医诊断为维生素 A 缺乏症。

病因分析　饲养不良,长期得不到充足的维生素 A 或维生素 A 原,长期舍饲,单纯的提供大量品质粗劣的干草、麦秸等维生素 A 原缺乏的饲料。怀孕母畜或泌乳时对维生素 A 的需求量增大,胃肠道疾病或肝脏疾病影响维生素 A 吸收及胡萝卜素的转化、贮存等。

疾病信息收集

(1)夜盲症　除猪外,多数家畜在弱光下看不见。

(2)干眼病　眼炎流泪,角膜角化呈云雾状,眼睑内有黏液,眼角常有气泡,严重者角膜溃疡、穿孔、失明。

(3)神经症状　兴奋不安,盲目运动,转圈,尖叫。面神经麻痹,口唇歪斜。癫痫样发作。

(4)皮肤变化　皮肤粗糙、增厚、脱屑。猪有脂溢性皮炎,鸡口角、腿黄色褪去,呈苍白色。

(5)鸡的剖检病变　口、鼻内有黏液,喉头、气管、食道内有纤维素膜,易剥离,剥离后留下光亮整齐的疤痕，这是与白喉型鸡痘的重要区别之一。肾脏肿大、苍白，有尿酸盐沉积。

诊断要点 依据维生素 A 缺乏症的主要症状，如夜盲、角膜混浊、软化，仔畜的先天性失明，癫痫样症状、共济失调、后躯麻痹，孕畜易发生流产或产出死胎、弱仔等，结合日粮和治疗试验等方面综合分析，可以做出诊断。

治疗技术 治疗原则为治疗原发病和应用维生素 A 制剂。

【处方 1】鱼肝油，内服，马、牛 20～60 mL，猪、羊 10～30 mL，驹、犊 1～2 mL，仔猪、羔羊 0.5～1 mL，禽 0.2～1 mL。

【处方 2】浓缩维生素 A 油剂，肌肉注射，每日 1 次，马、牛 15 万～30 万 IU，猪、羊、犊牛 5 万～10 万 IU，仔猪、羔羊 2 万～3 万 IU。

预防措施 动物日粮中应该具有足量的青绿饲料、优质干草、胡萝卜及黄玉米，必要时应补饲鱼肝油或维生素 A 添加剂。动物舍饲时，要光线充足，通风良好，并有适当的户外运动。对孕畜可以在产前 4～6 周期间给予鱼肝油或浓缩维生素 A 油剂：牛、马 60 万～80 万 IU，猪 25 万～35 万 IU，羊 15 万～20 万 IU，每周 1 次。

（二）维生素 B 缺乏症

本病为维生素 B 类（维生素 B_1、维生素 B_2、维生素 B_{12} 等）缺乏而引起的动物相应的营养代谢性疾病。易发于大型养鸡场。

范例（1） 某群蛋鸡，部分鸡出现腿屈曲，坐地，头向后仰，呈“观星姿势”。此为维生素 B_1 缺乏症。

范例（2） 某猪生长缓慢，呕吐，眼白内障，步态强拘，皮肤发疹、鳞屑、溃疡及脱毛。此为维生素 B_2 缺乏症。

范例（3） 某犊牛厌食，生长停止，营养不良，贫血，肌肉衰弱。此为维生素 B_{12} 缺乏症。

病因分析 维生素 B 广泛存在于青绿饲料、酵母、麸皮及米糠中，也可以通过消化道微生物合成，因此在自然条件下，一般不易发生缺乏症。但是，如果饲料长期水泡或饲料单一，有慢性胃肠疾病等时，可以导致本病的发生。

疾病信息收集

（1）维生素 B_1 缺乏 主要表现厌食和多发性神经炎的症状。鸡，厌食，生长不良，羽毛松乱，翅下垂，腿前伸，尾着地，头后仰，呈“观星姿势”。牛，共济失调，走路摇摆，惊厥，腹泻。猪，厌食，呕吐，腹泻，生长不良，黏膜发绀。马，弓背，牙关紧闭，步态强拘，阵发性惊厥，角弓反张。

(2)维生素 B_2 缺乏　鸡，精神沉郁，不愿走动，下痢，消瘦，贫血，鸡冠苍白；足趾内弯，飞节着地，行走困难是本病的重要特征；成鸡产量少，孵化率低，死胚羽毛卷曲呈球状。马，吃草少，生长慢，腹泻；周期性眼炎、流泪。猪，生长慢，呕吐，脱毛，鳞屑，皮肤湿疹，步态强拘，走路小心。犊，厌食，生长不良，腹泻，口唇、口角、鼻孔处黏膜充血。

(3)维生素 B_{12} 缺乏　鸡，生长慢，贫血，消瘦，饲料利用率低，种蛋孵化率低，蛋鸡产蛋量减少。猪，贫血，消瘦，结膜苍白，生殖机能下降。犊牛，厌食，生长停止，营养不良，肌肉衰弱。

诊断要点　根据饲料情况、临床症状、病畜的原发病综合分析，不难做出诊断。

治疗技术

【处方 1】维生素 B_1，每千克体重 0.25～0.5 mg，皮下或肌肉注射。

【处方 2】维生素 B_2，猪 0.02～0.03 mg，鸡每千克饲料中加入 2～5 mg。

【处方 3】维生素 B_{12}，猪 0.3～0.4 mg，鸡 2～4 μg，每天 1 次。

预防措施　主要应在日粮中增加富含维生素 B 的饲料(如青料、米糠、麦麸等)，也可以在饲料中加入相应的维生素 B。为预防维生素 B_1 缺乏，猪料中按每千克体重加入维生素 B_1 30～60 mg，鸡料中可以加入乳、肝和肉粉等。为预防维生素 B_2 缺乏，每吨猪料中加入维生素 B_2 2～3 g，每千克鸡料中加入维生素 B_2 1.3～1.5 mg。为预防维生素 B_{12} 缺乏，每吨猪料中加入维生素 B_{12} 1～5 mg，每吨种鸡料中加入维生素 B_{12} 4 mg，肉鸡料中可以适量补充鱼粉。

(三)维生素 D 缺乏症

本病一般是因为动物皮肤或饲料日照不足所致。临床特征为食欲减退、生长缓慢、营养不良等。维生素 D 缺乏症主要发生于笼养家禽(鸡)和雏禽。

范例(1)　成年母鸡，日粮中缺乏维生素 D，经 2～3 个月后表现出蛋壳变薄或产软壳蛋的数量显著增多，产蛋量和孵化率大幅度下降。个别鸡在产出 1 个蛋后，即表现腿软，不能站立，蹲伏数小时后才能恢复正常，病重者呈企鹅状姿势，随后胸骨变弯曲，肋骨向内凹陷。后经兽医诊断为维生素 D 缺乏症。

范例(2)　雏鸭，日粮中缺乏维生素 D，于 10～11 日龄发病，30 日龄前后出现症状，两腿无力，步态不稳，腿骨变脆易折断，喙和脚爪变软易弯曲，行走极其吃力，跗关节下伏。后经兽医诊断为维生素 D 缺乏症。

病因分析　长期舍饲，光照不足；缺乏运动；不注意饲料中维生素 D 添加或添加剂量不足；家禽患慢性腹泻或有肝、肾疾病时，则促进本病发生。

疾病信息收集　各种动物主要表现为食欲和饲料利用率降低，生产力下降及增重缓慢，后期引起骨营养不良，呈现跛行、运动障碍，站立不稳，甚至长骨弯曲，关节肿大，进一步发展为佝偻病或骨软症。

成年母鸡产蛋量减少，产软壳、薄壳蛋，最后产蛋可完全停止。随着病程的延长，病鸡两腿无力，呈蹲坐姿势，行走时动作笨拙。喙、爪、腿、翅、胸骨变脆，容易折断。雏鸡两腿无力，走路不稳，呈企鹅姿势，严重者不能站立，勉强站立时两腿叉开，呈"八"字形。骨变软，不易折断，喙变形，不便采食。

诊断要点　根据饲养管理上的缺陷和症状表现及剖检变化(肋骨与脊柱连接处发现念珠状肿胀)可以做出初步诊断。

治疗技术　治疗原则为加强饲养管理，合理地应用维生素 D。

【处方 1】维生素 D_2 胶性钙(骨化醇胶性钙)，皮下或肌肉注射，马、牛 2.5 万～10 万 IU，猪、羊 0.5 万～2 万 IU，犬 2 500～5 000 IU。

【处方 2】维生素 D_3，肌肉注射，每千克体重 1 500～3 000 IU。

【处方 3】维生素 AD 注射液，马、牛 5～10 mL，猪、羊 2～4 mL。

【处方 4】对病禽，可以在每千克饲料中应用鱼肝油 10～20 mL，同时在每 50 kg 饲料中添加维生素 D_2 5 g，连喂 2～4 周，至病禽康复。

预防措施　增加舍内光照，加强户外运动，饲喂日照充足的饲草，并添加日光照射过的干酵母。对于经济动物及良种畜禽，可以在饲料中补充鱼肝油(应参照具体规格及使用方法，一般猪 10～30 mL，犬 5～10 mL，鸡 1～2 mL)。

(四)维生素 E 缺乏症

维生素 E 是含有不同比例的 α、β、γ、δ 生育酚以及其他生育酚的混合物，其中以 α 生育酚生物活性最高。它有广泛的生理功能。

维生素 E 缺乏时，可以导致牛营养性肝坏死、猪肝营养不良、幼畜肌营养不良、幼禽脑软化症、小鸡渗出性素质和肌肉萎缩症等。

大量研究表明，维生素 E 和微量元素硒有着相似的生物学作用和密切联系，在很大程度上其作用的发挥互以对方存在为前提。因此，多把二者缺乏融合为综合征。

范例(1)　某群 15～30 日龄小鸡，即头向后仰或向下痉挛，或向侧歪斜，或勾向两腿之间，剧烈后退。有时转圈、昏迷。后经兽医诊断为维生素 E 缺乏症。

范例(2)　某群猪生殖能力下降，母猪不孕症，死胎及流产。仔猪死后剖检心肌苍白、柔软。后经兽医诊断为维生素 E 缺乏症。

病因分析　日粮中维生素 E 缺乏或添加不足；饲料贮存过久；添加到日粮中的维生素 E 被其中矿物质和不饱和脂肪酸氧化等。

疾病信息收集　精神不振，采食减少，共济失调，步态不稳，时而冲撞，盲目运动。公畜睾丸萎缩、变性，生殖力下降，母畜不孕。猪往往突然死亡。鸡、鸭头后仰或头颈扭曲，站立不稳，运动失调，走路时常跌倒，尤其受惊吓时明显。腹部皮肤呈蓝绿色，冠苍白。

病理变化　以肌肉变性苍白、脑软化和渗出性素质为特点。猪肝营养不良，胃的幽门部溃疡，心外膜、心内膜及心肌斑点状出血称"桑葚心"。鸡小脑软化、水肿，有出血点，切面有出血点和黄绿色的坏死区。皮下水肿，有蓝绿色胶胨样物，心包及腹腔积液。胸肌、腿肌有灰白色条纹及出血点，肌胃、心肌苍白、柔软。

诊断要点　根据症状、病理变化（鸡小脑软化、脑膜水肿、小脑出血等）、饲料分析和试验性治疗，可以做出初诊。

治疗技术

【处方 1】病禽每千克饲料中添加维生素 E 10～20 mg，连喂 10～14 d。

【处方 2】病禽单独内服维生素 E，每只每次 300 mg。

预防措施　在饲料中外加小麦胚油或麦片、小麦麸或 α 生育酚。

二、实训与练习

实训十二　维生素 D 缺乏症的防治技术

一、目的要求

(1)掌握维生素 D 缺乏症的症状收集、鉴别方法。

(2)提出维生素 D 缺乏症的治疗方案，并能实施治疗护理。

二、先备知识

(1)基础知识：了解动物机体内维生素的生化过程特点，理解维生素缺乏对动物机体的病理变化过程，理解维生素 D 缺乏症疾病发病机理、过程，掌握维生素 D 缺乏症疾病用药药理、中草药药性和处方等。

(2)技能操作：熟练掌握临床诊断的方法、中兽医诊断方法、治疗技术等。

(3)课程知识：掌握维生素缺乏性疾病防治知识。

三、实训条件

(1)实训地点：一体化实训室、动物医院、养殖场等。

(2)实训病例：家畜维生素 D 缺乏症的复制病例模型、患有维生素 D 缺乏症的家畜等。

(3)材料用具:听诊器,体温计,注射用具,常用保定器械,投药器械等。相应维生素D缺乏症治疗药品。考核评价单(详见附录)等。

(4)指导教师:有从事兽医岗位工作3年以上经历的校内专任指导教师或校外兼职指导教师。

四、实训内容

1.疾病信息收集　小组成员对病畜进行病史调查和临床检查,并记录各项检查结果。

(1)病畜登记:年龄辨别,畜主问询,病情调查。

(2)现症检查:一般检查中,体温、脉搏、呼吸数的测定;系统检查中,注重家畜运动机能的变化,观察大群动物的整体机体情况,有无相同的症状,有无相同的病理变化,发病的时间是否相同,在相同的饲养条件下,动物的饮欲、食欲是否相同等。个体动物的饮欲、食欲是否存在,临床典型症状、典型的病理变化是什么。

(3)实验室检查:饲料维生素化验检查。

2.诊断　分组讨论建立诊断分析,小组应用鉴别诊断和论证诊断法,对有关症状进行逻辑分析。

3.治疗方案　由小组医生提出治疗方案并制定处方,对处方的配伍进行说明。

4.实施治疗　由小组进行处方的执行,实施治疗。其他小组成员进行配合。

5.效果观察　观察、记录治疗效果。根据治疗效果各小组代表进行诊断说明和治疗方案分析,分小组实施治疗,由指导教师指导。

6.工作过程评估　整个工作过程的优劣,由学生自评、小组互评、教师评价完成。

注意事项:病例取得可采用人工诱发复制模型或动物门诊、养殖场预约的方式完成,同时结合电教片进行,针对相关的病例问题,由教师及时提出帮助,正确引导学生进行讨论。

五、教学组织

学生每4人一组,分组进行实验,按照操作步骤进行课程实践。

六、作业

1.实验报告分析。

2.实训心得和建议。

3.小组讨论完成接诊单、诊断书、处方、治疗护理单、病历册等相关医疗文件。

备注:考核办法采用过程考核(详见附录)。

知识补充

维生素缺乏鉴别诊断要点

	临床症状	特征症状	病理变化	诊断要点
维生素A缺乏症	1.夜盲症　除猪外,多数家畜在弱光下看不见。 2.干眼病　眼炎流泪,角膜角化呈云雾状,严重者角膜溃疡、穿孔、失明。 3.神经症状　兴奋不安,盲目运动,转圈,尖叫。面神经麻痹,口唇歪斜。癫痫样发作。	夜盲症除猪外,多数家畜在弱光下看不见。	1.流泪,角膜角化呈云雾状,严重者角膜溃疡、穿孔。 2.皮肤粗糙、增厚、脱屑。猪有脂溢性皮炎。 3.鸡的喉头、气管、食道内有纤维素膜,易剥离,剥离后留下光亮整齐的疤痕,这是与白喉型鸡痘的重要区别之一。	夜盲症,干眼病,皮肤粗糙,鸡口角、腿黄色褪去,呈苍白色。结合饲料检测结果诊断。
维生素B_1缺乏症	主要表现厌食和多发性神经症状。鸡,厌食,生长不良,羽毛松乱呈“观星姿势”。牛,共济失调,走路摇摆,腹泻。猪,厌食,呕吐,腹泻,生长不良,黏膜发绀。牛、马,步态强拘,阵发性惊厥,角弓反张。	厌食和多发性神经症状。	鸡,羽毛变化。	厌食和多发性神经症状。结合饲料检测结果诊断。
维生素B_2缺乏症	鸡,精神沉郁,下痢,消瘦,贫血,鸡冠苍白;足趾内弯,飞节着地,行走困难是本病的重要特征。成鸡产蛋少,孵化率低,死胚羽毛卷曲呈球状。马,厌食,生长慢,腹泻;周期性眼炎、流泪。猪,生长慢,呕吐,脱毛,鳞屑,皮肤湿疹,步态强拘,走路小心。犊,厌食,生长不良,腹泻,口唇、口角、鼻孔处黏膜充血。	鸡,足趾内弯,飞节着地,行走困难;猪,脱毛,鳞屑,皮肤湿疹。	鸡,足趾内弯,飞节着地;猪,脱毛,鳞屑,皮肤湿疹;犊,口唇、口角、鼻孔处黏膜充血。	皮肤完整性破坏;鸡,足趾内弯,飞节着地。结合饲料检测结果诊断。
维生素B_{12}缺乏症	鸡,生长慢,贫血,消瘦,饲料利用率低,种蛋孵化率低,蛋鸡产蛋量减少。猪,贫血,消瘦,结膜苍白,生殖机能下降。犊牛,厌食,生长停止,营养不良。	贫血	贫血	贫血。结合饲料检测结果诊断。

	临床症状	特征症状	病理变化	诊断要点
烟酸缺乏症	猪，皮肤粗糙，增厚，皲裂，上面附有暗色痂皮，采食少，逐渐衰弱死亡。鸡、鸭，飞节肿大，骨短粗，腿弯曲，嗉囊膨胀，下痢。毛皮动物表现为食欲消失，口腔黏膜发炎，生长慢，神经功能障碍，出现麻痹、癫痫。	皮肤粗糙，增厚变化。	猪，皮肤粗糙，增厚，皲裂，上面附有暗色痂皮；鸭，飞节肿大，骨短粗，腿弯曲，嗉囊膨胀；毛皮动物表现为口腔黏膜发炎。	皮肤粗糙，增厚。结合饲料检测结果诊断。
叶酸缺乏症	毛皮动物表现为采食少，腹泻，贫血，被毛蓬松、褪色，毛皮质量差，幼兽大批死亡。鸡生长停滞，羽毛褪色，颈僵硬、伸直或麻痹，成鸡产蛋少，孵化率下降。	羽毛变化，贫血。	毛皮动物表现为贫血，被毛蓬松、褪色，毛皮质量差；鸡羽毛褪色。	贫血，羽毛变化。结合饲料检测结果诊断。
维生素D缺乏症	引起骨营养不良，呈现跛行、运动障碍，站立不稳，甚至长骨弯曲，关节肿大，进一步发展为佝偻病或骨软症。母鸡产蛋减少，产软壳、薄壳蛋，最后产蛋停止。鸡两腿无力，呈企鹅姿势，或呈"八"字形。喙变形，不便采食。	佝偻病或骨软症。	关节肿大，变形。成年母鸡产软壳、薄壳蛋。	佝偻病或骨软症。结合饲料检测结果诊断。
维生素E缺乏症	精神不振，采食减少，共济失调，步态不稳，时而冲撞，盲目运动。公畜睾丸萎缩、变性，生殖力下降，母畜不孕。猪往往突然死亡。鸡、鸭头后仰或头颈扭曲，站立不稳，运动失调，走路时常跌倒，尤其受惊吓时明显。	神经症状，白肌病，生殖器官发育不良。	以肌肉变性苍白、脑软化和渗出性素质为特点。	神经症状，白肌病，生殖器官发育不良。结合饲料检测结果诊断。

【课后作业】

一、填空题

1. 维生素 A 缺乏症会出现________，维生素 B_1 缺乏会出现________。

2. 写出各种维生素的别名：维生素 E(　　　　)，维生素 B_1(　　　　)，维生素 B_2(　　　　)，维生素 B_3(　　　　)，维生素 B_{12}(　　　　)，维生素 C(　　　　)。

二、判断题

怀孕母畜或泌乳时对维生素 A 的需求量减少。(　　)

三、简答题

1. 分析造成维生素 E 缺乏症的诊断要点及治疗方法。

2. 分析各种维生素缺乏症的病例解剖症状。

3. 如何进行维生素 D 缺乏症和佝偻病的鉴别诊断?

子情境六　矿物质缺乏性疾病防治技术

一、岗位工作范例

(一)反刍兽低血镁抽搐

本病又称青草搐搦或青草蹒跚,是反刍动物放牧于幼嫩的青草地或谷苗之后而突然发生的一种高度致死性低血镁症,常伴有血钙浓度下降。临床特征为强直性和阵发性肌肉痉挛、惊厥、呼吸困难和急性死亡。

本病见于乳牛、肉用牛和绵羊,水牛也可以发生。在大群放牧牛中,发病率可能只占 0.5%～2%,但是死亡率可以超过 70%。

范例(1)　某乳牛,正常吃草时,突然甩头、吼叫和盲目奔跑,表现疯狂状态,倒地后四腿划动,惊厥,背、颈和四肢震颤,牙关紧闭,磨牙,头部尽量向一侧的后方伸展,直至全身阵发性痉挛,耳竖立,尾肌和后腿强直性痉挛,状如破伤风样。体温正常、呼吸减慢、排尿频繁。血液检查,血清镁浓度低于 5 mg/L。后经兽医诊断为反刍兽低血镁抽搐。

病例分析　本病的发生主要与采食低镁的牧草直接相关。其次,动物采食减少或腹泻可以降低动物对镁的吸收能力;食入高钾的牧草,由于钾离子和镁离子在动物体内被吸收时展开竞争,也可以使镁的吸收减少,有助于低镁血症的产生。再者,饲料中蛋白质含量太高,瘤胃内氮浓度增加、硫酸盐含量过高等都会影响镁的吸收。另外,许多应激因素可以诱发本病,如泌乳、兴奋、不良气候和低血钙症。

疾病信息收集

(1)急性型　病畜惊恐不安,离群独处,停止采食,盲目疾走或狂奔乱跑。行走时前肢高提,四肢僵硬,步态踉跄,常跌倒。倒地后口吐白沫,牙关紧闭,眼球震颤,瞳孔散大,瞬膜外露,全身肌肉强直。心悸,体温高达 40.5℃,呼吸加快。

(2)亚急性型　基本症状同急性型。病畜频频排粪、排尿,头颈回缩,有攻击行为。

(3)慢性型　病初症状不明显，食欲减退，泌乳减少。数周后出现步态强拘，后躯踉跄，上唇、腹部、四肢肌肉震颤，感觉过敏，微弱刺激可引起强烈反应。后期感觉丧失，陷于瘫痪状态。

诊断要点　根据临床症状(运动失调、感觉过敏和抽搐等)，结合季节、放牧情况，可以初步诊断，必要时进行血液分析(测定血清镁、钾、钙水平)或镁剂的试验性治疗。应与铅中毒、狂犬病、神经型酮病和麦角中毒等区别。

治疗技术　当急性发病时，对发病牛及时采取镇静、补液、补镁、补钙治疗方法。

【处方 1】25%硫酸镁溶液 200～250 mL，缓慢静脉注射。

【处方 2】20%硫酸镁溶液 500～600 mL，20%硼葡萄糖酸钙溶液 350 mL，皮下注射，对水牛有良好效果。

【处方 3】肌肉注射 10% 硫酸镁溶液 100～200 mL，用 5% 葡萄糖溶液稀释成 4%～6% 等渗溶液以后，再静脉注射为宜。

【处方 4】25% 硫酸镁溶液 50～100 mL，10%氯化钙溶液 100～200 mL，10%葡萄糖溶液 100～200 mL，混合后一次静脉注射，同时配合补充维生素 D。

【处方 5】应用上方的同时，可以配合使用氯丙嗪。

预防措施　在发病季节，可以在谷类精饲料中加入氧化镁，牛 60 g，绵羊 10 g。对于曾经发生过本病的牛，应限制放牧。

(二)硒缺乏症

本病是因为硒和维生素 E 缺乏所引起的动物硒-维生素 E 缺乏症。临床特征为骨骼肌、心肌和肝脏组织变性、坏死。

范例(1)　某猪场，3～5 周龄的仔猪发病，急性病例多为体况良好、生长迅速的仔猪，在没有早期症状的情况下，突然抽搐和尖叫几声后死亡。病程长的病例，体温不高(36～39℃)，精神沉郁，黏膜苍白。食欲废绝，步态强拘，站立困难，常常呈前肢跪下或犬坐姿势，后期四肢麻痹。心跳和呼吸加快，肺部有湿性啰音，排出红棕色尿液。后经兽医诊断为硒缺乏症。

范例(2)　某犊牛精神不振，消化不良，共济失调，肌肉震颤。心率可以达到 140 次/min，呼吸可以达到 80～90 次/min。部分病例发生结膜炎。排尿增多，尿呈酸性。最后食欲废绝，卧地不起，角弓反张，因心力衰竭和肺水肿而死亡。后经兽医诊断为硒缺乏症。

范例(3)　某羔羊肌肉乏力，不愿行走，共济失调。心动过速，可达 200 次/min。呼吸浅而快，可达 80～100 次/min，腹式呼吸明显。肠音弱，多有腹泻。可视黏膜苍白，有的发生结膜炎、角膜浑浊甚至失明。少数羔羊出生后即表现全身衰竭,不能站立。后经兽医诊断为硒缺乏症。

范例(4) 某群雏鸡全身无力,贫血,冠白。站立不稳,共济失调,两翅下垂,卧地不起,头、颈、胸部常常成片脱羽;胸、腹部皮下结缔组织呈现淡蓝绿色水肿样变化,穿刺即可流出水肿液;病鸡可以在3~4 d死亡,病程最长者可达到1~2周。后经兽医诊断为硒缺乏症。

病因分析 主要因为饲喂低硒(小于0.04 mg/kg)和低维生素E的饲料导致本病发生。长期饲喂低硒土壤中种植的植物性饲料,动物就可以发生硒缺乏症。

本病多发于冬季和春季,这与动物缺乏青饲料有关。幼龄动物多发,这可能和机体生长发育旺盛、抗病能力弱、对营养的需求量大以致对某些特殊营养物质的缺乏敏感有关。

疾病信息收集 共同症状为生长发育停滞,营养不良,贫血;运动障碍,背腰弓起,四肢僵硬,运步强拘,共济失调;心律不齐,呼吸困难,并伴有消化机能紊乱。

猪多见于3周龄左右的仔猪,生长快、体况良好的猪更易发病,常无早期症状而突然抽搐,尖叫数声后死亡。病程长者,体温不高(36~39℃),精神沉郁,皮肤、黏膜苍白。食欲废绝,步态强拘,站立困难,前腿跪下或犬坐姿势。心跳、呼吸增数,肺部湿啰音,尿液呈红棕色。

视诊鸡全身软弱无力,贫血,冠白,站立不稳,共济失调,翅下垂,腿麻痹,卧地不起。头、颈、胸成片脱毛,胸腹下皮肤呈蓝绿色。

牛和羊表现为肌肉乏力,全身颤抖,行走困难。食欲废绝,可视黏膜苍白。呼吸急促,心跳加快。最后卧地不起,角弓反张,衰竭死亡。

病理解剖以肌肉变性、坏死、呈苍白色为特征。猪心室扩张,沿心肌走向出血而呈红紫色,外观似桑葚,称"桑葚心"。正常红褐色肝小叶与白色或淡黄色坏死的肝小叶混杂在一起,使肝脏外观呈花斑状,称"花肝"。鸡除肌肉坏死病变外,胸、腹部皮下水肿,有蓝绿色胶胨样物。胸及股内侧有不同程度的淤血和出血。

诊断要点

(1)根据病史、临床症状和硒制剂治疗效果判断。

(2)根据病理剖析诊断。猪心脏外观似桑葚,俗称"桑葚心",肝脏外观彩色多斑,俗称"花肝"。鸡胸、腹水肿部皮下聚积淡蓝绿色胶胨样渗出物或纤维蛋白凝结物;腹部及股内侧可以见到不同程度的淤血斑。

治疗技术 治疗原则为应用硒制剂配合维生素E治疗。

【处方1】0.1%亚硒酸钠溶液,仔猪、羔羊1~4 mL,犊、驹5~10 mL,肌肉注射,隔15 d用1次。

【处方2】鸡用1%亚硒酸钠溶液饮水。

【处方3】维生素E，仔猪、羔羊100～150 mg，犊、驹300～500 mg，肌肉注射。在鸡料中合理添加即可。处方3配合处方1、处方2使用。

预防措施　饲喂富含硒和维生素E的饲料或直接补给硒和维生素E。

(1)对于缺硒的土壤，可以给每亩地施硒15～25 g。

(2)给动物饲喂富含维生素E的青绿饲料和优质干草。

(3)对曾发生过硒缺乏症或缺硒可疑地区的妊娠动物，冬季可以注射0.1%亚硒酸钠溶液，牛、马10～20 mL，猪、羊4～8 mL，同时配合使用维生素E，牛、马200～250 mg，猪、羊50～100 mg，隔15～30 d用1次。对于幼畜和鸡可以使用0.1%亚硒酸钠溶液，2～3日龄的羔羊、仔猪注射1 mL，新生犊、驹注射5～10 mL，鸡用1%亚硒酸钠溶液饮水。

(三)产前截瘫

本病又称孕畜截瘫，是妊娠末期发生的后腿不能站立的一种疾病。孕畜既无导致该病的局部因素(腰、臀部及后肢损伤)，又没有明显的全身症状。本病各种家畜都有发生，以牛、猪多见，常发生在产前1个月左右。此病有的地区大量发生，同时多见冬、春季，老弱孕畜更易发生。

范例(1)　某牛在分娩前1个月左右逐渐出现运动障碍。初期仅见两后肢交替负重，行走时后躯摇摆，步态不稳，因起立困难，故长久卧地；以后后腿不能起立。临床检查，局部不表现任何病理变化，痛觉反射正常 。后经兽医诊断为产前截瘫。

范例(2)　某猪在产前几天发病。初期卧地不起，站起时四肢强拘、系部直立、行走困难。先是一前肢跛行，随后波及四肢。时间长了，触诊掌(跖)骨有疼痛，表面凹凸不平，不愿站立，驱赶时不敢行走，嘶叫，甚至两前腿跪地而行。异嗜、消化紊乱、粪便干燥。后经兽医诊断为产前截瘫。

病因分析　本病的致病原因尚不十分清楚，一般认为饲养不当是主要因素，例如饲料单纯、营养不良、微量元素(铜、钴、铁等)及维生素缺乏，钙、磷比例失调等。此外，孕畜缺乏运动，多胎、胎儿过大、胎水过多，老弱等因素可以诱发本病。

疾病信息收集　瘫痪主要发生在后肢，站立时后肢无力，时常交替负重，行走时谨慎，而且后躯摇摆，步态不稳，因而长期卧地，病后期则不能站立。

诊断要点　根据病史和症状不难诊断，但应与胎儿过多、子宫捻转、损伤性胃炎、风湿、酮血症、骨盆骨骨折和后肢韧带及肌腱断裂等鉴别，因为前述疾病都可以继发后肢不能站立。

治疗技术　若病因是缺钙，可以使用钙剂治疗，并配合使用维生素D。

【处方1】10%葡萄糖酸钙溶液200～250 mL，5%葡萄糖溶液500 mL，静脉注射，牛隔日1次。

【处方 2】10%氯化钙溶液 100～300 mL,5%葡萄糖溶液 500 mL,静脉注射,牛隔日 1 次。

【处方 3】维生素 AD,牛 10 mL(1 mL 含维生素 A 50 000 IU,维生素 D 5 000 IU),猪羊 3 mL,肌肉注射,隔 2 d 一次。

护理方法　喂富含矿物质和维生素且易消化的饲料,厚垫褥草,每日翻转几次,并用草把等摩擦腰荐部及后肢,能站立的,每日应该抬起几次,马可以用吊床吊起,以防褥疮的发生。

预防措施　对妊娠母畜,应合理补饲骨粉、蛋壳粉及矿物质,粗、精和青饲料应合理搭配,要保证孕畜吃上青草或青干草,冬季舍饲时,应多晒太阳。

(四)新生犊牛搐搦

本病以突然发病,表现强直性痉挛,随后呈现惊厥和知觉丧失为特征。病程短暂,死亡率高。多发于 2～7 日龄的犊牛。

范例(1)　某犊牛突然发病,颈伸直,表现强直性痉挛;口不停空嚼,唇边有白色泡沫,并大量流涎;随后发生眼球震颤,牙关紧闭。后经兽医诊断为新生犊牛搐搦。

病因分析　导致本病的原因目前不是十分清楚,有人认为是妊娠早期母体矿物质不足,因急性钙、磷缺乏引起。也有人认为是镁代谢紊乱导致。

疾病信息收集　犊牛突然发病,四肢和颈伸直,强直性肌痉挛。口不断空嚼,口吐白沫,口角流出大量带泡沫的涎水;继而牙关紧闭,眼球震颤,全身痉挛,角弓反张,很快死亡。诊断要注意同新生犊牛破伤风区别。

诊断要点　根据犊牛日龄及临床症状,可以做出诊断。

治疗技术　可以选用下列方法试治。

【处方 1】10%氯化钙溶液 20 mL,25%硫酸镁溶液 10 mL,20%葡萄糖溶液 20 mL 混合,1 次静脉注射。

【处方 2】25%硫酸镁溶液 20 mL,分 3～4 点肌肉注射,同时用 10%氯化钙溶液 20～30 mL,1 次静脉注射。

预防措施　对妊娠后期的牛,应该提供全价饲料,注意钙、磷比例合理,多晒太阳,多舍外活动。

(五)钙缺乏症

本病为动物日粮中缺钙,钙、磷比例不合理及吸收障碍引起的疾病。

范例(1)　某群猪初期表现食欲减退,倦怠,异嗜,喜卧地,怕拥挤;中期动作强拘,表现弓背,后躯摇摆,有的跛行,两后肢因跗关节向内凹进,呈“八”字形叉开,饮食减少,经常卧地;后期病猪卧地不起,强行驱起,则四肢颤抖,痛苦嘶叫,无法采食。大多数猪跗关节后下方 3 cm 处有 3 cm×4 cm 左右的卵圆囊状肿胀物，内含浆液或脓样液体。后经兽医诊断为钙缺乏症。

范例(2)　某群蛋鸡羽毛松乱，运动失调，呈蹲姿，个别鸡瘫痪。触诊肋软骨呈念珠状，严重的鸡胸肌发生萎缩。软蛋、薄壳蛋明显增加，蛋小，产蛋率下降，有啄蛋癖。剖检可见病鸡输卵管及卵泡萎缩，输卵管及子宫内膜发炎、肠卡他。后经兽医诊断为钙缺乏症。

病因分析　主要是饲料中单纯性缺钙，或磷过高，或两者比例不合理，或维生素 D 缺乏。

诊断要点　根据病史、临床症状及病理剖析可以做出诊断。

治疗技术

【处方 1】对猪，静脉注射葡萄糖酸钙溶液，每 50 kg 体重用 3 g(纯葡萄糖酸钙)，1 次/d，2～3 次即愈。

【处方 2】对鸡，肌肉注射维生素 D_3，每日每千克体重 6 000 IU，连用 3 d。

【处方 3】对鸡可以在其饲料中加入 2%的贝壳粉，1%的磷酸氢钙和 0.3%的碳酸氢钠，同时每千克饲料中加入维生素 D_3 2 000 IU 和维生素 A 8 300 IU。

预防措施　加强饲养管理，合理的给予含钙丰富的添加剂和维生素 D。

(六)碘缺乏症

本病又称甲状腺肿，是动物摄入碘不足导致的一种疾病。临床特征为甲状腺机能减退、甲状腺肿大、流产和死产。主要发于猪、山羊、绵羊、牛。

范例(1)　某成年公牛，甲状腺肿大，性欲降低，精液品质不良，母牛屡配不孕。后经兽医诊断为碘缺乏症。

范例(2)　某群羊，发病母羊甲状腺肿大，流产，发情率和受胎率降低。新生羔羊衰弱，脱毛，不能自主吮乳，呼吸困难。皮下轻度水肿，四肢弯曲，站立困难或不能站立。后经兽医诊断为碘缺乏症。

范例(3)　某猪场，妊娠母猪，预产期推迟，所生仔猪少毛、无毛，体质极衰弱，出生后 1～3 d 内死亡，同时颈部皮肤黏液性水肿，发亮。存活仔猪，嗜睡，生长发育不良，因关节、韧带软弱导致四肢无力，行走时躯体摇摆。后经兽医诊断为碘缺乏症。

病因分析　原发性碘缺乏症是由于饲料、饮水中碘含量不足所致，饲料、饮水中的碘含量与土壤成正相关。若土壤中碘含量小于 0.2～2.5 mg/kg，饮水碘小于 5 μg/L，饲料碘小于 0.3 mg/kg 时，可以引起本病。

继发性碘缺乏症是由于饲料中含有颉颃碘吸收和利用的物质所致。颉颃剂能干扰碘的吸收、利用，称为致甲状腺肿原食物，如硫氰酸盐、葡萄糖异硫氰酸盐等。

多年生草地深耕、酸性土壤用生石灰改良后，可以引起土壤缺碘。

诊断要点　根据本病的流行病学、临床症状(甲状腺肿大、被毛生长不良和生殖机能降低等)可以做出诊断。确诊本病要经过病畜的甲状腺称重和饮水、饲料、乳汁、尿液、血清蛋白结合碘及血清 T3、T4 测定。

治疗技术

【处方 1】口服碘油胶丸，每 50 kg 体重每天摄入碘量 150～300 μg。

预防措施　饲料中加入海藻、海草类物质，或将碘化钾(碘酸钾也可以)与硬脂酸混合后，加入饲料或盐砖内(动物自由舔食)，浓度为 0.01%，可以预防本病。

母羊妊娠 4 月龄或产羔前 2～3 周时、羔羊出生 4 周时，可以一次给予母羊或羔羊碘化钾 280 mg 或碘酸钾 360 mg，可以预防新生羔羊死亡。在肚皮、四肢间，每周 1 次涂擦碘酊(牛 4 mL，猪、羊 2 mL)，有较好的预防作用。

(七)锰缺乏症

本病是由于饲料中锰元素绝对或相对缺乏导致的一种营养缺乏病，临床特征为骨骼畸形、繁殖机能障碍和新生畜运动失调。主要发生于家禽，易发于 10～70 日龄的雏鸡，以笼养鸡和肉仔鸡多见，仔猪、犊牛、羔羊、绵羊和山羊等也可以发生。该病在家禽因为表现骨骼短粗，所以又称脱腱症、滑腱症和骨短症。

范例(1)　某群雏禽生长停滞，发生骨短症，即腿骨粗短，胫、跗关节增大，胫骨下端和跖骨上端弯曲扭转。严重时，腓肠肌的腱从跗关节的骨槽中滑出表现脱腱症症状，导致病禽腿部变弯曲或拧曲，不能行动、采食。后经兽医诊断为锰缺乏症。

范例(2)　某群产蛋禽，产蛋明显减少，蛋壳薄，孵化时，胚胎表现短肢性营养不良症，孵化率明显降低，出雏前 1～2 d 大批胚胎死亡。孵出的幼雏，躯干短小，翅短，腿短而粗，头呈圆球状，喙短弯似“鹦鹉嘴”。后经兽医诊断为锰缺乏症。

范例(3)　某群猪，骨骼生长变慢，肌肉虚弱，肥胖，发情减少，无规律性，甚至不发情。胚胎吸收或出生后不久死亡。前肢弯曲，变短。后经兽医诊断为锰缺乏症。

范例(4)　某犊牛的骨、关节先天性变形，生长不良，被毛干燥，色浅，钩爪，肌肉震颤或痉挛性收缩，关节增大，腿拧曲，运动障碍。后经兽医诊断为锰缺乏症。

病因分析　沙土、泥炭土含锰少，其上种植的饲料缺锰。日粮中缺锰，多见于以单纯的玉米和大麦(二者含锰少)为主料的鸡。感染球虫及日粮中钙、磷、铁、钴元素含量过高，影响机体对锰的吸收。家禽重型品种及饲料中胆碱、烟酸、生物素、维生素 D、维生素 B_2 和维生素 B_{12} 不足时，使锰需求量增加。

疾病信息收集　以骨变形、运动障碍为特征。

(1)幼龄动物　食欲下降，生长停滞，被毛干燥、褪色。骨变形，脊柱弯曲，四肢粗短，骨关节肿大，站立困难，不愿走动，有的共济失调或麻痹。

(2)成年动物　公畜精液品质不良，性欲下降，睾丸萎缩。母畜生殖力下降，乳腺发育不良。鸡主要表现为骨短粗症。腱关节肿胀，腓肠肌腱脱离关节（滑腱症)，两腿弯曲，胫骨、跗骨向外扭曲，不能支负体重。胚胎畸形，鸭鹦嘴，球形头。

诊断要点　根据病史、临床症状(如繁殖机能下降、骨骼变形、滑腱等)和实验室检查(磷酸酶活性降低)即可确诊。

治疗技术

【处方1】1/3 000 高锰酸钾溶液，家禽饮水，每天 2 次，连用 2 d，间隔 2 d，再用 1～2 d。

预防措施　若家禽日粮中含有大量玉米、鱼粉时，应该补锰，每 100 kg 饲料中加入 12～24 g 硫酸锰，同时加入氯化胆碱 100～120 g，多维素 40 g，再酌情饲喂青饲料，效果良好。

在低锰的草地放牧时，小牛每天给 2 g，大牛每天给 4 g 硫酸锰，可以防止牛的锰缺乏症。

(八)锌缺乏症

本病是因为饲料中锌含量绝对或相对缺乏导致的一种营养缺乏病，以生长缓慢、皮肤龟裂、皮屑增多、蹄壳变形及开裂、繁殖机能降低和骨骼发育异常为临床特征。各种动物都可发生，以猪、禽、犊牛和羔羊多见。

范例(1)　某猪场，育肥猪增重慢，皮肤角化，公猪性功能下降，睾丸、附睾及前列腺发育不良，精子质量降低。母猪性周期紊乱，不易怀孕，流产，胎儿畸形。仔猪股骨变小，强度下降。后经兽医诊断为锌缺乏症。

范例(2)　某鸡场雏鸡长骨短粗，关节肿大，翅发育不良。母鸡产蛋及孵化率降低，孵出的仔鸡抗病能力下降。后经兽医诊断为锌缺乏症。

范例(3)　某牛场，母牛生殖机能降低，产乳量减少，步态强拘，蹄冠、腕部、肘部及膝关节肿胀。牙周出血，牙龈溃疡。犊牛食欲减退，生长缓慢，皮肤粗糙、增厚、起皱，甚至出现裂纹。皮肤角化或掉毛，面积可达 40%，最明显部在唇、阴户、肛门、尾端、耳郭、后腿的背侧、膝、腹和颈部。后经兽医诊断为锌缺乏症。

范例(4)　某羊场，绵羊毛直而细，易脱落，皮肤增厚、龟裂。羔羊生长慢，流涎，跗关节肿胀，眼、蹄冠皮肤肿胀、龟裂。公羊羔睾丸萎缩，母羊繁殖能力降低。后经兽医诊断为锌缺乏症。

病因分析　原发性锌缺乏，主要由于饲料中锌含量不足。饲料锌和土壤锌成正相关，若土壤锌低于 10 mg/kg 时，极易导致动物发病。

继发性锌缺乏，主要由于饲料中有干扰锌吸收利用的物质，如钙、磷、铜、铁、铬、碘、镉和钼等元素。另外，慢性胃肠疾病如拉稀，也导致锌吸收不足。

疾病信息收集

(1)生长发育迟滞。病畜食欲减退，营养不良，生长发育受阻，被毛粗乱、消瘦。

(2)皮肤角化不全。在眼、口周围以及阴囊与下肢部，皮肤粗糙、脱屑，有皮炎和湿疹的病变。皮肤瘙痒、脱毛，弹力下降。绵羊角的正常环状结构消失，最后脱落。

(3)骨骼发育异常。长骨变粗、变短，形成骨短粗症。腿弯曲，关节粗大。

(4)繁殖机能障碍。公畜睾丸、附睾、前列腺发育受阻，精子形成障碍。母畜性周期紊乱，早产、流产、死胎、不育。母鸡产蛋少，孵化率低，鸡胚死亡率高，雏鸡生活力低，易出现畸形。

(5)被毛质量差。被毛松乱、脆弱，易脱落，形成大面积秃毛，新生毛（羽）生长缓慢。

诊断要点　根据临床症状，可以做出初步诊断。补锌 1～3 周后，迅速好转。必要时，可以进行饲料、饮水及土壤含锌量的测定。诊断本病应该与螨病，湿疹，锰缺乏症，维生素 A、烟酸、泛酸缺乏症等相区别。

治疗技术

【处方 1】饲料中加入 0.02%碳酸锌，7～10 d 为一疗程，有较好的效果。

【处方 2】牛内服硫酸锌，每 100 kg 体重 0.11 g，每周 1 次，连用 2～3 周。

【处方 3】鸡日粮中加入硫酸锌，每千克饲料雏鸡为 150 mg，育成鸡为200 mg，成鸡为 340 mg，连用 5 d，效果良好。

预防措施　猪饲料中含钙量应该限制在 0.5%，过高时可引起锌缺乏症。一般动物，可以在每吨饲料中加入硫酸锌或碳酸锌 180～200 g，安全、有效。

二、实训与练习

【课后作业】

一、名词解释

1. 反刍兽低血镁抽搐　2. 硒-维生素 E 缺乏症　3. 产前截瘫　4. 脱腱症

二、填空题

1. 青草搐搦会出现________，锰缺乏症会出现________和________，硒缺乏症会出现________。

2. 硒缺乏症的临床特征为________、________和________组织变性、坏死。

三、判断题

1. 在碘缺乏病中，猪心脏外观似桑葚，俗称“桑葚心”，肝脏外观彩色多斑，俗称

“花肝”。(　　)

2.脱腱症又名滑腱症，造成该病的原因是硒缺乏。(　　)

四、单项选择题

1.硒缺乏症在治疗过程中需要补充硒还需要补充(　　)。

A.维生素 E　　B.维生素 D　　C.维生素 C　　D.维生素 A

2.碘缺乏症会影响机体的哪个器官？(　　)

A.心脏　　B.脾脏　　C.扁桃体　　D.甲状腺

3.下列哪种矿物质缺乏会造成繁殖技能障碍？(　　)

A.锌缺乏症　　B.钙缺乏症　　C.硒缺乏症　　D.镁缺乏症

五、简答题

1.反刍兽低血镁抽搐和新生犊牛搐搦的诊断要点和治疗方法是什么？

2.锰、锌缺乏症的诊断要点和治疗方法是什么？

学习情境六　家畜中毒性疾病防治技术

能力目标

- 掌握家畜中毒性疾病的诊断和鉴别，治疗方案制定，治疗、护理等工作。
- 熟悉养殖场和门诊工作程序。
- 具备病例病因分析和建立预防措施的能力。

知识目标

- 理解中毒性疾病的发病机制。
- 熟悉中毒性疾病病因、症状、鉴别诊断和治疗方案。
- 掌握核心病例的概念、诊断要点和治疗原则。

学习基础

一、家畜中毒性疾病防治技术发展概况

中毒病普遍发生在世界各地，是当前危害养殖业生产的重要问题之一，它可因死亡、生产性能下降或者形成地方疾病而带来巨大经济损失。

由于工业和交通日益发达而排出的大量废渣、废气、废水，以及因农药的广泛应用而产生的各种毒物污染，也使各种家畜和水族首当其害。工厂排出的有毒烟尘多降落在牧场饲草之上，最易为牲畜所摄入而引起中毒。中国山西省阳高县许家窑为一氟中毒地区，在该地距今 10 万年的古人类遗址中已发现人牙和家畜骨骼中有氟中毒病变，但该病以前只限于上述土壤或饮水中含氟量较高的地区。如今则凡有炼铝厂、磷肥厂、炼钢厂、陶瓷厂等排出的含氟废气的地方都常使周围数十里内无法饲养牲畜。至于各种家畜因食入发霉饲料而引起的真菌毒素中毒，如黑斑病甘薯中毒、玉米有毒镰刀菌中毒、玉米黄曲霉中毒等更是屡见不鲜。此外，还曾发生过牛栎树中毒、蕨中毒以及绵羊棘豆草中毒和萱草根中毒等。至 80 年代初期，中国的家畜中毒疾病已达 160 余种，其中植物中毒 40 余种。有些微量元素不

足时可以引起营养缺乏症，过量时也可引起中毒。有些工业和农药残毒可以贮存于畜产品中，有些真菌毒素例如黄曲霉毒素不仅能使家畜致癌、致畸和破坏免疫力，还都能通过食物链进入人体，危害人类健康。

二、对中毒性疾病的认识

中毒病普遍发生在世界各地，是当前危害养殖业生产的重要问题之一，它可因死亡、生产性能下降或者形成地方疾病而带来巨大经济损失。

(一)中毒常见的原因

引起家畜中毒的原因有自然因素和人为因素两个方面。

(1)有毒植物　在收获的时候一并混入加工的饲料中引起猪的中毒发生，或者误食、采食有毒植物，比如黄花芽根等。

(2)无机元素　由于无机元素在土壤或者饮水中浓度过高，被植物吸收再被猪采食引起群发性中毒，成为地方病，如硝酸盐中毒等。

(3)家畜毒腺　如河豚的内脏喂猪，引起猪中毒。

(4)工业污染　指工厂的含毒废气、废水与废渣污染局部地区的牧草与水源，如氟及氟化物中毒。

(5)农药污染　如有机氟、有机磷杀虫剂、灭鼠剂等，在杀灭的同时会污染饲草，通过食物链导致猪中毒。

(6)药物使用不当　药物过量、剂量或者浓度过大都会引起中毒。

(7)饲料问题　含有抗营养因子的饲料，或者储存过程中发霉引发猪中毒。

(8)人为投毒　虽然属于偶然事件，但是也在考虑注意范围之内。

(二)中毒的机理

毒物的毒理作用和药物的作用是一致的，毒物进入家畜机体之后，通过吸收、分布、代谢和排泄，从而损害机体的组织以及生理机能，发生中毒现象。

(1)局部的刺激作用和腐蚀作用，这主要是化学作用的直接损害。

(2)阻止氧的吸收、转化和利用，造成机体缺氧。

(3)抑制酶系统的活性。

(4)对亚细胞的作用。

(5)放射性物质的毒理作用，主要是由于放射性物质的电离作用所产生的自由基团从而引起至毒作用。

(三)中毒的诊断

准确诊断中毒疾病至关重要，只有查明原因，才能够采取有效的治疗和预防措施，否则不能解决实际问题。诊断中毒疾病与诊断其他疾病一样，需要多方面的证据，只有多种证据一致，才可以确诊，不能够仅凭借一种证据草率地做出结论。中毒诊断要求迅速、准确，在临床实践中包括以下5个方面的证据。

(1)病史和发病现场调查　发现病情后随即向四周辐射，跟踪复查，确切掌握病情分布和发病范围；并对病畜编号，采样备查；随即走访养殖农户和当地干部，分析病史，追溯来源，按调查表逐项详记。

(2)临床症状　突然发病，表现出神经症状，多呈现畜禽群体发病，发病率与死亡率均高。病畜前期表现神经兴奋、后期抑制的特征。

(3)病理学检查　病理学检查对于中毒病的诊断具有重要价值，对于判定药物毒性的性质与强度非常重要，在安全性试验中具有重要地位。

(4)毒物分析　毒物分析在诊断中毒病方面有很重要的价值，研究毒物的来源、性质、作用和中毒的条件、症状、诊断、治疗、病理性损害以及毒物的测定等，离不开毒物分析。

(5)家畜试验　即利用可疑物质用于实验家畜以证明其是否能够产生与中毒病例相同的症状和病理变化。

(四)中毒的治疗

1.阻止毒物对机体的继续损害

毒物侵袭机体，导致机能状态减弱或失调，甚至危及生命，阻止毒物对机体的继续损害的主要措施有以下方面：

(1)消除或减轻毒物损害主要系统(器官)所致的病理变化。

(2)非特异性拮抗药物的应用。

(3)维护机体内环境平衡，减轻毒物的危害。

2.减轻毒物在机体内的毒性作用

各种毒物的毒性及作用于机体的靶器官不同，有的可引起全身性中毒，有的可损害神经系统、消化系统、呼吸系统、血液系统、泌尿系统、心血管系统、生殖系统及内分泌系统等器官。某些毒物还具有致突、致癌、致畸作用。防毒技术措施主要分为以下几方面：

(1)发病时及时收集资料，进行毒理实验，以明确何种毒物。

(2)对症治疗，及时纠正水与电解质紊乱及酸中毒。血压下降者给予升压药。高热者用物理降温或退热药。变形杆菌食物中毒过敏型，以抗组织胺药物治疗为主，如苯海拉明等，必要时加用肾上腺皮质激素。精神紧张不安时应给镇静剂。

(3)抗菌治疗通常无须应用抗菌药物，可以经对症疗法治愈。症状较重考虑为感染性食物中毒或侵袭性腹泻者，应及时选用抗菌药物，如氟哌酸、土霉素、庆大霉素等,葡萄球菌的食物中毒可用苯唑青霉素等治疗。但抗菌药物不能缩短排菌期。

3.加强护理,促进健康

保持畜舍安静清洁,定时开窗通风,定期进行空气、地面消毒,护理彻底细心,定时巡视,禁止饮用任何有毒物质,对于尚有食欲的轻微病症应该给予少量的青绿多汁饲料和洁净饮水。

(五)中毒的预防

(1)健全防病防毒制度,采取领导、群众、技术人员三结合的方针,充分发挥群众力量,制订切实可行的防病制度,并有专人负责督促检查。

(2)严格遵守有关毒物的保管和使用规定。

(3)坚持遵守饲料加工配制的操作规定,严禁用霉变的产品饲喂家畜。

(4)坚持工业三废排放规则,实行污染物的总量控制,全方面统筹兼顾。

(5)坚持养殖场所有的卫生标准,坚持卫生标准制订与实施并重。

(6)注意自然物中的毒物,确切掌握中毒疾病的发生、发展动态以及规律,以便制订切实有效的防治方案,给予贯彻执行。

(7)提高警惕,加强安全措施,严格防止任何破坏事故的发生。

综上所述,中毒病虽然不能杜绝,患病后只要及时正确采取综合性抢救措施,就可将经济损失降低到最小程度。

中毒病的发生与流行性疾病有差别,在临诊症状、剖检病变及病理组织学方面一般没有特征性变化,所以在诊断时应综合分析,除采用传染性疾病诊断方法,如细菌、病毒分离,血清学检查等对其排除外,结合流行病学和对饲料、饮水或药物进行可疑物的定量定性分析,一般可对中毒病进行确诊。在防治方面一般无特效解毒药物,防治措施应包括:及时去除可疑毒物来源,提高机体抵抗力,可适当增加多种维生素、葡萄糖等。但关键是"重在防治"即"防患于未然"。

家畜疾病可作为人类疾病的预警系统。家畜的某些疾病特别是营养缺乏症和中毒疾病容易发生的地方,人类也常有同样的疾病,而且发生于人患病之前,或比人更为严重,故可作为人病的预警。如近年来发现中国家畜患缺硒症的地方,恰好也是人类克山病的发病地区,这就为克山病的病因和防治提供了重要启示。20 世纪 50 年代发生于日本九州熊本县的水俣病,首先是由兽医师在当地病猫的中枢神经系统中查出,然后确定人病的诊断的。另如农药、化学药物、放射性物质和其他环境污染毒物的中毒,也常先表现于家畜而后发生于人,因而有助于人类对这些疾病的监测。

子情境一　饲料中毒性疾病防治技术

一、岗位工作范例

(一)亚硝酸盐中毒

亚硝酸盐中毒是植物中的硝酸盐在体外或体内转化为亚硝酸盐,进入血液后使血红蛋白氧化成高铁血红蛋白而失去携氧能力,引起以黏膜发绀、呼吸困难为临床特征的一种中毒性疾病。本病多发于猪和牛,其他家畜也可发病。

范例(1)　某养殖户有9头体重75 kg左右的育肥猪,某日早上饲喂焖煮隔夜的白菜叶后,猪群抢食,大约0.5 h,猪陆续倒地死亡。最急性病例,仅稍现不安、站立不稳,突然倒地,四肢划动,很快死亡,或边吃边倒。急性病例症状典型,呈现呼吸困难,黏膜、皮肤发绀,呈犬坐姿势。流涎、呕吐,四肢厥冷,体温下降,肌肉发抖,步态不稳,倒地后四肢痉挛,很快死亡。初步诊断为亚硝酸盐中毒。

范例(2)　王某饲养2头黄牛,某日,因畜主管理不当,使圈在家中牛舍内的2头牛偷跑出牛舍外马路边的白菜地,当时种植白菜已全部秋收结束,但菜地内堆放着的质量差、不能食用、时间过久的白菜还较多,其中有60%白菜已腐烂变质,有40%的白菜牛还可以吃。黄牛因圈在舍内处于半饥饿状态,采食较快,采食3 h后牛只开始发病,出现中毒症状,畜主请求诊治。病牛除了呼吸困难、黏膜发绀等基本症状外,还伴有流涎、呕吐、腹痛、腹泻等症状。整个病程可持续12～24 h。初步诊断为亚硝酸盐中毒。

病因分析　家畜采食富含硝酸盐的饲料,如白菜、甜菜叶、牛皮菜、萝卜叶、南瓜藤、灰菜等,可引起中毒。对家畜来说,硝酸盐是无毒或低毒的,而亚硝酸盐是高毒的。促进硝酸盐转化为亚硝酸盐的条件有两个,一是20～40℃的温度,二是还原菌的作用。如果将上述饲料堆积发酵或文火焖煮,其内的硝酸盐经24～48 h,转化成亚硝酸盐。反刍家畜的瘤胃,也是形成亚硝酸盐的适宜环境,在饲料结构不合理时会形成大量的亚硝酸盐,导致中毒。

疾病信息收集

(1)临床检查　一般采食后20～30 min后发病。病初烦躁不安,呼吸急促,口吐白沫,继而精神委靡,走路摇摆,呈犬坐姿势,鼻端、耳朵及腹部皮肤呈现青紫色;多数体温偏低,四肢和耳尖厥冷,很快四肢麻痹,全身抽搐,嘶叫,伸舌,最后窒息而死。

(2)病理剖检 死后血液呈酱油状，凝固不良，肠臌气，肠黏膜有散在出血点；肝、脾、肾等实质器官淤血明显，呈黑紫色。

(3)实验室检查 亚硝酸盐检验定性测量(高锰酸钾还原反应)，取死亡胃内容物适量于试管内，加入10%稀硫酸1～2滴使之酸化，再加入10%高锰酸钾1～2滴，高锰酸钾被还原而迅速褪色，确诊为亚硝酸盐中毒。

诊断 一般根据病史调查、现症检查和实验室检查进行综合分析诊断。

诊断要点

(1)有食入硝酸盐和亚硝酸盐的病史。

(2)发病急，死亡快，呼吸困难，黏膜发绀。

(3)实验室检验，亚硝酸盐呈阳性。

治疗技术 首先要停止饲喂可疑饲料，抢救与排除毒物同时进行。

【处方1】特效解毒药亚美蓝(美蓝)注射液：配成1%溶液一次性静脉注射，猪为1～2 mg/kg体重，牛为8 mg/kg体重。必要时2 h后重复用药一次。

【处方2】甲苯胺蓝：配成5%溶液，静脉、肌肉或腹腔注射，按5 mg/kg体重用药。

配合使用维生素C和高渗葡萄糖可提高疗效。特别是无美蓝时，重用维生素C及高渗糖也可达到治疗目的。

预防措施

(1)青绿饲料堆放时采用摊开散放是预防本病的有效措施。

(2)蔬菜性饲料若熟喂、蒸煮时宜大火快煮，凉后即喂，切忌小火焖煮。

(3)青饲料收割前期禁止使用化肥农药，以避免增高其中的硝酸盐含量。

(二)氢氰酸中毒

氢氰酸中毒是家畜采食富含氰甙配糖体的青饲料，在胃内由于盐酸作用和酶的水解，产生游离氢氰酸，引起以呼吸困难、震颤、惊厥、黏膜鲜红为特征的中毒性疾病。

本病主要发生于牛和羊，马、猪和犬也可发生。

范例(1) 在春季，某奶牛养殖户，因畜主管理不当，使圈在家中牛舍内的5头牛偷跑出牛舍外马路边玉米地，约0.5 h后发现，回圈后20 min，有2头牛最初表现腹痛不安，呼吸加快，流出白色泡沫状唾液；很快转为抑制，可视黏膜鲜红，呼出气有苦杏仁味，随之全身极度衰弱无力，行走不稳，很快倒地，体温下降，后肢麻痹，肌肉痉挛，瞳孔散大，反射减少或消失，心动徐缓，呼吸浅表，最后昏迷而死亡。初步诊断为氢氰酸中毒。

病因分析

(1)家畜采食富含氰甙的植物是引起氢氰酸中毒的主要原因。常见含氰甙的饲料植物有玉米和高粱的幼苗、亚麻籽(饼)、豆类、木薯及蔷薇科植物(桃、李、梅、杏等)。

(2)家畜接触无机氰化物(如氰化钾、氰化钠等)和有机氰化物(乙烯基腈等),也是引起氢氰酸中毒的原因。如误饮冶金、电镀、染料等工业排放的污水。

疾病信息收集

(1)临床检查　病初精神沉郁,流泪;接着口吐白沫,站立不稳,腹围膨大,不自主地排泄清白色尿液;张口喘息,心跳加快,体温偏低,嘴唇、耳尖发紫;两眼球突出,直视;眼结膜充血,口腔黏膜发绀;极度兴奋,冲撞不安,肌肉痉挛,四脚蹴腹,瘤胃蠕动停止;临死前卧地,头颈僵直并向躯体内侧弯曲,四肢划地,角弓反张,瞳孔散大,丧失知觉。多于食后2～3 h死亡。

(2)病理剖检　剖检可见血液鲜红,凝固不良;皮下充血,肠管内充血、出血,胃黏膜脱落并有太小不等的出血点;胃内有一股苦杏仁气味。

诊断要点

(1)有采食含氰甙配糖体植物的病史。

(2)严重的呼吸困难且可视黏膜呈鲜红色。

(3)剖检时血液呈鲜红色,胃、肠内容物有苦杏仁味。

在诊断过程中,应注意与下列疾病相鉴别:

(1)急性亚硝酸盐中毒　静脉血呈酱油色,因其为变性血红蛋白,故经试管震荡酱油色不褪;氢氰酸中毒晚期静脉血也呈暗红色,但经试管震荡可恢复成氧合血红蛋白而变鲜红。

(2)硫化氢中毒　血液和组织的色泽变深,尸体发出硫化氢气味,全身广泛性出血为区别特征。

(3)尿素中毒　有剧烈的疝痛及感觉过敏等症状,黏膜发绀,瘤胃内容物散发氨味,血氨氮值明显升高。

治疗技术　首先要停止饲喂可疑饲料,抢救与排出毒物同时进行。

【处方1】特效疗法:1%亚硝酸钠,马、牛 200～300 mL,猪、羊 20～30 mL,静脉注射。随后用10%硫代硫酸钠,马、牛 100～150 mL,猪、羊 10～30 mL,静脉注射。也可用亚甲蓝每千克体重 2.5～10 mg,制成2%溶液,静脉注射。

强心和兴奋呼吸中枢:10%安钠咖,马、牛 10～20 mL,猪、羊 3～5 mL,肌肉或静脉注射。回苏灵,牛、马 40～80 mg,猪、羊、8～16 mg,配入适量的糖盐水中,静脉注射。

为阻止胃肠道中氢氰酸继续被吸收，可用硫代硫酸钠内服，使与CN^-形成低毒的硫氰酸盐；也可内服1%硫酸盐铁溶液，使与CN^-形成低毒的亚铁氰化物；也可用0.1%～0.5%高锰酸钾液或3%过氧化氢溶液洗胃或内服。

【处方2】猪，绿豆50 g水煎后，加蔗糖30 g，鲜鸡蛋3枚混合一次性投服。

预防措施

(1)尽量限用或不用氢氰酸含量高的植物饲喂家畜。

(2)氰甙在40～60℃时易分解为氢氰酸，在酸性环境中易挥发，故对青菜、叶类可蒸煮后加醋以减少所含CN^-。

(3)木薯、豆类饲料在饲用前，须用流水或池水浸渍、漂洗1 d以上，或边煮边搅拌至熟后利用，以使氰甙酶灭活、氢氰酸蒸发。

(三)棉籽饼中毒

棉籽饼中毒是指长期饲喂多量的棉籽饼，有毒的棉酚在体内特别是在肝中蓄积，引起的一种慢性中毒性疾病。其临床特征是胃肠炎、肝炎、神经症状以及脱水和酸中毒。

范例(1)　某兽医站某日接诊50多例新疆绵羊棉籽饼中毒的病例，其表现为精神沉郁，食欲减退或废绝，反刍减少或停止，前胃弛缓，肠音增强。发生腹泻，粪便中混有黏液和血液。体温不高，脉搏增数，呼吸加快。排尿频繁，往往带痛，排血尿或血红蛋白尿。下颌间隙、颈部、胸腹下及四肢常出现浮肿，肌肉无力，站立不稳，行走摇晃或倒地痉挛。经治疗有40头绵羊痊愈，10头绵羊因中毒严重而死亡。初步诊断为棉籽饼中毒。

病因分析　棉籽饼中的主要有毒成分为棉酚，在榨油时，多数棉酚与蛋白质结合，形成结合棉酚，不呈现毒性作用，但游离棉酚毒性强，可引起中毒。另外，棉花的茎、叶以及棉籽皮中也含棉酚，过量采食都会中毒。饲料中维生素、矿物质含量不足，家畜对棉酚的敏感性增强。

疾病信息收集

(1)临床检查　出血性胃肠炎，先便秘后腹泻，粪便带血呈黑褐色。马伴有腹痛症状，猪常呕吐。

神经症状：初期兴奋不安，前冲后撞，惊厥或抽搐；后期精神沉郁，四肢无力，走路摇摆，共济失调。牛往往视力下降或失明，鸡头颈扭曲，翅下垂，不停地转圈。

水肿表现：胸腹下，四肢下部、眼睑、下颌、垂皮等处水肿，弹力下降。由于四肢水肿变粗，失去弹性，俗称象皮腿。

呼吸变化：呼吸困难，鼻孔周围有泡沫样液体，听诊肺部有湿啰音和捻发音。

全身症状：食欲减退，反刍停止，体温一般不高，心跳快而弱，结膜发绀或黄染，排尿困难，血尿和血红蛋白尿，公牛往往发生尿结石。

(2)病理剖检　剖检皮下水肿，胸腹腔有多量渗出液，胃肠黏膜出血，肝脏肿大，淤血，肺充血、水肿。

(3)实验室检查　棉酚定性实验，取饲喂的棉籽饼粉少量，研成细末，加硫酸数滴，振荡 1～2 min，若显深红色，并将其煮 1～1.5 h，红色消失者表明有棉酚存在。

诊断要点

(1)有采食棉籽饼的病史，量较大，时间较长。

(2)有出血性胃肠炎、神经症状及水肿表现。

(3)剖检见实质器官出血，结缔组织水肿，体腔积液。

治疗技术　原则是解除病因，排出毒物，脱水利尿，防止继发感染。

(1)停喂棉籽饼，改喂其他蛋白饲料。

(2)破坏毒物，加速排出。可用 0.1%的高锰酸钾或 3%碳酸氢钠洗胃，然后内服硫酸亚铁，马、牛 7～15 g，猪、羊 3～5 g。

(3)抗菌消炎，保护胃肠黏膜。2%环丙沙星注射液，每千克体重 0.1 mL，肌肉注射，2 次/d。面粉 50 g，制成浆剂，内服。

(4)脱水利尿。10%氯化钙，马、牛 100～150 mL，猪、羊 10～20 mL，静脉滴注。或用 25%山梨醇，马、牛 500～1000 mL，猪、羊 300～500 mL，静脉注射。利尿可用双氢氯噻嗪，牛、马 0.5～2 g，猪、羊 0.05～0.2 g，内服，2 次/d。

预防措施

(1)限量。饲喂棉籽饼时，牛不超过 1～1.5 kg/d，猪不超过 0.5 kg/d，孕畜、幼畜不用。

(2)减毒处理。加热或在热水中浸泡 2～4 h；用 2%～5%石灰水，或 1%氢氧化钠，或 2.5%碳酸氢钠液中浸泡过夜，再用清水冲洗；在 1.5%绿矾液中浸泡 3～4 h；日粮中补充硫酸亚铁。

(3)喂全价饲料。当日粮营养全面时，家畜对棉酚的耐受力增大，要注意蛋白质、矿物质和维生素的补充。棉籽饼最好与豆饼、鱼粉等其他蛋白饲料混合应用，以防中毒。

(四)生豆饼（粕）中毒

生豆饼（粕）中毒是畜禽采食含超标准有毒因子的生豆饼（粕）而发生的中毒病。临床上以腹泻、营养不良、生长发育停滞、增重缓慢、生产水平下降为特征。本病可发生于家禽、马、牛和猪，以幼龄畜禽最敏感。

范例(1)　一散养户反映其饲养鸡发病，该养殖户前不久自行购置一批便宜豆饼，经自行配合饲料后进行饲喂后发病。病鸡表现为饮食欲减退，腹泻，初期粪便中有小气泡,后期排棕褐色稀粪、混有黏液及白色絮片状物,肛门周围羽毛被粪便污染。经诊断为生豆饼中毒。

病因分析　生豆饼(粕)中含有胰蛋白酶抑制素、血细胞凝集素、皂素、尿素酶、脂肪氧化酶、胀气因子等有害物质,影响饲料中蛋白质、脂肪等营养物质的消化、吸收和利用,造成腹泻、腹胀,并出现营养障碍,严重者导致死亡。血细胞凝集素还能引起红细胞凝集和溶血,进一步加重病情。

疾病信息收集

(1)雏鸡、鸭精神不振,缩颈,羽毛蓬松,翅膀下垂,畏寒而聚堆。饮食欲减退,腹泻,初期粪便中有小气泡,后期排棕褐色稀粪,混有黏液及白色絮片状物,肛门周围羽毛被粪便污染。成年鸡、鸭采食量显著减少,产蛋量明显下降,蛋重减轻,有的无蛋黄。腹泻,便中混有气泡。

(2)马、牛、猪精神沉郁,食欲减损或废绝,口腔干燥,被有舌苔。

诊断要点

(1)有采食生豆饼的病史。

(2)消化障碍,生长不良。

防治技术　根据中毒病的一般治疗原则进行治疗。停喂生豆饼,改喂其他饲料。洗胃或用泻药,以促进有毒物质排出。抗菌消炎,防止继发感染,调整肠胃功能。预防要注意不使用生豆饼(粕)饲喂畜禽,如需饲喂,应加热处理,一般需125℃加热20 min。

(五)食盐中毒

食盐中毒是在饮水不足的情况下,过量摄入食盐或含盐过高的饲料而引起的中毒性疾病。临床上以胃肠炎、脑水肿及神经症状为特征。

本病可发生于各种家畜,其中以猪、鸡最常见,其次是牛、羊和马。据测定,食盐的中毒量,每千克体重猪、牛1～2.2 g,绵羊3 g,鸡1～1.5 g。

范例(1)　一养殖户反映其饲养40日龄的10头仔猪发病,自配饲料饲养。症状为病猪焦躁不安,兴奋、转圈,前冲、后退,身体震颤,不断有咀嚼行为,口渴喜饮水,体温正常。经诊断为食盐中毒。

范例(2)　某畜主现饲养奶牛66头,夏季在山上放牧,在初冬季节进行舍饲,同时补饲食盐。由于装盐的工具保管不当,发现个别奶牛偷吃食盐现象。3 d后,即有8头牛死亡,另有6头母牛出现临床症状,表现为神经病状和消化机能紊乱,以消化道炎症和脑组织水肿为特征性病理变化。经诊断为食盐中毒。

病因分析

(1)配合日粮时误加过多的食盐,或添加食盐时混合不均匀。

(2)饲喂富含盐分高的泔水、酱油渣、咸菜、腌菜水、食糖残羹等。

(3)长期缺盐饲养("盐饥饿")的家畜,当补喂食盐特别是用含盐饮水而未加限制时,常易过量摄入而发生中毒。

(4)腌制食物(如腌肉等)采食过多亦易引起中毒,主要见于犬。

(5)饮水不足易引起畜禽食盐中毒。

(6)治疗大家畜时,食盐或硫酸钠的用量过大或浓度过高或重复应用时,易引起中毒。据报道如果用钠盐治疗马疝痛时,剂量超过 350 g 或浓度超过 6%时,可引起中毒。

疾病信息收集

(1)口渴贪饮　喝水多,尿少而黄。鸡往往蹲在水槽边,拼命喝水,使嗉囊胀大。

(2)神经症状　猪兴奋不安,冲撞,后期沉郁,视力下降,无目的地徘徊、转圈,癫痫样发作(鼻盘扭曲、肌肉痉挛、口吐白沫、犬坐姿势、张口喘)。鸡挣扎、鸣叫,在群中乱窜,挣扎死亡。牛、羊麻痹,四肢无力,步态不稳。

(3)出血性胃肠炎　牛、羊最明显,表现为食欲废绝,反刍停止,腹痛、腹泻,便中带有黏液、血液及伪膜。鸡排水样粪便。

(4)全身症状　体温正常或偏低,心跳、呼吸加快,可视黏膜潮红发绀,鸡冠呈蓝紫色。发病后期往往有水肿症状。

诊断要点

(1)有采食较多食盐的病史。

(2)口渴、神经症状、胃肠炎。

(3)剖检见脑及脑膜充血、出血、水肿,肺水肿,胃肠黏膜充血、出血,心包积液,心冠脂肪出血。

(4)饲料检验,含盐量过高。

治疗技术　首先要停止饲喂可疑饲料,抢救与排出毒物同时进行。

(1)停料并视具体情况大量供水或限水。发病初期应大量供水,后期有水肿时要定量供水。

(2)促进氯和钠的排出。溴化钾注射液(0.1 g/mL),马、牛 50～100 mL,猪、羊 10～20 mL;25%葡萄糖,马、牛 500～1 000 mL,猪、羊 100～200 mL,静脉注射,也可口服溴化钾;速尿每千克体重 3 mg,内服 2 次/d。

(3)制止渗出,减轻颅内压。10%葡萄糖酸钙,马、牛 100～150 mL,猪、羊10～30 mL,静脉注射。也可用 20%甘露醇,马、牛 500～1 000 mL,猪、羊 100～200 mL,静脉注射。

(4)对症治疗。兴奋时要用镇静剂，有胃肠炎时，用抗菌药肌肉注射或内服。防继发感染也可内服淀粉糊、蛋清等黏浆剂，保护胃肠黏膜。

预防措施　畜禽日粮中应添加占总量0.5%的食盐，或以0.3～0.5 g/kg补饲食盐，以防因盐饥饿引起对食盐的敏感性升高；限用咸菜水、食堂残羹等含盐量较高的饲料，严格控制其采食量，同时供给充足的饮水；治疗大家畜肠阻塞等时，使用盐的浓度不超过6%；严格控制饲料中添加的食盐，并混合均匀。

(六)瘤胃酸中毒

瘤胃酸中毒是由采食过量的精料或长期饲喂酸度过高的青贮饲料，在瘤胃内产生大量乳酸等有机酸而引起的一种代谢性酸中毒。病后以呈现消化紊乱、中枢神经兴奋性增高、脱水、卧地不起、休克、毒血症和高死亡率为特征。乳牛、肉牛、绵羊、奶山羊等均可发生。

范例(1)　某奶牛场120头产后至产奶高峰时期的产奶牛饲喂大量全株玉米青贮，且日粮中精料玉米比例过高，2周后陆续有26头产奶牛出现腹泻、消瘦、跛行、产奶量下降、乳脂率下降等临床症状，损失惨重。根据临床症状、病理变化、实验室检查和日粮分析，确诊为典型瘤胃酸中毒。

病因分析　突然食入过多的精料，如黄豆、稻谷、玉米、豆饼以及面粉，精、粗比例不当或青贮饲料酸度过大是本病最常见的病因。据实验报道，过食谷物死亡量，绵羊为50～80 g/kg体重，牛25～62 g/kg体重。经过加工的谷物，更易引起发病。

疾病信息收集　初期，食欲、反刍减少或废绝，瘤胃蠕动衰弱，瘤胃胀满，听诊时常可听到气体通过瘤胃内积聚的大量液体上升时发出的咕噜声，但瘤胃的原发性收缩完全消失。腹泻，粪酸臭，脱水，急性病例常见无尿。随后可见盲目直行或转圈，严重者呈现狂躁不安，难以控制，特别是耕牛过食黄豆后神经症状更为明显。严重的病例步态蹒跚，行如酒醉，视力障碍。体温偏低，一般36.5～38.5℃；心率加快，100次/min以上；呼吸浅而快，达60～90次/min。多数病例呈现蹄叶炎、跛行，站立困难，最后卧地昏迷死亡。

诊断要点

(1)发病急骤，病程短。

(2)有过食豆科、谷物等精饲料的病史。

治疗技术　首先要停止饲喂可疑饲料，抢救与排出毒物同时进行。

(1)在治疗过程中，先禁食1～2 d，而后饲喂优质干草。要限制饮水，因瘤胃酸中毒病畜瘤胃积液，渴欲增加，如饮水过量，易促进死亡。

(2)缓解酸中毒，静脉注射5%碳酸氢钠1 000～1 500 mL，每日1～2次，并内服苏打粉100～200 g；也可静注硫代硫酸钠5～20 g，或28.75%谷氨酸钠40～

80 mL。为促进乳酸代谢,可肌注维生素 B_1 0.2～0.4 g,并内服酵母片。

(3)补充水及电解,促进血液循环和毒素的排出。常用生理盐水、糖盐水、复合生理盐水、低分子右旋糖苷各 500～1 000 mL,混合静脉注射(牛)。

(4)为了兴奋瘤胃可用瘤胃兴奋剂,如新斯的明或毛果芸香碱皮下注射。

(5)出现神经症状时,可肌肉注射氯丙嗪 300～500 mg。

(6)及时进行瘤胃切开手术,取出瘤胃内容物,并加以冲洗,冲洗后接种适量的健康牛瘤胃液,对治疗本病有较好的效果。

(七)马铃薯中毒

马铃薯中毒是由采食含有毒成分的马铃薯引起的,以神经症状、胃肠炎和皮肤湿疹为特征的一种疾病。猪最常见,牛、马、羊等也能发生。

范例(1)　一农户自家圈养了 2 头猪,某日将种植剩余的马铃薯种块(有部分霉烂)及断落的嫩芽全部倒入食槽内喂猪,2 次约有 6 kg。之后,畜主喂料时发现 2 头猪不食、呕吐、拉稀,均已发病。经诊断为马铃薯中毒。

范例(2)　某养殖户,养羊 65 只,一日外出放牧,羊群在垃圾点采食到丢弃的发芽土豆,急性发病,有明显的神经症状,可视黏膜发绀,瞳孔散大,痉挛,呼吸微弱,心脏衰竭以致四肢麻痹卧地不起,经 2 d 的临床治疗,除 1 只重症羊死亡外,其余全部治愈。经诊断为马铃薯中毒。

病因分析　马铃薯中的有毒成分是马铃薯素(龙葵素),成熟的马铃薯中含量很少,不会引起中毒,但马铃薯的幼芽、绿叶、花中含量高,尤其是保存时间过长,已经发芽、变绿或腐烂的马铃薯中含量最高,采食后会引起中毒。

疾病信息收集

(1)急性病例,出现狂暴不安、肌肉麻痹、共济失调等神经症状。呼吸无力。黏膜发绀,瞳孔散大,全身痉挛,2～3 d 内死亡。慢性中毒时,呈现明显的胃肠炎症状,呕吐、流涎、腹泻,便中带血。病畜精神不振,极度衰弱,妊娠母畜往往流产。

(2)猪的表现,神经症状轻微,明显的胃肠炎,腹部,股内侧皮肤湿疹,头、颈、眼睑部水肿。

(3)牛、羊的症状,口唇周围、肛门、尾根、四肢系凹部,外阴部及乳房皮肤湿疹,有时四肢发生坏疽性病灶。绵羊出现贫血和尿毒症的症状。

诊断要点

(1)有采食马铃薯的病史。

(2)神经症状、胃肠炎和皮肤湿疹。

治疗技术　首先要停止饲喂可疑饲料,抢救与排除毒物同时进行。

(1)更换饲料,停喂马铃薯。

(2)促进毒物排出,牛、马可用0.1%高锰酸钾或0.5%鞣酸洗胃,猪用1%硫酸铜20～50 mL内服,催吐。然后灌服油类泻剂,促进肠道内毒物排出。

(3)对症治疗

①兴奋不安时镇静,10%安溴注射液,马、牛100 mL,猪、羊20～30 mL,静脉注射。或用2.5%氯丙嗪注射液,马、牛10～20 mL,猪、羊1～2 mL,肌肉注射。

②抗菌消炎,0.1%高锰酸钾,马、牛2 000～4 000 mL,猪、羊500～1 000 mL,内服。或用0.5%痢菌净注射液,每千克体重1 mL,肌肉或静脉注射。

③增强肝脏解毒能力,10%葡萄糖注射液,马、牛1 000～2 000 mL,猪、羊300～500 mL,静脉注射。

预防措施

(1)禁喂发芽、变绿、腐烂的马铃薯。

(2)用马铃薯茎叶饲喂时,用量不要太大,应与其他青绿饲料配合应用。

(3)应用马铃薯饲料时要煮熟,并逐渐加量。

(八)酒糟中毒

酒糟是酿酒后的一种副产品,常用来喂猪、牛等家畜。由于大量饲喂酒糟,缺乏其他饲料的适当搭配,或饲喂了发霉变质酒糟,都会引起中毒。

范例(1)　某牧场个人投资、多镇扶持起来的养牛大户,在没有草原放牧的情况下,走秸秆养牛之路,全年舍饲,饲料中玉米酒糟喂量较大。饲喂后奶牛皮肤出现疹块,皮炎,体温升高,并伴随有流涎、咳嗽和下痢症状。经专业技术人员综合诊断,确诊为由于饲喂酒糟而引起的奶牛瘤胃酸中毒,对发病牛实施了综合疗法,对同群牛进行了预防,除有2头牛因治疗不及时死亡外,其余牛全部治愈。初步诊断为酒糟中毒。

范例(2)　某村一农户家养育肥猪5头,体况良好,食欲、大小便正常,3 d前饲喂酒糟,食后见猪皮肤浅红,精神沉郁,体温39.8℃,其中1头小猪第2天午后死亡。其余经救治康复。初步诊断为酒糟中毒。

病因分析

(1)酒糟中残存酒精。

(2)酒糟久置后,其内的酒精被氧化成乙酸,引起酸中毒。

(3)制酒原料中存在有毒物质,如马铃薯中的龙葵素、黑斑病甘薯中的翁家酮、谷类的麦角毒素和麦角胺等。

(4)酒糟保管不当,发霉、变质,产生大量的霉菌毒素,引起中毒。

疾病信息收集

(1)临床检查　急性中毒,首先表现兴奋不安,而后出现胃肠炎,食欲减退,腹痛、腹泻。心动过速，呼吸急促。共济失调，四肢麻痹，倒地不起，最后因呼吸衰竭死亡。

慢性中毒呈现消化不良，可视黏膜潮红、黄染，发生皮疹或皮炎，尤其系部皮肤明显。起初呈湿疹样病变，后期肿胀、坏死。有时血尿，病牛的牙齿松动、脱落，而且骨质变脆，易骨折。

(2)病理剖检　剖检时，可见胃肠黏膜充血、出血，且肠黏膜有水肿发生；肠系膜淋巴结肿大；脑膜充血，脑实质出血；心脏及皮下组织出血；肺水肿，肝、肾肿胀变性，胃内容物有酒精气味。

诊断要点　根据有喂酒糟的病史、类似酸中毒后脱水、共济失调、腹泻症状表现，可以确诊。

治疗技术　首先要停止饲喂可疑饲料，抢救与排除毒物同时进行。

(1)停喂酒糟，改用其他饲料。

(2)促进毒物排出。8%硫酸钠，马、牛 4 000～6 000 mL，猪、羊 1 000～2 000 mL；碳酸氢钠，马、牛 30～50 g，猪、羊 10～20 g，内服。

(3)增强机体抵抗力，解除酸中毒。10%安钠咖，马、牛 10～90 mL，猪、羊 3～5 mL；5%维生素 C，马、牛 30～50 mL，猪、羊 10～20 mL；10%葡萄糖，马、牛 1 000～2 000 mL，猪、羊 300～500 mL，静脉注射。

(4)局部皮肤病变，按湿疹治疗法处理。

预防措施

(1)酒糟宜饲喂新鲜的，不要贮存时间过久，如欲贮存时，应要摊开、遮盖，防止雨水浸入和日光暴晒。

(2)饲喂时，要对酒糟的品质进行检查，轻度酸败，可加入石灰水、碳酸氢钠中和后再喂，凡已严重霉败的酒糟，应坚决废弃。

(3)合理饲养，控制酒糟喂量，每日喂量以 5～10 kg 为宜。日粮要平衡，在合理供应精料、酒糟喂量的同时，充分保证干草进食量。为防止酸性产物对钙的吸收，日粮中可增加磷酸三钙、碳酸氢钠等补充饲料。

(九)霉玉米中毒

霉玉米中毒是由于饲喂霉玉米所引起的以神经症状为主要表现的一种中毒病。

范例(1)　某小型猪场，饲养的 200 头育肥猪，在发病前半个月，饲喂过有霉味玉米。几日内连续出现神经症状，皮肤发紫，体温下降，食量减少，个别出现死亡，并且发病猪只越来越多，死亡数量也随之增加，经诊治，5 d 后病情得到控制。

范例(2)　某养鸡户从别人家购进水分过高玉米，储放 10 d 就已开始发霉，降低了霉玉米的添加比例，饲喂了 3 d，未发现异常。但不久后，整个鸡群出现精神不振，采食量下降，个别鸡的粪便变稀。发病鸡只逐渐增多，于是在饲料中添加土霉素粉，未见好转。发病 3 d 后，双翅下垂，排水样粪便，呆立，鸡冠苍白，消瘦，凄叫，突然死亡，整个发病过程病鸡体温不高。经诊治，5 d 后病情得到控制。

病因分析　由饲喂或偷食发霉的玉米引起的。霉玉米中有许多致病因素，但最主要的是串珠镰刀霉菌及其产生的毒素，能引起脑白质软化，导致严重的神经症状。

疾病信息收集　本病以神经症状为主，根据神经症状的不同，可分为 3 个类型，即兴奋型（狂暴型）、沉郁型和混合型。

（1）兴奋型　病畜精神高度兴奋，视力减弱或失明，以头部猛撞饲槽或其他障碍物。挣扎脱缰，盲目游走，步态踉跄，或向前猛冲，或一直后退，直到抵于障碍物上。

（2）沉郁型　精神高度沉郁，饮食欲减退或废绝，头低耳耷，双目无神。唇舌麻痹，松弛下垂，流涎，吞咽障碍，咀嚼困难，低头呆立，将头支于食槽上。

（3）混合型　兴奋和沉郁交替出现。

诊断要点

（1）有采食发霉玉米的病史，而且在同一饲养条件下发病数量多。

（2）有典型的临床症状，精神兴奋、沉郁或交替出现。

（3）病变以脑白质软化、切面有坏死灶为特征。

（4）注意与马脑脊髓炎的区别。马脑脊髓炎多发于蚊虫活跃季节，体温升高，有时黄疸，无喂饲霉玉米的病史。

治疗技术　首先要停止饲喂可疑饲料，抢救与排除毒物同时进行。

（1）停喂霉玉米，改喂优质饲料，单独隔离饲养，保持安静，减轻不良刺激。

（2）促进毒物排出，减少吸收。用 0.1％高锰酸钾水或 1％碳酸氢钠水反复洗胃，后内服 8％硫酸钠，马、牛 4 000～6 000 mL，以排出有毒物质。

（3）兴奋与镇静。兴奋不安时，用 10％安定注射液，大家畜用 100 mL，静脉注射；沉郁时用尼可刹米兴奋呼吸中枢。

（4）补液强心。10％氯化钠，马、牛 100～150 mL，40％乌洛托品 50～100 mL，20％葡萄糖 1 000～2 000 mL，10％安钠咖 10～20 mL，静脉注射。

预防措施　注意饲料保存，防止霉变，严禁用发霉变质的玉米饲喂家畜。

（十）黄曲霉毒素中毒

黄曲霉毒素是黄曲霉、寄生曲霉等真菌的代谢产物，尤其在温暖、潮湿的环境下，黄曲霉菌大量生长，产生大量毒素，广泛污染粮食、食品和饲料，对人畜健康危害极大。本病以全身出血、肝功能和消化功能障碍、神经症状为特征。主要发生于南方地区。

黄曲霉菌毒素具强烈的致癌作用，对禽类有较大的毒害。

范例(1)　有一个养鸡场饲养的 1 000 只 1 周龄的雏鸡，按常规进行正常饲养防疫，后饲喂霉变的饲料，1 周内鸡群没有异常。鸡群的精神和采食量正常。第 8 天下午出现大批食欲减退、步态不稳、共济失调、颈肌痉挛以呈现角弓反张症状而死亡的鸡只。原以为煤气中毒。改造烟道后，仍然大批死亡，到第 12 天更换饲料，采食量上升，精神稍有好转。前后整个过程历时 12 d，死亡 100 多只，综合诊断后确诊为黄曲霉毒素中毒，部分病鸡并发曲霉菌性肺炎。经技术人员及时诊治，使病情得到控制。

范例(2)　某猪场饲养育肥猪 318 头，突然大批发病，病猪食欲减退，饮欲增加，有的拉稀，有的便秘。可视黏膜发绀，被毛粗乱，呼吸困难，心跳快而弱，体温无明显变化。个别猪体温降低，重者出现间歇性抽搐，过度兴奋时咬牙，口吐白沫，角弓反张，共济失调，全身弥漫性淤血，后期昏睡，呼吸高度困难，最后窒息而死。平时健壮、食欲又好的猪病情严重，死亡率较高。畜主曾用青霉素、链霉素、庆大霉素、磺胺-5-甲氧嘧啶等药物治疗均不见效。经调查，该畜主饲喂的玉米饲料存在霉变，后经换料后，死亡率下降，初步诊断为黄曲霉毒素中毒，后经实验室检查确诊。

病因分析　家畜采食了被黄曲霉毒素污染的饲料，这些毒素首先损害胃肠道，引起消化功能紊乱。毒素吸收后，随着血液循环到达肝脏，抑制 DNA、RNA 和蛋白质合成，损害肝细胞结构，导致肝细胞癌变和功能障碍，从而引起一系列临床症状。

疾病信息收集

(1)临床检查　根据年龄和对毒素耐受性的不同，症状和病程也有较大差异。

①家禽　幼禽多呈急性经过，表现为食欲减退，体重减轻，羽翼下垂，脱毛，腹泻，便中带血。冠髯苍白，精神不振，步态不稳，共济失调，肌肉痉挛，角弓反张，很快死亡。成年禽多呈慢性经过，消瘦、贫血，生产能力下降，产蛋率和孵化率降低，死亡率升高，多呈零星死亡。

②猪　黄曲霉毒素中毒有 3 种类型。

急性型，多见于 2～4 月龄的仔猪，往往无前驱症状，突然死亡。

亚急性型，多数病猪为亚急性型，主要表现渐进性食欲障碍，口渴，粪便干硬呈球状，表面附有黏液和血液。可视黏膜苍白或黄染。精神沉郁，后肢无力，有时呈间歇性抽搐，过度兴奋，角弓反张。

慢性型，多发于成年猪，食欲减退，异嗜，生长发育缓慢，消瘦。可视黏膜黄染，皮肤发白或发黄，并有痒感。

③牛　多见于3～6月龄的犊牛，病死率高，主要表现为精神沉郁，角膜浑浊，磨牙，腹泻，里急后重和脱肛。成年牛多取慢性经过，表现厌食，消化功能紊乱，间歇性腹泻，有腹水。乳牛产乳减少或停止，有的流产。

(2)病理变化　家禽急性中毒，肝脏肿大，弥漫性出血和坏死，肠道黏膜出血，腿、胸肌出血，肾肿大、苍白。慢性中毒肝呈黄色，表面不平，白色点状坏死灶。腹腔内有淡黄色积液，皮下有胶胨样物。

诊断要点

(1)有采食发霉饲料的病史。

(2)消化障碍，胃肠炎和神经症状。

(3)肝脏肿大、出血、硬化、变性。

(4)真菌培养及毒素检验呈阳性。

治疗技术　无特效疗法，应采取以下措施。

(1)停喂可疑饲料，改喂全价日粮，加强饲养管理。

(2)清理胃肠，促进毒物排出，可内服盐类泻剂如硫酸镁、人工盐等，用法及用量可参照霉玉米中毒的治疗。

(3)保肝解毒，防止出血。25%葡萄糖和5%的维生素C，静脉注射。维生素K_3，牛、马100～300 mg，猪、羊30～50 mg，肌肉注射。

(4)对症治疗。补液、强心；抗菌消炎，调整胃肠功能。

预防措施　本病预防的关键是做好饲料的防霉工作，从收获到保存，勿使其遭受雨淋、堆积发热，以防止霉菌生长。严重霉变的饲料不能应用，如果只是轻微发霉，可用1%氢氧化钠浸泡过夜，用清水冲洗干净后再食用。

(十一)霉稻草中毒

霉稻草中毒俗称"脚肿病"，是由镰刀菌所产生的毒素引起的非传染性疾病。临床上以跛行、蹄部溃烂甚至蹄匣脱落为特征。

范例(1)　某年冬季，某养殖户，发现5头牛有跛行症状，以为是腐蹄病，自己给病牛注射抗生素和涂5%碘酊镇痛，3 d后，发现又有2头牛发病，于是向兽医站求诊。畜主说：这个季节没有青饲料，平时日粮以青贮秸秆和干稻草为主，4 d前发现3头肉牛有跛行症状，经检查青贮秸秆质量正常，干稻草仓库霉变味，发现底层到中层稻草霉变较严重，霉味较浓。及时更换饲料及治疗，病畜康复。

病因分析　霉稻草中的有毒成分是镰刀菌的代谢产物丁烯酸内酯，可使外周局部血管发生痉挛收缩，致使管腔狭窄，血流缓慢，继而形成血栓，引起局部血液循环障碍，导致淤血、水肿和坏死。

疾病信息收集　本病发病急，多在早晨突然发病，步态僵硬，部分病牛在前1～2 d内，表现患肢间歇性提举，蹄冠微肿、微热，系凹部皮肤有横行裂隙，有痛感。数天后，肿胀蔓延至腕关节或跗关节，呈明显的跛行。继之肿部皮肤变凉，表面有淡黄白色透明液体渗出。肿胀消退后，皮肤硬结，呈龟板样。有些病牛肢端在肿胀消退后发生干性坏疽，跗(腕)关节以下的皮肤形成明显的环形分界线，坏疽部远端皮肤紧箍于骨骼上。

诊断要点

(1)多在11～12月份发病，有采食霉稻草的病史。

(2)蹄部、耳尖、尾梢等部位肿胀、坏死。

(3)应注意与伊氏锥虫和坏死杆菌病的区别。

治疗技术　首先要停止饲喂可疑饲料，抢救与排除毒物同时进行。

(1)停喂霉稻草，加喂精料并防寒保暖。

(2)局部处理，病初，局部可施行热敷，并且灌服白胡椒酒（白胡椒20～30 g，白酒200～300 mL)，以促进局部血液循环。后期有感染时，先用0.1%高锰酸钾或3%硼酸水冲洗，再涂红霉素或磺胺软膏。

(3)全身疗法，10%葡萄糖1 000～2 000 mL，5%维生素C 30～50 mL，10%安钠咖10～20 mL，静脉注射，1次/d。如感染较重，可用抗生素治疗。每千克体重青霉素3万IU，链霉素20 mg，肌肉注射，2次/d(青、链霉素应分别注射)。

预防措施　防止稻草发霉，已发霉的稻草不能用作饲料。必要时，可用10%石灰水浸泡霉稻草，3 d后用清水冲洗干净，晒干后再喂，入冬后耕牛应补给青饲料和精料。

(十二)牛黑斑病甘薯中毒

牛黑斑病甘薯中毒俗称牛“喘气病”或牛“喷气病”，是由于牛吃进一定量黑斑病甘薯引起，在临床上呈现以急性肺水肿和间质性肺泡气肿、呼吸困难以及皮下气肿等为主征的中毒性疾病。主要发生于种植甘薯的地区，其中以牛、水牛、奶牛较为多见，绵羊、山羊次之，猪也有发生。本病的发生有明显的季节性，每年从10月份到翌年4～5月份间，春耕前后为本病发生的高峰期。

范例(1)　某农户饲养的3头牛，在一片甘薯收获后的园地上放牧了一上午，该片园地有几堆零星的腐烂甘薯被牛误食。当日傍晚畜主发现水牛精神有些异常，厌食，张口呼吸，畜主以为牛可能食得过饱，产生疲倦，未予以理睬。次日上午发现水牛张口喘气，其中1头口角流出泡沫唾液，全身震颤，黏液带血，其肘后、背侧出现皮下气肿，压诊呈捻发音，还不时咳嗽，并且拉稀，粪恶臭。于是求诊，后经治疗康复。

病因分析 牛采食了有黑斑病的甘薯后，其内的有毒成分（翁家酮、甘薯酮和翁家醇）首先刺激胃肠道，导致皱胃及小肠出血和炎症。毒物吸收后，随血液循环到达各组织、器官，引起广泛病变，如肝脏肿大、心脏出血、肺气肿等。

疾病信息收集 呼吸困难，张口喘，冲突式呼吸，由于呼吸用力，远处即可听到似拉风箱的声音。病牛头颈伸直，长期站立，从口、鼻流出泡沫性液体。病重者，结膜发绀，眼球突出，张口伸舌，瞳孔散大，肌肉痉挛，呈现窒息状态。疾病后期，颈部及胸部皮下气肿，触诊有捻发音。

诊断要点

(1)有采食甘薯的病史。

(2)呼吸困难，有拉风箱音，皮下气肿。

(3)病死牛胃内有病薯残渣，肺水肿、气肿。

(4)注意与牛肺疫、牛出败的鉴别。本病体温不高，有采食病薯的经过，依此可作鉴别。

治疗技术 目前对本病尚无特效疗法，多采取对症治疗措施。

(1)破坏毒物，促进排出。0.1%高锰酸钾 2 000～4 000 mL，内服，可氧化毒物，使之失去毒性。而后内服 6%硫酸钠 3 000～5 000 mL，促进毒物排出。

(2)补氧，缓解呼吸困难。10%硫代硫酸钠 100～200 mL，20%葡萄糖 500～1 000 mL，5%维生素 C 30～50 mL，静脉注射。3%双氧水用 5%葡萄糖稀释成 0.3%的浓度，按每千克体重 2～3 mL，静脉注射。

(3)解除酸中毒。5%碳酸氢钠 500～1 000 mL，静脉注射。

(4)中药可用白矾散。白矾、贝母、白芷、郁金、黄芩、葶苈籽、甘草、石苇、黄连、龙胆各 50 g，蜂蜜 200 g，水煎候温，调蜜口服。

预防措施 防止甘薯黑斑病的发生是预防的最根本措施。另外，加强饲养管理，防止牛偷食病薯，严禁用病薯及副产品喂牛，也可有效防止本病发生。

二、实训与练习

【课后作业】

一、名词解释

1. 亚硝酸盐中毒 2. 氢氰酸中毒 3. 棉籽饼中毒 4. 生豆饼（粕）中毒 5. 食盐中毒 6. 瘤胃酸中毒 7. 霉玉米中毒 8. 霉稻草中毒 9. 牛黑斑病甘薯中毒

二、填空题

1. 亚硝酸盐中毒常用的解毒药是______；氢氰酸中毒常用的解毒药是______，有机磷农药中毒的特效解毒药是__________；有机氟化物中毒的特效解毒药是________。

2. 棉籽饼中毒临床特征是________、________、________,以及________和________。

3. 食盐中毒临床上以________、________及________为特征。

4. 马铃薯中以________和________为特征。

5. 黄曲霉毒素中毒以________,________和________障碍,________为特征。

6. 霉稻草中毒临床上以________、________,甚至________为特征。

7. 牛黑斑病甘薯中毒在临床上呈现以________和________以及________等为主征。

8. 瘤胃酸中毒病后以呈现________、________,脱水、卧地不起、休克、________和________为特征。

9. 霉玉米中毒是以________为主要表现的一种中毒病。

三、选择题

1. 亚硝酸盐中毒的中毒机理正确的是(　　)。

A. 血红蛋白中的铁被氧化失去携氧能力

B. 硝酸盐在体外或体内转化为亚硝酸盐

C. 形成大量的亚硝酸盐,导致中毒

D. 呼吸困难引起机能衰竭

2. 以下哪种药物是棉籽饼中毒常用的脱毒药物?(　　)

A. 石灰水　　B. 氢氧化钠　　C. 来苏儿　　D. 硫酸亚铁

3. 家畜死后血液呈酱油状,凝固不良的中毒病最可能是(　　)。

A. 氢氰酸中毒　　B. 食盐中毒　　C. 棉籽饼中毒　　D. 亚硝酸盐中毒

4. 以下不是食盐中毒特征性临床症状的是(　　)。

A. 皮肤湿疹　　B. 脑水肿　　C. 神经症状　　D. 胃肠炎

5. 家畜中毒时呈现黏膜鲜红,这种中毒最可能是(　　)。

A. 氢氰酸中毒　　B. 食盐中毒　　C. 棉籽饼中毒　　D. 亚硝酸盐中毒

6. 马铃薯中的有毒成分是(　　)。

A. 黄曲霉毒素　　B. 龙葵素　　C. 肉毒素　　D. 烟曲霉毒素

7. 家畜氢氰酸中毒中毒时特效解毒药物是(　　)。

A. 亚硝酸钠　　B. 碘解磷　　C. 25%葡萄糖　　D. 美蓝

8. 造成家畜棉籽饼中毒的实质毒物是(　　)。

A. 结合棉酚　　B. 游离棉酚　　C. 龙葵素　　D. 胰蛋白酶抑制素

9. 使用生豆饼(粕)饲喂畜禽,应加热处理,一般需温度时间是(　　)。

A. 80℃加热 20 min　　B. 80℃加热 40 min

C. 125℃加热 20 min　　D. 125℃加热 40 min

10. 霉稻草中的有毒成分为(　　)。

A. 丁烯酸内酯　B. 游离棉酚　C. 龙葵素　D. 胰蛋白酶抑制素

11. 可使外周局部血管发生痉挛收缩,致使管腔狭窄,血流缓慢,继而形成血栓,引起局部血液循环障碍的中毒病是(　　)。

A. 霉稻草中毒　B. 霉玉米中毒　C. 酒糟中毒　D. 黄曲霉中毒

四、判断题

1. 家畜亚硝酸盐中毒主要是因为家畜采食了大量玉米和高粱的幼苗所致。(　　)

2. 霉玉米中毒以神经症状为主,病变以脑白质软化、切面有坏死灶为特征。(　　)

3. 家畜氢氰酸中毒表现为严重的呼吸困难且可视黏膜表现为黄染。(　　)

4. 牛的瘤胃酸中毒可能出现视觉障碍和神经症状。(　　)

5. 家畜食盐中毒发病初期应定量供水,后期有时要大量供水。(　　)

五、简答题

1. 亚硝酸盐的诊断要点是什么?

2. 氢氰酸中毒的诊断要点是什么?

3. 棉籽饼中毒的诊断要点是什么?

4. 棉籽饼的去毒方法是什么?

5. 霉玉米中毒的诊断要点是什么?

6. 黄曲霉毒素中毒的诊断要点是什么?

7. 霉稻草中毒的诊断要点是什么?

8. 牛黑斑病甘薯中毒的诊断要点是什么?

六、问答题

1、棉籽饼中毒的病理变化和去毒方法是什么?

2、瘤胃酸中毒的临床特征有哪些?如何进行救治?

七、病例分析

1. 某家兔养殖户,仲夏某天饲养员用放置 2 d 的红薯藤饲喂家兔后,当晚发现 4 只家兔已死在圈内,次日早晨又发现 6 只家兔死亡在圈内,还有部分家兔表现卧地不起,耳鼻发凉,呼吸促迫,时时凄叫,在角弓反张发作中死亡,同时家兔还表现全身颤抖,目光呆滞,后躯麻痹,体温 38.2～38.9℃。剖检病死兔,死兔营养状况良好，尸僵完全，血液暗黑色，凝固不良，肝脏肿大、淤血、质脆，肺脏充血、水肿，胃黏膜有片状的出血斑。

经以上症状描述，你判断该家兔可能为什么病？依据是什么？该病如何进行治疗与预防？

2.某养殖户，近几天牛不愿喝水，尚吃些草，患牛精神不振，眼睑下垂，稍有食欲，体温正常，呼吸正常，瘤胃蠕动音极弱。户主灌服加碘精盐 450 g，第 2 天到兽医门诊就医，诊断为前胃弛缓，用硫酸钠 500 g，人工盐 200 g，加水 2 500 mL 投服，第 3 天又用硫酸钠 400 g，加水 2 500 mL 投服。第 4 天症状加重，脉搏 132 次/min，视力减弱，鼻镜干燥，口流黏涎，渴欲剧增，咀嚼、吞咽谨慎，口腔潮红，第 5 天，卧地不起，肠有稀疏流水音，排稀便，便中带有黏液和少量泡沫，强迫站立时球节挛缩倒地，四肢麻痹，针刺反应迟钝。最后卧地不起，头颈向外侧弯曲，肛门突出，排尿失禁，腹围卷缩。经抢救无效，扑杀。剖检，血液黏稠呈暗红色，皮下和骨骼肌水肿，胃、肠黏膜潮红、肿胀、出血、间有脱落，重瓣胃和皱胃较为明显，心包积液，膀胱黏膜潮红。

经以上症状描述，你判断该牛可能为什么病？依据是什么？如果让你救治，你该如何进行治疗？

3.某奶牛饲养大户，长年饲喂精料及玉米青贮饲料，近日奶牛发病，表现为精神沉郁，步态不稳，喜卧，大幅度胸腹式呼吸，口气酸臭，口腔黏膜鲜红，体温变化不大，脉搏 120 次/min，心音微弱，肺泡音粗厉，反刍基本停止，瘤胃蠕动极弱，左肋窝轻微气胀，排便少或排稀粥样淡黄色粪便，酸臭，夹有大量未消化的精饲料及气泡，并伴有少许黏液。眼窝深陷，颈静脉压极低。尿少色浓或无尿，瘤胃内大量积液，振荡有“咣当”之声，用瘤胃穿刺针放气并取少量内容物测定 pH 值为 4.8 左右，镜检纤毛虫发现虫体很少。

经以上症状描述，你判断该牛可能为什么病？依据是什么？如果让你救治，你该如何进行治疗？

4.某养鸡户从别人家购进水分过高玉米 4 t，储放 10 d 就已开始发霉，降低了霉玉米的添加比例，饲喂了 3 d，未发现异常。但不久后，整个鸡群出现精神不振，采食量下降，个别鸡的粪便变稀。发病鸡只逐渐增多，于是在饲料中添加土霉素粉，未见好转。发病 3 d 后，死亡 25 只。病鸡初期食欲不振，饮水增加；后期双翅下垂，排水样粪便，呆立，鸡冠苍白，消瘦，凄叫，突然死亡。整个发病过程病鸡体温不高。对病死鸡 10 多只进行剖检，主要病变以全身性出血为主。皮下出血且有黄色胶胨样渗出物，胸腹部、大腿内侧肌肉有明显的弥漫性出血斑点；肝脏肿大、变黄、质脆易碎，肝包膜下有小的出血点；胆囊充盈，肿大；肾肿大；腺胃乳头肿大，挤压无消化液；腺胃与肌胃交界处有溃疡；食管和小肠充血，出血；气管、肺有点状出血。

经以上症状描述，你判断鸡可能为什么病？依据是什么？如果让你救治，你该如何进行治疗？

子情境二　农药中毒性疾病防治技术

一、岗位工作范例

（一）有机磷农药中毒

有机磷农药中毒是由于有机磷农药进入家畜体内，抑制胆碱酯酶的活性，导致乙酰胆碱大量积聚，引起以流涎、腹泻和肌肉痉挛等为特征的中毒性疾病。常用的农药有对硫磷、内吸磷、敌敌畏、乐果等。

范例(1)　某农户自家用对硫磷浸拌的麦种（时值种麦时节）因放置不当，被两只绵羊误食，羊表现为全身肌肉痉挛，站立不稳，高度呼吸困难，体温正常或偏低，可视黏膜发绀，脉细弱无力，流涎吐沫，腹痛不安，肠音高，连绵不断，粪稀如水。经治疗，病羊康复。

范例(2)　某农户一奶牛因使用敌百虫外用给奶牛灭虱，觉得效果很好，想将体内寄生虫也驱一下，故又用敌百虫片再次连续用了 3 d，奶牛出现中毒，前来就诊。该奶牛表现出剧烈阵发性腹痛、兴奋不安、饮食欲废绝、流涎、尿频、呼吸困难、瞳孔缩小等症状，据以上症状及病史诊断为有机磷(敌百虫)中毒。

病因分析

(1)家畜采食、误食或偷食喷洒过农药不久的农作物、牧草、蔬菜或拌、浸有农药的种子。

(2)饮水或饮水器具被有机磷农药污染，家畜饮用时易引起中毒。

(3)在兽医临床上用敌百虫驱除家畜内外寄生虫或治疗马属家畜肠阻塞时，如用量过大或舔食体表药物可引起中毒。

(4)人为恶意投毒引起的家畜中毒。

疾病信息收集

(1)神经症状　先兴奋后抑制，全身肌肉痉挛，角弓反张，运动障碍，站立不稳，倒地后四肢呈游泳状划动，迅速死亡。

(2)消化障碍　流涎吐沫，腹痛不安，肠音高，连绵不断，粪稀如水，便中带血。

(3)呼吸变化　高度呼吸困难，张口喘，肺部听诊有湿啰音。

(4)全身症状　体温正常或偏低，全身出汗，口、鼻、四肢末端发凉，瞳孔缩小，眼球震颤，可视黏膜发绀，脉细弱无力。

诊断要点

(1)有接触有机磷农药的病史。

(2)有典型的临床症状，如肌肉痉挛、出汗、口吐白沫、瞳孔缩小等。

(3)胆碱酯酶活性测定，用BTB试纸进行测定(具体操作方法参见实训指导)，其活力在60%以下。

治疗技术　首先要停止饲喂可疑饲料，抢救与排除毒物同时进行。用药越早越好，否则胆碱酯酶老化，用药无效。

(1)胆碱酯酶复活剂　解磷定（氯磷定)每千克体重15～30 mg，配成2.5%水溶液，缓慢静脉注射，2～3 h后减半量重复注射一次。解磷定（氯磷定)能与体内的有机磷结合，使之失去毒性，迅速排出体外，从而恢复胆碱酯酶的活性。也可用双复磷每千克体重10～15 mg，用法同上，其特点是作用快，易透过血脑屏障，迅速缓解神经症状。注意，解磷定不与碱性药配伍，因其在碱性条件下水解形成剧毒的氰化物。

(2)乙酰胆碱对抗剂　硫酸阿托品，每千克体重牛0.25 mg，其他家畜0.5～1 mg，肌肉注射，1次/2 h，一直达到阿托品化（轻度骚动不安、瞳孔散大、心跳加快)。

(3)防止毒物继续吸收　停用可疑饲料和饮水。经皮肤吸收的清洗皮肤，清洗液可选用清水、生理盐水、3%碳酸氢钠水、肥皂水、0.1%高锰酸钾水等。但要注意，敌百虫中毒不用碱液（肥皂水、碳酸氢钠水)洗，因其在碱性环境下，形成毒性更强的敌敌畏。药物不明时，最好用清水冲洗。经消化道吸收的要洗胃，洗胃液同上。

(4)对症治疗　肺水肿时，应用高渗剂减轻肺水肿，并同时应用兴奋呼吸中枢的药物，如樟脑、戊四氮等。有胃肠炎时应抗菌消炎，保护胃肠黏膜。兴奋不安时，用氯丙嗪等镇静剂。

预防措施

(1)加强有机磷农药的保管和使用。

(2)严防畜禽食入喷洒过有机磷农药的青草和作物。

(3)加强对有机磷农药生产厂家的“三废”处理，减少环境污染。

(4)研制高效、低毒、低残留的新型农药，限制生产和使用低效、高毒、高残留的有机磷农药。

(二)有机氟化物中毒

有机氟化物包括氟乙酰胺、氟乙酸钠、甘氟、氟蚜螨等，是主要用于杀虫、灭鼠的一类剧毒药物。家畜对氟乙酰胺的易感顺序是：犬、猫、牛、绵羊、猪、山羊、马、禽。

范例(1)　某养牛户，由于鼠害严重，购买氟乙酸胺鼠药将其撒在饲料库房内、外，后不慎牛只走脱，采食拌有鼠药的麦粒，家畜表现为全身抽搐，角弓反张，呼吸困难，心律失常，黏膜苍白，口吐白沫，大量流涎，肌肉震颤，后经救治，康复。

病因分析　家畜误食被有机氟化物处理过或污染了的植物、种子、饲料、饮水、毒饵，或者采食了因氟化物中毒而死亡的尸体引起中毒。发病机理是有机氟化物在机体组织内活化为氟乙酸，经过一系列渗入作用使三羧酸循环中断，组织细胞失去能量供应而造成损害。

疾病信息收集

(1)马以心血管系统症状为主。精神沉郁，肌肉震颤，呼吸困难，四肢末端发凉，心跳加快（80～140 次/min)，心律不齐，腹痛不安，出汗，步态不稳。最后惊恐、鸣叫、倒地抽搐，直到死亡。

(2)牛、羊分急性和慢性两种类型。急性病例以高度兴奋为特征。病牛在食毒后 9～18 h 突然倒地，全身抽搐，角弓反张，心动过速，心律失常，迅速死亡。慢性病例，精神委顿，食欲减退，呼吸加快，心律失常，共济失调，肌肉震颤。常在轻度劳役后或其他刺激下突然发作，惊恐不安、狂躁、尖叫，在抽搐中死于心力和呼吸衰竭，病程可达数周。

(3)猪多取急性病程，表现心动过速，共济失调，痉挛，倒地抽搐，空口咀嚼，吐沫，数小时内死亡。

(4)犬、猫病程短，主要表现兴奋、狂奔、嚎叫、心动过速、呼吸困难、呕吐，数分钟内死于循环和呼吸衰竭。

诊断要点

(1)有接触有机氟化物农药的病史。

(2)有神经兴奋和心律失常的症状。

(3)必要时测定血中柠檬酸含量，比正常显著升高。

治疗技术　首先要停止饲喂可疑饲料，抢救与排出毒物同时进行。

(1)应用特效解毒药。解氟灵(50%乙酰胺)每天每千克体重 0.1～0.3 g/kg，以 0.5%普鲁卡因稀释肌肉注射，首次注射加倍，每隔 4 h 注射 1 次，连用 3～7 d；也可用乙二醇乙酸酯 50～100 mL，溶于适量水中内服。还可用每千克体重 5%酒精2 mL、5%醋酸 2 mL，内服。

(2)促进毒物排出。立即更换可疑的饮水、饲料，用 0.02%高锰酸钾洗胃后，内服盐类泻剂。

(3)对症治疗。控制痉挛，可用葡萄糖酸钙；镇静用巴比妥、氯丙嗪；兴奋呼吸中枢用尼可刹米。另外注意补液、强心和解除酸中毒。

预防措施

(1)禁喂用氟化物农药喷洒过的植物茎叶、瓜果以及被污染的饲料、饮水。施用过有机氟化物的农作物，从喷施到收割期必须经过 60 d 以上的排毒期，否则容易发生中毒。

(2)使用有机氟农药防治蚜螨和鼠害时，严禁污染水源。

(3)作为灭鼠的诱饵应妥善放置，严禁家畜误食。对毒死的鼠类尸体要深埋，防止家畜吞食。

二、实训与练习

实训十三　有机磷中毒的防治技术

一、目的要求

1. 掌握家畜有机磷中毒的症状收集、鉴别方法。

2. 提出家畜有机磷中毒的治疗方案，并能实施治疗护理。

二、先备知识

(1)基础知识：了解家畜生理学特点，理解中毒疾病发病机理、过程，掌握有机磷中毒疾病用药药理、中草药药性和处方等。

(2)技能操作：熟练掌握临床诊断的方法、中兽医诊断方法、治疗技术等。

(3)课程知识：掌握家畜有机磷中毒性疾病防治知识。

三、实训条件

(1)实训地点：一体化实训室、动物医院、养殖场等。

(2)实训病例：家畜有机磷中毒的复制病例模型、患有有机磷中毒的家畜等。

(3)材料用具：听诊器、体温计、注射用具、常用保定器械、投药器械等、相应有机磷中毒治疗药品、考核评价单(详细见附录)等。

(4)指导教师：有从事兽医岗位工作 3 年以上经历的校内专任指导教师或校外兼职指导教师。

四、实训内容

1. 疾病信息收集　小组成员对病畜进行病史调查和临床检查，并记录各项检查结果。

(1)病畜登记:年龄辨别,畜主问询,病情调查。

(2)现症检查:一般检查中,体温、脉搏、呼吸数的测定;临床检查中,注重病史调查,注重临床症状变化等。

(3)实验室检查:血液胆碱酯酶活性测定(全血纸片法)。

2.诊断　分组讨论建立诊断分析,小组应用鉴别诊断和论证诊断法,对有关症状进行逻辑分析。

3.治疗方案　由小组医生提出治疗方案并制定处方,对处方的配伍进行说明。

4.实施治疗　由小组进行处方的执行,实施治疗。其他小组成员进行配合。

5.效果观察　观察、记录治疗效果。根据治疗效果各小组代表进行诊断说明和治疗方案分析,分小组实施治疗,由指导教师指导。

6.工作过程评估　整个工作过程的优劣,由学生自评、小组互评、教师评价完成。

注意事项:病例取得可采用人工诱发复制模型或动物门诊、养殖场预约的方式完成,同时结合电教片进行,针对相关的病例问题,由教师及时提出帮助,正确引导学生进行讨论。

五、教学组织

学生每4人一组,分组进行实验,按照操作步骤进行课程实践。

六、作业

1.实验报告分析。

2.实训心得和建议。

3.小组讨论完成接诊单、诊断书、处方、治疗护理单、病历册等相关医疗文件。

备注:考核办法采用过程考核(详见附录)。

知识补充

有机磷中毒检验

[材料设备]

(1)动物　有机磷中毒病例,或用实验动物(猪或兔)做人工病例复制。

(2)器材　测瞳尺、瓷反应板、瓷蒸发皿、乳钵、分液漏斗、分液漏斗架、离心机、培养皿、玻璃容器、量筒、棕色玻瓶、玻棒、微量吸管、25 mL滴管、注射器、针头、听诊器、体温计、定性滤纸、新华滤纸、试纸、纱布、脱脂棉、剪刀、解剖器械、载玻片、皮筋等。

(3)药物试剂　氯仿、氯化乙酰胆碱、溴麝香草酚蓝、无水乙醇、干燥马血清、饱和溴水、0.4 mol/L 氢氧化钠溶液、二氯甲烷、酒石酸、苯、三氯醋酸、无水硫酸钠、丙酮、石油醚、蒸馏水、注射用水。

[步骤]

1.检品的采取和处理

可疑有机磷中毒的剩余饲料、胃肠内容物(活体采取胃肠内容物时如采不出来,可用普通水洗胃,但不能用碱性液体洗胃,以防有机磷水解)、血液、尿液及内脏等被检病料迅速检验。如不能立即检验时,可按 100~150 mL/kg 加入酒精或苯后,置于冰箱内保存,以防有机磷挥发。血液、尿液及内脏中的有机磷能迅速异化,常难以检出,故一般不做血液、尿液和内脏的保存。

2.有机磷检验法

(1)酶化学纸片法

原理:胆碱酯酶能将乙酰胆碱分解为胆碱和乙酸,因而 pH 值变低。当有机磷中毒时,抑制了乙酰胆碱酯酶的活性,水解乙酰胆碱产生胆碱和乙酸的能力降低,所以 pH 值升高。根据 pH 值的变化,以溴麝香草酚蓝(BTB)作为指示剂,以推断有机磷的中毒情况。

试剂:

①乙酰胆碱试纸片　称取氯化乙酰胆碱 1 g,溴麝香草酚蓝 0.084 g,溶于 95%乙醇中使成 28.6 mL。取新华滤纸,剪成 5 cm×11 cm 纸条,在上述溶液中浸透后取出晾干,然后剪成 2 cm×2 cm 的试纸块密封于茶色瓶中,置于干燥器内(或瓶中放一小包原色硅胶)避光保存备用。

②马血清　如为市售干燥马血清,临用时打开安瓿,按量用水稀释备用。

③溴水　取 1 mL 饱和溴水加水 4 mL 稀释。

操作方法:用滴管取检液 1 滴(约 0.05 mL)于白瓷板上,另加马血清 1 滴(约 0.05 mL)混合,加盖乙酰胆碱试纸片,10~20 min 后观察试纸片颜色。若呈绿色或蓝色,为有机磷中毒;若为黄色,则为阴性。同时应做空白对照试验。

[注意事项] 本法以 pH 值判定结果,应避免酸碱的干扰,故所用白瓷板要在临用前洗净吹干。

(2)BTB 全血试纸片法

原理:有机磷能抑制血中胆碱酯酶分解乙酰胆碱的活性,故胆碱酯酶与乙酰胆碱作用所产生的乙酸亦相应降低,其降低程度,可由 BTB 试纸的颜色变化表示,并能粗略判定有机磷中毒的严重程度。

试纸片制备:称取溴麝香草酚蓝 0.14 g,用无水乙醇 20 mL 溶解,加溴化乙酰胆碱 0.23 g(或氯化乙酰胆碱 0.185 g),以 0.4 mol/L(约 1.6%)氢氧化钠溶液调至黄绿色(pH 值约为 6.8)。然后将定性滤纸浸入溶液中,待浸透以后取出挂在室温中自然阴干(为橘黄色)。再剪成 2 cm× 2 cm 的试纸块,密封于茶色瓶中,置于干燥器内(或瓶中放一小包原色硅胶)避光保存备用。

操作方法:取制备好的试纸片两块,分别放在清洁干燥的载玻片两端,用毛细滴管加病畜被检末梢血一滴于一端试纸片中央,另一端试纸片加健畜末梢血一滴并进行标记。待血滴扩散成小圆斑点后,立刻加盖另一清洁干燥玻片,用橡皮筋扎紧,在 37℃温箱中(或体温)保存 15～20 min 后,观察血滴中心操作部位的颜色变化。

[结果判定] 见下表。

BTB 全血试纸操作方法结果

项目	红色	紫色	深紫	蓝黑(黑灰)
胆碱酯酶活性	80%～100%	60%	40%	20%
中毒程度	正常	轻度抑制	中度抑制	重度抑制

[注意事项]

(1)血液应滴于试纸片的中央,血滴不可过大或过小,以斑点直径 0.6～0.8 cm 为宜。

(2)每个可疑病畜,应做两个标记,以免发生误差。

(3)血斑要看反面,看时不要直接对准光线,应与光线成一斜角。

(4)玻片及滴管要清洁干燥,防止酸碱干扰。

(5)每次测定前,先用健康血检查试纸片,如试纸片加健康血不变蓝,经 30 min 后又不变红,表明试纸片失效。

【课后作业】

一、名词解释

有机磷农药中毒

二、填空题

1. 有机磷农药中毒以______、______和________等为特征的中毒性疾病。

2. 有机氟中毒临床上以呼吸加快、__________、共济失调、______为特征。

三、选择题

1. 有机磷农药中毒的特效解毒药是(　　)。

A. 阿托品　　B. 解磷定　　C. 0.1%高锰酸钾水　　D. 氯丙嗪

2. 有机磷农药中毒时采用的乙酰胆碱对抗剂药物是(　　)。

A. 阿托品　　B. 解磷定　　C. 0.1%高锰酸钾水　　D. 氯丙嗪

3. 有机氟农药中毒的特效解毒药是（　　）。

A. 阿托品　　B. 解磷定　　C. 50%乙酰胺　　D. 氯丙嗪

4. 造成有机氟农药中毒的致病毒物是（　　）。

A. 氟乙酰胺　　B. 氟乙酸钠　　C. 氟乙酸　　D. 甘氟

四、判断题

1. 有机农药的使用使环境的污染加剧，同时可导致动物发生癌症的几率提高。（　　）

2. 有机磷农药中毒以流涎、腹泻、皮炎、肺水肿和肌肉痉挛等为特征。（　　）

3. 25%的葡萄糖可用于保肝、解毒、提高机体防护能力。（　　）

五、简答题

有机磷农药中毒后动物有哪些表现？如何进行抢救？

六、病例分析

某农民共养羊 37 只，在同一块田边放牧，在放牧同时发现个别羊发病，立即请兽医诊断，初期表现兴奋，后期精神沉郁，经查体温不高，初期心搏减慢，后期心搏增加，流涎，流泪，瞳孔缩小。病羊瘤胃蠕动及反刍逐渐停止，臌气，粪稀或便血。继而呼吸急促，呼出气有大蒜气味。呻吟，肢冷，头颈部肌肉痉挛。结膜暗紫，眼球颤动。病情严重，全身肌肉痉挛，卧地不起，呼吸中枢麻痹，窒息而死。剖检，尸体眼睑、结膜红肿，有黏脓性分泌物积于眼内角，眼睑外翻。胃内容物含有经过包衣的玉米种子，呈胃肠炎、肺充血、肝脾肿大等变化，其他未见异常。

经以上症状描述，你判断羊可能为什么病？依据是什么？如果让你救治，你该如何进行治疗？

子情境三　兽药中毒性疾病防治技术

一、岗位工作范例

（一）磺胺药中毒

磺胺药物是一类广谱抗菌药，广泛应用于家禽的某些传染病、球虫病、卡氏住白细胞虫病的防治。

范例(1)　某养鸡户从某大型种鸡场购得 AA 肉鸡 20 000 羽，前期生长发育良好。从15日龄开始，禽主发现鸡粪便呈红胡萝卜样，认为鸡得了小肠球虫病，立即用克球虫粉按每千克饲料中添加4 g拌料，由于此禽主是初次养鸡，怕鸡得病，又每天给每只鸡口服10%磺胺-5-甲氧嘧啶针剂2滴，用药后禽主发现部分鸡精神不振，食欲减退或不食。用药后第2天陆续死亡15只，后经治疗康复。

病因分析

(1)用药量过大。一般来讲，磺胺药可按饲料量的0.1%～0.5%添加，或按饮水量的0.05%～0.3%添加，由于计算失误，称量错误等原因，导致饲料或饮水中含药量太高，引起中毒。

(2)用药时间过长。应用磺胺类药物，一个疗程为3～5 d，在有混合感染的情况下，症状难以控制，用药时间超过7 d，可致蓄积中毒。

(3)搅拌不均。应用逐级稀释法，将药物均匀混于饲料或饮水中，如果直接将药物混于大量饲料中，则很难混匀，使局部饲料中含药量过高。

(4)用法不当。把一些不溶于水的磺胺药通过饮水法投药，水槽底部沉积了大量药物，鸡饮用后可致中毒。

由于上述原因，鸡采食了大量磺胺药进入体内。损伤骨髓，影响造血机能；损伤肾脏，导致排泄障碍和尿酸盐沉积。

疾病信息收集

(1)临床检查　急性病例，鸡冠、肉髯苍白，皮下广泛出血，有时眼睑和肉髯也有出血，时间较短者为红色斑点，时间较长者为紫癜。有些病鸡出现腹泻，多因出血过多而死亡，死前挣扎，鸣叫。

慢性病例，病鸡精神沉郁，采食下降，生长慢，羽毛蓬乱，冠、髯苍白。成鸡产蛋少，产薄壳、软壳蛋。

(2)病理剖检　典型病变是皮下、肌肉广泛出血，尤其是腿、胸肌更为明显，有出血斑、点。血液稀薄如水，血凝不良，骨髓颜色变淡或变黄；胃肠道黏膜有点状出血，肝、脾肿大、出血，胸、腹腔内有淡红色积液。肾脏肿大、苍白，呈花斑状，肾脏及肠管表面有白色、砂粒样尿酸盐沉着。

诊断要点

(1)有过食磺胺药的病史。

(2)有皮下出血和生长不良的症状。

(3)剖检变化以广泛出血和肾脏尿酸盐沉积为特点。

治疗技术　首先要停止饲喂可疑饲料，抢救与排除毒物同时进行。

(1)立即停用含磺胺药的饲料及饮水，其他抗菌、抗球虫药也要停用。

(2)饮0.1%碳酸氢钠水，3～4 h后，改饮3%葡萄糖水，连饮2～3 d。碳酸氢钠能促进磺胺药排出，减轻对肾脏损害，葡萄糖能提高机体的解毒能力。

(3)饲料中添加维生素 K_3 4～8 mg/kg，可减少出血，提高治愈率。

预防措施

(1)使用磺胺类药物时，计算、称量要准确，搅拌要均匀，使用时间不宜太长。尤其是雏鸡在使用磺胺喹噁啉、磺胺二甲嘧啶时，更应注意。

(2)使用磺胺类药物时，应提高饲料中维生素 K 和维生素 B 的含量，一般应按正常量的 3～4 倍添加。

(3)磺胺药与抗菌增效剂同用，可提高疗效，减少用量，防止中毒。

(4)鸡患有法氏囊病、痛风、肾型传染性支气管炎、维生素 A 缺乏等有肾损害的疾病时，不宜应用磺胺药。

(二)高锰酸钾中毒

高锰酸钾是一种强氧化剂，具有抑菌、防腐、除臭等功能，同时，高锰酸钾还是锰的补充剂，饮水浓度 0.01%～0.03%之间，应用不当，可致中毒。成鸡致死量为 2 g/羽。

鸡高锰酸钾中毒后有严重的胃肠道刺激症状，皮肤、口腔、舌咽呈紫红色，水肿，呼吸困难，腹泻，粪便紫黑色。

范例(1)　某个体养鸡户在自配高锰酸钾溶液时，由于初次养鸡缺乏经验，误将 0.02%的溶液配制成 0.2%的溶液，给饲养雏鸡饮用后始出现死亡，病鸡精神沉郁，食欲减退或废绝，闭目呆立。呼吸困难，大部分有腹泻症状。后经发现及时救治，得以解决。

病因分析　饮水时浓度过高，超过 0.2%，或者高锰酸钾溶解不充分，饮水中含有高锰酸钾颗粒，都可引起中毒。高锰酸钾首先对消化道有刺激和腐蚀作用，导致炎症、出血、糜烂、坏死。吸收入血后，能损坏肾脏和脑，导致植物性神经功能紊乱。钾离子过高，对心脏有抑制作用，可致死亡。

疾病信息收集

(1)临床检查　口腔、舌、咽黏膜呈红紫色，呼吸困难，精神沉郁，肌肉震颤，常有腹泻。严重中毒者常在 1～2 d 内死亡。

(2)病理剖检　食道、嗉囊、胃肠黏膜呈深褐色，有出血斑点，有的部位出现溃疡、糜烂；肝脏肿大，呈暗紫色，胆囊胀大，充满胆汁。

诊断要点　根据发病史和临床特征可做出初步诊断。

治疗方法　首先要停止饲喂可疑饲料，抢救与排除毒物同时进行。

用清水或用 3%过氧化氢溶液 10 mL 加 100 mL 水稀释后洗胃。内服黏浆包埋剂，并投以硫酸镁 10～20 g，以加速毒物排出。

防治措施　立即停饮高锰酸钾水，内服鸡蛋清、牛奶或豆浆以保护胃肠黏膜。然后饮用3%葡萄糖水，提高机体解毒能力。预防应严格控制饮水浓度，待高锰酸钾完全溶解后饮用。用高浓度溶液进行环境消毒时，要防止鸡偷饮，与甲醛一起熏蒸消毒时，应在无鸡的情况下进行。

(三)硫酸铜中毒

硫酸铜是一种透明、蓝绿色、易溶于水的化学物质，养禽业中主要用于抑制霉菌，可在饲料中添加适量硫酸铜，防止饲料发霉变质。家禽在发生曲霉菌病时，也可用硫酸铜治疗，但如用料过大，可致中毒。

范例(1)　某初次养鸡户，由于缺乏经验，自行配制饲料1 000 kg，混入硫酸铜5 kg，料配好后开始饲喂，随后鸡只发病，表现为精神沉郁，采食下降，被毛松乱，口流涎，水样腹泻，呼吸苦难，步态不稳，临死前惊厥、麻痹，于昏迷中衰竭而死。诊断为硫酸铜中毒。

病因分析　饲料中硫酸铜含量过高，超过500 mg/kg，对鸡的生长有抑制作用。用硫酸铜治疗曲霉病菌时，其用量应为0.3～0.4 g/L。口服2%以上的硫酸铜溶液，对消化道有剧烈的刺激作用。硫酸铜对鸡的致死量为0.9 g/kg体重。

疾病信息收集

(1)临床检查　慢性中毒主要表现为精神沉郁，采食下降，被毛松乱，贫血，消瘦，生长不良。急性中毒，先兴奋不安，活动增强，在鸡群中乱窜，后精神抑制，闭眼呆立，缩颈垂头，口流涎，水样腹泻，呼吸苦难，步态不稳，临死前惊厥、麻痹，于昏迷中衰竭而死。

(2)病理剖检　主要病变为食道下部、嗉囊、胃肠黏膜充血、出血、糜烂、溃疡，表面呈淡绿色，嗉囊内有时积有蓝绿色液体。肝、肾等实质器官肿大、变性、坏死。

诊断要点

(1)有过食硫酸铜病史。

(2)剖检见嗉囊内有蓝绿色液体，胃肠黏膜呈淡绿色。

防治措施　立即停用硫酸铜，病鸡可内服氧化镁1 g，鸡蛋清5 mL，随后内服8%硫酸钠溶液10 mL，但禁用油类泻药。预防应注意严格掌握用量，而且与饮水、饲料混合均匀。即用即配，不能放时间过久，不能用金属容器配置，也不能与食盐同时应用。

(四)马杜拉霉素中毒

马杜拉霉素是聚醚离子载体类抗球虫药，具有作用强、成本低、不易产生耐药性等优点，在生产上得到广泛应用。但由于其安全范围小，应用不当，会引起中毒，临床上以神经症状和运动障碍为特征。

范例(1) 某养殖户新进艾维茵白羽肉鸡1 800羽，饲喂至22日龄，大群出现个别球虫病例，拉水样或西红柿样稀粪，个别粪便中带有少量血液，每天死亡2～5只，立即用1%马杜拉霉素铵盐预混剂拌料治疗，且用量由说明的每袋拌料200 kg加大至每袋拌料150 kg，连用3 d，症状稍减轻，但每天仍有死亡，于是用量又加大到每袋100 g拌料50～100 kg，连用3 d后，鸡群不但没有减轻，反而加重，死亡增至每天15只以上，后经确诊为马杜拉霉素中毒。

病因分析 多数是由于药量过大引起中毒。马杜拉霉素用量很少，一般为每千克饲料5～10 mg，多用其0.2%的预混剂。如果应用纯品，则很难混匀，极易中毒。另外，称量不准、误用、随意加大药量都可导致本病。

疾病信息收集

(1)临床检查 鸡采食了含药量高的饲料后，1～3 d开始出现症状。轻者采食减少，精神不振，闭眼垂翅，羽毛松乱。腿软无力，站立不稳，驱赶时走路摇摆，常跌倒、翻滚。重者卧地不起，翅着地，匍匐前行，有的头颈扭曲，震颤，转圈哀鸣；后期病鸡侧卧，两腿呈游泳状划动，死亡后多呈俯卧姿势，腿向后伸直。

(2)病理剖检 血液呈鲜红色，血凝不良，腿、胸部肌肉呈粉红色，有米粒大散在的出血点。肝脏边缘呈暗黑色，胆囊胀大，充满胆汁。十二指肠、空肠、回肠弥漫性充血、出血，心冠脂肪出血。脾呈粉红色，略肿，其余脏器未见明显变化。

诊断要点

(1)有过食马杜拉霉素的病史。

(2)有神经症状和运动障碍。

(3)剖检以血凝不良，肌肉、脾呈粉红色，有散在出血点为特征。

(4)饲料检验，马杜拉霉素含量超过15 mg/kg。

治疗技术 首先要停止饲喂可疑饲料，抢救与排除毒物同时进行。

(1)立即停用马杜拉霉素及其他一切抗生素。饮0.02%高锰酸钾水，2～3 h后，改饮3%葡萄糖水，连用2～3 d。

(2)饮水中添加维生素C 20～30 mg/kg，电解多维1～2 g/kg，可有效缓解症状，提高治愈率。

(3)中药甘草能解百毒，按每只鸡1～2 g，熬成汤饮水。

预防措施 应用马杜拉霉素时，应严格遵守厂家推荐用量，不得任意加大。称量要准确，混合要均匀。许多抗球虫药的有效成分是马杜拉霉素，如抗球王、杜球、加福、克球皇等，用户要加以辨别，避免重复用药。厂家如果在饲料中添加了马杜拉霉素，应当注明。

二、实训与练习

【课后作业】

一、填空题

1. 鸡采食了大量磺胺药，损伤骨髓，影响______；损伤肾脏，导致______和______。

2. 马杜拉霉素中毒临床上会引起以______和______为特征。

二、选择题

1. 鸡高锰酸钾中毒后解剖，食道、嗉囊、胃肠黏膜呈(　　)颜色。

A. 紫红色　　B. 深褐色　　C. 淡绿色　　D. 鲜红色

2. 鸡硫酸铜中毒后解剖，食道、嗉囊、胃肠黏膜呈(　　)颜色。

A. 紫红色　　B. 深褐色　　C. 淡绿色　　D. 鲜红色

三、判断题

鸡患有法氏囊病、痛风、肾型传染性支气管炎、维生素 A 缺乏等有肾损害的疾病时，不宜应用磺胺药。(　　)

四、简答题

1. 禽类磺胺中毒的诊断要点是什么？

2. 禽类马杜拉霉素中毒的诊断要点是什么？

五、案例分析

某养鸡户从某大型种鸡场购得 AA 肉鸡 2 000 羽，前期生长发育良好。从 15 日龄开始，禽主发现鸡粪便呈红胡萝卜样，认为鸡得了小肠球虫病，立即用克球虫粉按每千克饲料中添加 4 g 拌料，由于此禽主是初次养鸡，怕鸡得病，又每天给每只鸡口服 10%磺胺-5-甲氧嘧啶针剂 2 滴，用药后禽主发现部分鸡精神不振，食欲减退或不食。用药后第 2 天陆续死亡 51 只。临床症状为病鸡卧地嗜睡，有的兴奋不安，惊厥、痉挛、肌肉震颤、腹泻，粪便颜色加深，眼结膜苍白，有的黄染，鸡冠苍白，呼吸加快。剖检，鸡胸肌和腿肌颜色苍白，表面有不规则的斑点状出血，肝肿大，呈黄色，表面有出血点，肾肿大呈土黄色，有出血斑，输尿管变粗，内有白色尿酸盐沉积，腺胃与肌胃交接处出血，肌胃角质膜有溃疡，小肠黏膜出血，骨髓呈黄色。

经以上症状描述，你判断鸡可能是什么病？依据是什么？如果让你救治，你该如何进行治疗？

子情境四　化学肥料中毒性疾病防治技术

一、岗位工作范例

氮肥中毒

氮肥包括尿素、硝酸铵、硫酸铵、碳酸铵、氨水等，在农业生产中得到广泛应用。家畜采食较大剂量后，可引起中毒。临床上以神经症状和呼吸困难为特征，常见于牛和羊。

范例(1)　某饲养户家中饲养的2头黄牛准备催肥后出售，听人说喂尿素后长膘快，所以早饭前每头牛各喂了一大碗尿素(约0.5 kg)，吃完早饭1个多小时后，发现牛狂躁不安、乱蹦乱跳、低头撞地、大声嘶叫，随后倒地不起。后经救治康复。

病因分析

(1)偷食。在生产过程中，家畜偷食化肥或因过度口渴，偷饮氨水。

(2)误用。化肥是白色晶体，与食盐相似，误把化肥当食盐喂饲家畜。

(3)应用方法不当。反刍家畜，可以少量喂饲尿素，补充蛋白质。但如果一次用量过大，或初次喂饲时没有逐渐加量的过程，喂尿素后马上饮水等，都会导致中毒。

根据试验，喂给尿素的量，成年牛以15～25 g/d，羊3～8 g/d为宜。在开始时，必须经过一段增量过程，才能达到这一用量。

疾病信息收集

(1)神经症状　家畜兴奋不安、挣扎脱缰，肌肉震颤，共济失调，角弓反张，尖叫，眼球震颤，倒地后四肢划动，死亡快。

(2)消化系统的症状　流涎吐沫，瘤胃臌气，腹痛不安，回视腹部、踢腹。胃肠蠕动音减弱或消失。

(3)呼吸变化　严重的呼吸困难，张口喘，有吭哧音，肺部听诊有湿啰音，鼻孔周围常有泡沫状液体。

(4)其他症状　心搏动亢进，100次/min以上，出汗、瞳孔散大。如果是偷饮氨水引起的中毒，还伴有口、唇、舌、咽部炎症和水肿的症状。

诊断要点

(1)有采食氮肥的病史。

(2)有神经症状和呼吸困难症状。

治疗技术　注意抢救与排除毒物同时进行。

(1)减少氨的生成。1%醋酸溶液，牛 1 000 mL，羊 200～300 mL；白糖，牛 500～1 000 g，羊 100～200 g，加温水适量，内服。可抑制脲酶活性，减少氨的形成。

(2)解毒。10%硫代硫酸钠，牛 100～200 mL，羊 20～40 mL；25%葡萄糖，牛 1 000～2 000 mL 静脉注射。

另外，用高渗剂、利尿剂制止渗出，减轻肺水肿，用水合氯醛或氯丙嗪镇静，瘤胃臌气时要放气，有继发感染时，用抗生素治疗。

预防措施　加强化肥保管，防止误食、误用。在用尿素喂牛时，剂量要适当。初次应用，要有一个由小到大的适应过程，喂尿素后不能马上饮水。

二、实训与练习

【课后作业】

一、填空题

氮肥中毒临床上以__________和________为特征，常见于牛和羊。

二、简答题

1. 氮肥中毒的诊断要点是什么？

2. 如何防止尿素中毒？

子情境五　鼠药中毒性疾病防治技术

一、岗位工作范例

(一)磷化锌中毒

磷化锌是我国广泛使用的灭鼠药和熏蒸杀虫剂，当用来灭鼠时，常按 2.5%～5%的比例，同食物配成毒饵使用。各种家畜的致死量为每千克体重 20～40 mg。本病主要发生于犬、猫、猪、禽，其他家畜极少发生。

范例(1)　某小型养鸡户，某日鸡舍门未关好，鸡只逃出在前院外觅食。1 h 后发现，把鸡群赶回院内观察，发现鸡群中有异常，有几只鸡精神不好，口流涎，口有大蒜味，呼吸困难，冠和肉髯呈暗蓝色，走路摇摇晃晃，随后陆续死亡。经调查，最近该村时值集体灭鼠期间，后经临床症状及实验室检查确诊为老鼠药磷化锌中毒。

病因分析　家畜误食毒饵或被磷化锌污染的饲料引起中毒，犬、猫也经常因吃入磷化锌中毒的死老鼠导致本病。

疾病信息收集

(1)临床检查　家畜表现流涎、呕吐、腹痛、腹泻，便中带血，口腔及咽、喉黏膜糜烂。特征症状是呕吐物和粪便有蒜臭味，在暗处可见磷光。心跳、呼吸加快，心力衰竭，节律不齐。严重时有血尿、血红蛋白尿，最后肌肉痉挛、呼吸困难，于昏迷中死亡。病程多为 1～3 d。

(2)病理剖检　鸡的嗉囊及其他家畜胃肠内容物有蒜臭味，在暗处可见磷光。胃肠道黏膜充血、出血、溃疡，严重者肠黏膜脱落。肝、肾淤血、肿大，肺水肿，气管内充满泡沫状液体。

诊断要点

(1)有采食磷化锌毒饵的病史。

(2)呕吐、腹泻物有蒜臭味，暗处可见磷光。

(3)剖检，胃肠黏膜出血、脱落，内容物有蒜臭味。

治疗技术　注意抢救与排除毒物同时进行。

(1)排出毒物。2%硫酸铜溶液，猪 20～50 mL，犬、猫 5～10 mL，内服；也可用 0.1%高锰酸钾溶液洗胃，连续 3～4 次。然后内服硫酸钠，猪 50～100 g，犬、猫 10～20 g（配成 8%溶液内服）。

(2)对症治疗。25%葡萄糖，猪 200～500 mL，犬、猫 50～100 mL；10%氯化钙，猪 20～30 mL，犬、猫 5～10 mL；10%安钠咖，猪 3～5 mL，犬、猫 1～2 mL，静脉注射。

预防措施　加强毒鼠药的使用和保管。毒饵应妥善放置，防止家畜误食，药死的老鼠及时清理、深埋。大面积进行灭鼠时，可在毒饵内掺入酒石酸锑钾（磷化锌 10 g，酒石酸锑钾 3.75 g，食饵 986 g），家畜一旦误食毒饵，可发生呕吐，但老鼠却不呕吐。

(二)敌鼠钠中毒

敌鼠钠为黄色无味结晶，微溶于水，易溶于丙酮、乙醇等有机溶剂。无腐蚀性，为慢性杀鼠剂。可混于玉米面、少量食糖中，制成 0.05%的毒饵。本病常见于猪、犬、猫和禽，以全身出血为特征。

范例(1)　某宠物狗饲养者，某日早外出遛狗，在小区外发现狗正在吃一只死老鼠，经发现后立即制止，其鼠只剩头，主人当时未在意，1 h 后狗发病，表现精神沉郁，呼吸迫促，呕吐，腹泻，便中带有血液和黏液。立即前去就医，经实验室诊查，确诊为敌鼠钠中毒。

病因分析　由于毒饵保管或使用不当，导致家畜误食，或因犬、猫等吃入因敌鼠钠中毒死亡的老鼠而中毒。

疾病信息收集　病畜精神沉郁，食欲减退，呕吐，腹泻，便中带有血液和黏液。可视黏膜苍白，有出血点或出血斑，有时排血尿，皮肤有紫斑。呼吸迫促，黏膜发绀，四肢末端发凉，后期口、鼻出血，卧地挣扎，极度呼吸困难，终因窒息而死。

诊断要点

(1)有接触过敌鼠钠的可能性。

(2)有以出血为主的症状和病变。

(3)经化验，饲料残渣及呕吐物中含有敌鼠钠。

治疗技术　注意抢救与排除毒物同时进行。

(1)排除毒物。用 0.1%高锰酸钾或 1%鞣酸洗胃后，再灌服 8%硫酸钠。用量参见磷化锌中毒。

(2)补充维生素 K。维生素 K_3，猪 20～40 mg，犬 10～30 mg，猫 2～10 mg，鸡 0.5～2 mg。肌肉注射，2 次/d。

(3)制止渗出。25%葡萄糖注射液，猪 300～500 mL，犬 100～200 mL，猫 50～100 mL；5%维生素 C，猪 5～8 mL，犬、猫 2～4 mL，静脉注射。

(4)对症治疗。抗菌消炎，保护胃肠黏膜，调整胃肠机能，必要时，可用氢化可的松，猪 20～80 mg，犬 5～20 mg，猫 2～4 mg，肌肉或静脉注射。

预防措施　加强对毒鼠药的保管，防止毒饵遗失。灭鼠时，要由专人投放毒饵并看管，防止禽畜误食。在田间投放毒饵时，应设立标记，严禁畜群到放置毒饵的地区放牧。

二、实训与练习

【课后作业】

一、填空题

敌鼠钠中毒，常见于猪、犬、猫和禽，以__________为特征。

二、简答题

1. 磷化锌中毒的诊断要点是什么？中毒后如何抢救？

2. 敌鼠钠中毒的诊断要点是什么？

学习情境七　家畜免疫性疾病防治技术

能力目标

- 掌握家畜免疫性疾病的诊断和鉴别，治疗方案制定，治疗、护理等工作。
- 熟悉养殖场和门诊工作程序，能够完成服务对象的接诊工作。
- 具备病例病因分析和建立预防措施的能力。

知识目标

- 理解免疫性疾病发病的基础理论知识 。
- 熟悉免疫性疾病诊断、治疗的要点。
- 掌握此类疾病核心病例的鉴别诊断、处方的内容。

学习基础

一、家畜免疫性疾病防治技术发展概况

家畜免疫性疾病主要是指机体自身免疫调节失去平衡影响机体的免疫应答而引起的疾病。广义的免疫性疾病还包括先天或后天性原因导致的免疫系统结构上或功能上的异常。在兽医临床上，家畜发生免疫性疾病的概率也是比较高的，只是由于兽医临床实践经验和检验技术的相对限制，使一些免疫性疾病被错诊为其他疾病，而耽误治疗或错误治疗，从而造成重大的经济损失。学习免疫性疾病防治技术的目的，就是更好地为畜牧业服务，改善动物的福利事业，让畜牧业能够健康发展。

在兽医临床中，免疫性疾病的治疗技术还是比较单一的，可用脱离或避免导致异常免疫反应的物质的方法，如控制环境、停用某些药物等；Ⅰ型变态反应可进行特异性脱敏疗法来提高机体对致敏物质的耐受性或应用药物来抑制介质的产生，以阻断免疫反应；应用药物来拮抗介质的作用和它们导致的组织反应；用免疫抑制剂来抑制过度活跃的免疫反应；除去激发免疫反应的感染灶和产生自身免疫的病

灶；清除可使临床症状加重的各种刺激等方法。对于免疫性疾病的治疗还要考虑其经济价值及社会危害等方面的因素，在用药方面，除了达到正确预防、治疗和诊断动物疾病，促进动物生长发育的目的，同时要降低毒副作用，降低药物残留，还要注意合理的给药途径，做好环境保护的工作。

免疫性疾病一旦发生，除了中西药物治疗以外，保持患畜情绪稳定和安宁，加强护理，也是康复的重要因素和环节。

二、对免疫性疾病的认识

免疫是机体极其重要的自卫功能。机体依靠自身的免疫力，能抵御种类庞大的各种疾病。免疫力由两大部分组成，一是细胞免疫，二是体液免疫。前者由T细胞组成，后者由免疫球蛋白组成。一旦异体物质，如细菌和各种异性蛋白侵入机体和危害机体健康时，免疫细胞就会将它们包围、分解、吞噬予以消灭和清除，免疫球蛋白就会大量制造变成抗体加强对入侵者对抗。这就是正常机体的免疫力和免疫的方法表现。

正常的免疫是适度的、及时的，如果调控失常，也会出现和发生不正常的免疫反应，这时不仅对机体无益，甚而会损害机体，形成新的疾病。这种病就称之为自身免疫性疾病。系统性红斑狼疮、荨麻疹就属于这类疾病。主要是由过度免疫反应所产生的大量免疫细胞和免疫球蛋白堆积所致，从而损害了正常组织，使之发生病变和功能损害。发生在皮肤，就是过敏性皮炎或荨麻疹等，发生在关节就是关节炎，发生在肾脏就是肾炎。故免疫性疾病的临床表现形式多样，症状多种，而且往往具有隐蔽性。

三、掌握岗位技术应具备的知识、能力

熟知家畜禽的解剖知识，知道各器官、组织的解剖部位、正常形态、结构、色泽、位置、相互关系及功能，是学习兽医的基础。

免疫性疾病的发生是机体自身的免疫系统出现了紊乱，与生理知识的关系最为密切，免疫性疾病的发生涉及整个机体的各个系统，大到看得见的组织、器官，再到细胞、分子，逐层深入，共同在神经、内分泌和免疫系统的控制下协调行动以适应环境的变化。

病理知识方面主要熟知免疫性疾病的主要的组织变化，如表现为局部组织发生肿胀（增生、炎症）、渗出（血管反应、液体和细胞渗出，如荨麻疹），临床上有红、肿、热、痛和机能障碍，而全身症状常不明显。

对药理学、药物学内容，要熟知治疗免疫性疾病的药物种类、特性、毒性、用法、

用量等，同时还要熟知最佳的给药途径、配伍禁忌、合理组方等，避免药理知识肤浅、选药的主观性、治疗过程的盲目性造成的经济损失。同时了解中医药知识，了解哪些药物容易引起或诱发免疫性疾病，以选择合理的中药组方对患畜进行治疗。

熟练掌握免疫性疾病的兽医临床诊断技术的基本内容，包括免疫性疾病诊断方法（问、视、叩、触、听、嗅等六诊，测体温）、治疗方法、基本原则及必要的理论、技能知识，从而为从事畜禽免疫性疾病防治工作创造必要的条件，以提高对免疫性疾病诊断的准确率。

对疾病的诊断治疗是一个系统的工作。兽医从业人员特别是执业兽医必须掌握疾病发病机理、症状、疾病特点、防治要点，并根据疾病特点，科学地进行诊断，指明动物的预后情况，根据病情进行治疗，根据个性疾病发病的原因进行分析，并能提出有效预防措施。

子情境一　免疫性疾病防治技术

一、岗位工作范例

（一）过敏性休克

过敏性休克是典型Ⅰ型变态反应，是外界某些抗原性物质进入已致敏的机体后而引起的以急性循环衰竭为特征的全身过敏反应。过敏性休克的表现程度，依机体反应性、抗原进入量及途径等而有很大差别，但通常都在数秒钟内出现很剧烈临床症状，累及多种器官，若不及时处理，常可危及生命。

范例(1)　一奶牛，产犊 3 个月左右，未受孕，兽医员按常规程序做颈部皮肤消毒后，深部肌肉注射口蹄疫 O 型疫苗 2 mL。几乎同时，奶牛突然倒地，肌肉震颤，意识不清，牵拽不起。心动过速，血压下降。兽医员立即肌肉注射 0.1% 肾上腺素 4 mL。2 h 后，病牛站起，后开始采食、饮水恢复正常，无其他病症发生。

范例(2)　一奶牛，怀孕后期，准备干奶。四乳头挤净奶，常规消毒后，用温 0.9% 的生理盐水 60 mL 稀释 100 IU 链霉素 4 支，连接通乳针，经乳头注入乳房内，每乳房 1 支。约 4 min 后，牛开始骚动不安，四肢刨地，肌肉震颤，摇头，精神兴奋。随后，身上开始出汗，约 20 min，趴卧在地，体温 40.5℃，心跳加速。兽医员立即挤净乳房内药液，同时肌肉注射 0.1% 的肾上腺素 5 mL，间隔 3 h，又重复半量注射一次，结合强心补液，牛病症逐渐消退。次日，恢复正常。

病因分析　动物体内有两类细胞即肥大细胞和嗜碱粒细胞，广泛分布于全身各处。这两类细胞中含有组胺、白三烯、5-羟色胺、激肽等过敏介质。在过敏反应的发生过程中，过敏介质起着直接的作用，过敏原是过敏病症发生的必要条件，而机体免疫能力低下，大量自由基对肥大细胞和嗜碱粒细胞的氧化破坏释放出过敏介质，这些过敏介质可引起平滑肌收缩，毛细血管扩张、通透性增强，黏液分泌，血压降低及组织损伤，从而引发过敏反应的发生。

疾病信息收集

(1)发病突然，几分钟甚至几秒就可出现症状。

(2)皮肤黏膜变化往往是过敏性休克最早且最常出现的征兆，皮肤潮红、瘙痒，广泛的荨麻疹，还可出现喷嚏、水样鼻涕，甚而影响呼吸。

(3)呼吸道阻塞是本病最多见的症状，气管水肿、分泌物增加，加上喉和支气管痉挛，病畜出现喉头堵塞、气急、喘鸣、憋气、紫绀，以致因窒息而死亡。

(4)病畜心悸、出冷汗、脉速而弱，后发展为肢冷、发绀、血压迅速下降，脉搏消失，乃至摸不到脉搏，最终导致心跳停止。

(5)有恐惧感，烦躁不安和头晕，可发生意识不清或完全丧失，光反射及其他反射减弱或丧失，抽搐、肢体强直等。

(6)其他症状比较常见的有刺激性咳嗽，连续打喷嚏、恶心、呕吐、腹痛、腹泻，最后可出现大小便失禁。

诊断要点　主要根据发病突然、是否接触到过敏介质及临床表现特点来诊断该病。

根据以上临床症状诊断要点就可以做出确诊，范例(1)为疫苗过敏，范例(2)为链霉素过敏引起的过敏性休克。

治疗技术　治疗原则为着重排除病因，缓解过敏症状等对症治疗措施，促进康复过程。

【处方1】立即皮下或肌肉注射0.1%肾上腺素2～5 mL，此剂量可每15～20 min重复注射，直至脱离危险。肾上腺素亦可静脉注射，剂量是1～2 mL。症状不缓解，0.5 h后重复静脉注射。

【处方2】使用氢化可的松或地塞米松5～10 mg，静脉推注，也可皮下注射。

【处方3】血压下降可用去甲肾上腺素升压，并可给予多巴胺等血管活性药；心脏骤停可进行心内注射肾上腺素；呼吸困难，可给予尼克刹米等。

在抢救中应强调三点：一是迅速识别过敏性休克的发生，积极采取急救措施。二是要积极治疗，特别是抗休克治疗和维护呼吸道通畅。在抗休克治疗中要快速输液、使用血管活性药物、强心等。为维持呼吸道通畅，给予氨茶碱等。三是注意观察生命体征，对症处理，直至脱离危险。

护理方法　可给病畜采取前高后低姿势，以减少腹腔器官对心肺的压迫，利于呼吸。同时注意观察病畜的精神状况，看其缺氧状况是否减轻，以采取必要的护理措施。

预防措施

(1)详细询问既往史，尽可能使用相对安全的药物。

(2)注意药物间配伍禁忌，严格无菌操作，注意药物有无外观变化，有无沉淀及破损，注意看清药物有效期。

(3)为防止输液反应要用药液冲洗输液管，即使药液至少有 5～10 mL 流出输液管方可注射。

(4)给药期间要有专人观察，遇有病畜表现烦躁不安、肌肉颤抖等不适症状及时采取措施。

(5)为防止某些药物出现过敏，首次用药可以合并用少量地塞米松等抗过敏药，注射室常备抢救药品，抢救设备放置在容易拿到的位置，并随时处于备用状态。遇有过敏，立即中止输液。

(二)系统性红斑狼疮

系统性红斑狼疮是一种涉及许多系统和脏器的全身结缔组织炎症性疾病。由于体内有大量致病性自身抗体和免疫复合物，造成组织器官损伤，临床可以出现多系统和脏器损害的症状，病情呈反复发作过程。

范例(1)　一只 1 岁藏獒犬，不愿站立，喜卧，步态不稳，关节肿胀，体温高，伴有其他全身症状，已经是第 3 次出现此症状，前两次经补钙、抗生素治疗后好转。1 个月后复发，体重下降，偶尔抽搐，便正常、腹水，心搏动疾速，听诊胸膜摩擦音，伴发其他全身症状，X 线检查，除有软组织肿胀外，无其他发现。

病因分析　病因尚不确切，目前认为与遗传、感染、内分泌及环境等因素有关。

(1)遗传因素　是红斑狼疮发病的重要因素，具有红斑狼疮遗传因素的动物，一旦遇到某些环境中的诱发条件，就会引发本病。

(2)感染因素　有人认为与链球菌或结核杆菌感染有关，但未得到证实。

(3)药物　注射某些药物如普鲁卡因酰胺、肼苯哒嗪、苯妥英钠等药物可引起药物性狼疮，药物作为半抗原，引起药物过敏，有加重系统性红斑狼疮的可能。

(4)环境因素　也是诱发红斑狼疮的直接因素，如紫外线照射。

疾病信息收集　系统性红斑狼疮的临床症状多种多样，与其他疾病的症状有时重叠，诊断起来比较困难，但掌握系统性红斑狼疮的诊断要点，可以减少误诊的概率。

(1)多表现弛张热或稽留热。

(2)皮肤、黏膜出现一种不规则水肿性红斑,色鲜红或紫红,边界清楚或不清楚,可高出皮肤或不突出皮肤,红斑可伴有出血和水泡,少数病畜的口腔、唇、舌、鼻腔及支气管黏膜溃疡、糜烂。

(3)关节、肌肉肿痛,呈跛行症状,多表现为关节对称性疼痛。肌腱和肌肉痉挛可引起关节畸形。

(4)病例剖检,有肾炎症状,多数患病动物有心包炎症状,少数发生心内膜炎、心肌炎等,胸腔积液、肺炎,肺纤维化等合并症,少数患病动物有消化道出血、梗阻,少数出血或穿孔,肝脾肿大等症状,还可有不同程度的淋巴结肿大等。

(5)实验室检查,贫血,不同程度的血细胞减少,如红细胞、白细胞、血小板等。

根据以上疾病信息及诊断要点和治疗试验可以做出诊断,范例(1)是系统性红斑狼疮。

治疗技术　系统性红斑狼疮的病因不明,目前尚没有特效药,只能对症治疗,使患畜提高免疫系统的自我调节能力。

【处方1】口服强的松,静脉注射甲基强的松龙药是治疗系统性红斑狼疮的主要药物。

【处方2】皮肤出现蝶形红斑、盘状红斑、光过敏、关节炎等症状的动物可以长期使用氯喹和羟基氯喹。出现发热、关节肿胀、肌肉抽搐等症状时,可用布洛芬、芬必得、消炎痛、扶他林等非甾体类药。

【处方3】可用免疫抑制剂霉酚酸酯,副作用较少。

【处方4】中药治疗:生地30 g,生石膏(先煎)30 g,麦冬12 g,玄参12 g,黄芩15 g,生苡仁30 g,知母12 g,忍冬藤30 g,虎杖30 g,川牛膝12 g,生甘草3 g,煎药灌服。

生地、蒺藜各30 g,枸杞子、麦冬、何首乌、蔓荆子、赤芍、川芎、泽兰叶、茯苓、半夏各12 g,知母、天麻各10 g,陈皮、甘草各6 g,煎药灌服。

护理方法　除去可能的诱发因素,做好饲养管理,尽可能增加动物的运动量,提高机体免疫力。

预防措施

(1)及时有效地控制感染,慎用某些诱发药物。

(2)避免诱发因素,如日光暴晒、紫外线照射,寒冷刺激,妊娠与分娩。

(三)湿疹

湿疹是一种常见的炎性皮肤病,是上皮细胞对过敏物质刺激的一种炎症反应,以形成多种形态的斑疹且有渗出潮湿倾向为特征,其特点是皮肤出现红斑、丘疹、水泡、糜烂、痂皮等皮肤伤，并有热、痛、痒症状，多发生在腿、腋部内侧。该病病程较长、易复发。各种动物都易发生，以羊、犬、猫为最。

范例(1) 一猫皮肤出现大小不等的红斑，轻度肿胀，指压褪色，有的地方已经脱毛，后肢腋下轻微破溃。主诉：3 d前给其洗澡，第 2 天发现其搔痒，在其他物体上摩擦身体。

范例(2) 一养殖户饲养的 10 头 40 日龄仔猪颈部和胸部出现大片红斑，并且互相啃咬或在硬物上摩擦患部，其他情况则正常，经现场调查，精神、体温、食欲均正常，颈部、胸腹部皮肤出现大面积红斑，突出皮肤表面，伴发痒觉，局部皮肤因啃咬、摩擦导致出血及脓肿，同时观察到猪圈环境卫生差，蚊虫多，场地的垫草已潮湿霉烂。主诉：场内的垫草是一个星期前换的，因梅雨季节，更换时这些垫草已经受潮。

病因分析 湿疹的发病原因较复杂，一般和过敏性物质有关。在外界物理性因素(如机械性压迫、摩擦、咬、抓、蚊虫叮咬)、化学性因素(如某些内用药物、外敷药物、消毒药物)、皮肤不洁、犬舍潮湿等因素刺激机体，使皮肤发生过敏，引起湿疹；某些物质缺乏症，导致皮肤的抵抗力低，也可引起湿疹的发生。有毒的饲料、代谢障碍及消化系统疾病等都可使机体抵抗力减弱，从而引起湿疹。

疾病信息收集

(1)视诊患部呈大片点状或形状不同的红斑，患猫可见有瘙痒感，随后出现小水泡，小水泡破裂表面渗出液体，由于搔痒和摩擦，发生脱毛，形成鳞屑和皮肤肥厚。

(2)水泡破裂被微生物感染形成脓疱，脓疱破溃后形成痂皮，皮肤散有异常臭味，动物表现剧烈瘙痒不安，不时舔抓患部，可使患部面积扩大。

(3)慢性湿疹，湿疹部位反复受到刺激，如抓、咬、舔使患部反复发作，皮肤增厚，被毛逆立。

诊断要点 主要根据饲养管理、病史及临床表现特点来诊断，具有多形性、对称分布，倾向渗出，自觉瘙痒剧烈、容易复发等症状来诊断该病。

根据临床观察诊断和主诉，范例(1)、范例(2)均诊断为湿疹。

治疗技术 避免接触致敏物质、制止渗出、防止感染，局部治疗早期可用收敛杀菌洗剂，促进康复。

【处方 1】醋酸可的松软膏、皮炎平软膏、氢化可的松、氢化泼泥松软膏等患部涂抹。感染严重的，可应用抗生素治疗，同时配合地塞米松肌肉注射。

【处方 2】对感染的湿疹性皮炎，可用醋酸强的松龙 5 mg，磺乙酰胺钠 100 mg，硫酸新霉素 3 mg，杆菌肽锌 500 IU，凡士林 80 g，混合研膏，涂布患处。

【处方 3】病猪患部用 3%～5%龙胆紫液涂抹，或用 1%～2%的来苏儿液、0.1%的高锰酸钾溶液、3%的硼酸水、2%的明矾水清洗患部，然后用硼酸软膏或鱼石脂软膏涂擦患部，并肌肉注射抗生素。

【处方 4】息斯敏 2～4 片，一次内服；皮炎平软膏 1 支，涂抹患部。

【处方 5】荆芥、防风、鸦胆子、蛇床子、花椒、忍冬花、地肤子、白芷、稀签草、百部、雄黄、明矾各 20～30 g，前 10 味水煎取汁，用药前化入雄黄、明矾涂擦患处，每天 1 次，一般涂擦 1～3 次。

护理方法

(1)维持好圈舍卫生，马上更换新鲜垫草，建议养殖户每 3 d 更换一次新鲜垫草。搞好猪圈的环境卫生及消毒工作。

(2)排除可疑发病因素，对已发病的动物尽早隔离、治疗，防止炎性渗出物刺激，病畜抓、咬、舔患部使其反复发作。将病猪隔离，加强饲养管理，给予易消化的饲料，补充维生素。

预防措施　加强饲养管理，饲喂富含维生素、矿物质的饲料，饲料搭配要多样化。保持圈舍清洁、干燥、通风，同时要保持动物的皮肤卫生，及时消灭蚊蝇等吸血昆虫。

(四)荨麻疹

荨麻疹又名风疹块、风疙瘩，是受体内、外因素刺激所引起的一种使皮肤黏膜血管发生暂时性炎性充血与大量液体渗出，造成局部水肿性的损害的过敏性疾病。其特征是在患畜体表发生许多圆形或扁平的疹块，伴有皮肤瘙痒，或有发烧、腹痛、腹泻，发展快，消失也快。

本病主要见于马、牛和猪，有时也见于绵羊。

范例(1)　一待产宠物犬，做剖腹产，用酒精消毒后，皮肤出现大片的疹块，无其他症状，术后 1 d 消失，不留痕迹。一年后，该犬又作剖腹产，同样的处理方法，又出现大片的疹块，2007 年，又来做剖腹产，使用了新洁尔灭作为消毒药物，未出现前两次症状。

范例(2)　一藏獒犬，体重 8 kg，因患病，体温 41.5℃，双肺呼吸音清，未听见干、湿啰音；心率为 100/min，心律正常，没有杂音；血常规检查正常。诊断为上呼吸道感染。给予头孢拉定静脉注射后，未出现不良反应。第 2 天，体温仍高，在静脉注射中加入地塞米松，当晚，病犬吠叫，出现大片的疹块，有的连成片，呕吐，怀疑头孢拉定过敏，停用，1 d 后消退。2 个月后，该犬又来就诊，诊断为犬瘟热，给安苄西林＋安痛定＋地塞米松注射，后又出现疹块，呕吐，停用，只用其他药物，2 d 后消失。3 个月后，该犬因高热又来就诊，应用地塞米松，再次出现前两次的症状。

病因分析　荨麻疹的致病因素比较复杂，较常见的原因如下。

(1)内在的刺激　主要是采食霉败与有毒饲料或特殊蛋白质饲料，消化道疾病(胃肠炎、便秘等)、某些传染病(猪丹毒、腺疫、马传染性贫血)和某些寄生虫病(媾疫、蛔虫病、马胃蝇蛆等)的经过中，由于有毒物质被吸收引起过敏反应而发生荨麻疹。

(2)外在的刺激　外擦药物(松节油、石炭酸等)的刺激；青霉素、阿托品、磺胺药类药物、血清、疫苗等由于变态反应或使细胞释放组织胺而引起本病；吸血昆虫(蚊、虻等)的刺激；有毒植物(荨麻等)的刺激；家畜在发汗之后，突然遭受风寒的侵袭，都可反射地引起皮肤血管运动神经的机能障碍，而发生本病。

疾病信息收集　本病多无先兆，临床检查视诊、触诊以皮肤上突然出现呈扁平或半球形大小不等的疹块为特征，多时会融合成大片，伴有明显瘙痒，周围呈堤状肿胀，被毛直立，有的疹块的顶端发生浆液性水泡，并逐渐破溃而结痂。

有的病例，临床检查出现体温升高、精神沉郁、食欲减退、消化不良症状。猪有时发生呕吐和下痢；牛表现不安，呼吸促迫，战栗，流涎，鼻、耳、眼睑水肿等症状；马、牛多发生于头、颈部两侧，肩，背，胸壁和臀部，随后出现于四肢下端及乳房等处。患畜因皮肤剧痒而摩擦、啃咬，常有擦破和脱毛现象。疹块发展迅速，消失也快，1～2 d 内完全消失，不遗留任何痕迹而自然痊愈，也有反复发作的病畜，转为慢性。往往伴有口炎、鼻炎、结膜炎及下颌淋巴结肿胀等。

家畜的荨麻疹的病变仅限于皮肤本身，无色素部分的皮肤一般多为红色或黄白色。猪多为淡黄色疹块，隆起部呈方形或菱形，小者始终呈红色。预后一般良好。

诊断要点

(1)荨麻疹多数为圆形或半圆形丘疹。

(2)突然发生、迅速消退。

根据临床观察诊断和主诉，范例(1)为酒精过敏导致的过敏反应，范例(2)为地塞米松导致的过敏反应。

治疗技术　本病治疗原则是除去病因，脱敏，避免不良因素的继续刺激，应注意原发病的治疗。

【处方 1】患畜出现奇痒不安，可用 0.25%～0.5%普鲁卡因注射液，马、牛 100～150 mL，猪、羊 30～40 mL。或安溴注射液，马、牛 100～120 mL，猪、羊30～40 mL，静脉注射。也可应用异丙嗪注射液，马、牛 0.25～0.5 g，猪、羊0.04～0.06 g，肌肉注射。

【处方 2】防止血管渗出，降低敏感性，可皮下注射肾上腺素注射液，马、牛 2～

5 mL，猪、羊 0.2～1.0 mL。或盐酸麻黄碱注射液，马、牛 0.05～0.5 g，猪、羊 0.02～0.05 g，每日 1～2 次。此外，也可以用溴化钙注射液，马、牛 2.5～5 g，猪、羊 0.5～1 g。

【处方 3】10%氯化钙注射液，马、牛 100～15 mL，5%维生素 C 注射液，马、牛 20～60 mL，分别静脉注射，1 次/d。

【处方 4】可用冷水洗涤皮肤，用 1%醋酸溶液和 2%酒精涂擦。

【处方 5】可用水杨酸酒精合剂（水杨酸 0.5 g，甘油 250 mL，石炭酸 2 mL，酒精 50 mL）。

【处方 6】用止痒合剂（薄荷 1 mL，石炭酸 2 mL，水杨酸 2 g，甘油 5 mL，70%酒精加至 100 mL），具有止痒作用。

【处方 7】金银花 50 g，蒲公英 50 g，生地 40 g，山栀 30 g，蝉蜕 50 g，苦参 40 g，连翘 40 g，黄芩 30 g，防风 30 g，共研细末，开水冲，候温灌服（马、牛）。

【处方 8】金银花 50 g，苦参 50 g，白癣皮 100 g，水煎服（鲜品加倍）。

护理方法　保持患畜皮肤清洁，干燥，预防继发感染，谨慎选好止痒药，摇匀再涂患处。

预防措施　加强饲养管理，禁止饲喂霉败与有毒饲料或特殊蛋白质饲料，积极治疗原发病，尽量避免使用刺激性强的药物。家畜在发汗之后，注意保暖。备好非那根、肾上腺素、氧气、皮质类固醇激素等，以便于抢救病畜。

（五）自身免疫溶血性贫血

自身免疫性溶血性贫血（AIHA）是由于机体免疫功能紊乱，产生抗自身抗体，吸附于红细胞表面，使红细胞破坏增加而引起的贫血。发作期间可见畏寒、发热、黄疸等，病情常反复，后期不易控制。

范例（1）　一博美犬因重度昏迷急诊入院，之前经常感染、发热，可视黏膜发黄，实验室检测血红蛋白（Hb）含量 2.5 g/dL，网织红细胞增高，血小板正常，外周血涂片可见红细胞大小不等，白细胞增多。经用氢化可的松配合其他药物治疗，症状得到缓解。

病因分析　原发性疾病，病因不明。继发性疾病，可由细菌、病毒或疫苗接种等引起。

疾病信息收集

（1）临床检查问诊病史，有无黄疸、输血史，是否患有自身免疫性疾病（系统性红斑狼疮、类风湿性关节炎等）、支原体、病毒感染，是否应用青霉素、奎尼丁、奎宁、甲基多巴等药物。

（2）视诊乏力，不愿站立，心悸，颤抖，发热。皮肤、可视黏膜黄染或苍白，脾轻度肿大。

(3)实验室检查 ①红蛋白减少,血小板正常;网织红细胞增高,小球形红细胞增多,可见幼红细胞。外周血涂片可见红细胞大小不等,可见有核红细胞及多染性红细胞,也可见球形红细胞和红细胞碎片,白细胞可增多。②血清胆红素、间接胆红素增多。

诊断要点 综合临床症状和实验室各种检查及治疗性试验结果,临床诊断范例(1)为自身免疫性溶血性贫血。

治疗技术 治疗原则为明确病因,积极治疗原发病,输血,补充造血物质。

【处方1】糖皮质激素,氢化可的松1 000～1 500 mg/d,静脉输注,连用3～5 d;或用强的松1 mg/kg,肌肉注射,2次/d。

【处方2】免疫抑制剂,应用硫唑嘌呤150～450 mg/d,环磷酰胺120～400 mg/d,或苯丁酸氮芥10～20 mg/d,或环磷酰胺200～350 mg/d。

【处方3】条件许可时,最好迅速输给全血或血浆2 000～3 000 mL,隔1～2 d再输注一次。

输血应慎重,溶血危象或贫血严重的患畜可适量输全血或洗涤红细胞。

护理方法 主要为预防继发性自身免疫溶血性贫血,认真做好预防接种工作,保持好圈舍卫生、增强体质、合理搭配饲料,积极防治各种感染性疾病,不滥用抗生素,避免接触有毒物质等。

预防措施 积极治疗原发病,防止感染,加强饲养管理。

(六)风湿病

风湿病是胶原结缔组织发生纤维蛋白变性以及骨骼肌、心肌和关节囊中的结缔组织出现反复发作非化脓性局限性炎症。该病常侵害对称性的肌肉、关节、蹄及心脏。本病寒冷地区发病率高。本病见于马、牛、猪、羊、犬。

范例(1) 下雪后的第5天,一个体养殖户喂养的5头牛发病,运动后回圈时走路还好好的,第2天一早喂牛时,4头牛都站起来吃草,另一头荷斯坦母牛起身费劲,站起来不愿活动,行走出现瘸腿现象。

范例(2) 一小母猪突然卧地不起呈侧仰状,食欲下降,体温39℃左右,耳、鼻、四肢冰凉,眼结膜潮红,口唇皮肤呈青紫色,肌肉颤抖,触之呈尖叫声,颈脊椎骨稍强直,前肢软弱呈游泳状,后肢麻木无力,叫声嘶哑。

病因分析 风湿病的发病原因迄今尚未完全阐明。

风湿病是一种变态反应性疾病,并与A型溶血性链球菌感染有关,表现为延期性非化脓性并发病,即变态反应性疾病。但是并非A型溶血性链球菌直接感染所引起,而是在链球菌感染之后的2～3周发作。也有人认为风湿病是一种由链球菌感染引起的变态反应，在链球菌感染后，其毒素和代谢产物成为抗原，机体对此产生相应的抗体，抗原和抗体在结缔组织中结合，使之发生了无菌性炎症。风湿病的流行季节及分布地区，常与咽炎、喉炎、急性扁桃腺炎等上呼吸道感染的流行与分布相一致，必须在上呼吸道发生感染，而在其他部位的链球菌感染不会引起风湿病。畜舍阴冷潮湿，天气忽冷忽热，家畜夜宿湿地、雪地，汗后风雨侵袭，家畜过劳，营养缺乏，体弱等因素，容易诱发本病。

疾病信息收集　风湿病的主要症状是发病的肌群、关节及蹄的疼痛和机能障碍，疼痛表现时轻时重，部位多固定，少数也有转移的。

(1)肌肉风湿病　主要发生于活动性较大的肌群，如肩臂肌群、背腰肌群、臀肌群、股后肌群及颈肌群等。其特征是急性经过时则发生浆液性或纤维素性炎症或间质性肌炎，炎性渗出物积聚于肌肉结缔组织中。

病畜精神沉郁，食欲减退，体温升高1～1.5℃，可视黏膜潮红，脉搏和呼吸增数，血沉稍快，白细胞数稍增加。出现心内膜炎症状时，可听到心内性杂音。急性肌肉风湿病的病程较短，易复发。慢性经过时，病畜全身症状不明显。

颈部肌肉风湿病：患部肌肉僵硬、疼痛。两侧颈部肌肉风湿时，患畜头颈伸张、僵直，低头困难；若一侧发病，则歪向疼痛一侧。

肩臂肌肉部风湿病：患肢减负体重，悬跛。两前肢同时发病时，患畜头颈高举站立，两前肢前踏，以蹄踵着地，腿伸屈起立困难。运步时步幅短缩，关节伸展不充分。

背腰肌肉部风湿病：腰背部肌肉僵硬。站立时腰背部拱起，凹腰反射减弱或消失，疼痛无力，行走时该部不灵活，步幅短，步样强拘，后躯强拘，转弯困难。起立与卧下都比较困难。

臀股肌肉风湿病：该部肌肉僵硬、疼痛。后肢行走缓慢，腿瘸，常交替发生，跛行症状明显。

猪患风湿性肌炎时，触诊和压迫患部有疼痛反应，肌肉表面不平滑，发硬而温热，躺卧、不愿起立，运步时步态强拘，不灵活，逐渐消瘦。

犬患风湿性关节炎的症状是：病初游走性的跛行，患病关节周围软组织肿胀，数周乃至数月后则出现特征性的X线摄影变化，发生关节畸形和关节脱位。

牛患风湿时，食欲减退或废食，病初体温升高至40～41.5℃，脉搏加快，四肢和腰部肌肉肿胀，全身关节热痛，跛行，运动后或天气好转后病状减轻，以致消失。风湿发生部位表现不一。

(2)关节风湿病　常发生于活动性较大的关节，如肩关节、肘关节、髋关节和膝关节等，脊柱关节(颈、腰部)也有发生。常对称关节同时发病。有游走性。

特征是急性期呈现风湿性关节滑膜炎的症状，病畜精神沉郁，食欲不振，体温升高，脉搏及呼吸均增数。关节囊及周围组织水肿，滑液中有的混有纤维蛋白及颗粒细胞。关节外形粗大，轮廓不清，活动范围变小，运动时关节强拘，触诊温热、疼痛、肿胀。运步时出现跛行，跛行可随运动量的增加而减轻或消失。

(3)心脏风湿病　主要为心内膜炎的症状。听诊时第一心音及第二心音增强，有时出现期外收缩性杂音。

在临床上应注意风湿病应与骨质软化症、肌炎、多发性关节炎、神经炎、颈和腰部的损伤及牛的锥虫病等疾病作鉴别诊断。

诊断要点

(1)往往由风、寒、湿诱发本病。

(2)患部肌肉僵硬、疼痛，关节伸展不充分。

(3)有机能障碍，跛行随运动量的增加而减轻或消失。

目前风湿病尚缺乏特异性诊断方法，在临床上主要还是根据病史和临床表现加以诊断，必要时可作实验室辅助诊断，如水杨酸钠皮内反应试验、纸上电泳法检查、血常规检查等。

根据以上临床症状诊断要点就可以做出确诊，范例(1)和范例(2)均为肌肉风湿病。

治疗技术　原则是消除病因，祛风除湿，活血化淤，消肿止痛，同时要加强饲养管理。

【处方 1】静脉注射撒乌安注射液(10％水杨酸钠注射液 150 mL，40％乌洛托品注射液 30 mL，10％安钠咖注射液 20 mL)，1 次/d，连用 5～7 d。小家畜可肌肉注射 30％安乃近或复方氨基比林注射液 10～30 mL，1 次/d。

【处方 2】取 10％水杨酸钠注射液 200 mL，5％碳酸氢钠注射液 200 mL，每日 1 次静脉注射。

【处方 3】保泰松片剂(每片 0.1 g)，马 2～4 g 口服，2 次/d，3 d 后剂量酌减；羟保泰松片剂，马前 2 d 12 mg/kg，后 5 d 用 6 mg/kg 口服，连用 7 d。

【处方 4】2.5％强可的松注射液，马、牛每次 200～750 mg，猪每次 50～100 mg，每日 1 次肌肉注射。

【处方 5】0.5％氢化可的松注射液，马、牛每次 200～750 mg，静脉注射或肌肉注射；2.5％醋酸氢化可的松注射液(混悬液)，马、牛 2～10 mL，关节腔内注射。

【处方 6】局部可应用水杨酸甲酯软膏(处方：水杨酸甲酯 15 g，松节油 5 mL，薄荷脑 7 g，白色凡士林 15 g)，水杨酸甲酯莨菪油擦剂(处方：水杨酸甲酯 25 g，樟脑油 25 mL，莨菪油 25 mL)，亦可局部涂擦樟脑酒精及氨擦剂等。

【处方7】当归、秦艽各50 g,没药、独活、防已各25 g,乳香、牛膝、防风各30 g,川断、杜仲、巴戟、桑寄生各40 g,红花20 g,甘草15 g,共研为末,用开水冲,候凉服,适应于牛后腰风湿。

【处方8】藿香40 g,乳香、没药、枳壳、前胡各25 g,五灵脂25 g,广木香、元胡各15 g,丁香10 g,共研为末,加适量酒,用开水冲,凉服。适应于治疗前肢风湿病。

此外,还可采用血液疗法(其方法是,每7 d一次,连用2次。对急性肌肉风湿病疗效显著,对慢性风湿病可获得一定的好转)、物理疗法、红外线疗法、水杨酸离子透入疗法、超短波电疗法、热敷疗法(如炒热的酒糟或醋浸麸皮,一次热敷20～30 min,1～2次/d,连用7 d,对慢性风湿病疗效较好)。

护理方法　每天坚持适当运动,把患畜牵到向阳温暖干燥卫生的地方游走,多晒太阳。秋冬季圈舍要温暖、干燥,患畜卧处要铺垫干草,清除粪尿垫干土,防止阴冷潮湿和贼风侵害。要喂暖料饮热水,忌喂冻料忌饮冷水。

预防措施　要特别注意家畜的饲养管理和环境卫生,要做到精心饲养,注意使役,勿使其过度劳累。使役后出汗时不要系于房檐下或有穿堂风处,免受风寒。厩舍应保持卫生、干燥,冬季时应保持温暖以防家畜受潮湿和着凉。喂给温热饮水等,让患畜多晒太阳,并适当通风换气,提高病畜防病能力,并在新鲜饲料中添加微量元素。积极治疗原发病。

二、实训与练习

【课后作业】

一、名词解释

1.家畜免疫性疾病　2.过敏性休克　3.系统性红斑狼疮　4.湿疹　5.荨麻疹　6.自身免疫溶血性贫血　7.风湿病

二、填空题

1.风湿病根据部位可分为______、______和______。

2.引起系统性红斑狼疮的病因为______、______和______。

3.在关节风湿病中,跛行随运动量的增加而______。

三、判断题

1.荨麻疹是受体内、外因素刺激所引起的一种使皮肤黏膜血管发生暂时性炎性充血与大量液体渗出,造成局部水肿性的损害的过敏性疾病。(　　)

2.风湿病常发生于活动性较大的关节,常对称关节同时发病,有游走性。(　　)

3.在关节风湿病中,跛行随运动量的增加而增重。(　　)

四、单项选择题

1. 贫血可见于哪些免疫性疾病？（ ）

A. 过敏性休克　　B. 系统性红斑狼疮　　C. 湿疹　　D. AIHA

2. 哪些免疫性疾病会出现关节对称性疼痛？（ ）

A. 过敏性休克　　B. 系统性红斑狼疮　　C. 湿疹　　D. 荨麻疹

3. 使用下列什么药物有可能引起系统性红斑狼疮？（ ）

A. 普鲁卡因酰胺　　B. 霉酚酸酯　　C. 异烟肼　　D. 链霉素

4. 使用下列什么药物有可能治疗系统性红斑狼疮？（ ）

A. 普鲁卡因酰胺　　B. 霉酚酸酯　　C. 异烟肼　　D. 链霉素

5. 哪些组织不会发生风湿病？（ ）

A. 神经纤维　　B. 骨骼肌　　C. 心肌　　D. 关节囊

6. 下列哪些药物最常用于治疗风湿病？（ ）

A. 多巴胺　　B. 全血　　C. 安痛定　　D. 水杨酸钠

7. 下列引起系统性红斑狼疮的最重要病因为（ ）。

A. 遗传因素　　B. 感染因素　　C. 药物　　D. 环境因素

8. 请选出引起风湿病的病原。（ ）

A. A 型溶血性链球菌　　B. 结核杆菌　　C. 布氏杆菌　　D. 李氏杆菌

五、简答题

1. 风湿病的诊断要点和治疗方法是什么？试述风湿病的护理要求。

2. 过敏性休克的诊断要点和治疗方法是什么？

3. 分析动物免疫性疾病的形成因素有哪些，如何进行有效的预防？

六、病例分析

1. 一只京巴犬，雌性，体重 6 kg 左右，体况较好，因第 3 眼睑增生进行手术。手术后，为防止感染，用兽用青霉素 G 钠 80 万 IU 进行肌肉注射，注射后约 3 min 发现病犬骚动不安，呕吐，气喘。

针对以上病例，依据所给的临床症状，进行病因分析，写出治疗方案。

2. 一黄牛常年使役，导致四肢和腰部肌肉肿胀，全身关节热痛，跛行，运动后或天气好转后病状减轻，以致消失。风湿发生部位表现不一。

针对以上病例，依据所给的临床症状，写出中西医并用的治疗方案。

学习情境八　家畜应激性疾病防治技术

能力目标

- 掌握家畜应激性疾病的诊断、鉴别、治疗方案制定、治疗和护理等工作。
- 熟悉养殖场和门诊工作程序。
- 具备病例病因分析和建立预防措施的能力。

知识目标

- 理解家畜应激性疾病发病的原因、机理等基础理论知识 。
- 熟悉家畜应激性疾病诊断、治疗的要点。
- 掌握核心病例的鉴别诊断的要点。

学习基础

一、家畜应激性疾病防治技术发展概况

在 20 世纪 30 年代，加拿大病理学家 Hans Seyle 博士在《Nature》上首次发表了关于应激现象的文章，他指出应激就像是生病一样，温度、饲料成分、饲养制度的改变、神经刺激和有害气体等许多完全不同的致病因子，在机体特异反应中均有相同或相似的非特异反应。随着研究的不断深入，人们把应激定义为机体对外界或内部的各种异常刺激而产生的非特异性应答反应的总和。

随着集约化养殖规模的不断扩大，应激性疾病成为集约化养殖的大敌之一，也是生产中急需解决的难题。应激或应激反应一词译自英语 stress，其原意为“紧张、压力、应力、紧迫”，刘士豪教授将其译为“应激”。目前，应激一词已被广泛接受。

家畜应激性疾病是动物机体受到内外非特异性有害因素的刺激所表现的防御反应和机能障碍。它既包括温度应激性疾病，还包括运输应激性疾病和环境应激性疾病，在家畜禽饲养过程中运输应激性疾病的发病率是最高的，尤其是在猪的运

输性应激疾病。

二、应激源引起的三个反应阶段

GAS (general adaptation syndrome)“全身适应综合征”，是由 Hans Seyle 博士 1936 年提出来的，他将这些与刺激源关系不大的非特异性变化称为 GAS，凡能引起机体出现 GAS 的刺激源称为应激源。应激源引起的 GAS 大致分为 3 个阶段。

(1)紧急反应或动员阶段　在此阶段，畜禽受到应激源的刺激后，机体还未适应，是畜禽对应激源作用的早期反应。畜禽识别应激后释放肾上腺髓质激素，交感神经系统释放儿茶酚胺，迅速动用机体内的能量贮备，糖原分解释放葡萄糖。根据生理变化的不同，该阶段又可分为休克相和反休克相。这阶段时间短，如果畜禽耐受住应激，即进入第二阶段，反之，也会死亡。

(2)抵抗或适应阶段　在此阶段，畜禽克服了应激源的作用而获得了适应。畜禽新陈代谢的同化作用占优势，机体的全身非特异性抵抗力提高到正常水平以上，肾上腺皮质激素含量也趋于一致，机体不常用的系统运转起来，直到机体适应新的情况或外界应激因素消失。

(3)衰竭阶段　在此阶段，畜禽表现与第一阶段相似，但反应程度增强。此时，机体一旦代谢贮备耗竭，或肾上腺皮质不能产生足够的必需激素时，机体的异化作用会重新占主导地位，出现各种营养不良、生产性能降低等症状，并且畜禽的适应机能破坏，导致畜禽疾病或死亡。

三、应激的机理

各种应激反应的机理比较复杂，具体来说，其主要的反应途径是：应激源刺激畜禽的末梢感受器，传入神经中枢，下丘脑接受神经和体液途径传来的应激源刺激，引起下丘脑兴奋后从而调节垂体生理活动，促进分泌促肾上腺皮质激素，并通过积压液到达肾上腺，引起肾上腺内分泌的增加，糖皮质类固醇、醛固醇、去甲肾上腺素、肾上腺素等激素分泌量增加，这些激素进入血液到达各器官的靶细胞内，作用于细胞核的信息核糖核酸，从而调节酶和蛋白质的产量，形成体内复杂的防卫反应和损害变化。

四、应激的危害

应激源的作用是多方面的，影响机体的各种机能。因此，应激是畜禽业生产的大敌，它对畜禽的危害主要归纳如下：

(1)免疫力下降。畜禽受到应激源的刺激后,严重时可引起一系列应激综合征,胸腺淋巴组织萎缩,血液嗜酸性白细胞及淋巴细胞减少,中性多核性白细胞增多,胃肠道形成溃疡或发生局部炎症。同时,肾上腺皮质激素分泌增加,它能显著损伤T淋巴细胞,对巨噬细胞也有抑制作用,增加IgG的分解代谢,造成畜禽免疫应答能力下降,所以畜禽处于应激反应敏感期时接种疫苗,就会减弱畜禽的免疫能力,降低预防接种的效果。

(2)生产性能降低。当畜禽受到应激源刺激时,机体必须动员大量能量来抵抗应激源的刺激,从而使营养物质的消耗增加,糖皮质激素分泌增加,合成代谢降低,所以畜禽的生长发育受到一定的抑制,生产率、产蛋率、存活力都下降,而且对畜产品的质量也有很大影响,易形成PSE肉(pale soft exudative)、DFD肉(dry firm dark)。

(3)性机能紊乱。应激还可以导致畜禽性机能紊乱,应激源可导致下丘脑促性腺激素释放激素和垂体前叶促性腺激素分泌减少,故其使促卵泡激素(FSH)、促黄体激素(LH)、促乳激素(LTH)等分泌减少,从而导致畜禽性腺、精子和卵子、乳腺等发育不良或萎缩,并可影响受精卵着床及胎儿发育,造成早期吸收、流产、胎儿畸形或死胎。

(4)突然死亡。在畜禽应激的最初阶段,畜禽通常烦躁不安,容易惊群。随后畜禽心搏增加,血压升高。而这种心搏增加是很危险的,可能会造成微循环障碍,从而导致畜禽突然死亡。尤其是肉禽,当外界刺激强度过大时,会发生突然死亡,且死亡率较高,其中一部分是因为应激造成的直接死亡,而另一些则是因为受到惊吓,互相挤压而死。

五、应激的来源

畜禽生长发育和生产过程中,必然会受到各种应激源刺激,这些应激源不仅影响畜禽的生长、发育,而且还可能导致畜禽疾病及死亡。其影响程度因应激源的作用强度、持续刺激时间及性质而异,同时也与畜禽的种类有关。能引起家禽应激反应的因素很多,十分复杂,如保定、惊吓、称重、装运、气候、拥挤、过劳、打架、驱赶、温度、过食、过饮、食物单一、微量元素缺乏和饲养管理不善等。这些不良的刺激会使家畜出现应激综合征、胃溃疡、突毙综合征、运输热、运输病和中暑等疾病。

(1)营养应激 营养物质不仅是畜禽维持机体新陈代谢及正常生产需要的物质基础,而且是保证机体各器官功能充分发挥作用的关键因素。营养过多或不足以及饲料发霉变质都会对畜禽产生很大应激反应。在畜禽养殖中,常见的是由于营养物质缺乏或不足而引起的慢性应激。为了抵抗这种慢性应激,机体会动用体内贮存的营养物质来运行各主要器官。但是,如果长期过度动用体内贮存的营养物质,会使法氏囊、胸腺等免疫器官萎缩,淋巴系统衰退,免疫功能下降,畜禽就很容易感染各种传染病或寄生虫继发性感染。反之,如果畜禽营养过剩,则会造成畜禽生长过快,各器官超负荷运行,同样导致机体功能损伤,造成猝死。

(2)温度应激　畜禽对环境温度有较强的依赖性,适宜的温度环境有利于畜禽的生长发育和发挥正常的免疫机能。过高或过低的环境温度不仅影响畜禽的生长发育和生产性能,而且导致免疫功能降低或造成免疫抑制,使畜禽在生长过程中易受到病原感染或免疫后抗体水平较低。低温可抑制白细胞吞噬和破坏病原体。在免疫接种时,如果遇上寒冷等不良因素,本来是温和的抗原,对家禽却成了强毒,不但不能很好产生免疫应答而且会受到损害,致使抵抗力降低。反复高热可使机体产生持续的高皮质酮水平,诱导长时间细胞溶解反应,使免疫球蛋白的合成降低,使畜禽反应力受到抑制,导致产生抗体的疫苗毒在宿主内的复制减弱。在我国,大部分养殖场的禽舍结构和环境控制设备比较简陋,易受到环境变化的影响,尤其夏季的高温高湿气候所致的热应激现象更为常见。

(3)免疫应激　免疫应激是为了保护家禽免受各种病原体侵犯,提高机体免疫而进行免疫接种所引起的一种应激。在免疫应激条件下,机体主要通过下丘脑-垂体-肾上腺轴(hypothalamus-pituitary-adrenal,HPA)参与调节应激反应,糖皮质激素是HPA轴的最终产物,由肾上腺皮质束状带分泌的主要皮质酮和皮质醇,对免疫系统具有广泛的作用,当雏鸡处于免疫状态,皮质酮含量增高,血浆皮质酮水平越高,免疫抑制越明显。虽然应激时的免疫抑制可保护机体免受更严重的损伤,但另一方面却降低机体对病原体的抵抗力和免疫力,容易引起感染和肿瘤的发生。

(4)疾病　传染病和寄生虫病等各类疫病发生后,尽管疫情得到控制,但是所造成的应激反应是很强烈的。畜禽感染传染性病原时,首先是机体动员自身屏障和免疫功能进行抵御,即发生应激。有些病原通过机体自然应激而被清除,不能清除的病原则导致疾病的发生。在抗感染免疫中,自动获得性免疫具有抗菌、抗病毒、抗寄生虫等的免疫作用,对机体是有利的。但是在抗体、补体和细胞免疫的各种细胞成分与感染因子相互作用的过程中,常常导致组织器官发生严重的病理性损伤,给有机体带来危害。此时,畜禽的免疫力显著降低,对各种传染病的易感性增强。

(5)其他饲养因素　在饲养管理中,饲养密度、通风、断喙、转群、称重、更换饲料和使用药物等,这些因素都会造成畜禽发生应激反应。如饲养密度过高,会影响畜禽的正常休息和采食量,引起畜禽的特异性应激反应,抑制生产性能的发挥;通风不良会导致舍内有害气体二氧化碳、硫化氢和氨气等浓度超标,诱发呼吸道疾病，削弱畜禽机体的抵抗力；大的噪声也会通过影响畜禽体内生理变化，使畜禽采食量、饲料转化率及生性能下降；长途运输易导致畜禽脱水；在转群时，畜禽会受到惊吓、抓捉、挤压等应激；更换饲料和给药时，会造成机体内分泌发生改变和微生态平衡被打破。

六、应激的监测

畜禽对应激源的敏感程度与其年龄、品种、性别、营养状况、饲养条件、生产水平有关，也与应激源种类、强度、作用时间长短等有关。应激的监测主要是用以测定畜禽的应激敏感性。

(1)内分泌激素检验　以肾上腺变化作为应激指标；以肾上腺皮质激素变化作为应激指标；以血浆促肾上腺皮质激素的变化作为应激指标；以胰高血糖素的变化作为应激指标。

(2)血液监测　以异嗜性白细胞与淋巴细胞比值变化作为应激指标；以血浆中钾与钠的比例作为应激指标；以血液酶、血型检验、血小板开放小管作为应激指标。

七、应激的防治措施

在家畜应激性疾病综合防制的技术方面，主要是通过品种选育、合理设计圈舍、加强饲养管理、减少应激的诱因等进行防治。同时，对家畜进行药物预防、改善环境卫生，从而降低应激性疾病的发病率。

(一)改善饲养管理

改善饲养管理，为畜禽创造一个安静、舒适、卫生、和谐的生存环境，这是预防和减轻畜禽应激的重要手段。具体要做好以下几方面的工作：合理规划养殖场和畜禽舍设计，为畜禽创造一个舒适的环境条件；舍内要保持适宜的温度、湿度及光照，且要通风良好，保持舍内空气新鲜，防止贼风侵袭；保持合理的饲养密度，不能过于拥挤；保证饲料营养充足，防止饲料发霉变质，且料槽要充足卫生，防止畜禽抢食及个别畜禽吃不上饲料；改变饲料品种要有 3 d 以上的过渡期；饮水供应充足且水质要清洁；保持舍内安静，避免畜禽打斗，防止出现突然响声或噪音过大；转群、称重等与畜禽接触性工作动作要轻，尽量避免畜禽惊吓，并尽量在晚间进行，尽可能减少人为因素所产生的应激反应；饲养人员要固定，进出要消毒，尽量避免外来人员进入舍内；做好杀虫灭鼠工作，防止虫鼠等动物的危害，并做好舍内的卫生消毒工作；制定科学合理的免疫程序；在可能出现问题的情况下，要提前给药，预防和控制住疾病的发生，尽可能减少疾病应激因子的产生。总之，要根据畜禽的具体情况，合理地做好各种饲养管理工作，尽可能地降低应激引起的损失。

(二)选育抗应激品系

对于相同的应激源,不同畜禽对其的抵抗能力大有不同,即便是同种畜禽,不同品系和个体对其的抵抗能力也有所不同。而且,畜禽对应激的敏感性与动物的遗传基因有关,所以通过应激敏感性测验进行品种选育,控制和消除应激敏感基因,利用遗传育种的方法,培育抗应激畜禽,建立抗应激种群,是解决应激问题的一个有效方法。

(三)药物防治

当应激发生时,除了要及时消除应激源外,还得采取一些积极的药物治疗措施,以降低畜禽的反应症状,提高畜禽的防御能力。

1. 维生素类

维生素制剂的抗应激效果及机理是近十年来研究和开发的热点,在养殖业中应用特别广泛,而且复合维生素抗应激作用更明显。

维生素 C 又称为“抗应激因子”,对缓和应激、维持畜禽正常的生产性能具有良好的效果。补充维生素 C 可以保证皮质醇的稳定分泌,保护生物膜免遭过氧化物的损伤,提高家禽抗应激能力。盛清凯(2007)研究表明,日粮中添加 400 mg/kg 维生素 C 可有效抵抗热应激和免疫应激。

维生素 E 是一种良好的生物催化剂,同时也是一种细胞内抗氧化剂。饲料中补充维生素 E 可以改善细胞膜的通透性,增加细胞内钙离子的浓度,减少血液肌酸酐激酶从细胞到血浆的流动,减缓热应激。据报道给遭受热应激的母鸡日粮添加 500 mg/kg 维生素 E,持续 1 周,可明显抑制应激期间产蛋量的下降,并使应激过后产蛋量较快地恢复。

饲料中添加 B 族维生素也有抗应激作用。Teeter 和 Deyhim (1995)报道,日粮中添加维生素 B 可减少肉鸡死亡率 9.8%,在饮水中加入,1%的复合维生素 B 粉,可以有效降低热应激状态下的死亡率。曹燕(1998)报道热应激条件下,饲料中添加 360 μg/kg 维生素 B_{12},可使试验期 305 d 内产蛋率提高 6.76%,蛋破损率下降。

维生素 A 缺乏时,使青年鸡的免疫力减弱,对球虫、蛔虫容易感染,疫苗免疫后免疫效果差。家禽已经处在应激状态下,可以加倍饲喂维生素量 1~2 d。姚浪群(2000)研究表明,高剂量的维生素 A(1.25 万 IU/kg,2.5 万 IU/kg)可显著缓解 4~7 周龄肉鸡的热应激影响,提高其增重、饲料转化率,并可降低因热应激引起的死亡率,提高机体细胞免疫和体液免疫,增强机体的抗病力。宋志刚(2002)研究表明,在高温应激条件下,饲料中添加 12 000 IU/kg(8×NRC)维生素 A,可使家禽肠道发育、生产性能及免疫功能达到最佳状态，且不会引起肝肾的病理变化。

2. 微量物元素

应激能造成畜禽对某些微量元素相对缺乏或需要量增加，适当补充饲喂硒、锌、碘、铬等元素可减轻应激。Chang 和 Mowat(1995)给受运输和上市应激的犊牛补充酵母铬或有机螯合铬，可使犊牛的日增重和饲料转化率都显著提高。张敏红等(2000)在高温环境热应激条件下对产奶牛补饲有机铬，补铬组较对照组生产性能提高。

3. 电解质

畜禽应激时会呼出大量 CO_2，血液中 HCO_3^- 含量降低，很容易发生呼吸性碱中毒。在饮水或饲料中添加碳酸氢钠、碳酸氢钾、氯化钠、氯化钾等电解质，可维持酸碱平衡，缓解热应激。奶牛热应激时，在饮水或日粮中添加氯化钾 60～180 g/d，食盐 20～25 g/d 可减缓应激带来的食欲下降和提高产奶量。邵莹等(1992)分别在热应激蛋鸡饲料中添加 1%NH_4Cl 与 0.5%$NaHCO_3$ 和饮水中添加 0.2%KCl 与 NH_4Cl，发现电解质可以减少应激蛋鸡血液生化指标的变化幅度，对产蛋鸡热应激具有一定的缓解作用。

4. 油脂

饲料中添加油脂能降低饲料在胃肠道的流通速度，添加油脂且保持日粮代谢能不变，可改善热应激家禽的生产性能。饱和度较高的油脂高温时易氧化，所以用饱和度低的油脂比较适合。

5. 中草药

中草药是近年来养殖业研究的热点，中草药作用广泛，某些天然中草药还具有抗应激效果。例如钩藤、葛蒲、枣仁等抗惊镇静药，可使畜禽保持安静；石膏、黄芩、荷叶、板蓝根等清热泻火的中草药，可缓解热应激；山楂、麦芽、神曲等开胃消食的中草药，可维持畜禽正常食欲，提高机体抵抗力。余德谦 1996 年报道，在奶牛精料中各添加 0.2 kg 5%甘草和板蓝根，有助于提高受胎率和产奶量。吴德峰等(2002)将石膏、板蓝根、黄芩、苍术、白芍、黄芪、当参、淡竹叶、甘草等中草药按一定的比例配制添加到奶牛饲料中，可提高奶牛平均乳产量和奶料比率。

6. 抗应激制剂

琥珀酸、延胡索酸是近年来广泛应用于集约化养殖业的应激保护剂，它能阻止自由基氧化，并增强机体的免疫力，从而提高畜禽的生产性能。在饲料中按 100 mg/kg 体重添加延胡索酸，可预防应激；按 50 mg/kg 体重添加琥珀酸，10～20 d 可使应激畜禽较快恢复正常生理状态和维持正常产蛋水平。

安眠药是一种用法简单、价格便宜、效果良好的抗应激制剂，按 0.1%的浓度拌料,能使处于应激状态的畜禽较快恢复正常生理状态和维持正常的产蛋水平。

阿司匹林、利血平、氯丙嗪等是有效的镇静剂,可保持畜禽活动量达到最小程度,在长途运输、搬运、进行预防注射等工作时,可适当地使用镇静剂。如每千克饲料中添加氯丙嗪 600 mg,利血平 15 mg 可减缓应激。

子情境一　温度、环境应激因素引起的应激性疾病防治技术

一、岗位工作范例

(一)热应激疾病

由温度应激因素引起的应激性疾病主要分为高温和低温两个部分,其中高温环境下主要发生的疾病有热射病和日射病;低温环境受到危害的主要是仔畜,发生冻伤、冻死等现象。根据不同地区的养殖模式的不同和对动物危害的大小,主要讲述热射病和日射病。

热射病和日射病称为重度中暑和热衰竭。热射病主要是在湿热环境下散热障碍,造成体温升高,导致严重的心血管、呼吸系统和中枢神经功能紊乱的一种疾病;日射病是指在炎热季节,头部受到日光照射,引起脑膜充血和脑实质性病变,导致中枢神经系统机能严重紊乱的疾病。本病各种家畜都可发生,牛、猪、幼畜及衰老体弱的动物最为常见,在夏季闷热的地区该病多发。

范例(1)　1908 年 7 月,一犊牛突然卧地不起,不吃奶,头颈贴地,张口伸舌,脉搏快。主诉其长时间在户外剧烈运动,食欲不佳,饮水少。

范例(2)　一农户,在 6 月份购买生猪 120 头,用货车装运,分 3 次装完,车厢内拥挤不堪,室外温度高达 30℃,到达目的地后部分生猪精神沉郁,卧地不起,体表发红,呼吸促迫,大量流涎,体温升高,可达 43℃,眼结膜发绀、四肢作游泳状,有的发生肌肉痉挛。

范例(3)　某站从加拿大引进大约克、长白种猪 50 余头,2001 年 8 月初从天津动检局塘沽隔离场检疫结束,运回本场。当时逢盛夏,天气炎热,气温长期持续在 35℃左右,路途经 10 h 的运输。到达后发现 2 头猪因中暑死亡,另有 10 余头精神沉郁,呼吸急促、困难,结膜潮红,粪便干燥呈球粒状,食欲时好时坏,体温 40～41.4℃。由于猪群拥挤,猪舍闷,病猪不断增加。

范例(4)　某地区夏天 8 月气温 43℃,圈舍中温度 41℃,蛋鸡主要表现为采食

减少，产蛋下降，蛋壳变薄，畸形蛋、无壳蛋增多，严重的表现为热喘息，甚至大批死亡。根据记录显示，当鸡舍温度从 21℃上升到 32℃时，产蛋率下降 17%，蛋重降低 9%。从 21℃起，舍温每上升 1℃，产蛋率下降 0.5%，在 25～32℃之间，每上升 1℃，产蛋率下降 1.5%。公鸡则表现为精液品质差，精液量减少，受精率降低。

病因分析　闷热的外界环境或烈日曝晒头部，体内热量大量聚集和温度升高，引起脑膜充血，全身大汗，发生酸中毒、心血管异常，发生心血管系统、呼吸系统和中枢神经系统机能紊乱。

疾病信息收集

(1)日射病　常突然发生，病初病畜精神沉郁，四肢无力，步态不稳，共济失调，突然倒地，四肢作游泳样运动。随着病情进一步发展，体温略有升高，呈现呼吸中枢、血管运动中枢机能紊乱甚至麻痹症状。心力衰竭，静脉怒张，脉微弱，呼吸急促而节律失调，结膜发绀，瞳孔散大，皮肤干燥。皮肤、角膜、肛门反射减退或消失，腱反射亢进，常发生剧烈的痉挛或抽搐而迅速死亡，或因呼吸麻痹而死亡。

(2)热射病　突然发病，体温急剧上升，高达 41℃以上，皮温增高，甚至皮温烫手，白毛动物全身通红，马出大汗。病畜站立不动或倒地张口喘气，两鼻孔流出粉红色、带小泡沫的鼻液。心悸，脉搏疾速，每分钟可达百次以上。眼结膜充血，瞳孔扩大或缩小。后期病畜呈昏迷状态，意识丧失，四肢划动，呼吸浅而疾速，节律不齐，脉不感手，第一心音微弱，第二心音消失，血压下降，收缩血压 10.66～13.33 kPa，舒张压为 8.0～10.66 kPa。濒死前，多有体温下降，常因呼吸中枢麻痹而死亡。

检查病畜血液，见有红细胞压积升高，高达 60%；血清 K^+、Na^+、Cl^- 含量降低。

诊断　依发病的季节、环境、临床症状、发病情况可以确诊。

诊断要点

(1)突然发病，体温急剧升高，呼吸急促。

(2)黏膜潮红，心率加快，末梢静脉怒张。

(3)精神异常，兴奋不安，随着病情发展，出现心力衰竭现象。

根据以上临床症状诊断要点就可以做出确诊。范例(1)、(2)、(3)、(4)都是热射病和日射病的典型病例。

治疗技术　治疗原则为着重排除病因，采取降低体温、心血管支持和对症治疗等治疗措施，促进康复过程。

(1)立即将病畜移到阴凉、通风处，保持安静，多给清凉饮水，用酒精擦拭体表，总之采用降低体温的方法即可。

(2)降低颅内压,可酌情采取静脉放血的方式,用一些稳定心率的药物,如安钠咖;也可采用中兽医的防治方法。

(3)缓解心肺机能障碍。对心功能不全者,可皮下注射20%安钠咖等强心剂10～20 mL。为防止肺水肿,静脉注射地塞米松1～2 mg/kg体重。当病畜烦躁不安和出现痉挛时,可口服或直肠灌注水合氯醛黏浆剂或肌肉注射2.5%氯丙嗪10～20 mL。若确诊病畜已出现酸中毒,可静脉注射5% 碳酸氢钠500～1 000 mL。

护理方法　草食动物,给予优质青干草、营养丰富含有维生素的青绿饲料和块根饲料;小动物可给予牛奶、西瓜水和稀绿豆粥等,自行调理。

预防措施　首先应注意避免动物长期在高热天气做剧烈运动或在日光下长期曝晒。对于大动物加强饲养管理,给予充足饮水,做好通风降温工作;小动物犬猫应给予西瓜水和绿豆汤让其自饮。

(二)环境应激疾病

环境应激疾病是指家畜受到外界环境因素的刺激所表现的防御反应和机能障碍。随着规模化养殖模式和养殖小区饲养模式的推广,由环境不良造成对家畜的危害也大,尤其是养猪业。

临床上常表现为PPS(心死猪)、脱肛、胃肠炎、运输病、猪咬尾症等。

范例(1)　新疆某屠宰户从四川运输一群猪,到达目的地后发现一些猪临床表现为不安,眼无光,站立不稳,肌肉僵直,特别是后肢僵直,体温骤然升高到42～45℃,呼吸频率增高至125次/min,心搏加速到200～300次/min,最终心力衰竭而猝死。个别猪宰后剖检病理变化,背最长肌,腰肌,股肌,肱二、三头肌色泽苍白,肌肉松弛、液体渗出、表面湿润、折光性强,似用热水洗过一般,严重部分如烂肉状,易于插入,失去弹性,水肿严重,在肌膜上有小点状出血,淋巴结肿大出血。经诊断为环境应激疾病。

范例(2)　在捉捕、惊吓或注射过程中,屠畜因受到强烈的刺激,不显示其他任何临床症状而突然死亡。经诊断为环境应激疾病。

范例(3)　某蛋鸡场圈舍后方正在施工,某天突然从施工地发出一声巨响,圈舍内蛋鸡出现惊吓,从次日起产蛋量开始减少。经诊断为环境应激疾病。

病因分析　应激性综合征发生的主要原因是过冷、过热、拥挤、噪声、过饥、过渴、保定、抓捕等应激原的刺激,使其出现烦躁不安、血压升高和头疼等症状,严重者出现器官衰竭,造成其死亡。尤其是在夏季的雏鸡饲养中,要给予雏鸡充足的水源和饲养管理,减少环境因素造成的损失。目前,多流行的猪无名高热病多是由畜舍内温度过高,使家畜的机体抵抗力降低,周围存在的致病菌不断繁殖,趁机侵入机体,引起家畜发病。

诊断要点　首先应根据临床症状、发病特点以及发病史，做出正确诊断。其发病机理比较复杂，作为实用性人才的培养，重点是掌握防治技术。

治疗技术　治疗的原则是改善环境，对症治疗，加强护理，提高机体抵抗力。

在动物生产中，选育应激抵抗品种；体现动物福利的原则，合理设计圈舍，做到“五防五保”，即防暗保亮、防湿保干、防寒保暖、防热保凉、防脏保洁；减少应激综合征的诱因，加强饲养管理，合理分群，营造一个舒适安静的环境；必要时采取一定的药物治疗，纠正机体内的不平衡。

护理方法　饮水应补充口服补液盐，饲料应给予低蛋白、低脂肪的易消化食物，注意隔离区要安静，充分让患病家畜休息，避免惊吓。

预防措施　从贯彻“预防为主”的原则出发，首先着重改善饲养管理，合理使役和适当运动，增强体质，保证健康。

二、实训与练习

实训十四　热应激性疾病的防治技术

一、目的要求

1. 掌握家畜热应激性疾病的症状收集、鉴别方法。

2. 提出家畜热应激性疾病的治疗方案，并能实施治疗护理。

二、先备知识

(1)基础知识：了解家畜生理学特点，理解免疫性疾病发病机理、过程，掌握热应激性疾病用药药理、中草药药性和处方等。

(2)技能操作：熟练掌握临床诊断的方法、中兽医诊断方法、治疗技术等。

(3)课程知识：掌握家畜应激性疾病防治知识。

三、实训条件

(1)实训地点：一体化实训室、动物医院、养殖场等。

(2)实训病例：家畜热应激性疾病的复制病例模型、患有热应激性疾病的家畜等。

(3)材料用具：听诊器、体温计、注射用具、常用保定器械、投药器械等、相应热应激性疾病治疗药品、考核评价单(详见附录)等。

(4)指导教师：有从事兽医岗位工作3年以上经历的校内专任指导教师或校外兼职指导教师。

四、实训内容

1. 疾病信息收集　小组成员对病畜进行病史调查和临床检查，并记录各项检查结果。

(1)病畜登记:年龄辨别,畜主问询,病情调查。

(2)现症检查:一般检查中,体温、脉搏、呼吸数的测定;临床检查中,注重病史调查,注重临床症状变化等。

2.诊断　分组讨论建立诊断分析,小组应用鉴别诊断和论证诊断法,对有关症状进行逻辑分析。

3.治疗方案　由小组医生提出治疗方案并制定处方,对处方的配伍进行说明。

4.实施治疗　由小组进行处方的执行,实施治疗。其他小组成员进行配合。

5.效果观察　观察、记录治疗效果。根据治疗效果各小组代表进行诊断说明和治疗方案分析,分小组实施治疗,由指导教师指导。

6.工作过程评估　整个工作过程的优劣,由学生自评、小组互评、教师评价完成。

注意事项:病例取得可采用人工诱发复制模型或动物门诊、养殖场预约的方式完成,同时结合电教片进行,针对相关的病例问题,由教师及时提出帮助,正确引导学生进行讨论。

五、教学组织

学生每4人一组,分组进行实验,按照操作步骤进行课程实践。

六、作业

1.实验报告分析。

2.实训心得和建议。

3.小组讨论完成接诊单、诊断书、处方、治疗护理单、病历册等相关医疗文件。

备注:考核办法采用过程考核(详见附录)。

【课后作业】

一、名词解释

1.家畜应激性疾病　2.应激源　3.热射病　4.日射病　5.应激综合征

二、填空题

1.应激是畜禽业生产的大敌,它对畜禽的危害主要归纳如下______、______、______、______、______。

2.猪常见的应激性疾病为______、______、______、______。

3.在仔猪的收购、保管、调运过程中,仔猪受到捉捕、鞭打、驱赶、混群、陌生咬架、长途运输颠簸、过饱或饥渴、拥挤闷热、通风不良等因素的刺激,常发生各种形式应激性疾病。它大致可分为:______、______、______、______、胃肠炎等,其症状各异,治疗方法不一,应对症防制。

三、判断题

1. 抗应激就是让动物镇静安神，让猪不打架不咬尾，让鸡不啄肛不啄羽。(　　)

2. 当前畜牧生产中出现的免疫失败问题、疾病混合感染问题、生物安全问题、畜产品品质问题、动物福利问题等无不与应激密切相关。(　　)

3. 热应激时，在饲料中添加 $NaHCO_3$、KCl、NH_4Cl、K_2SO_4 等电解质，或有机酸制剂(如柠檬酸、延胡索酸等)，均可以很好地缓解呼吸性碱中毒，调节体液电解质平衡。(　　)

4. 过分依赖维生素抗应激根本就无法达到预期的抗应激多重效果。(　　)

四、问答题

1. 应激的机理是什么？

2. 热射病和日射病与猪瘟、流感、蓝耳病、附红细胞和弓形体病有什么区别？

3. 热射病和日射病的典型病例诊断要点有哪些？

4. 请结合自身治疗家畜体会，举出热射病和日射病的典型病例治疗措施之一。

5. 猪应激综合征的治疗措施有哪些？

6. 猪应激综合征的预防有哪些？

7. 应激条件下，畜禽采食量普遍下降，这是应激给动物带来的最致命的生产表现。强调诱食是否合理？

五、病例分析

1. 一农户，在6月购买生猪120头，用货车装运，分3次装完，车厢内拥挤不堪，室外温度高达30℃，到达目的地后出现部分生猪精神沉郁，卧地不起，体表发红，呼吸促迫，大量流涎，体温升高，可达43℃，眼结膜发绀、四肢作游泳状，有的发生肌肉痉挛。

根据所给的临床症状，进行病因分析，并说明是何种疾病。

2. 某蛋鸡场圈舍后方正在施工，某天突然从施工地发出一声巨响，圈舍内蛋鸡出现惊吓，从次日起产蛋量开始减少。

根据所给的临床症状分析病因。

学习情境九　兽医门诊的建立与经营

一、兽医门诊的建立

(一)筹建兽医门诊可行性分析

根据报道,我国畜禽传染病有200多种,其中病毒性疾病约80种,细菌性疾病约111种,真菌性疾病约11种。新中国成立以来,消灭了牛瘟和牛肺疫,稳定控制和基本控制的约51种。目前流行性广、危害较大的传染病38种,寄生虫病约20种。家畜普通病约220种,其中代谢性疾病约60种。要消灭和控制目前给养殖业带来威胁的疾病,为畜牧业健康发展保驾护航,必须要有一支技术过硬、反应快速、服务健全、保障有力的兽医服务队伍。根据现在兽医体制改革的主要内容,家畜疫病控制的主体为官方兽医,家畜普通病防治的主体是企业、社会的兽医防治机构,这些社会防治机构也是官方兽医的有机补充。通过兽医体制的改革,实现官方兽医和企业、社会的兽医防治机构共同完成畜牧业疾病防治的任务。

作为兽医类专业毕业的高校学生,或已经取得执业兽医资格的专业技术人员,如果不能够通过参加全国公务员考试进入官方兽医队伍,可以通过建立兽医门诊的形式参与社会服务。

要筹建一家兽医门诊或者动物兽医门诊,参与兽医技术服务,除了要有过硬的技术力量以外,首先要有经营思路,要懂得经营的方法、策略,否则,即便是开了兽医门诊,由于经营不善也会关门。因此,要想经营兽医门诊,必须学习经验方法,掌握门诊经营的基本方法和经营策略。其次,是要做好该地区经营兽医门诊的可行性分析。

筹建兽医门诊的可行性分析,首先要立足实际,不要只考虑对自己有利的因素,还要考虑不利的因素,经营过程中各种不利因素和有利因素力量的对比。先将筹建兽医门诊可行性分析各的种因素进行分析,以供参考。

1.要做一个务实的调研

(1)对该地区养殖总量进行调研,包括养殖场、养殖户的数量、规模,养殖的动物种类、饲养周期、分布等情况。

(2)对该地区动物防治机构、服务企业的数量、技术力量、分布、养殖户认可度、技术服务项目、技术优势等进行调研。

(3)对该地区养殖技术水平、养殖设备、养殖环境进行调研。

(4)对该地区养殖动物的市场流向、屠宰加工的规模、动物进出量等进行调研。

(5)对政府对该地区养殖业的政策与政策导向等进行调研。

2.对自己已有条件进行分析

(1)兽医防治机构的服务对象、服务范围、服务项目等。

(2)已有的技术优势、技术力量,还包括可以调配的技术力量等。

(3)兽医防治机构建成后的设备、资金、门面位置,还包括支持本防治机构企业的基本情况等。

(4)养殖场、养殖户的群众基础。

(5)经营兽医防治机构的策略、方法等。

3.进行筹建兽医门诊的可行性分析

在分析过程中主要突出筹建兽医门诊的优势,主要表现在以下几个方面:

(1)养殖量的优势。

(2)兽医门诊的技术优势、经营策略优势、仪器设备优势、地缘优势、服务项目优势、资金优势等。

(3)支持本兽医门诊的企业优势。

(4)政府对本兽医门诊的政策与政策导向优势等。

经过以上的可行性分析,如果筹建一家兽医门诊或者动物兽医门诊具有比较优势,那么可以考虑筹建一家兽医门诊或者动物兽医门诊。

(二)申报兽医门诊的程序

经过调研、可行性分析,如果达到要求,可以申报建立兽医门诊。申报兽医门诊的程序如下:申请执业兽医资格考试→参加国家统一执业资格考试→取得执业兽医资格证书→注册机关备案→申请工商营业执照→准备门诊门面房屋→采购医疗设备及医药品→兽医门诊营业。

(三)兽医门诊建立前的准备工作

申请了工商营业执照,在筹建兽医门诊的时候,要着眼考虑以下准备工作:

(1)资金的筹措　资金是保障兽医门诊建立、运营的基础,资金缺乏会影响到兽医门诊建立和运营。资金筹措首先考虑自己已有资金，自己直系亲人能够预借的数量；其次，根据政府相关金融政策，能够向银行借贷的数量；第三，还要考虑到兽药批发企业给兽医门诊提供铺货金额的数量，用以冲抵部分预借资金。注意事项，资金不足时的预借部分，要有抵押冲贷和偿还能力。借款要打借据，要注明利息和还款日期。还款不可以有违背信誉和承诺的行为，否则会影响兽医门诊的运用，负面影响弊大于利。

(2)门面房屋的租赁　门面房屋的租赁首先要考虑地缘优势，方便客户来访，交通便利；其次，也要考虑租赁成本、使用面积、房间布局是否符合兽医门诊的设计要求等因素；第三，要考虑租赁使用时间的长短。以上3个因素对于新开兽医门诊很重要，对兽医门诊的运营有时会起到事半功倍的效果。注意事项，切不可把新开张的兽医门诊开在临街较背的地方，客户找都找不到，初期推广起来会很艰难。

(3)仪器设备采购　仪器设备采购首先要考虑自己的技术优势，要采购有比较优势的仪器设备；其次，要考虑成本和现有资金，不常用的仪器设备要往后计划；第三，要根据门面房屋的布局设计仪器设备的采购计划，否则随意摆放仪器设备会给客户不严谨的感受，会影响运营效果。

二、兽医门诊的经营方式

(一)运营目标

进一步提高兽医门诊的知信度，尤其是要加强信任度和美誉度的建设，强调特色、品牌服务项目，把医疗服务做精做专，以点带面，建立××兽医门诊品牌优势。实施中需要重点把握“建立特色”、“营销创新”和“品牌打造”三大主题，步步为营，可获得成功。

(二)兽医门诊整体发展策略

1.优化兽医门诊内部结构——建立比较优势

要实现资源的科学、合理配置，针对目标市场，将资金、人才、设备等资源有机组合，形成专项服务优势，根据自己的强项和对手的弱项做出选择，有取有舍，建立自己的特色，在建立特色服务项目基础上，加大投入，引进先进设备，选配、培养优秀拔尖人才，从而创造出一流的医疗名牌。

2.兽医防治服务的基本策略——精品专项、粗犷综合

精品专项、粗犷综合即局部优势策略，缩小兽医门诊的综合性，优化兽医门诊有限资源，集中发展优势服务项目，如专攻禽病，专攻猪病，专攻牛人工授精与牛病等特色项目，寻求优势的持续性，服务的延伸并形成服务链。

3.兽医门诊的发展策略——用技术求生存、以服务谋发展、向特色要效益

医疗服务技术是所有兽医门诊的立院之本，兽医门诊要解决与其他兽医门诊的技术差距，仅仅依靠自身是很困难的。引进技术和人才是兽医门诊可采取的行之有效的方法之一。除此而外，兽医门诊应该在自身现有状况下寻找具有发展潜力的闪光点，对医疗服务的技术资源进行整合，以便发挥群体优势。即进行医疗服务产品的组合与包装，在个别畜别服务项目方面突出技术优势。

4.强化人员推广，并挖掘资源，获得双赢策略——合作获得资源，为我所用

实现多渠道的合作，以获得双赢，包括与顾客双赢，与周边兽医门诊双赢，与城镇其他兽医门诊双赢，与员工双赢，与兽药供应商双赢，与业务管理部门双赢。

5.价格策略——成本领先策略

在防治质量和提供良好服务的前提下积极降低各种成本，来寻求医疗服务价格上的可控弹性。在提供相同的服务性产品时，如果我们的成本或费用明显低于行业平均水平或主要竞争对手，在一定时期内，创造价值的全部活动的累计总成本必然将低于行业平均水平或主要竞争对手。一方面，通过成本优势使兽医门诊在相同的规模经济下，取得更大的盈利，积累更多的发展基金；另一方面，兽医门诊将有可能在不利的经营环境中，具有更强的生存能力和竞争能力。低成本优势的另一含义是这种优势具有可持续性。

6.建立兽医门诊的服务策略——差异化策略

向客户提供的兽医技术服务必须与众不同。兽医门诊的服务必须在服务、服务过程的独特性方面下工夫，包括在兽医技术服务的产品组合、口碑及其品牌、医疗技术、客户服务、市场开发渠道等方面增加兽医门诊自身的特性。

7.兽医门诊的资源使用策略——目标集中策略

兽医门诊的资源有限，只有集兽医门诊之整体力量，集中精力地发展兽医门诊支柱项目，才有可能在较短的时间内获得较大的成功。这也就是俗话说的“集中优势兵力打歼灭战”。特别在广告资源的投放上、人力资源的投放上。

8.垄断重要的传播资源，建立无形的竞争屏蔽——出其不意竞争策略

利用各种宣传手段，采取多种渠道，组织形式多样的公关、促销活动，提高特色防治品牌的知名度，直至兽医门诊品牌牢牢定位于目标消费者的心智之中。

9.统一的形象策略

采用统一的图案、色彩、特征，有利于树立兽医门诊品牌形象，既可节省包装费用，又可扩大兽医门诊的影响。

10.加强兽医门诊服务的质量管理，以质取胜——质量管理策略

首先要建立过硬的医疗服务。并在产品过硬的情况下，通过打服务牌，强化软

产品力，如开展微笑服务、星级服务等，同时利用服务效益进一步引进人才、增设医疗项目等，从而全面提高了产品力，解决兽医门诊市场化经营和发展的瓶颈问题。

11.不断创新策略

为保持领先地位，每年必须保证相关的营销活动，以领先竞争者成为医疗行业宣传构思、顾客服务、分销效益等方面的先进，以创新保持领先水平，保持领先地位。

12.反思不足

发动全体员工反思经营存在的不足，提出改善措施，不断去改变。

（三）打造兽医门诊核心竞争力

确定了兽医门诊的核心竞争力，那么一切资源即应围绕核心竞争力做文章。这里需要注意的是，核心竞争力不该只是口头上的宣言，兽医门诊作为畜牧业技术服务的场所，为畜主提供最优质的服务是兽医门诊的天职，在具体操作方面，兽医门诊应该从以下几方面着手：

（1）态度上　兽医门诊所有医务人员应该确实将“患畜的健康”放在第一位，全心全意为患畜服务，想患畜之所想，及患畜之所及。而不能将患畜的健康当儿戏，只重个人利益，最终失去群众基础。

（2）技术上　兽医门诊应当组织兽医门诊的优势技术资源，切实提高特色项目的技术水平，一个兽医门诊的患畜康复率是技术水平的最好代言。

（3）设备上　引进国内外先进设备，从特色项目的“特”字入手，做到人无我有，人有我精。

（4）价格上　应使各种费用尽量实惠，以解决“老百姓看病难”为己任，改变老百姓对兽医门诊即是“无底洞”的看法。同时，实惠的价格还能有效抗击其他兽医门诊的高价歪风，有效争夺客户资源。

（5）服务上　实现全程服务、跟踪服务与特色服务为一身，最终实现客户“忧郁而来，快乐而走”。要重点说明的是，服务在打造兽医门诊品牌的方面尤为重要。兽医门诊的医生往往给人一种高高在上的感觉，动不动便给客户脸色看，如果兽医门诊能在服务特色上有所建树，那么必然可以有效争取客源，增强自身竞争力。

（6）形象上　兽医门诊本身必须有统一的形象特色，这样不但可以使畜主觉得兽医门诊本身正规，放下心来进行就诊，同时还可以给客户心中留下深刻的印象，争取畜主的好感，为未来的永续经营打好基础。

（四）制定正规的兽医门诊管理体系

兽医门诊作为一个企业实体存在，也必然得按企业发展的规律来办事。随着销售的扩大，随之而来的就是管理松懈，内部监控失调，最终导致一系列问题的出现。所以，管理水平要与销售水平相适应，才能保证企业的正常运营。

在具体操作方面，兽医门诊应当制定严格的规章制度，以制度来约束医务人员，切实做到奖罚有法可依。同时，兽医门诊应当实行绩效考核制，使每个技术人员都能够尽其所能，发挥自身动能。这里要强调的是，绩效考核不应当只考察技术人员的业务水平，同时还应对客户满意度、技术人员服务水平、技术人员业务素质等多项指标进行考核，方可做出最终判定。

在其他方面，如药品管理制度、设备维护制度、门诊卫生制度、升降职制度、服务制度等都应做出明确规定，并切实贯彻。这样，兽医门诊经营才能走上良性发展的道路。

（五）兽医门诊品牌打造与宣传推广

有了独特的技术与管理优势还是远远不够的，这就需要兽医门诊在品牌和宣传方面做文章，才能使自己的“酒香”跃出“深巷子”。推广品牌首先就要确立自身的品牌核心价值，继而整合现有资源，围绕品牌核心价值来开展各项业务。

在确立了品牌核心价值后，就到了推广层面。在运作上，兽医门诊可以集中目前手中资金力量进行有针对性的整合传播。第一，就是锁定目标客户，调查该部分人群最关注的媒体有哪些，做到有的放矢；第二，提炼自身核心卖点，宣扬核心竞争力，以特色的广告创意来打动客户前来就诊；第三，优化媒体组合，打组合拳，使患者全方位地感受到兽医门诊的特色及实力，增强畜主的就医信心。

（六）兽医门诊经营模式创新

创新是兽医门诊发展的必由之路，兽医门诊创新的过程是兽医门诊引进新技术、新服务、新市场以及新组织管理形式的结果。目前，在市场经济下，兽医门诊经营管理的4个主要方面是：医疗质量与医疗服务规范、现代兽医门诊人力资源管理、现代兽医门诊财务管理及现代兽医门诊营销管理。经营模式的创新就是医疗服务、兽医门诊人力资源管理、兽医门诊财务管理的市场化以及将营销引进兽医门诊。

1. 提高医疗质量、规范服务必须进行兽医门诊经营模式的创新

即如何让我们的兽医门诊适应新的市场经济，在市场经济中适应商业化的竞争。各行业、各企业最原始、最基本的竞争是资本的竞争，21世纪的企业之间是附加值的竞争，即在不提高成本，提高产品和服务的附加值而实现产品价值的增加。

现代兽医门诊意识到了这一点，都在寻找差异化、细分市场，寻找兽医行业的附加值。现代兽医门诊都在服务上做文章，如果你的兽医门诊的微笑服务没有使得客户舒心，却使客户有了警惕心。兽医门诊在“赚钱”，走完全商业化的运作模式，这样就丢了救死扶伤的服务灵魂。事实证明，完全商业化运作是行不通的，如果说兽医门诊丢了灵魂，那兽医门诊就会失去群众基础，兽医门诊就会走向经营的困境。

2.兽医门诊的人力资源管理

兽医门诊人力资源部门要把人当人看，人力资源管理的职责是给所有的人一个适合他们的“舞台”而不是“岗位”，通过管理者的激励让技术人员在自己的舞台上飞得更高、表演得更好，在实现自己的价值的同时，为兽医门诊的发展做出更多的贡献。激励的同时还要约束，要有监督下手的能力，能让自己的下手“呼之则来，挥之则去”，调度游刃有余，要能树立威严、权威，使手下信服自己。不合格的人力资源管理者要求手下加班时，他们会讨价还价、讲条件。

人力资源管理还要有人际交往能力，要能同各色人等打交道，下能够说服手下服从上级的指挥，上能够为上级任用、选拔人才提供依据。

人力资源管理还要有自控能力，对兽医门诊的决策、经营不该说的不说，该说的一定说到。总之，现代的人力资源管理要能够上传下达，能够很好地协调员工之间、员工与领导之间的关系。能够激发每一个员工的积极性，开发他们最大的潜力，同时又是集体的优秀分子，能够顾全大局，甚至有时为此牺牲自己的利益。兽医门诊优秀的人力资源管理者，必定是一个高情商的人。

3.兽医门诊的财务管理与成本控制

市场经济下，要对财务进行管理，同时要进行成本核算，运用各种管理工具，管理方法，实施各种措施，降低兽医门诊成本。对兽医门诊的硬件、软件建设情况有综合的掌控。据此整体考虑兽医门诊的投资，怎样将兽医门诊有限的资源运用得最好；资源怎样合理地分配，能够最好地调节各个部门、各个环节的配合，平衡个部门的利益，使之效率最高。

所以现代兽医门诊的财务管理是同未来算账的。兽医门诊的财务管理应该知道今年最后 3 个月兽医门诊还应该在哪方面投资，财力是否允许。财务管理要知道兽医门诊每个科室的情况，知道每个科室是否需要投资，一笔钱投在哪个科室效益最好，回报率高、回报周期短。财务管理还要知道兽医门诊应该负债多少运营。负债率太高兽医门诊利润全部用来还债，兽医门诊无法生存与发展；负债率太低，不会利用社会资本、不会融资、不会借鸡生蛋，在市场经济条件下会发展得很慢，最终被淘汰。

附录　家畜普通病防治课程实训作业单

一、按照六步法设计工作作业单

1. 接诊工作（资讯）
2. 疾病信息收集、诊断工作（决策）
3. 处方工作（计划）
4. 治疗、护理工作（实施）
5. 效果观察工作（检查）
6. 教学效果评价（评估）

二、工作任务单

表 1　动物医院执业兽医师接诊病例册
表 2　动物医院执业兽医师诊断书
表 3　动物医院执业兽医师处方笺
表 4　动物医院动物治疗护理单
表 5　动物医院动物病历记录档案
表 6　教学效果评价量化指标
表 7　学生自评考核单
表 8　小组评价考核单
表 9　教师评价考核单
表 10　学生成绩评价考核汇总单
表 11　家畜普通病防治课程教学意见反馈单

三、具体工作内容及要求

1. 接诊工作（资讯）

接诊工作是与畜主沟通的技术工作，工作方式有直接与畜主面对面沟通，也可以采用电话、互联网等形式进行间接沟通。沟通的内容包括病例册内有关信息、家畜病例信息、是否能够开展防治服务等信息。对所获的信息去伪存真，综合判断畜主所给的信息。

接诊工作采用的工作文件单，见表1。

表1 动物医院执业兽医师接诊病例册

<table>
<tr><td>项目</td><td>畜主姓名</td><td></td><td>家庭住址</td><td></td><td>联系电话</td><td colspan="2"></td></tr>
<tr><td>畜别</td><td></td><td>耳标号</td><td></td><td>外貌特征</td><td></td><td>体重</td><td></td></tr>
<tr><td>主诉原由</td><td colspan="7"></td></tr>
<tr><td rowspan="2">动物机能状态</td><td colspan="6" rowspan="2"></td><td>畜主签名</td></tr>
<tr><td></td></tr>
<tr><td>接诊时间</td><td colspan="4"></td><td colspan="2">接诊兽医师签名</td><td></td></tr>
</table>

沟通工作的态度一般要谦和、诚恳、热情、对畜主的事很关注等。注意事项，忌讳用粗话、脏话等不文明语言，态度不能傲慢、无礼，沟通语言尽量能用专业术语。

2.疾病信息收集、诊断工作(决策)

疾病信息收集工作主要是收集临床症状和实验室检验、检测项目，工作方式主要面对家畜，利用已有临床诊断工具直接收集家畜疾病相关信息，也可通过畜主间接收集家畜疾病信息。工作内容针对家畜疾病主要采用临床一般检查、病史调查、系统检查、环境检查、饲养管理情况调查、实验室检查等。其中实验室检查包括病理剖检、病理识别、血粪尿常规检查、细菌分离培养和染色观察等常用技术工作，还包括B超检查、X光机检查、血液生化仪等不常用技术工作。本工作态度主要有一丝不苟、严谨的科学态度，要有实事求是的工作态度，工作认真、不马虎等。注意事项，爱护劳动工具，尊重检查结果，不能人为改变检查结果；对检查结果不满意的，可以重新检查，要尊重事实。

诊断工作方式主要采用执业兽医诊断和专家会诊的方式。工作内容，主要根据收集的疾病信息进行分析处理，进行逻辑分析判断。包括直接病理推理诊断、鉴别诊断和治疗诊断等技术工作，并写出病例诊断书。本项工作态度要有谦虚谨慎的科学态度，要有实事求是的工作态度；要有辩证思维的心态，一丝不苟、严谨科学，工作认真、不马虎，同时要爱护劳动工具，尊重检查结果，不能人为改变检查结果。注意事项，不能主观臆断，要尊重事实，谦虚谨慎。

疾病信息收集、诊断工作采用的工作文件单，见表2。

表 2 动物医院执业兽医师诊断书

<table>
<tr><td>项目</td><td colspan="2">畜主姓名</td><td colspan="2">家庭住址</td><td colspan="3">联系电话</td></tr>
<tr><td>畜别</td><td></td><td>耳标号</td><td></td><td>外貌特征</td><td></td><td>体重</td><td></td></tr>
<tr><td>主诉原由</td><td colspan="7"></td></tr>
<tr><td>动物机能状态</td><td colspan="6"></td><td>畜主签名</td></tr>
<tr><td>一般检查</td><td colspan="2">体温(℃)</td><td colspan="3">脉搏(次/min)</td><td colspan="2">呼吸(次/min)</td></tr>
<tr><td>系统检查</td><td colspan="7"></td></tr>
<tr><td>实验室检查</td><td colspan="7"></td></tr>
<tr><td>初步诊断</td><td colspan="7"></td></tr>
<tr><td>预后判断</td><td colspan="7"></td></tr>
<tr><td>兽医师签名</td><td colspan="4"></td><td colspan="3">年 月 日</td></tr>
</table>

3. 处方工作(计划)

工作方式主要有执业兽医师直接治疗和助理执业兽医师、实习生辅助治疗的形式。工作内容包括执业兽医师完成处方工作，主要内容包括治疗药物、方法的选择，护理工作的注意事项等。采用特殊药物和违禁药物要单另说明用法、用量，采用特殊治疗的，要采用会使用特殊疗法仪器设备的技术人员操作。

治疗工作采用的工作文件单，见表 3。

表3　动物医院执业兽医师处方笺

<table>
<tr><td>项目</td><td>畜主姓名</td><td></td><td>家庭住址</td><td></td><td>联系电话</td><td></td><td></td></tr>
<tr><td>畜别</td><td></td><td>耳标号</td><td></td><td>外貌特征</td><td></td><td>体重</td><td></td></tr>
<tr><td>诊断</td><td colspan="7"></td></tr>
<tr><td>处方</td><td colspan="7">R：

药剂师签名：
年　　月　　日</td></tr>
<tr><td colspan="2">兽医师签名</td><td colspan="4"></td><td colspan="2">年　　月　　日</td></tr>
</table>

工作态度要有热诚为人民服务的思想，为畜主排忧解难的思想；爱岗敬业，恪尽职守，不怕脏，精益求精的工作态度。

4. 治疗护理工作(实施)

治疗工作根据处方进行药物配伍工作，给家畜给药工作，实施简单外科处理工作，患病部位换药工作、外科手术、针灸、物理治疗等技术工作，工作可由执业兽医师直接治疗或助理执业兽医师、实习生辅助完成。注意事项，助理执业兽医师、实习生等生手工作要避开畜主，他们在治疗过程中要得到执业兽医师的允许，并在执业兽医师的指导下完成治疗技术工作。

俗话说“病要三分治疗，七分护理”，说明护理工作的重要性。工作方式主要有兽医门诊直接护理和畜主间接护理。工作内容包括病畜饲养、隔离、换药、给药等技术工作，根据疾病特点，不同家畜的护理形式可能不同，要尽可能选择合适的护理形式，畜主间接护理必须在执业兽医师的指导下完成。

工作态度要有热爱生命的心态，关心呵护病畜的态度，要有细心、仔细的工作作风。护理工作又脏又累，所以工作要做到对患畜不打，不高声呵斥，尽心尽责。注意事项，接受治疗的病畜一定要给畜主护理建议，同时注意对畜主进行必要的回访。

治疗、护理工作采用的工作文件单，见表 4。

表 4 动物医院动物治疗护理单

项目	畜主姓名		家庭住址		联系电话		
畜别		耳标号		外貌特征		体重	
治疗护理工作							
动物机能状态	体温(℃)		脉搏(次/min)		呼吸(次/min)		
护理员签名				年 月 日			

5. 效果观察工作(检查)

工作内容是做好日常病例治疗效果观察工作，随时记录好家畜病例的病情，为主治大夫提供一手资料。在动物防治工作中，病历档案建立是十分重要的，在兽医门诊营业过程中，随时接受畜牧兽医行政主管部门检查、监督。档案的建立由执业兽医直接负责，不可由他人替代。在防治工作过程中采用的工作文件单，见表 5。

表 5 动物医院动物病历记录档案

年　月　日　门诊编号：________

<table>
<tr><td>畜主</td><td></td><td>住址</td><td colspan="7"></td></tr>
<tr><td>畜别</td><td></td><td>年龄</td><td></td><td>性别</td><td></td><td>毛色</td><td></td><td>特征</td><td></td></tr>
<tr><td rowspan="2">诊断</td><td>月　日</td><td></td><td rowspan="2">转归</td><td>年　月　日</td><td rowspan="2">兽医师签名</td><td></td></tr>
<tr><td>月　日</td><td></td><td></td><td></td></tr>
<tr><td colspan="10">主诉及病史：</td></tr>
<tr><td colspan="10"></td></tr>
<tr><td colspan="10">一般检查：　体温(℃)　脉搏(次/min)　呼吸(次/min)</td></tr>
<tr><td colspan="10">系统检查：</td></tr>
<tr><td colspan="10">实验室检查：</td></tr>
<tr><td>检查兽医师签名</td><td colspan="5"></td><td colspan="4">年　月　日</td></tr>
<tr><td colspan="10"></td></tr>
<tr><td colspan="10">一般检查：　体温(℃)　脉搏(次/min)　呼吸(次/min)</td></tr>
<tr><td colspan="10">系统检查：</td></tr>
<tr><td colspan="10">实验室检查：</td></tr>
<tr><td colspan="10"></td></tr>
<tr><td>检查兽医师签名</td><td colspan="5"></td><td colspan="4">年　月　日</td></tr>
</table>

月　日	检查所见及处置	兽医师签名

工作态度要有尊重事实的心态，档案的内容要客观、务实，不能弄虚作假，执业兽医要有科学严谨、细心、仔细的工作作风。注意事项，病历档案的保存应不少于2年，档案的销毁要由畜牧兽医行政主管部门监督之下完成。

6. 教学效果评价(评估)

该项工作由学生个人、学习小组、任课教师共同完成，工作内容主要是根据考核评价指标，对被考核受训者的学习评价。在填写考核单时应客观、公正，不要因为个人偏见或私人关系等影响评价结果。

(1)教学效果评价量化指标，见表6。

表6 教学效果评价量化指标

考核项目	具体指标	细化指标	满分
职业操守(20分)	出勤	A. 全勤，该项得10分 B. 迟到、早退，该项得5分 C. 旷课、病假，该项得0分	10分
	卫生	A. 打扫全优，该项得5分 B. 打扫不全，该项得2分 C. 没有打扫，该项得0分	5分
	工作关注度	A. 工作全程认真，该项得5分 B. 打电话、听 MP3、讲话、吃零食，该项得2分 C. 大吵、大闹、追逐，该项得0分	5分
职业道德(20分)	工作态度	A. 态度端正，该项得10分 B. 马虎、有遗漏，该项得5分 C. 不认真、满不在乎，该项得0分	10分
	团队协作	A. 协作积极，该项得5分 B. 单独行动，该项得2分 C. 相互拆台，推脱责任，该项得0分	5分
	敬业程度	A. 全身心投入工作，该项得5分 B. 工作有偷懒现象，该项得2分 C. 消极怠工，该项得0分	5分

续表 6

考核项目	具体指标	细化指标	满分
工作任务（60 分）	接诊工作	A. 与畜主沟通恰当，作业单填写正确，该项得 10 分 B. 与畜主沟通、作业单填写有一项不正确，该项得 5 分 C. 与畜主沟通、作业单填写均不正确，该项得 0 分	10 分
	疾病信息收集	A. 使用工具恰当，作业单填写正确，该项得 10 分 B. 使用工具、作业单填写有一项不正确，该项得 5 分 C. 使用工具、作业单填写均不正确，该项得 0 分	10 分
	诊断分析	A. 诊断分析恰当，作业单填写正确，该项得 10 分 B. 诊断分析、作业单填写有一项不正确，该项得 5 分 C. 诊断分析、作业单填写均不正确，该项得 0 分	10 分
	处方	A. 治疗方案恰当，作业单填写正确，该项得 10 分 B. 治疗方案、作业单填写有一项不正确，该项得 5 分 C. 治疗方案、作业单填写均不正确，该项得 0 分	10 分
	治疗、护理	A. 使用工具恰当，治疗、护理方法正确，该项得 10 分 B. 使用工具、治疗、护理方法有一项不正确，该项得 5 分 C. 使用工具、治疗、护理方法均不正确，该项得 0 分	10 分
	效果观察	A. 观察结果，作业单填写正确，该项得 10 分 B. 观察结果、作业单填写有一项不正确，该项得 5 分 C. 观察结果、作业单填写均不正确，该项得 0 分	10 分
合计分值			100 分
备注：本考核指标适用于家畜普通病防治课程的技能考核，学生、小组、教师均可采用此考核指标，进行学习过程考核。			

(2)学生自评考核单,见表7。

表7 学生自评考核单

学习情境:			姓名		第　　组
工作任务:			班级		

考核项目	具体指标	细化指标	满分	得分
职业操守(20分)	出勤	A.10分　B.5分　C.0分	10分	
	卫生	A.5分　B.2分　C.0分	5分	
	工作关注度	A.5分　B.2分　C.0分	5分	
职业道德(20分)	团队协作	A.10分　B.5分　C.0分	10分	
	工作态度	A.5分　B.2分　C.0分	5分	
	敬业程度	A.5分　B.2分　C.0分	5分	
工作任务(60分)	接诊工作	A.10分　B.5分　C.0分	10分	
	疾病信息收集工作	A.10分　B.5分　C.0分	10分	
	诊断分析	A.10分　B.5分　C.0分	10分	
	处方	A.10分　B.5分　C.0分	10分	
	治疗、护理	A.10分　B.5分　C.0分	10分	
	效果观察	A.10分　B.5分　C.0分	10分	
学生自评合计分值			100分	
评价人:				
备注:本考核指标适用于家畜普通病防治课程的技能考核,学生、小组、教师均可采用此考核指标,进行学习过程考核。				

(3)小组评价考核单,见表8。

表8 小组评价考核单

<table>
<tr><td colspan="3">学习情境:</td><td>姓名</td><td></td><td rowspan="2">第　　组</td></tr>
<tr><td colspan="3">工作任务:</td><td>班级</td><td></td></tr>
<tr><td>考核项目</td><td>具体指标</td><td>细化指标</td><td>满分</td><td colspan="2">得分</td></tr>
<tr><td rowspan="3">职业操守
(20分)</td><td>出勤</td><td>A.10分　B.5分　C.0分</td><td>10分</td><td colspan="2" rowspan="13"></td></tr>
<tr><td>卫生</td><td>A.5分　B.2分　C.0分</td><td>5分</td></tr>
<tr><td>工作关注度</td><td>A.5分　B.2分　C.0分</td><td>5分</td></tr>
<tr><td rowspan="3">职业道德
(20分)</td><td>工作态度</td><td>A.10分　B.5分　C.0分</td><td>10分</td></tr>
<tr><td>团队协作</td><td>A.5分　B.2分　C.0分</td><td>5分</td></tr>
<tr><td>敬业程度</td><td>A.5分　B.2分　C.0分</td><td>5分</td></tr>
<tr><td rowspan="6">工作任务
(60分)</td><td>接诊工作</td><td>A.10分　B.5分　C.0分</td><td>10分</td></tr>
<tr><td>疾病信息收集工作</td><td>A.10分　B.5分　C.0分</td><td>10分</td></tr>
<tr><td>诊断分析</td><td>A.10分　B.5分　C.0分</td><td>10分</td></tr>
<tr><td>处方</td><td>A.10分　B.5分　C.0分</td><td>10分</td></tr>
<tr><td>治疗、护理</td><td>A.10分　B.5分　C.0分</td><td>10分</td></tr>
<tr><td>效果观察</td><td>A.10分　B.5分　C.0分</td><td>10分</td></tr>
<tr><td colspan="3">小组互评合计分值</td><td>100分</td></tr>
<tr><td colspan="6">备注:本考核指标适用于家畜普通病防治课程的技能考核,学生、小组、教师均可采用此考核指标,进行学习过程考核。</td></tr>
</table>

(4)教师评价考核单,见表9。

表9　教师评价考核单

学习情境:			姓名		第　组
工作任务:			班级		
考核项目	具体指标	细化指标	满分	得分	
职业操守(20分)	出勤	A.10分　B.5分　C.0分	10分		
	卫生	A.5分　B.2分　C.0分	5分		
	工作关注度	A.5分　B.2分　C.0分	5分		
职业道德(20分)	工作态度	A.10分　B.5分　C.0分	10分		
	团队协作	A.5分　B.2分　C.0分	5分		
	敬业程度	A.5分　B.2分　C.0分	5分		
工作任务(60分)	接诊工作	A.10分　B.5分　C.0分	10分		
	疾病信息收集工作	A.10分　B.5分　C.0分	10分		
	诊断分析	A.10分　B.5分　C.0分	10分		
	处方	A.10分　B.5分　C.0分	10分		
	治疗、护理	A.10分　B.5分　C.0分	10分		
	效果观察	A.10分　B.5分　C.0分	10分		
教师评价合计分值			100分		

备注:本考核指标适用于家畜普通病防治课程的技能考核,学生、小组、教师均可采用此考核指标,进行学习过程考核。

(5)学生成绩评价考核汇总单,见表10。

表10 学生成绩评价考核汇总单

<table>
<tr><td>课程名称</td><td></td><td>姓名</td><td></td><td rowspan="2">第　　组</td></tr>
<tr><td>授课教师</td><td></td><td>班级</td><td></td></tr>
<tr><td>考核项目</td><td>自我评价(20%)</td><td>组内评价(40%)</td><td>任课教师评价(40%)</td><td>合计</td></tr>
<tr><td>工作任务1</td><td></td><td></td><td></td><td></td></tr>
<tr><td>工作任务2</td><td></td><td></td><td></td><td></td></tr>
<tr><td>工作任务3</td><td></td><td></td><td></td><td></td></tr>
<tr><td>……</td><td>……</td><td>……</td><td>……</td><td>……</td></tr>
<tr><td>工作任务 N</td><td></td><td></td><td></td><td></td></tr>
<tr><td>合计</td><td></td><td></td><td></td><td>Q</td></tr>
<tr><td>成绩汇总</td><td colspan="4">$M=Q\div N$</td></tr>
<tr><td colspan="5">备注:该总成绩汇总由任课教师完成,学生不能参与。总成绩汇总为学生参加本课程学习的过程考核成绩评价。</td></tr>
</table>

表11 家畜普通病防治课程教学意见反馈单

<table>
<tr><td colspan="2">学习领域</td><td colspan="5">家畜普通病防治</td></tr>
<tr><td colspan="2">学习情境一</td><td>家畜炎症性疾病防治技术</td><td colspan="2" rowspan="2">学时数</td><td colspan="2">26学时</td></tr>
<tr><td colspan="2">子情境一</td><td>消化器官炎症性疾病防治技术</td><td colspan="2">6学时</td></tr>
<tr><td>序号</td><td colspan="2">调查内容</td><td>清晰明确</td><td>模糊</td><td>不知道</td><td>理由说明</td></tr>
<tr><td>1</td><td colspan="2">你对于整个工作任务过程流程掌握程度是否清楚?</td><td></td><td></td><td></td><td></td></tr>
<tr><td>2</td><td colspan="2">你能正确与畜主沟通吗?</td><td></td><td></td><td></td><td></td></tr>
<tr><td>3</td><td colspan="2">你会利用各种手段进行疾病信息收集吗?包括临床、实验室。</td><td></td><td></td><td></td><td></td></tr>
<tr><td>4</td><td colspan="2">你能正确运用已知疾病信息和病理学知识进行诊断分析吗?</td><td></td><td></td><td></td><td></td></tr>
<tr><td>5</td><td colspan="2">你能正确运用已知药理学知识给疾病进行合理处方吗?</td><td></td><td></td><td></td><td></td></tr>
<tr><td>6</td><td colspan="2">你能根据处方为家畜实施正确的治疗护理吗?</td><td></td><td></td><td></td><td></td></tr>
<tr><td>7</td><td colspan="2">你会正确填写执业兽医师各种工作文件单吗?</td><td></td><td></td><td></td><td></td></tr>
</table>

续表 11

序号	调查内容	清晰明确	模糊	不知道	理由说明
8	你知道消化道炎症性疾病症状的特点吗？				
9	你知道消化道炎症性疾病诊断分析的要点吗？				
10	你知道消化道炎症性疾病治疗护理的注意事项吗？				
11	防治消化道炎症性疾病，你知道需要哪些职业素养？				
12	防治消化道炎症性疾病，你知道需要哪些职业道德吗？				
13	你知道都学了哪些消化道炎症性疾病吗？				
14	防治消化道炎症性疾病，你还陌生吗？				
你的意见对改进教学非常重要，请写出你的建议和意见。					
调查信息	姓名		时间		

参考文献

[1] 王建华.家畜内科学.3版.北京:中国农业出版社,2006
[2] 赵兴绪.兽医产科学.3版.北京:中国农业出版社,2003
[3] 孟庆寿.家畜外科及产科学.2版.北京:中国农业出版社,2005
[4] 崔保安,宁长申.兽医知识全书.2版.郑州:河南科学技术出版社,2001
[5] 沈俊杰.家畜内科学.2版.北京:中国农业出版社,2006
[6] 段得贤.家畜内科学.北京:农业出版社,1980
[7] 陈家璞.乳牛疾病学.北京:农业出版社,1992
[8] 高左信.兽医学.北京:农业出版社,1980
[9] 樊璞.实用牛病学.上海:上海科学技术出版社,1986
[10] 李硫义,杨宜林.动物普通病学.长春:吉林科学技术出版社,1994
[11] 龚非力.医学免疫学.北京:科学出版社,2000
[12] 李祚煌.家畜中毒及毒物检验.北京:农业出版社,1994
[13] 王宗元.动物营养代谢病和中毒病学.北京:中国农业出版社,1997
[14] 黄有德,刘宗平.动物中毒与营养代谢病学.兰州:甘肃科学技术出版社,2001
[15] 许以平,郑捷.现代免疫学检验与临床实践.上海:上海科学技术出版社,1999
[16] 王洪斌.家畜外科学.4版.北京:中国农业出版社,2002